KB165818

원자 폭탄 만들기

원자 폭탄을 만든 과학자들의 열정과 고뇌 그리고 인류의 운명

1

THE MAKING OF THE ATOMIC BOMB

THE MAKING OF THE ATOMIC BOMB:
The 25th Anniversary of the Classic History
by Richard Rhodes

THE MAKING OF THE ATOMIC BOMB

원자 폭탄 만들기

원자 폭탄을 만든 과학자들의 열정과 고뇌 그리고 인류의 운명

1

리처드 로즈 지음

문신행 옮김

옮긴이의 말

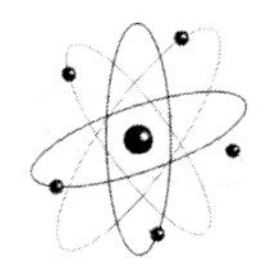

『원자 폭탄 만들기』는 그 내용의 풍부함과 중요성에 있어서 윌리엄 샤이러(William L. Shirer)의 『제3제국의 흥망』과 비교될 만큼 찬란하게 빛나는 역사책이다.

리처드 로즈(Richard Rhodes)는 20세기 초 원자 내부에 갇혀 있는 거대한 에너지의 발견에서부터 일본에 첫 번째 폭탄이 투하될 때까지의 연구와 개발 과정을 인간적이고 정치적인 그리고 과학적인 관점에서 풍부하고도 완전한 스토리로 엮어냈다.

위대한 발견들 중에서 이렇게 재빠르게 발전되었거나 또는 오해를 받은 것들은 매우 드물다. 실험실과 강의실에서 토론된 핵에너지의 이론이 트리니티의 빛나는 섬광으로 나타나는 데까지는 25년이 채 걸리지 않았다. 단지 하나의 흥미롭고 모험적인 물리학 문제로 시작된 것이 맨해튼 프로젝트로 성장하였고, 그리고 무서우리만큼 빠른 속도로 폭탄 제조로 치달았다. 동료로만 알려져 있던 과학자들 — 실라르드, 텔러, 오펜하이머, 보어, 마이트너, 페르미, 로렌스, 노이만 — 그들이 상아탑에서 역사 무대의 조명 속으로 걸어나오는 데는 10년도 걸리지 않았다. 리처드 로즈는 우리를 이 여정으로 안내하여 우리에게 인간의 가장 무서운 발견과 발명에 대한 정확한 이야기를 들려준다.

그 과정에서 로즈는 원자 폭탄 개발을 둘러싼 많은 신화적인 이야기들을 깨부순다. 이 책에서 트루먼은 폭탄 투하에 대하여 많은 과학자들보다도 확신이 없었고, "나는 기계가 도덕보다도 수세기 앞서 나가고 있어서 걱정한다. 아마도 도덕이 따라잡을 때에는 그 기계가 필요한 이유가 사라질 것이다"라고 말하면서 우리가 알고 있는 것보다도 훨씬 더 복잡한 감정이 병존하는 상황 속에서 고민했다. 로즈는 미수에 그친 일본과 독일의 핵개발 계획을 자세히 밝혀낸다. 무엇보다도, 그는 한걸음 한걸음마다 그리고 순간순간마다 어떻게 과학, 기술 그리고 정치가 피할 수 없는 것(원자 폭탄)을 만들어 내도록 협력하였는가를 보여준다.

어떤 소설 작가라 할지라도 더 많은 인물을 등장시킬 수는 없었을 것이다. 생각하는 사람들에서 정치가들까지, 군인들, 엔지니어들 그리고 반역자까지도……. 맨해튼 프로젝트는 제2차 세계대전 중 가장 큰 비밀 프로젝트였지만, 세부 사항들이 프로젝트의 중심부로부터 직접 소련으로 새 나갔다.

우리는 세계를 구하기 위하여 동분서주하는 실라르드, 버클리 연구실에서 원폭에 필요한 우라늄의 양을 계산하는 오펜하이머, 덴마크 청중에게 우라늄이 거대한 에너지를 방출하지만 현재의 기술로는 이 물질을 분리해 낼 수 없다고 이야기하는 보어, 그리고 연구실 창문 너머로 뉴욕 시가지를 내려다 보며 주먹만 한 우라늄 덩어리가 모든 것을 사라져 버리게 할 것이라고 혼잣말을 하는 페르미를 만나게 된다.

보어가 로스앨러모스를 방문하였을 때, 그의 첫 질문은 "그것이 충분히 큽니까?"였다. 충분히 크다는 의미는 세계가 갈등을 해결하는 방법에 변화를 강요할 수 있을 만큼 그렇게 큰 것인가 또는 이 전쟁을 끝낼 수 있을 만큼 큰 것인가 하는 것이었다. 그것은 양자를 모두 성취할 수 있을 정도로 큰 것이었지만, 전자의 것은 그때 겨우 명백해지기 시작하였다.

이것이 『원자 폭탄 만들기』의 주제이다. 리처드 로즈는 아마도 인류 역사상 가장 요란하게 지축을 뒤흔든 과학적이고 정치적인 사건을 궁극적으로 설명하는 고전을 썼다.

그것은 서술력의 승리가 찬란하게 빛나는 대걸작이기도 하면서 심오한 주제 의식을 뿜어내는 강력한 문서이기도 하다.

맛도 색깔도 그리고 냄새도 없이 편리한 대로 추정되어 온 원자의 개념이 어니스트 러더퍼드의 핵과 닐스 보어의 원자로 실체를 드러내면서 뉴턴의 기계론적인 우주관이 종말을 고하고 새로운 양자론의 세계가 펼쳐진다. 러더퍼드가 그토록 아끼던 핵이 태초의 에너지를 인류에게 안겨주고, 인간이 이 에너지를 인간을 살상하는 데에 사용하고, 그리고 그 과정 속의 과학자들, 정치가들, 국가들이 서로 얽힌 이야기를 리처드 로즈는 딱딱한 과학이 아닌 한 편의 소설로 엮어냈다.

동서 냉전의 시대가 종말을 고하고 화해와 번영의 새로운 세계 질서가 눈앞에서 재편되어 가는 이 시점에도 남태평양의 산호초와 중국의 내륙 지방에서는 핵실험이 자행되고 있고 핵무기를 개발하겠다는 북한을 가까스로 으르고 달래고 있다. 이제 핵은 신비롭고 무섭기만 한 남의 이야기가 아니고 우리의 일상생활에 직접적인 영향을 미치는 힘으로 우리에게 다가와 있다. 레오 실라르드가 그렇게 안달을 했고 닐스 보어가 그토록 걱정했던 문제들을 21세기의 과학 공화국은 어떻게 풀어나갈 것인지…….

참으로 오랜 시간이었다. 무더운 여름날과 긴긴 겨울밤들을 세 번이나 넘기면서 오늘에 이르렀다. 오랫동안 잘도 참아준 아내에게 감사한다.

문신행

차례

헛소리

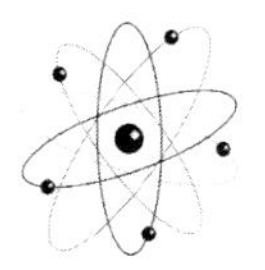

런던의 대영박물관 건너편, 사우샘프턴 거리와 러셀 광장이 만나는 곳에서 레오 실라르드(Leo Szilard)가 신호등이 바뀌기를 초조하게 기다리고 있었다. 1933년 9월 12일 화요일 아침이 밝아왔다. 오후에 다시 비가 내릴 것 같은 날씨였다. 먼 훗날 실라르드는 이날 아침에 대하여 이야기할 때 자신이 어디로 가고 있었는지는 밝히지 않았다. 정해진 목적지가 없었는지도 모른다. 그는 생각하기 위하여 거리를 쏘다니는 일이 종종 있었다. 빨간 신호등이 초록색으로 바뀌었다. 실라르드는 차도로 내려섰다. 도로를 건너는 동안 그의 머릿속에는 앞으로 다가올 일들, 세계와 우리 모두에게 죽음을 가져올 수 있는 미래에 대한 예감이 그려지고 있었다.

실라르드는 1898년 2월 11일 부다페스트의 유대인 집안에서 태어난 헝가리 출신의 이론물리학자이다. 키는 169 센티미터로 당시에도 큰 편은 아니었다. 그는 영명함과 위트로 반짝이는 눈, 보통 몸매에 숱이 많고 곱슬곱슬한 머리, 입술을 꽉 다문 활기 찬 얼굴, 평평한 광대뼈와 검은 갈색의 눈동자를 갖고 있었다. 사진을 찍을 때에는 기백이 있는 모습으로 보이도록 자세를 취했는데, 그에게는 그럴 만한 이유가 있었다. 그는 과학을 공부하는 것보다도 더 크고 더 심오한 포부를 가지고 있었는데 그것은 어떤 방법으로든지 이 세상을 구하는 것이었다.

『다가올 일들의 모습(*The Shape of Things to Come*)』은 최근에 출판된 웰스(H. G. Wells)의 새로운 소설이다. 이 영국의 공상 소설가는 실라르드가 알고 지낸 영향력 있는 사람들 중 한 명이었다.

실라르드는 베를린 대학교에서 물리학을 강의하며 알베르트 아인슈타인(Albert Einstein)과 같이 몇 가지 실용적인 발명에 몰두하던 1928년에 웰스의 『공공연한 음모(*The Open Conspiracy*)』라는 단편을 읽었다. 『공공연한 음모』는 과학적 사고 방식을 가진 산업가와 금융인이 세계 공화국을 수립하기 위하여 결탁한다는 이야기이다. 그 이후 실라르드는 세계를 구하기 위한 그의 활동에서 때때로 웰스의 표현을 빌려 사용했다.

실라르드는 토목 기사의 아들로 태어나 어머니의 사랑을 듬뿍 받고 자랐다. 그는 "나는 가정교사를 두고 독일어와 프랑스어를 배웠기 때문에 외국어를 잘할 수 있었다"라고 말했다. 그는 부다페스트 대학교의 학급 동료들에게도 인기가 있었다. 그는 청중에게 "나는 젊었을 때 두 가지에 큰 흥미를 갖고 있었습니다. 하나는 물리학이었고, 다른 하나는 정치였습니다"라고 말한 적도 있었다. 열여섯 살 되던 해에 그는 제1차 세계대전의 초기에 두려워하던 학급 친구들에게 전쟁의 결과가 어떻게 될 것인지 이야기해 주었던 것을 기억했다.

> 나는 그때 누가 전쟁에 이길지는 모르지만, 전쟁이 어떻게 끝나야 하는지는 알고 있다고 그들에게 말했다. 전쟁은 중부 유럽의 강국, 즉 오스트리아-헝가리 제국과 독일의 패배로 끝나야 하며, 러시아도 패배할 것이다. 나는 이들이 서로 반대편에서 싸우고 있었기 때문에 어떻게 그런 결과가 일어날 수 있는지는 몰랐지만, 그렇게 끝나야 한다고 말했다. 회고해 보면 어떻게 열여섯 살의 나이로 그리고 헝가리 이외의 국가에 대해서는 전혀 사전 지식도 없이 그런 말을 할 수 있었는지 나 자신도 이해하기 어렵다.

그는 이미 열여섯 살의 나이에 자신의 주관적인 의식을 형성했던 것처럼 보인다. 그때 그는 판단의 명료함이 최고조에 달했고 더 이상 증가하지 않았다. 아마도 감소했으리라고 그는 믿었다.

그가 열여섯 살 되던 해는 한 시대의 정치적 그리고 법적인 합의를 산산이 부숴버린 전쟁의 첫해였다. 그 우연의 일치가 이 젊은이를 구세주적인 사람으로 만들었을 수도 있다. 그는 생애의 마지막까지 우둔한 사람은 불편하게, 그리고 무익한 사람은 미치게 만들었다.

실라르드는 고등학교를 졸업한 1916년에 외트뵈시 상(Eötvös Prize, 헝가리 최우수 수학상)을 받았다. 그는 자기 앞날의 진로에 대해 생각했다. 물리학에 흥미가 있었지만 그 당시 헝가리에서는 물리학을 공부해서는 일자리를 얻기 어려웠다. 그가 물리학을 공부했다면 고등학교 교사가 됐을 것이다. 그는 화학을 공부하면 나중에 물리학을 공부할 때 도움이 될 것이라고 생각했지만 화학 역시 생활을 꾸려나가기에 적합하지 않았다. 경제적인 문제가 모든 이유는 아니었지만 그는 전기공학을 선택했다. 1922년경 베를린에 가서 공부할 때 그의 친구 중 한 명은 그가 외트뵈시 상을 받았지만 그의 수학 실력이 다른 학생들보다 뛰어난 것은 아니었다고 회상했다. 또한 나중에 물리학 분야에서 유명해진 헝가리 사람들은 거의 모두가 대학 교육은 헝가리에서 받지 않았다.

1919년 여름에 레닌의 부하이자 헝가리 사람인 벨라 쿤(Bela Kun)과 그의 공산주의 및 사회주의 추종자들이 제1차 세계대전에서 오스트리아-헝가리 제국이 패배한 이후 혼란한 틈을 타 헝가리에 사회주의 공화국을 수립했을 때, 실라르드는 외국으로 공부하러 떠나야 할 때가 됐다고 생각했다. 그때 그는 스물한 살이었다.

실라르드는 베를린에 있는 공과대학에 입학했으나 공학 공부는 별로 마음이 내키지 않았다. 당시 베를린 대학교의 물리학과 교수진에는 노벨상 수상자인 아인슈타인, 막스 플랑크(Max Planck) 그리고 막스 폰 라우에(Max von Laue) 등 일급 이론물리학자들이 포진하고 있었다. 공기 중의 질소를 고정시켜 화약 제조에 쓰이는 질산염을 만드는 방법을 발견한 프리츠 하버(Fritz Haber)는 카이저 빌헬름 연구소에 있는 많은 저명한 과학자들 또는 물리학자들 중 한 명일 뿐이었다. 부다페스트와 베를린의 과학 수준의 차이는 실라르드가 공학 강의만 듣도록 내버려 두지 않았다.

그 당시 물리학도들은 중세부터 학문과 기술 분야에서 선배들이 했던 것처럼 훌륭한 선생님을 찾아 유럽을 방황했다. 독일의 대학들은 주립이었으므로 교수들은 월급을 받는 공무원이었고 자기 강의를 수강하는 학생들에게도 수강료를 부과했다(무급 강사(Privatdozent)는 교수와 달리 월급은 없이 수강료만 부과할 수 있었다). 학생이 공부하고 싶은 분야의 전문가가 뮌헨에서 강의를 하면 학생은 강의를 들으러 뮌헨으로 갔고, 괴팅겐에서 강의를 하면 괴팅겐으로 갔다. 과학은 직업적 전통 속에서 성장했다. 과학은 20세기의 첫 삼분의 일에 해당하는 기간 동안에는 그렇게 유지됐고, 아직도 어느 정도는 그렇게 유지되고 있다. 유럽의 대학원들은 이런 비공식적인 장인과 도제 제도에 기반을 두고 있다.

실라르드의 좋은 친구이자 헝가리 사람인 이론 물리학자 유진 위그너(Eugene Wigner)는 당시에 공과대학에서 화공학을 공부하고 있었으며, 그는 실라르드가 베를린 대학으로 벼락같이 옮겨가는 것을 보았다. 실라르드는 물리학이 자기가 정말로 흥미를 갖고 있는 과목이라는 확신이 섰을 때 아인슈타인을 찾아갔다. 아인슈타인은 같은 내용을 반복하는 것보다는 독창적인 것을 좋아하며 남들과는 그렇게 잘 어울리지 못하는 사람이었다. 그는 강의도 몇 과목밖에 하지 않았다. 위그너는 실라르드가 자신에게 통계역학에 관한 세미나를 하도록 설득했다고 기억했다.

막스 플랑크는 몸은 수척하고 머리가 벗겨진 노교수였다. 그는 가마솥의 내부와 같이 균일하게 가열된 표면에서 나오는 복사 에너지를 연구하여 유명한 물리 상수를 발견했다. 그는 유명한 학자들이 가장 유망한 학생만 받아들이는 전통에 따라, 제자를 많이 받아들이지 않았다. 실라르드는 플랑크의 관심을 끌었다. 막스 폰 라우에는 베를린 대학교의 이론물리학 연구소 소장이자 엑스선 결정학의 기초를 세우고 처음으로 결정의 원자 격자 모양을 제시한 사람으로 유명했다. 그는 상대성 이론에 관한 자신의 유명한 강의에 실라르드를 받아 들였고 그의 박사학위 논문 지도교수가 됐다.

전후 독일 사람들은 제1차 세계대전의 패배로 인한 자포자기와 냉소 그리고 분노의 감정에 젖어 있어서 베를린은 열병을 앓고 있는 환자와 같았다. 1918년 11월 혁명으로 빌헬름 황제는 폴란드로 피신했고, 피흘리는 폭동 뒤에 불안정한 바이마르 공화국이 수립됐다. 1919년 말에 실라르드가 베를린에 도착했을 때에는 8개월이 넘게 지속된 계엄령도 해제되고 굶주림과 황폐 속에 있던 도시가 회복되기 시작했다.

1920년대에 독일에서는 옛 상류 계급들이 사라지고 지식인과 영화 배우 그리고 언론인 들이 그 자리를 차지했다. 황궁이 텅 비어 있는 도시의 주요 연중 행사 중 하나는 베를린 프레스 클럽이 후원하는 언론 기관의 무도회였으며 6,000명의 손님이 몰려들곤 했다. 예후디 메누인(Yehudi Menuhin)은 어린 나이에 데뷔했고 아인슈타인은 청중 속에서 그의 음악에 갈채를 보냈다. 블라디미르 나보코프(Vladimir Nabokov)는 베를린 거리에서 한쪽 다리가 없고 나이 먹은 얼굴에 홍조를 띤 여자 걸인이 담벼락 아래에 반신상처럼 앉아서 구두끈을 파는 역설적인 광경도 보았다. 아돌프 히틀러(Adolf Hitler)는 1924년에 감옥에서 풀려 났지만 여행이 제한되어 연말까지 베를린에서 지냈다.

1922년에 독일의 환율은 급격히 떨어져 1달러에 400마르크였다. 1923년 1월 초에는 7,000마르크로 떨어졌다. 경제 상태는 최악이었다. 7월에는 12만 마르크, 8월에는 100만 마르크로 떨어졌다. 1923년 11월 23일 환율 조정 작업이 시작됐을 때에는 4조 2000억 마르크였다. 은행은 0을 잘 셀 수 있는 사람을 행원으로 채용한다는 광고를 냈다. 현금 인출은 돈을 일일이 셀 수 없었으므로 저울로 무게를 달아 지급했다. 골동품 가게에는 파산한 중산층들이 저당 잡힌 물건들로 천장까지 꽉 찼다. 극장 입장권은 달걀 한 개에 팔렸다. 외국 돈을 가진 사람들, 대부분 외국인들은 동전 몇 개로 기차의 일등칸을 타고 독일을 가로질러 여행할 수 있었으므로 매우 잘살았다. 그러나 그들은 굶주리는 독일 국민에게는 증오의 대상이 됐다. 독일을 방문했던 한 영국인은 "아무런 죄의식도 느끼지 않았다. 그것은 당연한 일이라고 느껴졌고 신의 선물이었다"라고 의기양양하게 떠들었다.

실라르드가 음식을 만들어 먹는 것을 본 사람은 아무도 없었다. 그는 빵집이나 카페의 음식을 더 좋아했다. 그는 인플레이션의 의미와 극도의 곤궁이 닥친 이유를 일부만이라도 이해하고 있었을 것이다. 위그너는 "과학자들과 오랫동안 같이 생활해 왔지만 나는 실라르드보다 더 상상력이 풍부하고 독창력이 뛰어나고 주관이 뚜렷한 사람은 만나보지 못했다"라고 말했다. 그러나 그의 뛰어난 관찰력에도 불구하고 베를린 시절의 생활에 대하여 쓴 글이나 회고록은 남아 있는 것이 거의 없다. 전후에 사회적, 정치적 그리고 지적인 면에서 급격히 변화하고 있던 독일 제일의 도시에 대하여 실라르드는 단 한 줄의 글만을 남겨 놓았다. "베를린은 그때 물리학의 전성기를 맞이했다." 이것은 1920년대에 탄생한 현대 물리학이 그에게 얼마나 중요한 것이었던가를 보여준다.

독일 학생들은 논문을 쓰기 전에 보통 4년을 공부했다. 그러고 나서 교수의 승인 아래 학생은 자신이 생각해 낸 개념이나 또는 교수가 지정해 준 문제를 풀었다. 논문이 통과되기 위해서는 정말로 독창적인 것이 포함되어야 한다고 실라르드는 말했다. 만일 논문이 교수의 마음에 들면 학생은 한나절 동안 구두 시험을 치러서 합격하면 정식으로 박사 학위를 받았다.

실라르드는 이미 군복무에 1년을 보냈고 공학을 2년 동안 공부했다. 그는 물리학을 공부하는 데 시간을 낭비하지 않았다. 1921년 여름에 그는 막스 폰 라우에 교수에게 찾아가 논문 주제를 요청했다. 폰 라우에 교수는 실라르드를 시험하기로 했던 것 같다. 이 시험은 호의적이었거나 아니면 실라르드가 자기 분수를 알도록 하기 위한 것일 수도 있었다. 폰 라우에 교수는 실라르드에게 상대성 이론의 모호한 문제를 논제로 내주었다. "나는 아무 진전을 이룰 수가 없었다. 사실 나는 이것이 풀 수 있는 문제인지 아닌지에 대한 확신도 없었다." 실라르드는 크리스마스까지 6개월을 이 문제에 매달렸다. 그러고 나서 그는 크리스마스 시즌은 공부할 때가 아니라 빈둥거리고 놀 때라고 생각했다. 그래서 무엇이든 떠오르는 생각을 그저 생각만 했다.

3주일 동안 그가 생각한 것은 열역학의 이해할 수 없는 모순점을 어떻게 풀 것인가 하는 것이었다(열역학은 물리학의 한 분야로서 열과 여러 형태의 에너지 간의 관계를 다루는 학문이다). 열역학에는 열 현상을 매우 잘 설명하는 두 가지의 이론이 있다. 하나는 현상학적인 것으로서 개념적이고 일반적이므로 보다 실용적이다. 다른 하나는 통계적이고 원자 모델에 바탕을 둔 것이어서 물리적 실상에 더 가까이 부합한다. 특히 통계적 이론은 열적 평형 상태를 원자들의 불규칙적인 운동으로 기술한다. 예를 들면 아인슈타인은 1905년에 브라운 운동(액체 표면에 떠 있는 꽃가루 같은 입자들의 계속적인 불규칙 운동)이 이와 같은 상태라는 것을 실증했다. 그러나 사용하기에 더 편리한 현상학적 이론은 열적 평형 상태를 변화가 없는 정적인 것으로 다룬다.

실라르드는 긴 산책을 나갔다. 베를린은 춥고 흐린 날이 많지만 때로는 햇빛이 밝게 비치는 날도 있다. "산책하는 중에 무엇인가 내 머릿속에 떠올랐다. 집에 돌아와서 나는 그것을 기록해 두었다. 다음 날 아침에 나는 새로운 아이디어와 함께 잠이 깨어 또 산책을 나갔다. 이것이 머릿속에서 정리가 되면 저녁에 기록했다." 그는 이때가 자신에게 있어서 가장 창조적인 시절이었다고 회상했다. "3주 동안 나는 정말로 독창적인 내용의 원고를 작성했다. 그러나 나는 감히 그것을 폰 라우에 교수에게 보여줄 생각을 하지 못했다. 왜냐하면 그것은 그가 나에게 연구하도록 요구한 것이 아니었기 때문이다."

그 대신 실라르드는 세미나가 끝난 후에 아인슈타인에게 자기가 쓴 논문을 가지고 갔다. 그는 아인슈타인에게 자기가 그 동안 생각한 것에 대하여 이야기하고 싶다고 말했다.

"그래, 그 동안 무엇을 했는가?"

실라르드는 아인슈타인의 질문을 기억하고 있다. 실라르드는 자신의 아주 독창적인 생각에 대하여 이야기했다.

"그것은 불가능한데……."

아인슈타인은 말했다.

"이것은 풀 수 없는 것인데……."

"예, 그렇지만 제가 했습니다."

"어떻게 했지?"

실라르드는 설명하기 시작했다. 실라르드는 5～10분이 지난 뒤에 아인슈타인을 이해시킬 수 있었다고 말했다. 대학 물리학을 단 1년 공부하고서, 실라르드는 열적 평형의 불규칙한 운동이 제한적인 원자 모델에 상관없이 원래의 고전적인 모양으로 현상학적 이론의 틀 속에 맞추어질 수 있다는 엄밀한 수학적 증명을 해냈다. "아인슈타인은 이것을 대단히 좋아했다"라고 그는 말했다. 그래서 대담해진 실라르드는 「변동하는 현상에 대한 현상학적 열역학 이론의 확장에 관하여」라는 제목의 자기 논문을 폰 라우에 교수에게 가지고 갔다. 라우에 교수는 야릇한 표정으로 그것을 받아 집으로 가져갔다. 그리고 다음 날 아침 일찍 전화 벨이 울렸다. 폰 라우에 교수의 전화였다. 그는 "자네의 원고는 박사 학위 논문으로 수락됐네"라고 간단히 이야기했다.

6개월 후 실라르드는 「지적인 존재의 관여로 인한 열역학 시스템의 엔트로피 감소에 관하여」라는 논문을 발표했다. 이 논문은 나중에 현대 정보론의 중요한 기초 문헌으로 인정을 받았다. 그 무렵 그는 학위를 받아 레오 실라르드 박사가 됐다. 그는 달렘(Dahlem)에 있는 카이저 빌헬름 화학 연구소에서 1925년까지 폰 라우에의 연구 분야인 결정에 대한 엑스선의 영향에 관한 실험을 했다. 그리고 같은 해에 베를린 대학교는 그의 엔트로피 관련 논문을 교수직 채용 논문으로 받아들여 그를 무급 강사로 임명했고, 그가 1933년에 영국으로 떠날 때까지 이 자리에 있었다.

실라르드의 부업 중 하나는 발명이었다. 1924년과 1934년 사이에 그는 단독 또는 동업자인 아인슈타인과 공동으로 29개의 특허를 독일 특허청에 신청했다. 대부분의 공동 발명은 가정용 냉장고에 관한 것이었다. "어느 날 아침 신문에 난 슬픈 뉴스가 아인슈타인과 실라르드의 관심을 끌었다"라고 그의 미국인 제자는 기술했다. "베를린 신문에 의하면, 어린아이들을 포함한 전 가족이 원시적인 초기 냉장고 펌프의 밸브를 통해 밤새 새어나온 독한 냉매 가스를 마시고 아파트에서 질식사했다." 이 두 물리학자는 금속화한 냉매를 전자기력으로 순환시키는 방법을 고안했다. 이 방법은 냉매 이외에는 움직이는 부속품이 필요하지 않았다. A. E. G.(독일 제너럴 일렉트릭)사는 실라르드를 유급 고문으로 채용하고 아인슈타인-실라르드 냉장고를 실제로 제작했다. 그러나 자력 펌프가 당시에 사용되던 압축기보다도 소음이 너무 심하여 결국 이 제품은 시판되지 못했다.

또 다른 특허를 받은 발명은, 만약 그가 특허 신청 이상의 단계로 추진했더라면 세계적으로 명성을 얻었을 만한 것이었다. 미국의 실험물리학자 어니스트 로렌스(Ernest O. Lawrence)의 발명품이라고 알려진 사이클로트론(Cyclotron)의 기초 원리와 일반적인 설계를 실라르드는 그보다 적어도 3개월 앞서서 완성했다. 실라르드는 1929년 1월 5일에 이 장치에 대한 특허를 출원했다. 로렌스는 1929년 4월 1일에 처음으로 사이클로트론에 대한 생각을 했고, 1년 뒤에 실제로 작동하는 작은 모델을 제작했다. 그래서 그는 1939년에 노벨 물리학상을 수상했다.

실라르드의 독창성은 끝이 없었다. 전쟁 국가들의 운명을 예측한 16세의 예언자로 출발하여 웰스의 저서 출판권을 협상하는 31세의 '공공연한 음모자'에 이르는 동안, 그는 자신의 '공공연한 음모'를 생각해 냈다. 그는 자신의 사회적 발명이 1920년대 중반부터 시작됐다고 말했다. 만일 그렇다면, 그가 1929년에 웰스를 만나러 간 것은 그 영국인의 총명함에 대한 열광뿐만 아니라 자신의 통찰력 때문이었을 것이다. 영국의 물리학자이며 소설가인 스노(C. P. Snow)는 실라르드에 대하여, "주요 과학자들과 비교하면 정도의 차이는 있겠지만, 하여튼 보통이 아닌 과격한 기질을 지니고 있었다. 그리고 그는 강력한 자부심과 남의 공격에도 끄덕하지 않는 이기주의도 가지고 있었다. 그러나 그는 다른 사람들에게 유익할 목적에서 그런 개성의 힘을 밖으로 내쏟았다"라고 말했다. 이런 의미에서 그는 약간 아인슈타인과 닮은 점이 있는 것 같다. 선행을 펼치겠다는 의도는 이 경우에 새로운 조직을 제안하는 생각으로 표출된다. 그는 자신이 제안한 조직 또는 단체는 "종교적이고 과학적인 정신으로 내적인 결합이 이루어진 일단의 사람들"이라고 했다.

> 만일 우리에게 마술적인 힘이 있어서 다음 세대 중에서 최상급의 개인들을 어린 나이에 식별해 낼 수 있다면…… 우리는 그들이 독립적인 사고를 할 수 있도록 훈련시키고 긴밀한 관계 속에서 교육받도록 하여 내적 단결력이 있는 정신적 지도 계급을 만들 수 있을 것이다. 이런 일은 다음 세대로 계속될 수 있을 것이다.

이 계급의 구성원들에게 부나 개인적인 영광은 주어지지 않을 것이다. 이와는 반대로, 그들에게 특별한 의무가 지워질 것이다. 이 짐은 그들의 헌신에 대한 증거가 될 것이다. 실라르드는 이런 그룹이 공식적인 조직이나 헌법에서 부여하는 지위를 갖지 않더라도 공무에 영향을 줄 수 있을 것이라고 생각한 것 같다. 그러나 이 그룹이 정치적 체제의 일부로서 또는 정부와 국회의 위치에서 좀 더 직접적으로 공무에 영향을 줄 수 있는 가능성도 있다.

그는 이 단체는 "정당과 같은 것이 아니라…… 오히려 국가를 대표하는 것일 수 있다"라고 기술한 적이 있다. 그는 정치적으로 성숙한 단체를 이루는 골격이 되는 30~40명으로 구성된 소집단들을 대의 민주주의 방식으로 운영해 나갈 수 있다고 생각했다. 선발과 교육 방법 덕분에 최고위급에서 결정한 사항들이 다수의 지지를 받을 수 있을 것으로 생각했다.

실라르드는 일생을 통해 여러 형태의 조직을 추구해 왔다. 급격히 번지는 낙관주의 또는 기회주의에 힘입어 실라르드는 1930년에 젊은 물리학자들로 구성된 그룹을 조직하기 시작했다. 그리고 그는

1920년대 중반에 독일에서 의회 형태의 민주주의는 오래가지 못할 것이라는 확신을 갖고 있었다. 그러나 그는 앞으로 한두 세대에 걸쳐서는 그것이 유지될 수 있을 것이라고 생각했다. 5년이 지나지 않아 상황이 그렇지 않다는 것을 그는 이해하기 시작했다.

"나는 1930년에 독일에서 무엇인가 잘못되고 있다는 것을 느끼게 됐다. 독일 국립은행의 총재 얄마르 샤흐트(Hjalmar Schacht)는 그 해에 파리에서 열린 국제경제위원회에서 독일이 전쟁 보상비로 얼마나 지불해야 되는지 결정해 달라고 요구했다. 그러나 전후에 빼앗긴 식민지들이 반환되지 않는다면 한푼도 낼 수 없다고 언명했다. 이것은 매우 중요한 발언으로 나의 관심을 끌었다. 나는 만일 샤흐트가 이런 짓을 해낸다면 사태는 상당히 나빠질 것이라고 결론지었다. 나는 이 일로 충격을 받아 내가 거래하는 은행에 편지를 보내 내 구좌에 있는 모든 돈을 독일에서 스위스로 옮겨버렸다."

훨씬 잘 조직된 단체가 세계를 구하기 위한 계획을 가지고 독일에서 권력을 잡기 위하여 전진하고 있었다. 히틀러의 자전적인 책, 『나의 투쟁(*Mein Kampf*)』에서 오만하게 시작된 이 계획은 길고도 피나는 시련을 극복해 갔다. 이상향보다는 더 급하게 당면한 목적들을 위하여 실라르드는 장차 다가올 여러 해 동안 일종의 단체를 조직하는 운동을 물밑에서 선도해 나갔다. 이 긴밀하게 짜여진 일단의 사람들은 나치보다도 더 커다란 영향을 세계사에 미치게 됐다.

1920년대의 언제인가부터 새로운 연구 분야가 실라르드의 관심을 끌었다. 핵물리학은 원자 질량의 대부분을 차지하고 에너지가 집중되어 있는 원자핵에 관한 학문이다. 실라르드는 카이저 빌헬름 화학 연구소의 독일 화학자 오토 한(Otto Hahn)과 오스트리아 물리학자 리제 마이트너(Lise Meitner)가 오랜 기간 동안 해 왔던 뛰어난 방사능 연구에 대하여 잘 알고 있었다. 그는 언제나 그랬던 것처럼 새로운 발전 가능성을 알리는 묘한 분위기를 미리 알아차리고 있었다.

가벼운 원자핵들을 이용하여 무거운 원자핵들을 깨뜨려 버릴 수가 있다. 이것은 영국의 실험 물리학자 어니스트 러더퍼드(Ernest Rutherford)가 이미 실험적으로 증명했다. 그러나 이 원자핵들은 모두 강한 양전기를 띠므로 날아가는 원자핵은 충돌을 당하는 원자핵을 비껴가게 된다. 그러므로 물리학자들은 원자핵이 전기적 척력을 이겨낼 수 있을 정도의 속도를 갖도록 가속시키는 방법을 찾고 있었다. 실라르드가 사이클로트론 같은 입자 가속기를 설계했다는 사실은 그가 이미 1928년경에 핵물리학에 대하여 생각하고 있었다는 것을 보여준다.

1932년까지 실라르드는 생각하는 것 이외에는 별 다른 일을 하지 않았다. 그는 다른 할 일이 있었으며, 핵물리학은 아직 그에게 그렇게 큰 흥미를 끌지 못했다. 1932년이 되자 그는 핵물리학에 강한 흥미를 갖게 됐다. 그가 문학과 이상주의에서 세계를 구하기 위한 새로운 접근 방법을 찾고 있는 동안, 물리학에서의 발견은 새롭고 가능성이 있는 분야의 개척으로 이어졌다.

1932년 2월 27일자 영국의 과학 저널 《네이처(*Nature*)》에 케임브리지 대학교 캐번디시 연구소의 제임스 채드윅(James Chadwick)이 중성자(Neutron)의 존재 가능성을 발표했다(그는 4개월 후 《왕립학회지》에 실린 긴 논문에서 중성자의 존재를 확인했다. 그러나 채드윅이 처음에 조심스럽게 존재 가능성을 발표했을 때에 실라르드는 채드윅보다 더 큰 확신을 갖고 있었다. 만일 실라르드가 원했다면 채드윅은 베를린에서 이 실험을 반복할 수 있었다). 중성자는 양전기를 가진 양자(1932년까지는 원자핵을 구성하는 단 하나의 입자로 알려졌다)와 거의 같은 질량을 갖고 있으며 전기적으로 중성이므로 핵 주위의 전기적 장애를 통과하여 핵에 도달할 수 있는 입자이다. 중성자는 원자핵을 연구할 수 있는 새로운 길을 열어 놓았다. 중성자는 원자핵이 가진 엄청난 에너지의 일부를 방출시키는 수단이 될 수도 있었다.

바로 그때인 1932년에 실라르드는 당시까지 몰랐던 웰스의 작품들 중 흥미를 끄는 『자유로워진 세계(*The World Set Free*)』를 처음으로 발견했다. 이 책은 『공공연한 음모』와 같이 논문 형식으로 씌어진 것은 아니었다. 제1차 세계대전이 시작되기 전인 1914년에 발간된 예언적인 내용의 소설이었다. 30년이 지난 후에도 실라르드는 이 책의 내용을 상세하게 요약할 수 있었다. 그는 웰스가 묘사했던 것을 다음과 같이 정리했다. "산업에 이용할 목적으로 대규모의 원자 에너지 방출, 원자 폭탄의 개발 그리고 세계대전…… 영국, 프랑스 그리고 아마 미국도 포함하여 중부 유럽에 위치한 강국 독일과 오스트리아에 대항하여 싸우는 세계대전……." 웰스는 이 전쟁이 1956년에 일어나서 세계의 주요 도시들은 원자 폭탄에 의하여 모두 파괴될 거라고 예언했다.

웰스는 소설 속의 과학자 주인공이 자신의 발견으로부터 초래될 엄청난 결과 때문에 의기소침하고 실제로 겁에 질려 있다고 썼다. 그는 그 날 밤에 자기의 발견을 발표해서는 안 된다는 생각을 하게 된다. 현자들의 비밀 조직이 그의 연구 결과를 보관하고, 세계가 실제적인 응용을 할 만큼 성숙할 때까지 다음 세대 그리고 또 다음 세대로 전달해야 한다고 생각한다.

『자유로워진 세계』는 실라르드에게 주제가 암시하는 것만큼 큰 영향은 주지 못했다. "그 책은 나에게 깊은 인상을 주었다. 그러나 나는 단지 그것을 소설이라고만 생각했다. 나는 실제로 그런 일이 일어날 수 있으리라고 생각하지 않았다. 나는 이때까지는 핵물리학을 연구하고 있지 않았다"라고 실라르드는 말했다. 그의 설명에 의하면 조용하고도 색다른 대화가 그의 방향을 바꾸어 놓았다. 그에게 웰스를 소개한 친구가 유럽 대륙으로 돌아왔다.

> 나는 베를린에서 그를 다시 만나서 기억에 남을 대화를 나누었다. 오토 만들(Otto Mandl)은, 계속해서 일어나고 인류를 파멸시킬 수 있는 일련의 전쟁으로부터 인류를 구할 방법을 알고 있다고 말했다. 그는 "사람은 내면에 영웅적인 경향을 가지고 있다"라고 말했다. 사람은 행복하고 게으른 생활에 만족하지 않는다. 사람은 싸우고 위험에 직면해야 될 필요가 있다. 그는 인류가 자신을 구하기 위하여 해야 되는 일은 지구를 떠날 목적의 사업을 시작하는 것이라고 결론지었다. 그는 이 일에 인류의 에너지가 집중될 수 있고 영웅주의의 욕구도 만족될 수 있을 것이라고 생각했다. 나는 그의 말에 대한 나의 반응을 잘 기억하고 있다. 나는 그에게 이것은 어느 정도 새로운 생각이라고 말했다. 그리고 내가 이것에 동의할지 어떨지 모르겠다고 말했다. 내가 말할 수 있는 유일한 것은 이것이 인류가 필요로 하는 것이라는 결론에 도달하게 된다면 그리고 내가 인류를 구하는 데 어떤 공헌을 하기를 원한다면 그때에 나는 아마도 핵물리학을 연구하게 되리라는 것이었다. 왜냐하면 원자 에너지의 방출을 통하여 사람이 지구뿐만 아니라 태양계를 떠날 수 있는 수단을 얻을 수 있기 때문이다.

실라르드는 이런 결론에 도달했던 것 같다. 그 해에 그는 카이저 빌헬름 연구소의 방문과학자 숙소로 이사했다. 그리고 마이트너와 핵물리학 실험을 같이 할 수 있는가를 상의했다. 그는 언제나 옷가방만 가지고 셋방에서 살았다. 그는 옷가방 열쇠를 손에 들고 다녔고, 옷가방은 언제나 정리되어 있었다. "사정이 악화됐을 때, 내가 해야 될 일은 옷가방을 열쇠로 잠그고 떠나는 것이다." 사태가 나빠져 마이트너와 같이 연구하려던 계획을 연기해야 했다. 실라르드보다는 나이가 위인 헝가리인 친구 미카엘 폴라니(Michael Polanyi)는 카이저 빌헬름 연구소에 근무하는 화학자로서 가족이 있었다. 폴라니는 당시 독일에 있던 많은 사람들이 그러했듯이 독일의 정치 상황을 낙관적으로 생각했다. 그들은 문명인인 독일 국민들이 정말로 험악한 일이 생기는 것을 참고 있지는 않을 것이라고 생각했다. 실라르드는 이런 낙관적인 견해를 갖고 있지 않았다. 독일 국민들은 패전이 도덕심에 끼친 추악한 영향 중의 하나인 냉소주의에 마비되어 있었다.

1933년 1월 30일, 히틀러가 독일 총통에 임명됐다. 2월 27일 밤, 히틀러의 사병인 베를린 비밀 단체의 두목이 지휘하는 나치 깡패들이 의사당에 불을 질렀다. 히틀러는 공산주의자들의 짓이라고 책임을 전가하고, 놀란 의회에 자신의 비상 통치권 인준을 강요했다. 실라르드는 화재 사건 이후에도 폴라니가 아직도 확신이 서 있지 않은 것을 알았다.

> 그는 나를 보고 "내무장관 헤르만 괴링이 이것과 관계가 있다고 말하려는 건가?" 하고 물었다. 그래서 내가 말했다. "예, 그것이 바로 내 뜻이오." 그는 믿을 수 없다는 눈으로 나를 쳐다봤다.

3월에 프러시아와 바바리아에 있는 유대인 판사와 변호사 들이 폐업을 당했다. 4월 1일, 율리우스 슈트라이허(Julius Streicher)는 유대인 사업체의 보이콧을 지시했고, 유대인들은 거리에서 몰매를 맞았다. "나는 1933년 4월 1일경에 베를린에서 비엔나로 가는 기차를 탔다. 기차는 텅 비어 있었다. 다음날 떠난 같은 기차는 초만원이었고, 국경에서 정지당해 모두 하차하여 나치의 심문을 받았다. 이것은 만일 이 세상에서 성공하기를 원한다면 다른 사람보다 더 영리할 필요 없이 단지 한발짝 더 빨라야 한다는 것을 보여준다."

공무원 복직에 관한 법률이 4월 7일에 독일 전역에 공포되어 수천 명의 유대인 과학자와 학자 들이 독일의 대학에서 일자리를 잃었다. 실라르드는 5월에 영국에 도착하여 쫓겨난 유대인들에게 영국, 미국, 팔레스타인, 인도, 중국 그리고 다른 지역으로 이민과 직장을 알선하기 위하여 맹렬히 뛰어다녔다. 그는 아직 전세계는 구하지 못했지만, 적어도 일부만은 구할 수 있었다.

그는 9월이 되어서야 한숨 돌릴 수가 있었다. 그때 그는 러셀 광장에 있는 임페리얼 호텔에 투숙하고 있었다. 스위스 취리히 은행으로부터 런던에 있는 한 은행에 1,595파운드를 송금시키고 그 돈의 반이 넘는 854파운드를 동생 벨라(Bela)를 위하여 예치해 두었다. 나머지는 자신의 생활비로 사용했다. 실라르드의 돈은 특허료, 냉장고에 대한 자문, 교수 수입으로 모은 것이다. 그는 다른 사람들의 직장 알선에 바빴으므로 자신의 일자리는 구할 여유가 없었다. 생활비는 많이 필요하지 않았다. 런던의 고급 호텔은 숙박비와 1일 3식 비용이 일주일에 5.5파운드 정도 들었다. 그는 일생을 거의 독신으로 지냈기 때문에 씀씀이가 소박했다.

"나는 만들과의 우주 여행에 관한 대화와 웰스의 『자유로워진 세계』에 대해서는 나 자신이 런던에 있다는 사실을 깨닫기 전까지 거의 생각하지 않았다"라고 그는 말했다. 핵물리학을 창조적으로 생각하기에는 사건들과 구호 업무에 너무 정신이 팔려 있었다. 그는 생물학으로 전공을 바꿀 생각도 해보았었다. 이것은 근본적인 변화가 될 것이며, 제1차 세계대전 전과 그 이후에도 몇 명의 유능한 물리학자들이 전공을 바꾼 경우가 있었다. 이런 변화는 심리적으로 매우 의미 깊은 일이며 실라르드도 1946년에 전공을 바꾸었다.

과학 발전을 위한 왕립학회의 연례 회의가 1993년 9월에 런던에서 개최됐다. 임페리얼 호텔의 로비에서 실라르드는 웰스의 소설 『앞으로 다가올 일들』에 대한 《더 타임스(*The Times*)》의 서평을 읽고 있었다. 그때 익명의 비평가가 쓴 의견이 눈에 띄었다. "웰스는 앞서 출판된 『자유로워진 세계』와 비슷한 시도를 했다. 그러나 세부 사항의 확실성과 다가올 재난의 가능성에 대한 설득력이 부족하다." 실라르드는 웰스의 『공공연한 음모』, 자신의 계획, 나치 독일, 유능한 물리학자들, 폐허가 된 도시들 그리고 전면전 등을 생각했을지도 모른다.

분명히 실라르드는 9월 12일자 《더 타임스》의 자극적인 일련의 머리기사를 읽었다.

영국 과학자 협회

원자를 깨다

원소의 변환

《더 타임스》는 러더퍼드가 원자의 변환과 관련하여 지난 사반세기 동안 이루어진 발견의 역사와

중성자
새로운 변화

에 대하여 이야기했다고 보도했다. 이 기사는 실라르드를 들뜨게 만들었다. 영국에 있는 지도자급 과학자들이 모두 학회에 참석했으나 그는 참석하지 않았다. 신변이 안전했고 은행에 돈도 있었으나 그는 단지 런던에 있는 또 한 명의 이름 없는 축 늘어진 유대인 피난민으로 호텔 로비에서 모닝 커피나 시간을 질질 끌며 마시고 있는 무직의 무명 인사일 뿐이었다.

그때 두 번째 칼럼의 중간 부분에서 러더퍼드의 연설 요약문을 발견했다.

어떤 원자든 변환시킬 수 있다는 희망

> 결론에서 러더퍼드 경에게 한 질문처럼, 앞으로 20년 내지 30년 후에는 어떻게 될 것인가?
>
> 100만 볼트 단위의 고전압은 입자를 가속하는 수단으로는 아마도 필요하지 않을 것이다. 3만 또는 7만 볼트로 원자를 변환시킬 수 있을 것이다. ……그는 궁극적으로 모든 원소를 변환시킬 수 있을 것이라고 믿었다.
>
> 우리는 이 과정에서 입사된 원자가 공급하는 에너지보다 더 많은 에너지를 얻는 경우도 있을 것이다. 그러나 에너지를 얻는 이런 방법이 보편적인 것이라고는 기대할 수 없다. 원자의 변화에서 에너지원을 찾는다는 것은 헛소리이다.

실라르드가 '헛소리'—'바보스러운, 또는 공상의 이야기'—의 뜻이 무엇인지 알았을까?

러더퍼드 경은 산업에 이용될 수 있는 규모의 원자 에너지를 방출시킬 수 있다고 이야기하는 사람은 헛소리를 하는 것이라고 한 러더퍼드 경의 말이 보도됐다. "어떤 일이 성취될 수 없다는 취지의 전문가의 견해는 언제나 나를 화나게 만들었다"라고 실라르드는 말했다.

"나는 런던 거리를 걷는 동안 이것 때문에 생각에 잠겨서 사우샘프턴 거리의 교차로에서 빨간 신호등이 켜져 있는 동안 멈추어 섰던 것을 기억한다. ……나는 러더퍼드가 틀렸다는 것을 증명할 수 있지 않을까 하고 생각했다."

"중성자는 알파 입자(헬륨의 원자핵)와는 달리 물질 속을 통과할 때 전기적으로 물질과 작용하지 않는다는 생각이 떠올랐다. 결과적으로 중성자들은 반응할 핵과 충돌할 때까지는 정지하지 않는다."

중성자가 핵의 전기적 장벽을 통과할 수 있다는 것을 실라르드가 최초로 알아낸 것은 아니다. 다른 물리학자들도 물론 알고 있었다. 그러나 중성자를 핵과 충돌시켜, 중성자가 공급하는 에너지보다 더 많은 에너지를 얻어낼 수 있는 방법을 생각한 것은 실라르드가 처음이었다.

화학에도 이와 유사한 작용이 있다. 폴라니가 이 작용에 대하여 연구했다. 비교적 소수의 활성 입자들, 예를 들면 산소 원자들을 화학적으로 불안정한 시스템에 집어넣으면 효모와 같은 역할을 하여 정상적으로 작용하는 온도보다도 훨씬 낮은 온도에서 화학 반응을 이끌어냈다. 이 작용을 연쇄 반응이라고 불렀다. 화학 반응 하나의 중심은 수천 개의 생성물 분자를 만들어낸다. 하나의 반응 중심이 알맞은 조건으로 반응 물질과 만나면 단 하나의 반응 중심을 만드는 대신 둘 또는 그 이상의 반응 중심을 만들어내게 된다. 각각의 중심은 또 다른 중심들을 만들어내므로 연쇄 반응이 가능해진다.

화학적 연쇄 반응은 한계성을 지닌다. 만일 그렇지 않다면 연쇄 반응은 기하급수적으로 늘어나게 된다. 1, 2, 4, 8, 16, 32, 64, 128,

256, 1024, 2048, 4096, 8192, 16384, 32768, 65536, 131072, 262144, 524248, 1048576, 2097152, 4194304, 8388608, 16777216, 33554432, 67108868, 134217736, …….

"신호등이 초록색으로 바뀌었고 나는 길을 건넜다"라고 실라르드는 회상했다. "만일 우리가 중성자로 붕괴시킬 수 있는 원소를 발견하여 이 원소가 한 개의 중성자를 흡수하고 두 개의 중성자를 방출한다면, 그리고 이 원소를 충분히 큰 질량이 되게 모아 놓는다면 연쇄 반응을 유지시킬 수 있을 것이다"라는 생각이 갑자기 떠올랐다. "나는 그 순간에 이런 원소를 어떻게 찾아낼 것인지 그리고 무슨 실험이 필요할 것인지는 몰랐다. 그러나 그 생각만은 결코 잊어버릴 수가 없었다. 어떤 상황 하에서 연쇄 핵반응을 일으키는 것이 가능해지면 산업용 규모의 에너지를 얻을 수 있을 뿐만 아니라 원자 폭탄도 만들 수 있다."

레오 실라르드는 보도로 올라섰다. 그의 등뒤에서 신호등이 빨간색으로 바뀌었다.

원자와 빈 공간

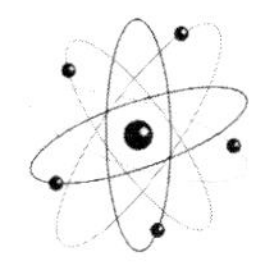

원자 에너지는 원자를 필요로 한다. 20세기 초까지 원자 에너지 개념은 물리학에서 아직 합리적으로 정립되지 못했다. 하나의 아이디어로서의 원자는 아주 오래된 것이었다. 눈에 보이지 않는 영원불멸한 것, 서로 결합하여 충만하고 녹고 그리고 썩는 원소적인 물질이다. 기원전 5세기 그리스의 철학자 레우키푸스(Leucippus)는 같은 시대에 살았던 부유한 트라키아(발칸 반도 동부에 있었던 고대 국가) 사람이며 명성이 높았던 데모크리토스(Democritus)가 원자의 개념을 밝혔다고 말했다. 그리스의 의사 갈렌(Galen)은 데모크리토스가 쓴, 전해져 오지 않는 72권의 책 중의 한 권을 인용하여 "색깔이 존재하고 쓰고 달지만 실제로는 원자들과 빈 공간"이라고 말했다. 17세기부터 물리학자들은 물리학 이론을 발전시킬 때마다 필요하면 원자 모델을 가정하여 사용했다. 그러나 원자가 실제로 존재하느냐 하는 문제는 계속하여 토론 과제로 남아 있었다.

토론은 어떤 종류의 원자가 필요하고 또한 존재 가능한지 하는 문제로 서서히 옮겨갔다. 아이작 뉴턴(Isaac Newton)은 자신의 운동하는 질량으로 구성된 역학적 우주에 잘 들어맞는 소형 당구공과 같은 모델을 상상했다. 1704년 뉴턴은 "태초에 신은 물질을 크기와 모양을 갖는 딱딱하고 질량이 있고 뚫고 들어갈 수 없고 움직일 수 있는 입자들로 만들어 여러 가지 성질을 갖게 하고 공간에서 부피를 차지하며 당신이 만든 대로 남아 있게 했다"라고 기록했다. 캐번디시 연구소를 세운 스코틀랜드의 물리학자 제임스 클러크 맥스웰(James Clerk Maxwell)은 1873년에 입자들이 공간에서 충돌하는 순전히 기계적인 뉴턴의 우주에 전자기장을 도입하는 『전기와 자기에 관한 논문』을 발간했다. 전자기장 이론은 공간에 퍼져 있는 전기와 자기 에너지가 광속으로 전파되고 빛 그 자체는 전자기적인 복사라는 것을 보여주었다. 그러나 그러한 수정 이론에도 불구하고 맥스웰은 딱딱하고 기계적인 원자론에 대해서는 뉴턴만큼 충실했다.

> 시간의 흐름에 따라 하늘에서 대이변들이 일어났고 또 앞으로도 일어날지라도, 고대의 체제가 없어지고 그 폐허 위에 새로운 체제가 나타날지라도, 태양과 행성들을 이루고 있는 원자 — 물질 우주의 초석 — 는 깨지거나 닳지 않은 채 남는다. 이들은 창조됐던 대로 완전무결한 숫자와 크기와 중량으로 오늘까지 계속 존재하고 있다.

막스 플랑크는 다르게 생각했다. 그는 많은 동료들처럼 원자의 존재 자체를 의심했다. 이 특정한 물질 이론은 유럽 대륙보다는 영국에서 발명된 것이었다. 그리고 이 이론에서 풍기는 희미한 영국적인 냄새는 외국인을 싫어하는 독일인의 코에 반발을 불러왔다.

그러나 원자가 정말로 존재한다면 기계적인 것은 될 수 없다는 확신을 가지고 있었다. 그는 자서전 『과학적인 자서전(*Scientific Autobiography*)』에서 "외부의 세계가 인간과는 무관하고 어떤 절대적인 것이라는 생각은 매우 중요하다. 그리고 이 절대적인 것에 적용되는 법칙을 탐구하는 일은 나에게 가장 숭고한 과학적인 일로 여겨졌다"라고 고백했다. 플랑크는 모든 물리학 법칙들 중에서 열역학 법칙들이야로 자신이 절대적인 것이라고 생각하는 독립적인 외부 세계에 가장 근본적으로 적용된다고 믿었다. 그는 순전히 기계적인 원자들은 열역학 제2법칙을 위반하고 있다는 것을 알았다. 그의 선택은 명백했다.

열역학 제2법칙은 시스템에 어떤 변화가 없이는 열이 차가운 물체로부터 뜨거운 물체로 저절로 이동하지 않는다는 것을 설명하고 있다. 플랑크 자신이 1897년 뮌헨 대학교에서 박사 학위 논문으로 일반화했듯이 열전도 과정은 결코 어떤 방법에 의해서도 완전히 가역화될 수 없다. 열역학 제2법칙은 영구기관의 제작이 불가능하다는 것을 보여주는 것 이외에도 플랑크의 선배 루돌프 클라우지우스(Rudolf Clausius)가 엔트로피라고 명명한 것을 정의하기도 한다. 일을 할 때마다 에너지는 다시 유용한 형태로 수집될 수 없는 열로 소모되므로 우주는 서서히 무작위의 불규칙한 상태로 빠져들게 된다. 이 점증하는 혼란은 우주가 일상적인 것이지 가역적인 것이 아님을 뜻한다. 열역학 제2법칙은 우리가 시간이라고 부르는 것을 물리학적인 형태로 표현한 것이다. 그러나 역학적인 물리학(현재는 고전 물리학이라고 부른다)의 방정식들은 우주의 전진과 후진을 동등하게 허용하고 있다. 독일의 어느 유명한 화학자는 "이와 같은 식으로 순전히 역학적인 세계에서는 나무가 새싹이 되고 다시 씨앗으로 될 수 있으며, 나비가 유충으로 되돌아가고, 그리고 노인이 어린아이가 될 수 있다"라고 불평했다. 이러한 일이 결코 일어날 수 없다는 사실에 대하여 역학적인 학설은 아무런 설명을 하지 못한다. 자연 현상들의 실제적인 비(非)가역성은 역학 방정식으로 표현할 수 없는 현상들의 존재를 이와 같이 증명하고 있다. 그래서 이것으로 과학적인 유물론에 대한 평결은 결론이 났다. 플랑크는 이보다 수년 전에 과연 그답게 다음과 같이 더욱 간결하게 기술했다. "열역학 제2법칙의 일관된 실행은…… 유한한 원자들의 가정과 부합되지 않는다."

이 당시의 문제들 중 주요 부분은 실험을 하기 위한 원자들을 직접적으로 손에 넣을 수 없었다는 것이다. 원자라는 것은 화학에서 원소들이 결합하여 다른 물질들을 만들지만 왜 그 자신들은 화학적으로 더 이상 쪼개질 수 없는가 하는 의문을 설명하기 위하여 도입된 편리한 개념이었다. 가스가 팽창하여 주입된 용기를 꽉 채우고 용기의 모든 벽면을 똑같이 밀어내는 행동은 원자들 때문이라고 생각됐다. 원자라는 개념은 모든 원소가 실험실에서 가열되거나 또는 전기 방전에 의해 색깔이 있는 빛을 방출하고, 프리즘 또는 회절격자에 의해 무지개 스펙트럼으로 분산된 빛이 언제나 변함없이 고유한 밝은 선들의 띠로 나누어진다는 놀라운 발견을 설명하기 위하여 다시 도입됐다. 그러나 1894년에 샐리스베리(Salisbury) 3대 후작이자 옥스퍼드 대학교 총장이고 영국의 전 수상이었던 로버트 세실(Robert Cecil)이 왕립학회에서 행한 연설에서 과학의 미완 업무를 분류할 때에도 원자는 실존하는지 또는 다만 편리한 개념인지 그리고 구조가 어떻게 생겼는지 하는 것은 아직 결정되지 않았다.

각 원소의 원자라는 것에 대해 그것이 움직임이든 물질이든 소용

돌이든 또는 관성을 가진 한 점이든지 간에 분할성에 어떤 한계가 있는지, 만약 그렇다면 그 한계는 어떻게 설정되어 있는지, 원소들의 목록표에는 더 이상 추가할 것이 없는지, 또는 그들 중의 어떤 것들은 공통된 유래를 갖고 있는지 등의 모든 의문은 여전히 깊은 어둠 속에 쌓여 있었다.

물리학은 모든 대안들을 정리하면서 발전했다. 모든 과학은 이런 식으로 발전한다. 화학자이며 실라르드의 친구인 폴라니는 노년에 맨체스터 대학교와 옥스퍼드 대학교에서 과학이 어떻게 이루어지는가를 생각해 보았다. 그는 비(非)과학자들이 상상하는 것과는 전혀 다른 전통적인 조직을 발견했다. 그는 이것을 '과학 공화국'이라고 불렀다. 독립적인 남자들과 여자들이 자유롭게 협력하는 공동 사회이며 '고도로 단순화된 자유 사회의 한 예이다'. 폴라니도 과학철학자가 됐지만, 모든 과학철학자들이 폴라니의 관점에 동의하지는 않았다. 폴라니조차도 때로는 과학을 '정통적 소신'이라고 불렀다. 그러나 그의 과학 공화국 모델은 성공적인 과학 모델이 강력했던 것과 같이 이제까지 명확하지 않았던 관계들을 설명해 준다.

폴라니는 간단한 질문들을 했다. 과학자들은 어떻게 선정됐는가? 누가 그들의 연구를 지도하고 과제를 선택하고 실험을 승인하고 그리고 결과의 가치를 판정했는가? 마지막 분석에서 누가 무엇이 과학적 진실이라고 결정했는가? 이런 의문들을 가지고 폴라니는 한걸음 물러나 과학을 바라보았다.

300년 전, 인류의 세계에 새로운 국면을 열기 시작한 거대한 구조 뒤에는 자연주의적인 인생관이 깔려 있었다. 생에 대한 여러 관점들이 각각의 시대와 각각의 장소를 지배했었다. 어린이들은 말을 배우기 시작할 때, 글을 배우기 시작할 때, 그리고 학교에 가기 시작할 때 자연주의적 관점을 배웠다. 폴라니는 그가 주장하는 바를 이해하기를 거부하는 사람들을 설득시킬 인내심이 바닥났다고 느꼈을 때, "점성술 또는 마술의 발전을 위해서는 한푼도 내놓지 않을 관리들이 매년 수백만금을 과학의 발전과 전파를 위하여 사용했다"라고 쓴 적이 있다. 다시 말하면, 우리의 문명은 사물의 본질에 대한 어떤 믿음에 깊이 관여하고 있다. 이 믿음은, 예를 들면 초기의 이집트인들이나 혹은 아즈텍 문명에 관계됐던 것과는 다른 것이다.

대부분의 젊은이들은 과학의 정설 이상은 배우지 못했다. 그들은 '죽은 학문인 확립된 교리만' 배웠다. 어떤 사람들은 대학에서 방법의 시작에 대하여 연구했다. 그들은 일상적인 연구에서 실험적 증명을 시도했다. 그들은 과학의 '불확실성과 그것의 영원한 잠정적인 본질'을 발견했다. 이것이 과학에 생명을 불어넣기 시작했다.

폴라니는 아직 과학자가 되지 못했다. 과학자가 되기 위해서는 '완전한 입문'이 필요하다고 생각했다. 이런 입문은 '훌륭한 스승의 관점과 연구 수행에 밀접한 개인적인 접촉'으로부터 얻어진다. 과학을 하는 것 그 자체가 과학은 아니다. 그것은 마치 마술이 전수되는 것과 같이 또는 법률과 의약의 노련함과 전통이 전수되듯이 스승으로부터 제자에게 전수되는 하나의 예술이다. 책과 교실 수업만으로는 법을 배울 수 없다. 의약의 노련함도 배울 수 없다. 더구나 과학은 배울 수 없다. 왜냐하면 과학에서는 아무것도 딱 맞아떨어지는 것이 없다. 어떤 실험도 최후의 증거가 될 수 없고 모든 것이 단순화됐으므로 근사점일 뿐이다.

미국의 이론물리학자 리처드 파인만(Richard Feynman)은 캘텍(Cal Tech)의 학부 학생들이 꽉 찬 강의실에서 과학에 대해 솔직히 말한 적이 있다. "우리가 무엇을 이해한다는 말이 무엇을 의미하는가?"

파인먼은 허심탄회하게 질문했다.

우리는 세계를 구성하는 이 복잡하고 움직이는 것들이 신들의 위대한 체스이고 우리가 이 게임을 구경하고 있다고 상상할 수 있다. 우리는 이 게임의 규칙을 알지 못하며 우리에게 허용된 것은 구경뿐이다. 물론 충분히 오랫동안 관찰한다면 우리는 마침내 두세 가지 규칙은 알아낼 수 있을 것이다. 우리는 이 게임의 규칙을 기본적인 물리학이라고 하는 것이다. 우리가 모든 규칙을 알고 있다고 하더라도, 이 규칙으로 우리가 설명할 수 있는 것은 극히 제한되어 있다. 왜냐하면 거의 모든 경우가 매우 복잡하여, 이 규칙들을 사용하여 게임을 추적할 수 없다. 이 다음에 무엇이 일어날 것인지는 더욱더 알 수 없다. 그러므로 우리는 좀 더 게임의 규칙에 대한 근본적인 의문에 우리 스스로를 제한하여야 한다. 만일 우리가 규칙들을 모두 알고 있다면 우리는 이 세상을 이해한다고 생각할 수 있다.

실증의 감각과 판단력을 배우고, 어떤 예감을 따르고 어떤 굉장한 계산을 다시 할 것인지 그리고 어떤 실험 결과를 믿지 않아야 하는지 등을 배울 기술들을 습득하면 우리는 신들의 체스 게임에 관람자로 들어갈 수 있다. 이런 기술들을 습득하기 위해서는 먼저 스승의 발 아래에 앉을 필요가 있다.

폴라니는 과학에 정식으로 입문하기 위해서는 또 다른 필요조건, 즉 믿음이 필요하다는 것을 발견했다. 과학이 서방의 정설이 됐다 해도, 아직도 개인들은 그것을 전체로서 또는 부분적으로 받아들이거나 또는 받아들이지 않을 자유를 갖고 있다. 그러나 '과학의 주의와 방법이 근본적으로 건전하고, 그래서 과학의 궁극적 건재가 의문점 없이 받아들여질 수 있다고 생각하지 않는 한 아무도 과학자가 될 수 없다'.

과학자가 되는 것은 과학적 체계와 과학적 세계관에 깊이 관여하는 행위이다. 우리가 믿고 있는 것으로 명확히 기술되지 않은 과학에 대한 설명은 본질적으로 불완전하고 허구의 주장이다. 과학은 모든 인간의 믿음과 다르고 더 훌륭하다는 것은 하나의 주장에 불과하며 과학적인 말이 아니다. 이것은 진실이 아니다. 믿음은 과학자들이 맹세하는 충성의 서약이다.

이것이 바로 과학자들이 어떻게 선정되고 과학자 사회에 받아들여졌는가에 대한 답이다. 그들은 스승과 도제의 연결을 통하여 판단력을 배우고 교육받은 신자들의 공화국을 구성했다. 그러면 누가 그 일을 안내했는가? 이 의문은 실제로는 두 가지 질문이다. 어떤 문제를 연구할 것인지, 어떤 실험을 수행할 것인지를 누가 결정했는가? 그리고 누가 그 결과의 가치를 판단했는가? 폴라니는 하나의 비유를 제안했다. 일단의 사람들이 그림 조각 맞추기 퍼즐에 봉착했다고 하자. 그들은 이 일을 가장 효과적으로 하기 위하여 각자 어떤 일을 맡을 것인가? 각자는 몇 조각씩 나누어 갖고 짜맞추려고 노력할 수 있다. 만일 구성하려는 퍼즐이 콩깍지를 벗기는 것과 같다면 이것은 매우 효과적인 방법이 될 것이다. 그러나 퍼즐은 그렇지 못하다. 조각들은 분리된 것이 아니다. 그것들은 서로 끼워 맞추어져 전체가 된다. 그리고 어떤 한 사람이 갖고 있는 조각들이 서로 맞을 확률은 매우 낮다. 만일 충분한 수의 세트를 갖고 있어 각자에게 한 세트씩 나누어 주었다 할지라도 전체가 다같이 할 수 있는 방법을 생각해 냈다면 아무도 혼자서는 전체만큼 해내지는 못할 것이다.

최상의 방법은 각자에게 다른 모든 사람들이 하고 있는 것을 알 수 있게 하는 것이다. 각자가 다른 사람들이 보고 있는 가운데 퍼즐을 맞추도록 하여 한 사람이 한 조각을 맞출 때마다 모든 사람들이 즉시 다음에 맞출 것을 찾아오도록 하는 것이다. 그런 식으로 각자는 솔선하는 정신으로 행동하면서 전체의 성취를 더 전진시키도록 노력한다. 전체는 독립적이면서도 함께 일을 한다. 퍼즐은 가장 효과적으로 맞추어지게 될 것이다.

폴라니는, 과학은 일련의 성장점들을 따라 미지에 도달한다고 생각했다. 폴라니가 성장점이라고 부르는 각 점은 가장 생산적인 발견이 이루어진 곳이다. 과학자들은 그들의 과학적 출판망과 직업적인 우정을 통해―의사소통의 완전한 개방으로 절대적이며 매우 귀중한 언론의 자유를 통해―을 듣고 그들의 특별한 재능이 노력과 사고의 투자에 있어서 감정적으로나 지적으로 최대의 보상을 얻을 수 있는 그런 점들에서 일하기 위하여 몰려든다.

과학자들 중에서 누가 과학적 결과들의 가치를 판단하는가 하는 것은 명백하다. 퀘이커 교도의 회합에서처럼 그룹에 속하는 모든 회원들이 하게 된다. "과학적 의견의 권위는 본질적으로 상호적이다. 그것은 과학자들 사이에서 수립되는 것이지 그들 위에서 이루어지는 것이 아니다." 각 분야의 성장점에는 많은 연구 업적을 내는 선도적인 과학자들이 있다. 그러나 과학에는 궁극적인 지도자는 없다. 의견의 일치가 지배하게 된다.

모든 과학자들이 모든 공헌을 판정할 수 있을 정도로 유능하지는 않다. 네트워크가 이 문제를 해결했다. 가령 과학자 M이 새로운 결과를 발표한다고 하자. 그는 자신의 고도로 전문화된 주제에 대하여 이 세상의 누구보다도 더 잘 알고 있다. 누가 그를 판단할 수 있는 적임자란 말인가? 그러나 과학자 M 다음에는 L과 N이 있다. 이들의 주제가 M의 주제와 겹치게 된다. 그래서 이들은 연구의 질과 신뢰성을 평가하기에 충분할 만큼, 그리고 그것이 과학의 어느 부분에 해당하는지 이해할 수 있을 만큼 M의 연구를 이해한다. L과 N 외에도 K, O, J 그리고 P와 같은 과학자들이 있어 이들이 L과 N의 M에 대한 판단을 믿을 수 있는 것인지 결정하기에 충분할 만큼 L과 N을 알고 있다. 이런 식으로 연구 주제는 M의 주제와 거의 완전히 거리가 먼 과학자 A와 Z에 이르게 된다.

"이 네트워크가 과학적 의견의 중심지이다"라고 폴라니는 강조했다. 어느 한 사람의 의견이 아니라 수천 조각으로 나누어져 많은 개인들이 소유하며, 각 개인은 그와 다른 사람들을 중복되는 이웃을 통하여 합의의 고리로 연결함으로써 남의 의견에 찬성할 수 있다. 폴라니는 과학은 개개인의 지능이 서로 연결된 거대한 두뇌처럼 작동하는 것임을 암시한다. 이것이 과학이 갖는 힘의 원천이다. 그러나 폴라니와 파인만이 조심스럽게 강조한 바와 같이 이 힘을 얻기 위해서는 자발적인 제한이라는 대가를 치른다. 과학은 배경과 가치관이 다른 남녀들이 모여 정치적 네트워크를 유지하는 어려운 일에 성공했고, 과학의 능력 범위를 극도로 제한하므로 신의 체스 규칙을 발견하는 더 어려운 임무에서도 성공했다. 물리학은 유진 위그너가 그의 동료들에게 상기시킨 적이 있듯이 우리 주위의 사건에 대하여 완전한 정보를 주려고 노력하지도 않는다. 물리학은 이런 사건의 상관 관계에 대한 정보를 제공한다.

그리고 과학자들이 동료들의 업적을 평가할 때 무엇을 기준으로 삼는지는 아직도 의문이다. 훌륭한 과학, 독창적인 연구는 언제나 일반적인 견해를 넘어서고 정설과 일치하지 않는 경우가 많다. 그러면 정통적인 학설이 어떻게 그것을 공정하게 평가할 수 있는가? 폴라니는 스승과 도제 체계가 과학자들을 경직되지 않게 하는 것이 아닌가 하고 생각했다. 도제는 스승으로부터 높은 판단 기준을 배운다. 동시에 그는 자신의 판단을 신뢰하는 것을 배운다. 그는 이의의 가능성과 필요성도 배운다. 그리고 책과 강의에서는 규칙을 배운다. 스승은 자신들의 독창적인, 곧 반란적인 연구를 통하여 통제된 반란을 가르친다.

도제는 세 가지의 과학적 판단의 광범위한 기준을 배운다. 첫 번째 기준은 이유 또는 구실 따위가 그럴듯함이다. 이것이 별난 생각을 하는 사람과 협잡꾼을 제거할 것이다. 이것은 또한 너무 독창적이어서 정통파조차도 인정할 수 없는 생각을 제거할 수 있다. 두 번째 기준은 과학적 가치와 내재된 흥미이다. 세 번째 기준은 이제까지 다른 사람이 생각해 내지 않은 것에 대한 독창성이다. 특허 심사관들은 발명이 그 분야에 익숙한 전문가들을 어느 정도까지 놀라게 하느냐에 따라 그것의 독창성을 평가한다. 이와 유사하게 과학자들도 새로운 이론과 발견을 판단한다. 이유의 그럴듯함과 과학적 가치는 정통 학설의 기준에 따라 아이디어의 질을 측정한다. 독창성은 그것의 반란의 질을 측정한다.

각각의 과학자들이 동료들의 업적을 상호 합의된 그리고 상호 지지하는 기준들에 따라 판단하는 폴라니의 개방된 과학 공화국 모델은 왜 원자가 19세기 물리학에서 제자리를 찾지 못했는지를 설명해준다. 그것은 그럴듯했고, 논리정연한 체계적 중요성 면에서 상당한 과학적 가치를 가지고 있었으나, 아무도 아직 원자를 발견하지 못했다. 1895년에 스스로 물리학자라고 부르는 전세계 1000명 정도의 남녀들로 구성된 네트워크, 그보다 더 많은 화학자들의 네트워크를 확신시키기에 충분한 것이 아무것도 없었다.

원자의 시대는 가까운 장래로 다가오고 있었다. 19세기 기초 과학에서 위대한 발견은 대부분 화학 분야에서 이루어졌다. 20세기 초반 기초 과학에서의 위대한 발견은 물리학에서 이루어졌다.

1895년 젊은 러더퍼드는 자신의 이름을 빛낼 웅지를 품고 캐번디시에서 물리학을 공부하기 위하여 지구의 반대편에서 포효하며 일어섰다. 그가 떠나온 뉴질랜드는 여전히 황량한 개척지였다. 영국 국교를 신봉하지 않는 기능인과 농부 그리고 몇몇 모험적인 상류사회 사람들이 1840년에 폴리네시아 마오리족을 밀어내면서 화산 군도에 이주했다. 마오리족은 5세기 전에 뉴질랜드를 발견했다. 마오리족은 수십 년 동안의 피나는 투쟁 끝에 1871년이 되어서야 완강한 저항을 중지했다. 러더퍼드는 그 해에 태어났다. 러더퍼드는 개교한 지 얼마 되지 않은 학교에 다녔다. 그는 우유를 짜기 위하여 젖소를 집으로 몰고 왔고, 숲속에서 말을 타고 비둘기 사냥을 했다. 그리고 브라이트 워터(Bright Water)에 있는 아마 방직 공장에서 아버지를 도와드렸다. 야생 아마를 원시의 늪에서 베어내어, 물에 담가 부드럽게 한 후 껍질을 벗기고 훑어 내려 삼실을 만들었다. 그의 남동생 두 명이 익사하자 가족은 농장 근처의 태평양 연안을 수개월씩 찾아헤맸다.

그는 생활이 어려웠지만 건전한 유년기를 보냈다. 러더퍼드는 근방의 넬슨 대학과, 석사 학위를 받은 뉴질랜드 대학교에서 장학금을 받았다. 그는 건장했고 열성적이었으며 영리했다. 그는 뉴질랜드의 시골에서 영국 과학계의 지도자로 성장하는 데 필요한 자질을 갖추어 나갔다.

그의 제자 채드윅은 러더퍼드가 다른 사람과 확연히 다른 특성은 그의 독창적이면서 창조적인 놀라운 재능이라고 말했다. 그의 성공에 대한 맹렬한 비난과, 잘 감추었지만 때때로 넌더리 나는 불안감, 그리고 식민지 태생이라는 상처에도 불구하는 그는 이런 자질을 잘 보존했다.

그의 천재적 재능은 러더퍼드가 1893년에 학사 학위를 받기 위해 다니던 뉴질랜드 대학교에서 처음 나타났다. 하인리히 헤르츠(Heinrich Hertz)가 지금은 라디오파라고 부르는 전자파를 1887년에 발견했을 때, 러더퍼드는 세계의 젊은이들과 마찬가지로 깊은 인상을 받았다. 파동을 연구하기 위하여 그는 헤르츠식 발진기를 만들었다. 발진기는 전기적으로 충전된 금속 손잡이를 금속면 사이에서 스파크가 일어나도록 약간 간격을 띄어 놓은 것이다. 그는 축축한 지하 창고에 이것을 설치했다. 그는 최초의 독립적 연구를 위한 과제를 찾고 있었다.

그는 헤르츠를 포함한 과학자들 사이에 퍼져 있던, 고주파수 교류 전기는 철을 자화시키지 않을 것이라는 일반적인 통념에서부터 연구 문제를 찾아냈다. 러더퍼드는 그렇지 않을 것이라고 생각했다. 그리고 매우 교묘하게 자신이 옳다는 것을 증명했다. 이 연구로 그는 1895년 케임브리지에서 장학금을 받았다. 전보가 도착했을 때, 그는 채소밭에서 감자를 캐고 있었다. 그의 어머니가 밭고랑 너머로 소식을 전했을 때 그는 웃으며 아들과 어머니 모두의 승리를 외치며 삽을 공중에 집어던졌다. "이것이 내가 캐는 마지막 감자다." (36년 후 러더퍼드는 남작이 되어 그의 어머니에게 전보를 쳤다. "이제 러더퍼드 경입니다. 저보다 어머니의 영광입니다.")

'고주파 방전에 의한 철의 자화'는 숙련된 관찰과 용감한 반란이었다. 러더퍼드는 고주파수 전류로 쇠바늘을 자화시키는 동안에 포착하기 어려운 반대 반응을 알아차렸다. 이미 자력이 포화 상태에 있는 바늘은 주위에 고주파수 전류가 흐르면 자력의 일부를 잃게 된다. 장차 두각을 드러낼 그의 재능이 작동하고 있었다. 그는 재빨리 전파를 사용할 수 있다는 사실을 깨달았다. 전파를 적당한 안테나로 수신하여 (자화된 바늘 묶음에 고주파 전류를 유도시키기 위하여) 전선 코일에 입력시키면 바늘은 자성의 일부를 잃게 되고 나침반을 옆에 놓으면 나침반 바늘이 움직인다.

러더퍼드는 여비를 빌려 1895년 9월 케임브리지에 도착했다. 유명한 톰슨(J. J. Thomson) 밑에서 러더퍼드는 그의 관찰 결과를 이용하여 원거리에서 전파를 탐지하는 장치를 만들기 시작했다. 사실 이 장치는 최초의 조잡한 라디오 수신기였다. 구글리엘모 마르코니(Guglielmo Marconi)는 이탈리아에 있는 아버지 저택에서 수신기를 만들고 있었다. 하지만 원거리 라디오 전파를 수신하는 세계 기록은 이미 몇 달 전에 한 뉴질랜드 청년(러더퍼드)이 세웠다.

러더퍼드의 실험은 톰슨으로부터 실험을 배운 탁월한 영국 과학자들을 기쁘게 했다. 그들은 재빨리 러더퍼드를 동료로 받아들였고, 어느 날 저녁 대학 특별 연구원들의 모임에서 그를 학장 옆 상석에 앉게 했다. 러더퍼드는 자신이 사람의 탈을 쓴 당나귀같이 느껴졌다고 말했다. 이 일은 캐번디시 연구원들 중 속물들을 시기로 파랗게 질리게 했다. 톰슨은, 불안해 하면서도 몹시 기뻐하는 러더퍼드에게 1896년 6월 18일 세계에서 가장 유명한 과학 단체인 런던 왕립학회에서 그의 세 번째 논문 「전기파동의 자기적 탐지 및 응용의 예」를 읽게 했다. 마르코니는 9월에 수신기를 완성했다.

러더퍼드는 가난했다. 그는 뉴질랜드 대학교에 다닐 때 주인집 딸인 메리 뉴턴(Mary Newton)과 약혼한 사이였다. 두 사람은 형편이 나아질 때까지 결혼을 미루었다. 러더퍼드는 한겨울 연구 기간 중에 약혼녀에게 편지를 보냈다. "내가 라디오 수신기에 관심이 많은 이유는 그것의 실제적인 중요성 때문입니다. ……만일 내가 다음주에 할 실험이 기대만큼 잘된다면 앞으로 빨리 돈을 벌 수 있는 기회가 있을 것입니다."

여기에 알 수 없는 수수께끼가 있다. 이 수수께끼는 앞에서 나온 '헛소리'에까지 연관된다. 러더퍼드는 나중에 연구 예산에 관하여는 매우 융통성이 없는 사람으로 알려졌다. 그는 산업체나 개인 후원자로부터 지원받는 것을 꺼려했고, 요구하는 것조차도 싫어했다. 그는 과학의 상용화에 반대했다. 예를 들면, 그의 러시아인 동료 표트르 카피차(Peter Kapitza)가 산업체의 고문 자리를 제의받았을 때 "당신은 신과 재물을 동시에 섬길 수 없다"라고 말했다.

러더퍼드를 잘 알았던 스노는 그가 단 한 번의 잘못을 저질렀다고 말했다. 이것은 러더퍼드가 원자 에너지가 이용 가능하다는 사실을 인정하지 않았음을 의미한다. 바로 이것이 1933년에 실라르드를 화나게 만들었다. 마크 올리펀트(Mark Oliphant)는 "나는 러더퍼드가 자기가 사랑하는 핵을, 신을 믿지 않는 자들이 부수어 상업적으로 이용할 것을 두려워했다고 믿고 있다"라고 추측했다. 그렇지만 러더퍼드 자신은 1896년 1월에 라디오를 상업적으로 이용하기 위하여 열심히 연구했다. 어떻게 하여 그의 생애에 이런 극적인 변화가 생기게 됐는가?

기록은 애매모호하지만 시사해 주는 바가 있다. 영국 과학의 전통은 역사적으로 점잖고 품위 있는 것이었다. 일반적으로 연구 특허와 과학적 결과를 자유롭게 개방시켜 보급하는 일을 위협하는 어떠한 법적 그리고 상업적 속박도 경멸했다. 실제로는 과학의 자유를 지키는 일이 저속한 상업주의에 대한 혐오로 빠져버릴 수도 있다. 러더퍼드가 길러낸 물리학자이며 통찰력이 있는 전기 작가인 어니스트 마스던(Ernest Marsden)은 처음 케임브리지에 왔을 때 몇몇 사람들이 러더퍼드가 교양 있는 사람이 아니라고 말하는 것을 들은 적이 있다. 이런 헛소문은 러더퍼드가 라디오를 만들어 이익을 얻으려고 열중한 것을 경멸한 말일 수도 있었다.

톰슨이 관여한 것 같다. 굉장한 새로운 연구 과제가 나타났다. 1895년 11월 8일, 러더퍼드가 케임브리지에 도착한 지 한 달 후, 독일의 물리학자 빌헬름 뢴트겐(Wilhelm Röntgen)이 음극관의 형광 물질을 바른 유리벽에서 엑스선이 방출되는 것을 발견했다. 뢴트겐은 자신의 발견을 12월에 보고하여 전세계를 놀라게 했다. 이 이상한 복사선은 과학의 새로운 성장점으로 나타났고 톰슨은 곧바로 엑스선 연구에 착수했다. 동시에 그는 음극선에 대한 실험도 계속했다. 이 실험은 1897년 톰슨이 음입자라고 부른 최초의 원자 입자인 전자의 발견으로 절정에 달했다. 또한 그는 엑스선이 젊은 러더퍼드의 실험 기술에 제공하게 될 독창적인 연구의 특별한 기회를 이해하고 있었을 것이다.

이 문제를 결론 짓기 위하여 톰슨은 영국의 대과학자인 72세의 켈빈 경(Lord Kelvin)에게 라디오의 상업적 가능성에 대한 의견을 묻는 편지를 보냈다고 마스던은 말했다. 켈빈 경도 결국에는 저속한 상업주의이든 아니든 간에 대서양 횡단 해저 케이블을 개발했다. 위대한 사람의 회신은 “라디오를 보급하기 위해 10만 파운드를 투자해 회사를 설립하는 것은 정당화될 수 있지만 그 이상은 안 된다”라고 했다.

4월 24일 러더퍼드는 빛을 보았다. 그는 메리 뉴턴에게 편지를 썼다. “나는 어떻게든 연구도 하고 돈도 벌고 싶다. 그러나 나는 이곳에서의 첫해를 무난하게 보내려고 한다. 현재 나의 연구는 천천히 진전되고 있다. 이번 학기에 교수님과 같이 연구하고 있다. 지난번 연구 과제에 약간 싫증이 나서 이번에 바꾸게 된 것이 기쁘다. 한동안 교수님과 같이 일하는 것이 나에게는 좋은 일이라고 생각한다. 나는 혼자 일할 수 있다는 것을 보여주기 위하여 한 가지 연구를 끝마쳤다." 어조는 감정을 억제한 것 같고 톰슨이 러더퍼드의 입을 통하여 약혼자에게 말하는 것 같다. 그는 아직 왕립학회에 나타나지 않았다. 지난번 연구 주제에 싫증이 난 것은 아니었다. 그러나 방향 전환은 완수됐다. 이후부터 러더퍼드의 건전한 포부는 과학적 영예이지 상업적 성공은 아니었다.

뉴턴이 위대한 책 『프린키피아(*Principia*)』를 쓴 곳이자 맥스웰이 세운 캐번디시 연구소의 어두컴컴한 실험실에 젊고 열정적인 어니스트 러더퍼드를 앉혀 놓고 신과 재물을 동시에 섬길 수 없다고 말한 듯하다. 캐번디시 연구소의 훌륭한 소장이 경솔한 뉴질랜드인의 상업적 포부에 대하여 켈빈 경에게 편지를 보냈다는 사실이 러더퍼드를 뼛속까지 섭섭하게 했고, 그는 벼락부자 같은 이상한 감정을 느끼며 대결에서 물러났다. 연구 예산 때문에 연구소가 곤궁에 처할지언정, 그리고 그의 우수한 동료들이 연구소를 떠나는 한이 있어도—결국에는 이런 일이 있었지만—그는 똑같은 잘못을 다시는 저지르지 않기로 했다. 그가 소중히 여기는 원자에서 에너지를 얻는 것이 헛소리에 지나지 않는다는 결과를 낳을지라도, 똑같은 잘못은 다시는 저지르지 않을 것이다. 그러나 러더퍼드가 성스러운 과학을 위하여 상업적인 부를 포기했다면, 그는 부 대신 원자를 얻었다. 그는 원자를 구성하는 입자들을 발견했고 그것들을 명명했다. 노끈과 봉인용 왁스로 원자를 실제의 것으로 만들었다. 봉인용 왁스는 피같이 붉었고, 이것은 잉글랜드 은행이 과학에 한 공헌 중 가장 눈에 띄는 것이었다. 영국 실험가들은 유리관을 밀봉하기 위하여 잉글랜드 은행의 봉인용 왁스를 사용했다.

러더퍼드의 초기 원자 연구는 톰슨의 음극선 연구와 같이, 유리관 안의 공기를 뽑아내고 금속판을 양끝에 넣어 막은 다음 금속판을 전지 또는 유도 코일에 연결할 때 발생하는 매혹적인 효과를 조사하는 19세기의 연구로부터 성장한 것이다. 이와 같이 전압을 걸어주면 봉해진 유리관 안의 공간이 발광한다. 이 발광은 음극판에서 나와서 양극판으로 사라진다. 만일 양극판을 원통형으로 만들어 유리관의 중간 부분에 놓으면 발광하는 빛을 유리관의 음극판이 있는 반대쪽에 비치게 할 수 있다. 만일 이 빛이 에너지가 충분하여 유리관 끝쪽의 벽에 부딪치면 유리는 형광을 발한다. 음극선관의 한쪽 끝을 평평하게 만들고 형광을 증가시키기 위하여 인으로 도포하면 오늘날의 TV 수상관이 된다.

1897년 봄, 톰슨은 음극선관 안에서 빛을 내는 것이 독일 물리학자들의 거의 만장일치의 견해와는 달리 광파가 아니라는 것을 실증했다. 음극선은 음극판에서 튀어나오는 음의 전하를 갖고 있는 입자들이며 양극판 쪽으로 끌려간다. 이 입자들은 전기장에 의하여 편이될 수 있고 자장에 의하여 경로가 굽을 수 있다. 그것들은 수소 원자보다 매우 가벼우며, 음극선관 안에 어떤 종류의 기체를 주입하여 방전을 일으키든 이 입자들의 성질은 동일하다. 이 입자들은 가장 가볍다고 알려진 물질보다도 가볍고 생성 물질의 종류에 관계없이 동일하게 발생하므로 물질의 어떤 기본 구성체라고 할 수 있다. 그리고 만일 그것들이 일부분이라면 전체가 있을 것이다. 물질의 미립자 이론은 처음으로 물리적 실험을 통해 정당화됐다.

전자를 발견하고, 다른 실험에서 원자로부터 전자가 떨어져나가고 남는 것은 양전하를 갖는 훨씬 더 무거운 것임을 알고 톰슨은 다음 십 년 동안 원자의 모델을 연구하여 플럼 푸딩 모델(Plum Pudding model)이라고 불렀다. 톰슨의 원자는 '다수의 음전하를 갖는 입자들이 양전하가 분포된 구에 균일하게 박혀 있는 것이다'. 톰슨의 원자 모델은 전자들이 원자내에서 안정된 구조로 배치될 수 있고, 그래서 주기율표에 표시되어 있는 화학 원소들의 유사성과 규칙성을 설명할 수 있음을 수학적으로 입증하는 데 매우 유용했다. 원소들 사이의 화학적 유사성은 전자들에서 비롯되고 화학은 궁극적으로 전자들에서 비롯된다는 것이 밝혀졌다.

톰슨은 1894년에 엑스선을 발견할 수 있는 기회를 놓쳤다. 전하는 이야기에 의하면, 옥스퍼드의 물리학자 프레더릭 스미스(Frederick Smith)만큼 운이 없었던 것은 아니었다. 스미스는 음극선 근처에 놓인 사진 건판이 뿌옇게 되기 쉽다는 사실을 발견하고 단지 그의 조수에게 다른 곳으로 치우라고 말했다. 톰슨은 방전관으로부터 몇 피트 떨어진 유리관에 음극선이 충돌하면 음극선관의 벽과 같이 형광을 발하는 것을 보았다. 그러나 그는 이유를 추적하기에는 음극선 자체에 관한 연구에 너무 몰두하고 있었다. 뢴트겐은 음극선관을 검은 종이로 덮어 이 현상을 고립시켰다. 그래서 근처에 있는 형광 물질로 된 스크린이 계속 빛을 발하게 하는 것이 무엇이든지 간에 종이와 그 사이를 가로막고 있는 공기를 투과한다는 것을 알게 됐다. 뢴트겐이 종이가 덮인 음극선관과 스크린 사이에 손을 집어넣었더니, 손이 스크린의 발광을 약간 감소시켰다. 그러나 검은 그림자 속에서 그는 자기 손의 뼈를 볼 수 있었다.

뢴트겐의 발견은 톰슨과 러더퍼드 이외에도 많은 학자들의 호기심을 자아냈다. 프랑스의 앙리 베크렐(Henri Becquerel)은 할아버지와 아버지의 뒤를 이어 물리학자가 됐다. 그는 자연사 박물관의 물리학 교수였다. 그는 우라늄에 의하여 방출되는 인광과 형광에 대한 전문가였다. 1896년 1월 20일 과학 아카데미의 주례 모임에서 뢴트겐의 연구 보고에 대한 이야기를 들었다. 그는 형광을 발하는 유리에서 엑스선이 나온다는 사실을 알았다. 그래서 즉시 여러 종류의 형광 물질들이 역시 엑스선을 방출하는지 조사해 볼 생각을 했다. 그는 열흘 동안 조사했으나 성공하지 못하고, 1월 30일 엑스선에 관한 기사를 읽고 다시 용기를 얻어 계속해서 우라늄염을 시험해 보기로 결정했다.

그는 첫 실험에 성공했다. 우라늄염이 방사선을 방출하는 것을 발견했으나 잘못 판단했다. 그는 사진 건판을 검은 종이로 싸고 그 위에 우라늄염을 뿌린 다음 두세 시간 동안 햇빛에 노출시켰다. 그가 사진 건판을 현상했을 때, 건판에 검은색으로 나타난 인광 물질의 그림자를 볼 수 있었다. 그는 마치 음극선이 유리로부터 뢴트겐의 엑스선을 방출시키는 것과 같이 태양빛이 이런 현상을 일어나게 했다고 생각했다.

그후 베크렐의 뜻밖의 발견 이야기는 매우 유명하다. 그가 2월 26일과 27일에 그의 실험을 반복했을 때 파리의 날씨는 흐렸다. 그는 포장된 사진 건판에 우라늄염을 뿌려둔 채 책상 서랍 속에 넣어두었다. 3월 1일 다시 실험을 계속하기로 마음먹고 영상이 매우 희미할 것이라고 생각하면서 사진 건판을 현상했다. 뜻밖에도 그의 예상과는 달리 그림자가 매우 진하게 나타났다. 즉시 그는 이 작용이 어둠 속에서도 일어날 수 있다는 것을 알게 됐다. 방사선이나 빛으로 자극되지 않은 불활성 물질에서 강한 투과력이 있는 방사선이 방출됐다. 이제 러더퍼드는 자신의 연구 과제를 찾았다. 그는 마리 퀴리(Marie Curie)와 피에르 퀴리처럼 방사선을 방출하는 물질을 찾아내기 위하여 허리가 휘도록 일했다.

1898년 러더퍼드는 베크렐이 발견하고 마리 퀴리(Marie Curie)가 방사능(Radioactivity)이라고 이름 지은 현상에 관심을 돌리기 시작하여, 1911년 그의 생애에서 가장 중요한 발견을 하게 된다. 이 젊은 뉴질랜드 물리학자는 원자를 체계적으로 해부하기 시작했다.

그는 우라늄과 토륨이 방출하는 방사선을 연구하고 이것들의 이름을 지었다. "현재로서는 적어도 두 개의 뚜렷한 형태의 방사능이 있음을 알 수 있다. 하나는 매우 쉽게 흡수되는 것으로 알파 방사선이라 부른다. 그리고 투과력이 좀 더 큰 성질을 갖고 있는 다른 것을 베타 방사선이라고 부른다(프랑스 학자 빌라르(P. V. Villard)가 고에너지 엑스선인 제3의 방사선을 발견했다. 러더퍼드의 명명법을 따라 감마 방사선이라고 불렀다." 이 연구는 캐번디시 연구소에서 수행됐으나, 1899년 그는 이 연구 결과를 발표했을 때에는 캐나다의 맥길 대학교의 물리학 교수로 재직하고 있었다. 캐나다의 연초 상인이 물리학 연구소를 세우고 유명한 교수를 채용하도록 돈을 기부했다. "맥길 대학교는 명성이 있습니다." 그는 어머니에게 편지를 썼다. "500파운드의 연봉은 그렇게 적은 것이 아닙니다. 그리고 물리학 연구소는 세계에서 가장 우수한 곳 중의 하나입니다. 나는 불평할 수가 없습니다."

1900년 러더퍼드는 방사능 원소 토륨으로부터 방사능 가스가 나오는 것을 발견하고 학계에 보고했다. 곧이어 마리와 피에르 퀴리도 방사능 가스를 방출하는 라듐을 발견했다(이 부부는 우라늄 광석을 정제하여 라듐을 얻었다). 러더퍼드는 토륨이 방출하는 것이 토륨인가 또는 다른 원소인가를 알아내기 위하여 유능한 화학자의 도움이 필요했다. 다행히 그는 젊은 옥스퍼드 출신의 프레더릭 소디(Frederick Soddy)를 맥길 대학교로 데려올 수 있었다. "러더퍼드 교수는 실험실에서 나를 불렀다. 그리고 그가 발견한 것에 관하여 얘기했다. 그는 방금 뉴질랜드에서 신부와 같이 돌아왔다. 캐나다를 떠나기 전에 그는 토륨 방출물이라고 불리는 것을 발견했다. 나는 물론 흥미를 갖고 있었고 화학적 성질을 조사해야 된다고 제안했다."

그 가스는 화학적 특성을 전혀 가지고 있지 않았다. "그것은 피할 수 없는 굉장한 결론을 이끌어냈다. 즉, 원소 토륨은 천천히 그러나 자연적으로 자신을 화학적으로 불활성 원소인 아르곤 가스로 변환시키고 있다!"라고 소디는 말했다. 소디와 러더퍼드는 20세기 물리학에서 이룩된 주요 발견 중의 하나인 방사능 원소의 자연적인 붕괴를 관찰했다. 그들은 우라늄, 라듐 그리고 토륨이 알파와 베타 입자를 방출하고 자신들의 성질을 바꾸는 방법을 추적하기 시작했다. 그들은 방사능 원소들이 특유한 반감기를 갖고 있다는 사실을 발견했다. 반감기는 방출되는 방사선의 세기가 반으로 줄어드는 데 걸리는 시간이다. 반감기는 어떤 원소의 원자들의 절반이 다른 원소의 원자 또는 같은 원소지만 물리적으로 다른 형태의 원자(동위원소)로 변환되는 데 걸리는 시간이다. 동위원소라는 용어는 소디가 나중에 사용하기 시작했다. 반감기는 화학적으로 검출하기에는 너무 적은 양의 변환된 물질을 검출하는 방법이 됐다. 우라늄의 반감기는 45억 년, 라듐은 1,620년, 토륨이 붕괴되어 생성된 물질 중의 하나는 22분 그리고 또 다른 토륨 붕괴 생성물의 반감기는 27일이다. 어떤 붕괴 생성물은 눈깜짝 할 사이, 즉 수십분의 1초 이내에 다른 물질로 변환된다. 이것은 물리학에서 매우 중요한 연구였다. 소디가 기억했던 것과 같이 2년 이상의 기간 동안 계속 새로운 장이 열렸고 "과학적 생활은 개인의 일생 중에 찾아보기 힘든 열광적인 것이었고, 아마도 연구소의 일생에서도 드문 일이었다"(소디는 뒤에 노벨상을 받았다).

러더퍼드는 방사능 원소가 변환되는 과정에서 방사선이 방출되는 현상을 조사했다. 그는 베타선은 모든 점에 있어서 음극선과 유사한 고에너지 전자라는 것을 실험적으로 증명했다. 그는 알파 입자는 양전하를 가진 헬륨 원자가 아닌가 하고 생각했고 뒤에 영국에서 이것을 결정적으로 증명하게 된다. 우라늄과 토륨 광석의 결정들 틈에 갇혀 있는 헬륨이 발견됐다. 이제 그는 그 이유를 이해할 수 있었다.

소디와 같이 1903년에 발표한 논문 「방사능 변환」에서 처음으로 방사능 붕괴 때 방출되는 에너지의 양을 계산했다.

> 그러므로, 라듐 1그램이 붕괴하는 동안에 방출되는 총에너지는 10^8(즉, 100,000,000)그램칼로리보다 적을 수 없고, 아마도 10^9과 10^{10} 그램칼로리 사이가 될 것이라고 말할 수 있다. ……수소와 산소가 결합할 때 방출되는 에너지는 생산된 물 1그램당 약 4×10^3그램칼로리이다. 이것은 이제까지 알려진 어떤 화학 반응보다 주어진 중량에 대하여 가장 많은 에너지를 방출한다. 그러므로 방사능 변환 때 방출되는 에너지는 어떤 분자 변화 때 얻을 수 있는 에너지보다 적어도 2만 배 또는 100만 배 이상이 된다.

이것이 공식적인 과학적 언급이었으나, 비공식적으로 러더퍼드에게는 이상한 종말론에 마음이 쓰이는 경향이 있었다. 그 해 1903년에 방사능에 관하여 원고를 쓰고 있던 케임브리지 대학교의 동료는 러더퍼드의 말을 인용했다. "장난스런 제안이지만, 적당한 기폭 장치를 만들 수 있다면 물질 속에서 원자 붕괴가 파도처럼 일어나게 할 수 있고 이 세상은 연기 속에 사라져 버리게 된다." 러더퍼드는 빈정대기를 좋아했다. "어떤 바보가 실험실에서 무심결에 우주를 폭파해 버릴 수도 있다." 만일 원자 에너지가 결코 유용한 것이 되지 못한다 해도, 여전히 위험한 것이 될 수 있었다.

영국으로 돌아온 소디는 이 주제를 좀 더 진지하게 조사했다. 1904년 영국 공병들을 위하여 라듐에 관한 강의를 하며 원자 에너지의 이용에 대한 앞날을 내다보는 추측을 했다.

> 모든 무거운 물질들은 라듐과 유사한 양의 에너지를 눈에 보이지 않는 원자의 구조 속에 보유하고 있을 수 있다. 만일 그것을 끄집어내어 제어할 수 있다면, 세계의 운명을 바꾸게 될 것이다.
>
> 이 저장된 에너지의 출력을 조절하는 손잡이에 자기 손을 얹을 수 있는 사람은, 만일 그가 원한다면 지구를 파괴할 수 있는 무기를 보유할 수 있다.

소디는 이런 일이 가능하다고는 생각하지는 않았다. "우리가 존재하고 있다는 사실은 과거에 막대한 에너지의 방출이 일어나지 않았다는 증거이다. 그것이 지금까지 일어나지 않았으므로 앞으로도 결코 일어나지 않을 것임은 가장 가능성 있는 확신이다. 자연은 자신의 비밀을 지킬 수 있다고 확신할 수 있다."

웰스는 1909년 소디가 쓴 『라듐의 해설』이라는 책에서 유사한 표현을 읽었을 때 자연의 믿음성이 약간 떨어진다고 생각했다. 그는 자신의 아이디어는 소디로부터 얻은 것이라고 『자유로워진 세계』에서 말했다. 그는 자신의 소설을 "좋은 과학 소설 중의 하나"라고 말했다. 이 소설을 쓰기 위하여 사회적인 소설 시리즈를 중단할 만큼 그에게는 이 소설이 매우 중요했다. 방사능 변환에 대한 러더퍼드의 풍자와 소디의 이야기가 웰스로 하여금 공상 과학 소설을 쓰도록 영감을 주었고 마침내 실라르드가 연쇄 반응과 원자탄에 대하여 생각하도록 만들었다.

1903년 여름 러더퍼드 가족은 파리에서 퀴리 가족을 방문했다. 퀴리 부인은 그들이 도착하던 날 과학 분야의 박사 학위를 받았다. 친구들은 축하연을 열었다. "매우 즐거운 저녁을 보낸 후 우리는 밤 11시쯤 정원으로 나갔다. 퀴리 교수가 유화아연으로 코팅된 유리관 속에 라듐 용액을 담아 가지고 나왔다. 그것은 어둠 속에서 매우 밝게 빛났고, 잊을 수 없는 날의 멋있는 피날레가 됐다"라고 러더퍼드는 회상했다. 유화아연 코팅은 주기율표에서 우라늄으로부터 납으로 변환되는 과정에서 라듐이 방출하는 강한 입자들을 파리의 저녁 어둠 속에서 볼 수 있도록 흰색 빛을 발했다. 그 빛은 라듐에 노출되어 부은 피에르 퀴리의 손을 러더퍼드가 볼 수 있을 만큼 충분히 밝았다. 방사능 화상으로 부어오른 손은 물질의 에너지가 무엇을 할 수 있는가를 보여주는 교훈이었다.

26세의 독일 화학자 오토 한(Otto Hahn)은 러더퍼드와 같이 일하기 위하여 1905년 프랑크푸르트로부터 몬트리올에 도착했다. 오토 한은 이미 새로운 원소 라디오 토륨을 발견했다. 라디오 토륨은 나중에 토륨의 12개 동위원소 중 하나로 판명됐다. 그는 러더퍼드와 같이 토륨에서 방출되는 방사선에 대하여 연구했다. 그들은 토륨에서 방출된 알파 입자들과 라듐에서 방출된 알파 입자들의 질량이 똑같고, 그리고 또 다른 방사능 원소 악티늄에서 방출되는 것도 같은 질량을 가졌다는 사실을 발견했다. 그리고 이 세 가지 종류의 입자들이 동일한 것이라는 사실은 1908년 러더퍼드가 알파 입자는 전하를 갖고 있는 헬륨 원자라는 것을 증명할 때까지 잠정적인 결론이었다. 한은 1906년 독일로 돌아가 동위원소와 원소 들의 발견자로서 저명한 생애를 시작했다. 레오 실라르드는 1920년대에 베를린에 있는 카이저 빌헬름 물리화학 연구소에서 리제 마이트너와 같이 연구하고 있던 한을 만났다.

맥길 대학교에서 방사능 원소의 복잡한 변환 과정의 실마리를 푼 공로로 러더퍼드는 1908년 물리학 분야에서가 아니라 화학 분야에서 노벨상을 받았다. 그는 이 상을 받기를 원했다. 1904년 말 그의 부인이 방문차 뉴질랜드로 돌아갔을 때 그는 편지를 보냈다. "내가 계속 연구한다면 내게도 기회가 주어질 것 같다." 다시 1905년 초에 "모두들 내 뒤를 쫓아오고 있다. 수년 이내에 노벨상을 받으려면 나는 연구를 계속 진전시켜야 된다." 물리학이 아닌 화학 분야의 수상은 그를 기쁘게 했음에 틀림없다. "그것은 끝까지 그에 대한 좋은 농담거리가 됐다"고 그의 사위가 말했다. "진정한 물리학자가 아니고 언제나 화학자로 낙인 찍히게 된 것을 그는 감사하게 생각했다."

노벨상 수여식에서 그를 본 사람들은 37세의 러더퍼드가 이상하리만큼 젊어 보였다고 기억했다. 그날 저녁 그는 수상 기념 강연을 했다. 그는 지난달에 보고했던 알파 입자가 헬륨이라는 주장의 확인 실험 결과를 발표했다. 확인 실험은 모범적으로 정밀한 것이었다. 러더퍼드는 유리 세공인에게 아주 얇은 벽을 가진 유리관을 만들도록 부탁했다. 그는 유리관 속의 공기를 뽑아내고 알파 입자를 대량으로 방출하는 라돈 가스로 채웠다. 이 유리관의 벽에서 공기는 새지 않지만 알파 입자는 빠져나올 수가 있다. 러더퍼드는 라돈 가스가 들어 있는 유리관을 좀 더 큰 유리관 속에 집어넣고, 그 사이에 있는 공기를 뽑아낸 다음 관을 막아버렸다. 그는 스톡홀름의 청중들에게 의기양양하게 말했다. "며칠 후 헬륨의 밝은 스펙트럼이 외부 유리관에서 관측됐습니다." 러더퍼드의 실험은 그것의 단순성으로 사람들을 깜짝 놀라게 한다. "이런 점에서 러더퍼드는 예술가였다"라고 그의 제자는 말했다. "모든 그의 실험들은 특별한 스타일을 갖고 있었다."

1907년 러더퍼드는 부인과 여섯 살 난 외동딸을 데리고 몬트리올을 떠나 영국으로 돌아왔다. 그는 존 돌턴(John Dalton)이 거의 1세기 전에 원자 이론을 부활시킨 도시 맨체스터에서 물리학 교수로 취임했다. 러더퍼드는 집을 사서 이사하고, 곧 연구에 착수했다. 그는 전임자의 조수로 있던 경험 많은 독일 물리학자 한스 가이거(Hans Geiger)와 같이 일했다.

중년의 초반에 접어든 그는 유명할 정도로 목소리가 커서 '추장'이라는 별명이 붙었다. 그는 음정도 맞지 않게 「기독교 병사여, 전진하라」라는 노래를 부르며 실험실에서 행진하곤 했다. 그는 이제 자리를 잡았다. 그는 혈색이 좋은 불그스레한 얼굴에 반짝이는 푸른 눈을 갖고 있고, 배도 상당히 나오기 시작했다. 수줍음은 잘 감추어지고, 그의 악수는 짧고 무기력하며 뼈가 없었다. 그의 제자는 그가 신체적 접촉을 부끄러워하는 듯한 인상을 주었다고 말했다. 학생들에게는 조용하고, 온화하고 그리고 귀중한 사람이었다. 그는 결코 잔꾀를 부리지 않았다.

하임 바이츠만(Chaim Weizmann)은 유대계 러시아인 생화학자이며 제2차 세계대전 후 이스라엘의 초대 대통령이 된 사람이다. 그는 맨체스터에서 효소의 생산에 관련된 연구를 하고 있었는데, 러더퍼드와 좋은 친구가 됐다. 그는 러더퍼드가 젊고 활기에 차 있었으며 좀 시끄러운 편이었다고 기억했다. "과학자라는 느낌이 전혀 풍기지 않았다. 그는 모든 주제에 대하여 쉽게 그리고 힘 있게 얘기했으나 때로는 그것에 대해서 아무것도 모르고 있었다. 점심을 먹으러 식당에 갈 때 복도에서 울리는 크고 우정 어린 그의 목소리를 듣곤 했다." 러더퍼드는 정치에 관한 지식이 전혀 없다고 바이츠만은 생각했다. 하지만 그것은 그가 과학 연구에 모든 시간을 빼앗기기 때문이라고 이해했다. 그는 친절한 사람이었다.

1907년 9월 맨체스터의 첫 학기에 러더퍼드는 연구 목록을 작성했다. 목록표의 일곱 번째 항목은 '알파 입자의 산란'이었다. 수년 동안 알파 입자의 본성을 알아내기 위하여 연구하는 동안 그는 원자를 조사할 수 있는 도구로서의 알파 입자의 가치를 깨닫게 됐다. 왜냐하면 고에너지를 갖고 있지만, 아주 가벼운 전자와 비교하여 보면 매우 무겁기 때문에 물질과 강력하게 작용한다. 이 작용을 관측하면 원자의 구조를 알아낼 수 있을 것이다.

러더포드는 만찬에 모인 청중들에게 "나는 원자를 딱딱한 친구이며 취향에 따라 빨강 또는 회색을 띠는 것으로 보도록 훈련받아 왔다"라고 말했다. 1907년경에는 원자는 딱딱한 친구가 아니라 상당히 빈 공간이라는 생각이 들기 시작했다. 독일의 물리학자 필립 레나르트(Philipp Lenard)는 1903년 음극선을 원소에 충돌시키는 실험으로 이것을 보여주었다. 레나르트는 그의 발견을 극적으로 표현했다. "1세제곱미터의 백금 덩어리가 차지하는 공간은 지구 밖의 별들의 공간과 같이 텅 비어 있다."

그러나 만일 원자 속에 빈 공간이 존재한다면, 공간 속의 공간, 즉 무엇인가 다른 것이 있을 것이다. 1906년 캐나다의 맥길 대학교에서 러더퍼드는 알파 입자가 좁은 틈 사이를 지나가게 한 다음 자장 속을 통과시켜 자기력에 의하여 알파 입자들의 운동 경로가 휘는 것을 조사했다. 그는 알파 입자가 지나가는 틈새의 반쪽 부분을 두께가 3000분의 1센티미터 정도인 아주 얇은 운모로 덮었다. 그리고 이 결과를 사진 건판에 기록했다. 그는 운모로 덮은 부분의 영상에 번짐 현상이 나타나는 것을 발견했다. 이 영상의 번짐 현상은 운모를 지나가는 알파 입자의 경로가 직선으로부터 약 2도 정도 휘어졌다는 것을 의미한다. 강한 자기장도 이것보다 약간 더 산란시킬 뿐이니까, 무엇인가 정상적이지 않은 일이 벌어지고 있음이 틀림없다. 알파 입자와 같이 무거운 입자가 매우 빠른 속도로 운동하던 중 자장이 걸리지 않았는데도 2도나 휘어진다는 것은 매우 큰 효과이다.

러더퍼드의 계산에 의하면 알파 입자의 수를 셀 수 있을 뿐만 아니라 눈으로 개개의 입자를 볼 수 있어야 했다. 맨체스터에서 필요한 장비를 만드는 일에 도전했다. 그는 한스 가이거와 같이 각각의 알파 입자가 검출기에 도달하면 클릭클릭 하는 소리를 내는 장비를 개발했다. 가이거는 후에 이 발명품을 발전시켜 현대 방사능 연구에 쓰이는 가이거 카운터를 정교하게 만들었다.

1903년 피에르 퀴리가 밤에 정원으로 들고 나왔던 라듐 용액을 넣은 유리관에 바른 유화아연을 사용하면 각각의 알파 입자를 볼 수 있다. 유화아연을 바른 작은 유리판에 알파 입자를 충돌시키면 잠시 형광이 나타난다. 이 현상은 섬광(scintillation)이라고 알려져 있고 희랍어 불꽃(spark)에서 유래된 말이다. 희미한 유화아연의 섬광을 현미경으로 볼 수 있고 또한 개수도 셀 수 있다. 이 방법은 오래 계속하기에는 매우 싫증이 난다. 먼저 어두운 방에서 적어도 30분 정도 눈이 어둠에 익숙해지기를 기다린 다음 1분씩 교대로 섬광을 세야 한다. 1분마다 타이머가 종을 울려 시간을 알려준다. 매우 작

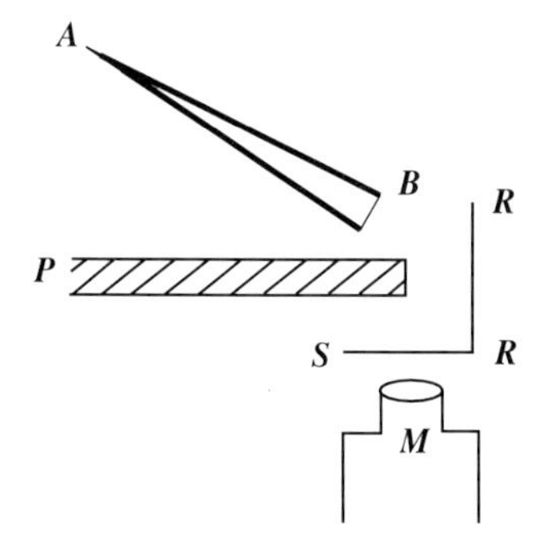

어니스트 마스던의 실험
A-B: 알파 입자 원.
R-R: 금박지.
P: 납 판.
S: 유화아연 스크린.
M: 현미경.

고 어두운 화면에 1분 이상 눈의 초점을 맞추기란 거의 불가능하기 때문이다. 현미경을 통해서 보더라도 가시도의 경계선에 있는 섬광들은 보였다 안 보였다 한다. 어떤 수의 섬광이 나타나리라고 기대하고 있는 관측자는 때때로 무의식적으로 반짝이는 허상을 보게 된다. 그래서 셈이 일반적으로 정확한가 하는 의문이 생기게 됐다. 러더퍼드와 가이거는 관측한 숫자와 전기적 방법으로 측정한 숫자를 비교하여 보았다. 관측한 숫자가 믿을 수 있다고 생각됐으므로 전기식 카운터는 사용하지 않았다. 전기식 카운터는 셀 수는 있지만 볼 수는 없었다. 러더퍼드는 무엇보다도 알파 입자의 위치를 확인하는 것에 큰 관심을 갖고 있었다.

가이거는 당시 학생이었던 어니스트 마스던(Ernest Marsden)의 도움을 받으며 알파 입자의 산란 실험을 계속했다. 그들은 알루미늄, 은, 금 그리고 백금 등의 박지를 통과하여 나오는 알파 입자를 관측했다. 결과는 기대하던 것과 대체로 일치했다. 알파 입자는 건포도 푸딩과 같이 생긴 원자들로부터 튕겨져 최대 2도까지 경로가 구부러졌다. 그러나 실험은 길을 잃고 사방으로 흩어지는 알파 입자들 때문에 곤란을 받았다. 가이거와 마스던은 용기의 벽과 충돌하여 산란되기 때문이라고 생각했다. 그들은 가운데 구멍이 뚫린 동전 모양의 금속을 사용하여 알파 입자의 출구를 명확하게 해주어서 사방으로 흩어지는 것을 막으려고 했다. 그러나 그것은 아무 도움도 되지 못했다.

러더퍼드가 실험실에 들어왔다. 세 사람은 이 문제에 대하여 이야기 했다. 러더퍼드에게 새로운 생각이 떠올랐다. 그는 마스던에게 "금속 표면에서 직접 반사되어 나오는 알파 입자를 조사해 보게" 라고 말했다. 마스던은 부정적인 결과가 나오리라고 생각했다. 얇은 금박지를 투과하도록 쏘아진 알파 입자가 반사되어 되돌아오지는 않을 것이다. 그러나 긍정적인 결과를 태만하여 놓쳐버린다면 용서받지 못할 죄악이 될 것이다. 그는 조심스럽게 매우 강한 알파 입자 공급원을 준비했다. 그는 연필 굵기 정도의 알파 입자 빔(beam)을 금박지에 45도 각도로 입사시켰다. 그는 섬광 스크린을 반사되어 나오는 알파 입자와 충돌할 수 있는 위치에 놓았다. 알파 입자의 소스와 스크린 사이에 두꺼운 납판을 설치하여 알파 입자가 직접 스크린에 닿지 못하도록 했다.

그 즉시 놀랍게도 그가 찾고 있던 것을 발견했다. "나는 결과를 러더퍼드에게 보고한 것을 잘 기억하고 있다. 그의 사무실로 가는 계단에서 그를 만났을 때, 나는 기쁨에 들떠 말했다."

수 주 후에 러더퍼드의 지시에 따라, 가이거와 마스던은 이 실험 결과를 발표할 준비를 했다. "알파 입자의 무게와 빠른 속도를 감안한다면, 실험이 보여주는 바와 같이 알파 입자가 0.00006센티미터 두께의 금박지에서 90도 또는 그 이상의 각도로 반사되어 되돌아 나온다는 것은 놀랄 만한 일이다. 자장에 의하여 이와 유사한 결과를 얻으려면 10^9절대 단위 정도의 엄청난 세기의 자장이 필요하게 된다." 이런 과정에서 러더퍼드는 산란의 의미에 대하여 깊이 생각하기 시작했다.

그는 1년 이상 다른 일을 계속하면서 생각했다. 처음에는 이 실험이 무엇을 알려줄 것인가에 대한 빠른 직관을 갖고 있었으나 잊어버리고 말았다. 그는 극적인 결론을 발표한 후에도 그것을 진전시키는 일에 소극적이었다. 그가 별로 마음이 내키지 않는 이유 중의 하나는 새로운 발견이 톰슨과 켈빈이 가정한 원자 모델과 상반되기 때문이었을 것이다. 마스던의 발견에 대한 그의 해석에 물리학적인 반대론도 물론 있었다.

러더퍼드는 마스던이 얻은 결과에 정말로 놀랐다. 나중에 그는 "그것은 내 생애에서 일어난 가장 놀랄 만한 사건이었다"라고 말했다. "그것은 15인치 대포탄을 종이 쪽지에 대고 쏘았더니 되돌아와 당신을 명중시키는 것과 거의 같은 그런 놀랄 만한 것이었다." 러더퍼드는 알파 입자가 곧바로 되돌아 튕겨져 나오다는 것은 단 한 차례의 충돌에 의한 것임을 깨달았다. 그리고 계산을 통해 원자의 질량 대부분이 매우 작은 핵 속에 집중되어 있지 않다면 이런 결과가 불가능하다는 것도 알게 됐다.

'충돌'이란 용어는 잘못 사용된 것이었다. 러더퍼드는 큰 종이의 중앙에 원자를 그려넣고 알파 입자가 원자를 향하여 전진하다가 부딪치지 않고 옆으로 비껴가는 그림을 그렸다. 그는 모델을 만들었다. 무거운 전자석을 시계추처럼 1미터 길이의 줄에 매달아 놓고 책상 위에 놓인 또 다른 전자석을 스쳐 지나가게 했다. 서로 스쳐 지나가는 두 개의 전자석의 면이 같은 극성을 갖게 하면, 알파 입자가 비껴 지나가듯이 전자석의 속도와 접근 각도에 따라 추는 포물

선을 그리게 된다. 그는 언제나 그의 실험을 가시화하여야 했다.

계속된 실험이 원자는 작고 무거운 핵을 가지고 있다는 그의 이론을 확인해 주었을 때, 마침내 그는 이것을 공개할 준비를 했다. 그는 발표 장소로 맨체스터 문학과 철학협회의 모임을 선택했다. 1911년 3월 7일 이 역사적 모임에 학생으로 참가한 제임스 채드윅(나중에 중성자를 발견했다)은 "대부분의 청중들은 문학과 철학에 흥미를 갖고 있는 사람들로 사업가들이 많았다"라고 말했다.

첫 번째 발표는 과일 수입상이 자메이카 바나나 적송품에서 발견한 희귀한 뱀에 대한 것이었다. 발표자는 뱀을 보여주었다. 그 다음이 러더퍼드의 차례였다. 단지 안내장에 씌어 있는 요약문만 남아 있지만, 채드윅이 그날의 발표를 기억하고 있었다. 그것은 "우리 같은 젊은 소년들에게는 지금까지의 믿음을 산산조각 내는 행위로 비쳤다. ……우리는 이것이 명백한 진실이라는 것을 깨달았다. 바로 이것이었다."

러더퍼드는 원자의 핵을 찾아낸 것이다. 그러나 그는 아직 전자들의 위치를 선정하지 못하고 있었다. 맨체스터 발표에서 그는 한 점에 집중되어 있는 전하가 균일하게 구 모양의 분포를 갖는 반대 전하에 의하여 둘러싸여 있다고 말했다. 이것은 계산을 하기 위하여 이상화한 것일 뿐, 반대 전하가 전자 속에 둘러싸여 있어야 한다는 물리적 사실을 간과한 결과였다.

원자가 고전 물리학의 운동 법칙들, 즉 행성들 간의 관계를 지배하는 뉴턴의 법칙에 따라 작동된다면, 러더퍼드의 모델은 성립되지 않는다. 그러나 그의 원자는 단순히 이론적으로만 설정된 것이 아니다. 그것은 실제적인 물리학적 실험의 결과였다. 그것은 영겁의 세월 동안 안정된 상태로 있어 왔고 알파 입자를 마치 대포알처럼 튕겨냈다.

누군가가 고전 역학과 러더퍼드가 실험적으로 시험한 원자 사이의 모순을 해결하여야 된다. 즉 러더퍼드가 균일하게 분포됐다고 생각한 반대 전하를 제자리에 갖다 놓아야 될 것이다. 그 사람은 러더퍼드와는 다른 자질을 갖고 있어야 한다. 실험학자가 아닌 이론학자이며, 현실에 깊이 뿌리를 내린 사람이어야 한다. 그는 적어도 러더퍼드가 갖고 있는 만큼의 용기를 갖고 있어야 하고, 똑같이 자신감에 차 있어야 한다. 그는 기꺼이 기계적인 관망의 창을 통과하여 원자의 세계에서 무슨 일이 벌어지고 있는지 보기 위하여 행성이나 시계추가 모델이 될 수 없는 비(非)기계적인 세계로 발걸음을 내딛을 필요가 있다.

마치 큰일에 초청된 것처럼, 새로운 인물이 갑자기 맨체스터에 나타났다. 1912년 3월 18일 러더퍼드가 미국에 있는 친구에게 보낸 편지에 새로운 인물의 도착을 알렸다. "덴마크 사람 보어가 방사능 연구의 경험을 얻기 위하여 이곳에 왔다." '보어'는 덴마크의 이론 물리학자 닐스 헨릭 다비드 보어(Niels Henrick David Bohr)였다. 그의 나이는 27세였다.

보어의 원자

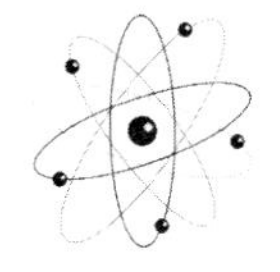

"몸이 가냘프게 보이는 소년이 방 안으로 들어섰다"라고 러더퍼드의 동료이며 전기 작가인 이브(A. S. Eve)가 맨체스터 시절을 회상했다. "러더퍼드는 즉시 그를 서재로 데리고 갔다. 러더퍼드의 부인은 방문자가 덴마크 젊은이이며 그녀의 남편이 그의 연구를 높이 평가하고 있다고 설명했다. 아! 그가 보어였구나!"

그날의 기억은 특별했다. 보어는 뛰어난 운동 소질을 갖고 있었다. 그는 축구, 스키, 자전거, 요트 타기 그리고 탁구는 누구에게도 지지 않았다. 그는 평소에 층계를 두 계단씩 뛰어다녔다. 그의 체격은 남의 눈을 끌었다. 그는 키도 컸지만 머리는 특별히 더 컸다. "보어는 길고 튼튼해 보이는 턱과 큰 손을 갖고 있었다"고 스노는 말했다. 그는 젊었을 때에는 훨씬 날씬했고, 부스스하게 헝클어진 채 뒤로 빗어넘긴 머리를 하고 있어 러더퍼드보다 열두 살이나 위인 이브에게는 그가 소년처럼 보였을 것이다. 그러나 닐스 보어가 실제로는 가냘파 보이지는 않았다.

보어의 외모가 아닌 다른 점이 그를 가냘파 보이게 했을 것이다. 아마도 그의 머뭇거리는 듯한 주저하는 태도였을 것이다. "그의 조심스런 태도가 주는 느낌보다도 훨씬 더 체격이 좋고 운동가다웠다"라고 스노는 말했다. 그가 속삭이는 것보다 그리 크지 않은 목소리로 조용히 말하는 것은 별로 도움이 되지 않았다. 그는 일생 동안 매우 조용히, 그러나 지칠 줄 모르고 이야기했기 때문에 사람들은 그와 이야기할 때는 긴장이 됐다. 그의 이야기는 청중들에게 하는 것과 사적으로 하는 것이 크게 달랐고, 주제의 초기 탐색 과정과 결과의 전문 지식 사이에도 극적인 차이가 있었다. 보어의 제자였으며 동료가 된 오스카 클라인(Oskar Klein)은 "그는 문제를 정확하게 조금씩 변화시켜 가면서 간명하게 얘기할 수 있도록 항상 노력했다"라고 말했다. 아인슈타인은 "보어가 자기의 의견을 얘기할 때 끊임없이 모색하는 태도를 보였고, 결코 모든 진실을 다 알고 있는 듯이 말하지는 않았다"라고 그를 칭찬했다. 만일 보어가 탐색 단계에서는 더듬거렸다 할지라도, "전문 지식 덕분에 그의 확신은 점점 커지고 그의 연설은 박력 있고 생생한 묘사로 가득 차게 된다"라고 마이트너의 조카이며 물리학자인 오토 프리슈(Otto Frisch)가 말했다. 그리고 가까운 친구들과 사적으로 대화할 때는 "그는 극적인 상상력과 비평은 물론, 경탄의 표현까지 사용하며 자기 의견을 피력했다"라고 클라인이 말했다.

보어의 태도는 그의 언어적 표현만큼이나 이원적이었다. 아인슈타인은 1920년 봄에 베를린에서 보어를 처음 만났다. 그 후 보어에게 보낸 편지에서 "인생에서 한 인간이 당신이 한 것처럼 단지 같이 있기만 하는 것으로 이런 기쁨을 주는 일은 그리 흔치 않다"라고 썼다. 그리고 그들 모두 서로 친구인 오스트리아 라이덴의 물리학자 파울 에렌페스트(Paul Ehrenfest)에게 "당신이 그를 사랑하는 만큼 나도 그를 사랑한다"라고 얘기했다.

20세기 물리학에 있어서 보어의 공헌은 아인슈타인에 버금가는 것이다. 그는 비견할 수 없는 선견지명을 가진 과학 경세가가 됐다.

보어의 아버지 크리스티안 보어(Christian Bohr)는 코펜하겐 대학교의 생리학 교수였다. 크리스티안 보어는 가문의 특징인 긴 턱을 콧수염으로 감추었고 그리 높지 않은 이마에, 둥근 얼굴을 가지고 있었다. 그도 운동 선수였었는지는 모르지만 스포츠 애호가였던 것은 확실하다. 닐스의 동생 하랄 보어(Harald Bohr)가 1908년 올림픽 축구 경기에 출전하게 되자 열렬히 성원했다. 그는 정치에서는 진보적이었다. 그는 여성 해방을 위해 일했고 종교에는 회의적이었으나 명목상으로 순응하는 중산 계급 지식인이었다. 그는 실험실 밖에서는 괴테의 숭배자였고 큰 철학적 문제들에 관심이 많았다.

그 당시의 커다란 논쟁거리 중 하나는 생기론과 우주기계론이었다. 생기론과 우주기계론은 종교를 포함하여 세상은 어떤 목적을 갖고 있다고 믿는 사람들과 단지 자동적으로 작동되고 우연히 또는 반복하는 주기에 의하여 작동된다고 믿는 사람들 사이의 오래 계속된 논쟁이 겉모습만 바꾼 것이었다. 1895년 나비가 유충으로 돌아가는 것을 허용하는 과학적 유물론의 순수한 기계론적인 세계를 꾸짖은 독일의 한 화학자는 아리스토텔레스만큼이나 오래된 문제에 이의를 제기했다.

크리스티안 보어의 전문 분야에서는 생체 기관들과 이에 딸려 있는 눈, 폐 등이 미리 존재하는 목적에 의하여 생겨났는지 또는 화학과 진화의 분별없고 살아 있지 않는 법칙들에 의하여 생겨났는지 하는 것이 의문점으로 제기되고 있었다. 그 당시 생물학에서 기계론적인 입장의 열렬한 옹호자는 독일인 에른스트 하인리히 헤켈(Ernst Heinrich Haeckel)이었다. 그는 유기 및 무기 물질은 하나이며 같은 것이라고 주장했다. 헤켈은 생명은 외부의 자극 없이 자발적으로 생겨났으며 심리학은 생리학의 일부분이고 영혼은 영원한 것이 아니며 의지도 자유로운 것이 아니라고 주장했다. 크리스티안 보어는 과학실험에 참여하고 있지만 헤켈과는 반대의 입장을 취했다. 아마도 괴테를 숭배하고 있기 때문일 것이다. 그는 연구 업무와 자기의 관점을 조화시키는 어려움을 겪게 됐다.

부분적으로는 이런 이유 때문에, 또 한편으로는 친구들과 어울리는 것을 즐겼기 때문에, 철학자 하랄 회프딩(Harald Høffding)을 포함하는 몇몇 친구들과 왕립 덴마크 과학 및 문학원의 금요일 저녁 정규 모임이 끝난 뒤에 토론을 위하여 카페에 자주 들렀다. 어린 시절을 양치기로 보내고 마음이 맞는 친구이자 물리학자인 크리스텐센(C. Christensen)이 카페에서 만나는 대신 차례로 각자의 집에서 모임을 갖자고 제안했다. 언어학자 빌헬름 톰센(Vilhelm Thomsen)이 그들과 합류하게 되어 만만치 않은 물리학자, 생물학자, 언어학자, 철학자로 구성된 사인방을 이루었다. 닐스와 하랄 보어는 어린 시절 내내 그들의 발 아래 앉아 있었다.

크리스티안 보어는 여성 해방 운동을 실천하기 위하여 대학 진학을 원하는 여성들에게 과외 학습을 가르쳤다. 그의 학생 중 한 명이 유대인 은행가의 딸 엘렌 아들레르(Ellen Adler)였다. 그녀의 가정은 교양 있고 부유했으며 덴마크 사회에서 저명했다. 그녀의 부친은 여러 번 덴마크 국회의 하원과 상원 의원으로 당선됐다. 크리스티안 보어는 1881년에 그녀와 결혼했다. 그녀는 사랑스런 인품과 남을 돕는 훌륭한 마음을 갖고 있었다라고 그녀 아들의 한 친구가 말했다. 그녀는 결혼 후 그녀의 유대주의를 드러내지 않았다. 또한 처음에 생각했던 대로 대학에 진학하지도 않았다.

크리스티안과 엘렌 보어는 덴마크 국회의사당 맞은편에 있는 아들레르 가의 도시 저택에서 신혼 생활을 시작했다. 닐스 보어는 1885년 10월 7일 둘째 아이이자 장남으로 태어났다. 1886년 그의 아버지가 대학교 교수로 임명되자, 보어 가족은 생리학 실험실이 있는 외과학 건물 옆의 집으로 이사했다. 이곳에서 닐스와 19개월된 어린 동생 하랄이 자라났다.

닐스 보어는 아주 어릴 때부터 훌륭한 상호 관계를 꿈꾸는 것을 좋아했다. 그의 아버지는 틀린 것 같으면서도 옳은, 그런 식으로 말하는 것을 좋아했다. 닐스는 아버지로부터 물려받은 생각하는 습관 속에서 그의 꿈을 발견했는지도 모른다. 그리고 이 소년은 사실에 충실한 것을 좋아했다. 이 특성은 때때로 과소평가됐지만 물리학자로서는 확고한 장점이 됐다.

그가 세 살이 됐을 때 그의 아버지는 정원을 같이 걸으며 나무의 균형 잡힌 구조를 가르쳐주었다. 줄기, 큰 가지, 작은 가지 등등을 나뭇가지로 만들어 보여주었다. 사실에 충실한 이 어린아이는 생물의 전체를 보고 이의를 달았다. 만일 그렇게 생기지 않았다면 나무가 아닐 것이라고 말했다. 보어는 이것을 일생 동안 계속 이야기했다. 마지막으로 한 것은 1962년 78세를 일기로 죽기 바로 며칠 전이었다. "나는 처음부터 무엇인가 철학적인 의문을 이야기할 수 있는 아이였다"라고 자랑스럽게 말했다. 그리고 그런 능력 때문에 "나는 어떤 다른 성격을 갖고 있는 아이로 생각됐다"라고 말했다.

하랄 보어는 영리하고 재치가 있으며 원기왕성했으므로 처음에는 형제 중에서 더 똑똑한 것 같이 생각됐다. 그러나 "처음부터 크리스티안 보어는 반대로 생각했다. 그는 닐스의 훌륭한 능력과 특별한 타고난 재능 그리고 상상력이 풍부한 점 등을 깨달았다"라고 닐스 보어의 동료이자 전기 작가인 스테판 로젠탈(Stefan Rozental)은 말했다. 로젠탈은 "닐스는 가족 중 특별한 아이였다"라고 말했다.

5학년 때 학교에서 자기 집을 그려 오라는 숙제를 내주었다. 닐스는 주목할 만하게 어른스러운 그림을 그렸다. 그는 그림을 그리기 전에 울타리 나무기둥의 개수부터 세었다. 그는 목수일과 금속 다루는 일을 좋아했고 어릴 때부터 집안의 이것저것을 잘 고쳤다. "어린아이였지만 그는 집안에 대해서 생각하는 사람으로 여겨졌다. 그리고 그의 아버지는 기본적인 문제에 대한 그의 의견에 귀를 기울였다"고 그의 동료들이 말했다. 그는 글쓰기를 배우는 데 곤란을 겪어서 언제나 글을 쓰는 데 문제가 있었다. 그의 어머니가 충실한 비서처럼 그를 도와주었다. 그가 숙제를 구술하면 어머니가 받아써 주었다. 어린 시절에 그는 하랄과 쌍둥이처럼 단짝이었다. 로젠탈은 불가분이라는 말이 이 두 형제 사이의 관계를 말하는 것이라고 생각했다. "나의 어린 시절 내내 동생은 큰 역할을 해냈다. ……나는 동생과 관계가 깊었다." 하랄은 누가 묻든지 간에 자기는 단지 보통 사람이었고, 그의 형이 정말로 훌륭했다고 진심으로 말했다.

종교적 갈등이 일찍 일어났다. 닐스는 "학교에서 종교 시간에 배운 것을 문자 그대로 믿었다"라고 오스카 클라인이 말했다. 오랫동안 이것과 그의 부모의 믿음의 결핍 때문에 민감한 소년은 불행한 갈등을 느껴야만 했다. 보어는 27세 때 케임브리지에서 약혼녀에게 보낸 편지에 그의 불행은 부모로부터 물려받은 것으로 서술했다.

"나는 눈이 덮인 거리에서 작은 소년이 교회에 가고 있는 것을 보았다. 크리스마스는 아버지가 교회에 가시는 유일한 날이었다. 왜 가셨는가? 아버지는 이 작은 소년이 다른 소년들과 다르다는 것을 느끼지 않도록 해주려 했다. 당신은 결코 이 어린 소년에게 믿음 또는 의심에 대하여 한마디도 얘기해 주지 않았다. 그래서 작은 소년은 진심으로 믿었다."

글쓰기 어려움은 좀 더 나쁜 징조였다. 가족들은 어머니가 비서로 봉사하는 미봉책으로 이 문제를 해결했다. 그는 혼자 있을 때에는 정신적으로 차분한 상태가 아니었다. 그래서 그를 도와줄 사람을 불러들였다. 그는 그 자리에서 애를 써서 마음을 가라앉히곤 했다. 어른이 된 뒤에도 보어는 개인 편지까지도 초안을 잡고 다시 쓰고 또 고쳐썼다. 그와 잘 아는 오스트리아의 이론물리학자이자 견줄 데 없는 비판력을 가진 조언자인 볼프강 파울리(Wolfgan Pauli)에게 취리히로부터 빨리 와달라고 여러 번 간청하는 편지를 보냈을 때, 파울리는 "(편지의) 마지막 교정본이 내게 도착하면, 그때 내가 가겠다"라고 대답할 정도였다. 보어는 처음에는 어머니가 도와주었고 나중에는 동생 하랄과 부인, 그리고 일생 동안 다른 물리학자들의 협력을 받았다. 그들은 보어와 일할 수 있는 기회를 소중하게 생각했다. 그러나 그들의 이 경험은 혼란스러운 것일 수 있었다. 보어는 그들의 관심 집중뿐만 아니라 지적 그리고 감정적 참여를 원했다. 그는 협력자들에게 자기가 옳다는 것을 확신시키고 싶어했다. 그는 확신시킬 수 있을 때까지 자신의 결론 또는 적어도 설명하기 위하여 사용된 어휘들을 의심했다.

보어는 고등학교를 졸업하고 1903년 대학에 진학했으나 철학에 깊은 흥미를 갖게 됐다. 부친의 오랜 친구였으며 금요일 저녁 토론 그룹의 회원이었던 회프딩을 어린 시절부터 잘 알고 있었다. 회프딩은 깊이 있고, 민감하며 친절한 사람이었다. 그는 쇠렌 키에르케고르(Søren Kierkegaard)와 윌리엄 제임스(William James) 작품의 훌륭한 해설자였으며 원래는 존경받는 철학자였다. 반(反)헤겔 실용주의 철학자로 지각의 불연속성 문제에 흥미를 갖고 있었다. 보어는 회프딩의 제자가 됐다. 그가 회프딩에게 개인적으로 도움을 청했던 것 같다. 회프딩도 젊었던 시절 자신을 거의 절망에 빠뜨렸던 위기에서 헤어나온 경험을 갖고 있었다.

보어는 처음에는 수학을 공부했다. 학교에서 독일의 수학자 게오르크 리만(Georg Riemann)에 의하여 발전된 비(非)유클리드 기하학의 한 형태인 리만 기하학에 대하여 배웠다. 그러나 수학은 불안했던 그의 정서를 차분히 가라앉히는 데에 크게 도움이 되지 못했다. 보어에게도 건전한 정신을 갖기 위하여 우리들 모두가 필요로 하는 사랑과 구체적인 일이 필요했다.

보어가 열아홉 살 되던 해인 1905년 2월에 착수한 구체적인 일은 실험 물리학의 문제였다. 매년 덴마크 왕립 과학 아카데미는 2년 동안 연구할 문제를 발표하고 제출된 논문을 심사하여 금메달과 은메달을 수여했다. 1905년에 출제된 물리학 문제는 액체가 구멍을 통과하여 흘러나올 때 발생되는 파동을 측정하여 몇 가지 액체들의 표면장력을 결정하는 것이었다. 이 측정 방법은 영국의 노벨상 수상자 존 윌리엄 스트러트(John William Strutt), 레일리 경(Lord Rayleigh)이 제안했던 것이었으나 아무도 시도해 본 적이 없었다. 보어와 다른 한 명의 경쟁자가 도전했다.

보어는 수년 동안 그의 아버지를 도와드리며 실험 기술을 익혔던 생리학 실험실에서 연구를 시작했다. 그는 일정하게 물방울을 뿜어

내기 위하여 압연 유리관을 사용했다. 물만 가지고 실험을 했기 때문에 많은 양의 물방울이 필요했다. 유리관은 달걀 모양의 단면적을 갖도록 양쪽을 납작하게 눌러 만들었다. 그래서 뿜어져나오는 물방울들은 노끈을 꼰 것 같은 파동 모양을 갖게 된다. 유리관을 가열하여 부드럽게 만든 다음, 압연하는 작업을 보어가 직접 했다. 그는 이 작업이 최면술과 같음을 깨닫게 됐다. 그는 이 작업이 재미있어서 원래의 목적을 잊어버리고 불꽃에 유리관을 달구고, 또 다른 유리관을 가열하며 많은 시간을 보냈다.

표면장력의 실험치를 한 번 구하는 데 여러 시간이 걸렸다. 물줄기가 진동에 의하여 영향을 받으므로 아무도 없는 밤에 실험을 했다. 원래 시간이 걸리는 일이었지만, 보어 역시도 꾸물거렸다. 왕립 과학 아카데미는 2년의 기간을 주었다. 마감 기한이 다가오자 크리스티안 보어는 그의 아들이 기한 내에 논문을 완성시키지 못할 정도로 지연되고 있음을 알았다. "실험은 끝이 없었다." 보어는 몇 년 후 시골에서 자전거를 타며 로젠펠트에게 말했다. "나는 언제나 이해했다고 생각했던 문제에서 새로운 사항들을 찾아내곤 했다. 마침내 나의 아버지가 나를 실험실에서 끌어내어 이곳으로 보냈고 나는 여기서 논문을 써야 했다."

'여기'는 코펜하겐의 북쪽에 있는 아들레르 가의 시골 저택이 있는 네룸고르이다. 닐스는 실험실의 유혹으로부터 멀리 떨어져 114쪽 분량의 논문을 썼다. 그리고 동생 하랄이 다시 정리했다. 닐스는 마감일에 논문을 제출했다. 그러나 미완성이었다. 그는 3일 후 우연히 빼먹은 11쪽을 추가로 제출했다.

보어의 첫 번째 과학 논문은 물의 표면장력만 결정한 것이었으나 레일리 경의 이론을 독특한 방법으로 확장한 것이었다. 과학 아카데미로부터 금메달이 수여됐다. 그것은 젊은 사람으로서는 뛰어난 성취였으며 보어가 물리학을 공부하도록 진로를 결정해 준 계기가 됐다. 수학화된 철학과 달리, 물리학은 실제의 세계에 닻을 내린 학문이다.

1909년 런던 왕립학회는 그의 표면장력 논문을 철학회보에 게재했다. 아직도 석사 학위 과정을 공부하고 있던 보어는 논문 발표장에서 그를 교수라고 소개했던 학회 간사에게 자기는 아직 학생이라고 설명해야 했다.

시골로 간 것이 그에게 도움을 주었다. 또다시 그에게 도움을 줄 수 있을 것인가? 아들레르 가는 시골 저택을 학교 건물로 사용하도록 기증했기 때문에 더 이상 사용할 수가 없었다. 석사 학위 시험 준비를 하기 위하여, 보어는 1909년 3월 코펜하겐 세알란 서쪽에 있는 푼엔 섬의 비센비에르로 갔다. 이곳에는 자기 아버지의 실험실에서 조수로 일하는 사람의 아버지가 관리하는 목사관이 있었다. 푼엔 섬에서 『인생 역정의 단계』라는 책을 읽으며 꾸물거렸다. 책을 다 읽은 그 날로 동생 하랄에게 우송했다. "이것이 내가 보낼 수 있는 유일한 것이다. 나는 이보다 더 좋은 책을 쉽게 찾아낼 수 있으리라고 생각하지 않는다.……이것은 내가 읽은 것 중에서 최고의 것이야!"라고 편지를 썼다. 6월 말에 코펜하겐으로 돌아왔다. 보어는 어머니가 정서해 준 석사 논문을 제출했다. 역시 마감일이었다.

그때 하랄은 닐스보다 앞서 나가서 4월에 이학 석사를 받고 박사 학위 과정 공부를 하기 위하여 유럽 수학의 중심지인 독일 괴팅겐에 있는 게오르기아-아우구스타 대학으로 떠나고 없었다. 그는 1910년 6월 괴팅겐에서 박사 학위를 받았다. 닐스는 동생에게 "나의 질투는 지붕보다 높이 자랄 것이다"라고 진심이 아닌 말을 편지에 썼지만, 사실 자신의 박사 학위 논문 작성도 잘 진행되고 있었으므로 흐뭇하게 생각했다.

4개월 동안, 전자에 관한 어이없는 질문들을 숙고했음에도 불구하고 약 14쪽 정도의 산만한 초고를 쓰는 데 성공했다. 크리스텐센은 보어에게 금속의 전자 이론을 그의 석사 논문 문제로 부여했었다. 그는 박사 논문 연구에서도 같은 문제를 다루었다. 그는 이제 이론 연구에만 전념했다. "실험만 계속한다는 것도 실제적이지 않다"고 설명했다. 그는 1910년 가을 비센비에르에 있는 목사관을 다시 찾았으나 연구는 빨리 진전되지 못했다. 보어는 「금속의 전자이론에 관한 연구」라는 박사 학위 논문을 1911년 1월 말에 완성했다. 그 해 2월 3일, 아버지가 56세의 나이로 갑자기 돌아가셨다. 그는 아버지를 사랑했지만 기대에 대한 부담이 있었다 그러나 이제 그 부담으로부터는 해방된 셈이다.

5월 13일, 그는 관례대로 논문을 일반에 공개 발표했다. "보어 박사, 창백하고 겸손한 젊은이", 코펜하겐 신문은 연미복에 흰 넥타이를 매고 육중한 낭독대 옆에 서 있는 후보자의 그림과 함께 다음과 같이 보도했다. "답변할 것도 별로 없었으며, 걸린 시간은 기록적으로 짧았다." 작은 회의실은 대만원이었다. 두 명의 심사관 중의 한 명인 크리스텐센은 덴마크에는 후보자의 연구를 평가할 수 있을 만큼 논문 주제에 대하여 잘 알고 있는 사람이 없다고 말했다.

그의 아버지는 죽기 전에 닐스가 외국에 유학할 수 있도록 카를스베르 재단에 장학금을 주선해 놓았다. 닐스는 친구의 여동생인 아름답고 젊은 여학생 마르그레테 뇌를란(Margrethe Nørland)을 1910년에 만났다. 둘은 여름 동안 같이 등산하고 보트도 탔다. 보어가 덴마크를 떠나기 전에 그들은 결혼을 약속했다. 그는 캐번디시 연구소에서 톰슨 밑에서 연구하기로 했다.

하랄!

나의 일은 잘되어 나가고 있다. 나는 방금 톰슨과 이야기를 나눴다. 복사 에너지와 자기 등에 대한 나의 생각을 할 수 있는 한 잘 설명했다. 이런 사람과 내가 얘기한다는 것은 나에게 매우 중요한 의미가 있다. 그는 나에게 매우 친절했다. 우리는 많은 것을 이야기했고, 나는 그가 내 말에 어떤 의미가 있다고 생각할 거라 믿는다. 그는 나의 논문을 읽어볼 것이다. 그리고 일요일에 트리니티 대학에서 같이 저녁식사를 하자고 초청했으므로 그때 그것에 대하여 이야기할 것이다. 너는 내가 행복하다고 생각해도 좋다.

나는 작은 아파트를 얻어 살고 있다. 아파트는 시 외곽에 있으며 마음에 든다. 방이 두 개 있고, 나는 방에서 혼자 식사를 한다. 지금 이곳은 아주 좋다. 책상 앞에 앉아 편지를 쓰는 동안 작은 벽난로에는 장작이 활활 타고 있다.

1991년 9월 29일 케임브리지에서

닐스 보어는 케임브리지를 좋아했다. 그의 아버지의 친구 중 영국을 잘 아는 분이 모든 것을 미리 준비해 주었다. 대학은 뉴턴과 맥스웰의 전통과 물리학적 발견의 대단한 기록이 있는 훌륭한 캐번디시 연구소를 제공했다. 보어는 학교에서 배운 영어 실력으로는 부족하다는 것을 발견하고 권위 있는 새 사전을 손에 들고 불확실한 단어를 모두 찾아가며 『데이비드 코퍼필드(*David Copperfield*)』를 읽기 시작했다. 그는 실험실에 사람들은 많고 물품은 부족하다고 느꼈다. 저녁식사 전에 빨간 열매들이 점점이 매달려 있는 울타리를 지나 수양버들이 늘어선 강을 따라 아름다운 잔디밭을 산책하는 것은 즐거운 일이었다. 이 모든 것들이 흘러가는 구름과 솔솔 부는 바람과 같이 멋진 가을 하늘 아래 있다고 상상해 보라. 그는 축구 클럽에 가입했다. 그의 아버지의 제자였던 생리학자도 방문하고 물리학 강의도 듣고 톰슨이 지정해 준 실험도 했다.

그러나 톰슨은 그의 논문을 읽어볼 시간이 없었다. 사실 첫 번째 만남은 그리 잘된 것이 아니었다. 이 새로 온 덴마크 학생은 자신의 아이디어를 설명하는 것보다 더 많은 일을 했다. 그는 톰슨에게 그가 발견한 전자에 대한 톰슨 이론의 오류를 지적했다. 보어는 마르그레테에게 편지를 썼다. "그의 이론에 대한 나의 의견을 그가 어떻게 생각하는지 듣고 싶다. 그는 훌륭한 사람이다. 나는 그가 바보 같은 내 말에 화를 내지 않기를 바란다."

톰슨은 화를 냈었을 수도 있고 그렇지 않았을 수도 있다. 왜냐하면 그는 더 이상 전자에 관하여 큰 흥미를 갖고 있지 않았기 때문이다. 그의 관심은 이제 양극선에 관한 것이었고, 그가 보어에게 지정한 실험도 이것에 관한 것이었다. 그러나 보어는 이 실험이 뚜렷한 전망이 없다는 것을 알고 있었다. "영국 사람을 알기 위해서는 반 년이 걸린다"라고 보어는 그의 마지막 인터뷰에서 말했다. "영국에서는 겸손이 그들의 관습이다. 또 그들은 아무나 만나는 것에는 흥미가 없다. ……나는 일요일에는 트리니티 대학에 저녁을 먹으러 갔다. ……나는 거기에 앉아 있었고 여러 주일 동안 아무도 말을 거는 사람이 없었다. 그리고 우리는 친구가 됐고 모든 것이 달라졌다." 보어의 통찰은 일반적인 것을 말한 것이다. 톰슨의 냉담은 아마도 첫 번째 특정한 경우였을 것이다.

그때 러더퍼드가 케임브리지에 나타났다. 그는 연례 캐번디시 만찬회에서 연설하기 위하여 맨체스터로부터 이곳에 도착했다. "비록 나는 개인적으로 직접 만날 기회를 갖지 못했지만 그가 크나큰 업적을 달성할 수 있었던 그의 매력과 개성의 힘에 깊은 인상을 받았다." 12월의 만찬은 화기애애한 분위기에서 진행됐다. 그리고 러더퍼드의 동료들은 러더퍼드와 관련된 많은 일화들을 회상했다. 러더퍼드는 구름상자(cloud chamber, 전하를 가진 입자의 궤적을 초포화 상태의 안개 속에서 떠다니는 액체 방울의 선으로 볼 수 있게 만든 실험 장치)를 발명한 물리학자 윌슨(C. T. R. Wilson)의 최근 연구에 대하여 열심히 이야기했다. 윌슨은 케임브리지 학생 시절의 친구였다.

윌슨은 그의 구름상자에서 핵과 충돌하여 산란되는 알파 입자의 사진을 찍었다. 이 현상은 불과 몇 달 전 러더퍼드를 획기적인 원자핵 발견으로 인도했던 것이다. 보어는 마음속으로 곧 핵 문제와 이론적으로 불안정한 전자들의 관계에 대하여 연구할 생각을 했다. 연례 만찬회에서 그에게 가장 인상 깊었던 일은 러더퍼드의 열성적이며 격식을 차리지 않는 성격이었다. 보어는 오랜 시간 뒤에 이 기간을 회고하며, 러더퍼드의 자질 중 특별히 칭찬할 만한 한 가지를 꼽았다. "그는 젊은이가 어떤 생각을 가지고 있다고 느끼면 인내심을 가지고 들어주었다." 추측컨대, 톰슨의 다른 미덕이 무엇이든지간에 이 점에 있어서는 비교가 되지 못했다.

만찬 모임이 끝난 뒤, 보어는 맨체스터를 방문했다. "얼마 전에 돌아가신 아버지의 동료이자 러더퍼드와도 가까운 친구를 만나보고 싶었다." 절친한 친구는 그들을 모두 불렀다. 러더퍼드는 이 젊은 덴마크인을 만나보고는, 이론가에 대한 그의 편견에도 불구하고 보어를 좋아했다. 누군가가 나중에 그에게 이 불일치에 대하여 물어보았다. "보어는 달라!" 러더퍼드는 애정을 고함으로 감추면서 큰소리로 말했다. "그는 축구선수야!" 보어는 다른 점에서도 달랐다. 그는 러더퍼드의 많은 학생들 중에서 가장 재주가 뛰어났다. 러더퍼드는 그의 일생을 통하여 11명의 노벨상 수상자들을 훈련시켰다. 아무도 이 기록을 능가하지 못했다.

보어는 케임브리지에서 그대로 연구를 계속할 것인지 또는 맨체스터로 옮길 것인지 하는 문제를 동생 하랄과 상의한 후에 결정하려고 미루고 있었다. 하랄은 이 목적으로 1912년 1월에 형을 찾아왔다. 보어는 그들이 12월에 의논했던 것처럼 맨체스터에서 공부할 수 있도록 러더퍼드의 허락을 얻기 위한 간절한 편지를 썼다. 러더퍼드는 케임브리지를 너무 빨리 포기하지 말도록 그에게 충고했다. 그래서 보어는 3월 말에 시작되는 새 학기에 도착하겠다고 제안했다. 러더퍼드는 기꺼이 받아들였다. 보어는 케임브리지에서 허송세월을 보냈다고 느꼈다. 그는 내용이 풍부한 일을 원했다.

맨체스터에서 처음 6주 동안은 가이거와 마스던으로부터 '방사능 연구의 실험적 방법에 대한 입문 과목'들을 배웠다. 그는 자신의 독자적인 전자 이론에 대한 연구도 계속했다. 그는 젊은 헝가리 귀족 출신이며 길고 예민해 보이는 얼굴에 코가 유난히 오뚝한 방사능 화학자 게오르게 데 헤베시(George de Hevesy)와 평생의 우정을 나누기 시작했다. 드 헤베시의 아버지는 왕실 참의관이었으며, 어머니는 여자 남작이었다. 어렸을 때에는 할아버지의 큰 저택 이웃에 있는 오스트리아-헝가리 황제 프란츠 요제프(Franz Josef)의 수렵장에서 메추라기 사냥을 했다. 러더퍼드는 어느 날 그에게 던져진 방사능 붕괴 물질의 분리 방법에 대하여 연구했다. 이 연구로 그는 오늘날 의학과 생물학에서 원인 또는 결과를 확인하기 위하여 방사능 동위원소를 사용하는 방법을 개발해 냈다. 러더퍼드가 무심결에 지시한 일이었지만 상상력이 풍부한 아버지와 같은 그의 자질이 만들어낸 또 하나의 유용한 소산이었다.

보어는 방사능 화학에 대하여 헤베시로부터 배웠는데, 그것이 자신의 전자 이론 연구와 관계가 있음을 깨닫기 시작했다. 그때 순간적으로 폭발하는 직관적 통찰은 그의 흥분을 고조시켰다. 그는 몇 주일 사이에 방사능 성질은 핵에 기인하는 것이지만 화학적 성질은 주로 전자의 수와 분포에 따라서 결정된다는 것을 깨달았다. 그의 생각은 엉뚱한 것 같지만 진실이었다. 전자들이 화학적 성질을 결정하고 핵의 전하는 전자의 수에 의하여 결정되므로 주기율표에서 원소의 위치는 핵의 전하와 같다는 생각을 했다. 수소의 원자 번호는 1번이고 핵의 전하도 1이다. 다음은 헬륨 핵으로 전하가 2이며, 이런 식으로 원자 번호 92번 우라늄까지 올라간다.

헤베시는 알려진 방사능 원소들의 숫자는 이미 주기율표에서 사용 가능한 빈 자리의 숫자를 훨씬 넘어섰다고 보어에게 말했다. 보어는 추가적으로 더 많은 직관적인 관계들을 만들어냈다. 소디는 방사능 원소들이 일반적으로 새로운 원소들이 아니고 단지 자연적인 원소들의 물리적 변형이라는 사실을 지적했다(그는 곧 이들에게 현대적인 이름인 '동위원소'를 부여했다). 보어는 방사능 원소들이 화학적 성질이 같은 자연 원소들과 같은 원자 번호를 갖는다고 생각했다. 이를 통하여 그는 방사능 변위 법칙이라는 개략적인 생각을 해냈다. 즉 한 원소가 방사능 붕괴에 의하여 변환될 때 만일 알파 입자(헬륨 원자핵, 원자 번호 2번)를 방출하면 주기율표에서 왼쪽으로 두 자리를 이동되고, 베타선(전자)을 방출하면 오른쪽으로 한 자리를 이동하게 된다는 것이다.

이 모든 최초의 개략적인 통찰을 이론과 실험에 튼튼한 뿌리를 내리게 하기 위해서는 다른 사람들 같으면 수년이 걸렸을 것이다. 보어는 이 생각을 러더퍼드에게 설명했다. 놀랍게도 핵의 발견자는

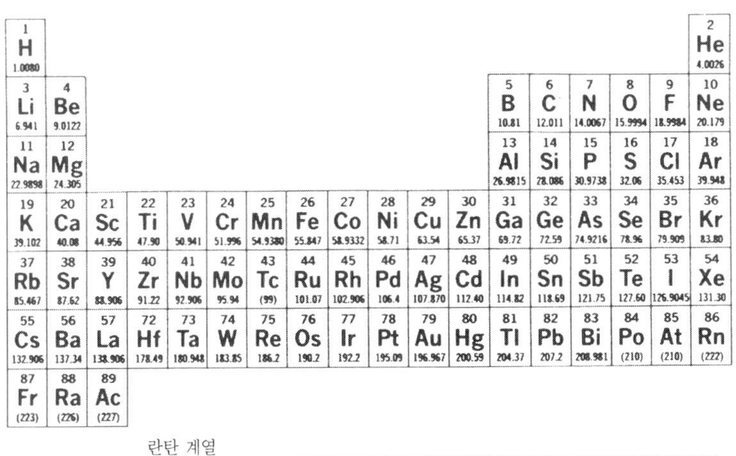

란탄 계열

58	59	60	61	62	63	64	65	66	67	68	69	70	71
Ce	Pr	Nd	Pm	Sm	Eu	Gd	Tb	Dy	Ho	Er	Tm	Yb	Lu
140.12	140.908	144.24	(147)	150.4	151.96	157.25	158.925	162.50	164.930	167.26	168.934	173.04	174.97

악티늄 계열

90	91	92	93	94
Th	Pa	U	Np	Pu
(232)	(231)	(238)	(237)	(242)

원소 주기율표. 란탄(57)에서부터 시작하는 란탄 계열(희토류)은 악티늄(89)에서 시작하고, 토륨(90)과 우라늄(92)을 포함하는 악티늄 계열과 화학적으로 유사하다. 원소의 다른 계열들은 주기율표에 수직 방향으로 표시되어 있다. 예를 들면, 맨 오른쪽에 헬륨, 네온, 아르곤, 크립톤, 제논 그리고 라돈 등의 불활성 가스가 있다.

보어의 발견에 대하여 매우 조심스런 태도를 취했다. "러더퍼드는 …… 원자핵에 대해 그때까지 수집된 빈약한 증거들은 이러한 결론을 도출해 내기에 충분하지 않다고 생각했다"라고 보어는 회상했다. "그래서 나는 이것이 그의 원자에 대한 결론적인 증거임을 확신한다고 말했다." 러더퍼드가 비록 확신하지 못했다 하더라도 인상적이었을 것이다. 어느 날 헤베시가 에너지 복사에 대하여 물었을 때 러더퍼드는 즐거운 표정으로 "보어에게 물어보게"라고 응답했다.

보어는 6월 중순에 러더퍼드를 다시 만났을 때에 놀랍게도 치밀한 준비가 되어 있었다. 그는 6월 19일 동생 하랄에게 보낸 편지에 자신이 무엇을 잘 알고 있는지 적었다.

> 나는 아마도 원자의 구조에 대하여 무엇인가 조금은 발견했을 수도 있다. 너는 이것을 아직은 아무에게도 말하면 안 된다. 만약 내 생각이 옳다면 그것은 가능성의 본질을 암시하는 것이 아니고…… 아마도 실제로 존재하는 것을 뜻하는 것이다.…… 내가 틀릴 수도 있다는 것을 너는 이해할 수 있을 것이다. 왜냐하면 그것은 아직도 완전하게 연구된 것은 아니기 때문이다(그러나 나는 그렇게 생각하지 않는다). 나는 러더퍼드가 그것을 완전히 엉뚱한 것이라고 생각할 거라 믿지 않는다. 러더퍼드는 정직한 사람이며, 그는 완전히 해결되지 않은 문제에 대하여 결코 확신한다고 말할 사람이 아니다. 너는 내가 이 문제를 빨리 매듭짓기를 얼마나 열망하고 있는지 상상할 수 있을 것이다.

보어는 러더퍼드의 핵 주위를 이론적인 불안정성을 띤 채 도는 전자들을 어떻게 하면 안정시킬 수 있을까 하는 문제를 얼핏 살펴본 적이 있었다. 러더퍼드는 이 문제를 풀도록 보어를 그의 연구실로 되돌려 보냈다. 그에게는 시간이 없었다. 코펜하겐에서 마르그레테 뇌를란과 8월 1일에 결혼할 계획이었다. 그는 7월 17일 하랄에게 연구가 잘 진행되고 있다고 편지를 썼다. "나는 몇 가지를 찾아낸 것으로 믿는다. 그러나 내가 처음에 바보같이 믿었던 것보다는 확실히 시간이 더 걸리고 있다. 내가 떠나기 전에 러더퍼드에게 짧은 논문이라도 보여주려고 바쁘게 일하고 있다. 그러나 맨체스터의 믿을 수 없는 정도의 더위는 정말로 힘들다. 얼마나 내가 너와 만나 얘기할 수 있기를 고대하고 있는지……." 7월 22일 보어는 러더퍼드를 만나서 격려를 받았다. 그는 집에 돌아가는 길에 하랄을 만나기로 계획했다.

보어는 강하고 지적이며 아름다운 여성과 결혼했다. 부드러운 결혼 생활은 일생 동안 계속됐다. 그는 코펜하겐 대학교에서 가을 학기부터 강의를 시작했다. 그가 연구하고 있는 원자의 새로운 모델을 위해 계속 노력했다. 11월 4일 그는 몇 주 이내에 논문을 완성할 수 있을 것이라고 생각했으나 시간이 지나도 아무것도 이루어낼 수가 없었다. 그는 학교 강의를 중단하고 마르그레테와 같이 시골로 내려갔다. 옛날 방법이 도움이 됐다. 그는 '이 모든 것들에 대한 매우 긴 논문'을 완성했다. 그러고 나서 새로운 중요한 생각이 떠올라서 원래의 논문을 찢어버리고 세 부분으로 된 논문을 다시 쓰기 시작했다.

'원자와 분자의 구성에 관하여'라는 매우 자신감 있고 용감한 제목을 붙였다. 1913년 3월 6일, 제1부를 러더퍼드에게 우송했다. 제2부와 제3부는 뒤이어 완성되어 연말 무렵에 출판됐다. 그것들은 20세기 물리학의 방향을 바꾸어놓았다. 이 연구 결과로 보어는 1922년에 노벨 물리학상을 받았다.

보어는 박사 학위 논문에서, 그가 조사했던 몇 가지 현상들이 뉴턴 물리학의 역학으로 설명될 수 없다고 결론지었다. "우리는 자연에는 보통 기계적인 종류와는 전혀 다른 종류의 힘들이 있다고 가정해야 된다"라고 썼다. 그는 이런 다른 종류의 힘들을 어디에서 찾아보아야 할지 알고 있었다. 그는 막스 플랑크와 아인슈타인의 연구를 살펴보았다.

레오 실라르드가 1921년 베를린 대학교에서 만난 플랑크는 1889년부터 강의를 해온 독일의 이론물리학자였다. 그는 1900년에 소위 자외선 파탄이라고 불리는 고전 역학의 고질적인 문제를 설명할 수 있는 혁신적인 아이디어를 제안했다.

고전 이론에 의하면 가마솥과 같이 가열된 공동 내에는 무한대의 에너지가 존재하여야 된다. 왜냐하면 고전 이론에서는 가열된 가마솥의 벽에 있는 입자들이 진동에 의하여 주파수가 무한대에 걸쳐 빛을 방출하기 때문이다. 실제적으로는 이런 경우가 존재하지 않는다. 그렇다면 무엇이 공동 속에 있는 에너지가 원자외선으로 제한 없이 바뀌는 것을 막는 것일까? 1897년 플랑크는 이 이유를 찾기 시작했다. 3년 동안 열심히 연구했다. 마지막 순간에 그는 통찰력으로 성공을 거두었고, 그 결과를 1900년 10월 19일에 베를린 물리학회에서 발표했다. 친구들은 바로 그날 밤 플랑크의 새로운 공식을 실험적인 값과 비교하여 보았다. 그들은 다음날 아침 플랑크에게 공식의 정확성을 알려주었다. "나중에 측정한 실험들도 나의 복사 공식이 옳다는 것을 다시 확인하여 주었다. 측정 방법이 정확할수록 공식은 더 정확한 것으로 밝혀졌다"라고 그는 1947년에 자랑스럽게 말했다.

플랑크는 진동하는 입자는 어떤 특정한 에너지에서만 복사 에너지를 방출한다고 가정함으로써 이 고질적인 문제를 풀었다. 복사가 허용된 에너지는 새로운 수, "하나의 우주 상수"에 의하여 결정된다. "나는 이 수를 h라고 불렀다. 이것은 작용(에너지×시간)의 차원을 가지므로, 나는 그것을 기본 작용 양자(quantum은 라틴어 *quantus*의 중성명사이며 '얼마나 큰가'를 뜻한다)라고 불렀다." h의 정수배(플랑크의 h×주파수 ν)가 되는 유한한 에너지만이 나타날 수 있다. 우주 상수 h는 곧 플랑크 상수로 불리기 시작했다.

철저한 보수주의자인 플랑크는 그의 복사 공식이 가져올 급진적인 결과는 고려하지 않았다. 아인슈타인은 뒤에 노벨상을 받게 해준 1905년에 발표된 그의 논문에서 제한적이며 불연속적인 에너지 준위에 대한 플랑크의 생각과 광전 효과 문제를 연관시켰다. 금속 표면에 비친 빛은 전자들과 충돌하여 자유전자가 튀어나오게 한다. 이 효과는 오늘날 태양 전지판에 응용되어 인공위성에 동력을 제공한다. 그러나 금속으로부터 튀어나와 자유롭게 된 전자의 에너지는 빛의 세기에 의존하지 않는다. 그것은 대신 빛의 색깔, 즉 주파수에 의존한다. 아인슈타인은 이러한 이상한 사실에서 양자 조건을 발견한 것이다. 그는 오랫동안 과학적 실험으로 입증된 파동으로 전파되는 빛이 실제로는 입자 같은 작은 개개의 묶음, 그가 '에너지 양자'라고 부르는 것으로 전파된다는 극히 이단적인 가능성을 제안했다. 오늘날 광자라고 불리는 에너지 양자들은 구분이 분명한 에너지 h를 갖고 금속 표면에 충돌할 때 거의 대부분의 에너지를 전자에게 준다는 것이 알려져 있다.

이와 같이, 밝은 빛이 더 많은 전자를 방출시킬 수는 있지만 에너지를 더 많이 가진 전자를 방출시키는 것은 아니다. 분리된 전자의 에너지는 h에 의존하고 빛의 주파수에 따라 결정된다. 이와 같이 아인슈타인은 플랑크의 양자론적 생각을 계산에 편리한 도구라는 지위로부터 물리적 사실로 발전시켰다.

이런 지식으로 무장한 보어는 러더퍼드의 원자 모델이 갖고 있는 불안정성 문제를 해결할 수 있었다. 7월에 '러더퍼드에게 보여줄 짧은 논문'이 준비됐을 때 그는 이미 중심 생각을 갖고 있었다. 고전역학이 러더퍼드의 원자와 같이 작고 무거운 핵 주위를 도는 전자들로 둘러싸여 있는 원자는 불안정하다는 것을 예측했으나 자연에 존재하는 원자들은 가장 안정된 시스템이다. 그러므로 고전 역학은 이러한 시스템을 기술하기에는 적합하지 않고 양자적 접근에 양보하여야 된다는 것이다. 플랑크는 열역학 법칙을 구하기 위하여 양자 원리를 도입했다. 아인슈타인은 양자 아이디어를 빛에까지 확장했다. 이제 보어는 양자 원리를 원자 자체 내에 수용하도록 제안했다.

가을에서 초겨울까지 보어는 그의 생각이 가져올 영향에 대하여 검토했다. 러더퍼드 원자의 어려움은 안정성을 설명하지 못하는 데 있다. 단 한 개의 전자를 갖고 있는 수소 원자라 할지라도 고전 이론에 따르면 전자는 핵의 주위를 돌며 운동 방향을 바꾸어 빛을 방출하게 되므로 에너지를 잃고 궤도의 반경이 점점 줄어들어 결국에는 핵과 충돌하게 된다. 뉴턴 역학적 관점에서 볼 때 러더퍼드 원자는 태양계의 축소형으로 불가능할 정도로 크거나 작아야 된다.

이런 이유에서 보어는 원자의 '정상 또는 불변 상태'가 존재하여야 된다고 제안했다. 즉 전자가 불안정하지도 않고, 빛을 복사하지도 않으며 핵과 충돌하지 않는 궤도를 갖고 있어야 된다. 그는 이 모델이 여러 가지 실험 결과와 잘 부합된다는 사실도 발견했다. 특히 몇 가지 화학적 현상을 잘 설명할 수도 있었다. 그러나 이것은 어디까지나 임의로 설정된 모델이었다.

그때 예상치 않았던 방향에서 도움이 있었다. 런던의 킹스 대학의 수학 교수 니컬슨(J. W. Nicholson, 보어가 전에 만난 적이 있었고 바보라고 생각했던 사람)이 태양의 코로나에서 나오는 이상한 스펙트럼을 설명하기 위하여 원자의 토성 모델을 제안하는 일련의 논문을 발표했다. 보어는 12월에 이 논문을 읽었으나 니컬슨의 토성 모델이 적합하지 않다는 것만 지적했다. 화학 분야에서 일하고 있는 헤베시와 연락을 주고받았지만, 보어는 그의 원자 모델을 지지해 줄 수 있는 증거를 분광에서 찾아볼 생각은 하지 못했다. 그의 생애 마지막 인터뷰에서 "스펙트럼는 매우 어려운 문제이다. 놀라운 일이었지만 거기에서 어떤 것을 찾아내리라고는 생각하지도 못했다. 색깔과 무늬 등이 매우 규칙적이고 아름답게 배열되어 있는 나비의 날개를 보고 아무도 생물학의 기본 원리를 찾아낼 수 있다고 생각하지는 못할 것이다"라고 말했다. 니컬슨의 힌트로부터 보어는 이제 스펙트럼이라는 나비의 날개에 관심을 돌렸다.

1912년에 분광학은 이미 잘 발전된 분야였다. 18세기 스코틀랜드의 물리학자 토머스 멜빌(Thomas Melvill)이 처음으로 생산적으로 탐구한 분야이다. 그는 화학염들을 알코올과 섞어 불을 붙이고 이때 나오는 빛을 프리즘을 통해 관찰했다. 서로 다른 화학 물질들이 각각 특징 있는 색깔을 낸다는 사실을 발견했다. 그 이후 이 방법은 알려지지 않은 물질을 규명하기 위한 화학 분석 방법으로 이용됐다. 1859년에 발명된 프리즘 분광기는 과학 발전에 크게 공헌했다. 프리즘 앞에 좁은 틈새를 만들어 입사하는 빛을 제한하고 통과한 빛이 눈금이 그어진 자에 비추도록 하여 선으로 나타나는 색깔들의 간격을 측정하면 빛의 파장을 알아낼 수 있다. 이와 같이 특징적인 선들을 선스펙트럼이라 불렀다.

그러나 아무도 무엇이 선을 만들어내는지 이해하지 못했다. 수학자들과 분광학자들은 스펙트럼의 선 사이에 아름답게 조화된 규칙적인 관계만 찾아낼 수 있었을 뿐이다. 1885년 스위스의 수리 물리학자가 수소의 스펙트럼 선들의 파장을 계산하기 위한 공식을 발견했다. 이 선들을 집합적으로 발머(Balmer) 계열이라고 부르고 그림과 같이 나타난다.

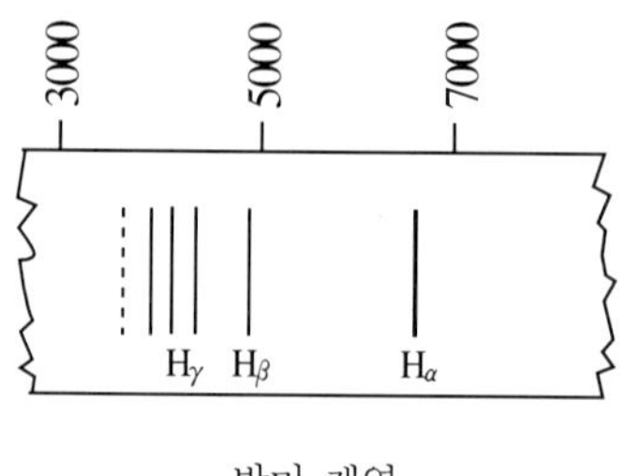

발머 계열

스펙트럼 띠에서 선의 위치를 1,000분의 1 정도의 정밀도 이내에서 예측할 수 있는 발머 공식의 단순성을 감상하기 위해서는 수학을 이해할 필요가 없다. 이 공식에는 단 한 개의 임의의 수가 사용됐다.

$$\lambda = 3645.6\left(\frac{n^2}{n^2 - 4}\right)$$

(그리스 문자 λ는 선의 파장을 나타내고, n은 각각의 선에 대하여 3, 4, 5, … 등의 값을 갖는다.) 이 공식을 사용하여 발머는 아직 조사되지 않은 부분에 있는 수소 스펙트럼에 존재하는 선들의 파장을 예측할 수 있었다. 이 선들은 그가 예측한 파장에서 발견됐다.

스웨덴의 분광학자 요하네스 뤼드베리(Johannes Rydberg)는 발머보다 한걸음 더 나아가 다른 선스펙트럼에도 적용될 수 있는 일반화된 공식을 발표했다. 이제 발머의 공식은 뤼드베리 공식의 한 특별한 경우로 포함됐다. 이 공식에 사용되는 뤼드베리 상수는 실험에 의하여 유도됐으며 지금까지 알려진 우주 상수 중에서 가장 정확한 것이다. 오늘날 사용되고 있는 뤼드베리 상수는 109,677 cm^{-1}이다.

보어는 괴팅겐에서 막 돌아온 물리학자이며 분광학도인 옛 친구

한스 한센(Hans Hansen)을 만났다. 한센은 선스펙트럼의 규칙성을 보어와 같이 조사했다. 보어는 "발머의 공식을 보자마자 모든 것이 명백해져 보였다"라고 회고했다.

보어에게 명백해져 보인 것은 그의 궤도를 도는 전자들과 스펙트럼 선들 사이의 관계였다. 보어는 핵에 묶여 있는 전자는 정상적으로 안정한 바닥 상태라고 불리는 기본 궤도를 돌고 있다고 제안했다. 원자에 에너지를 가하면 예를 들어 원자를 가열하면 전자는 핵으로부터 더 멀리 떨어진, 에너지가 더 높은 불변 상태의 궤도로 뛰어오른다. 에너지를 계속 공급하면 전자들은 계속하여 더 높은

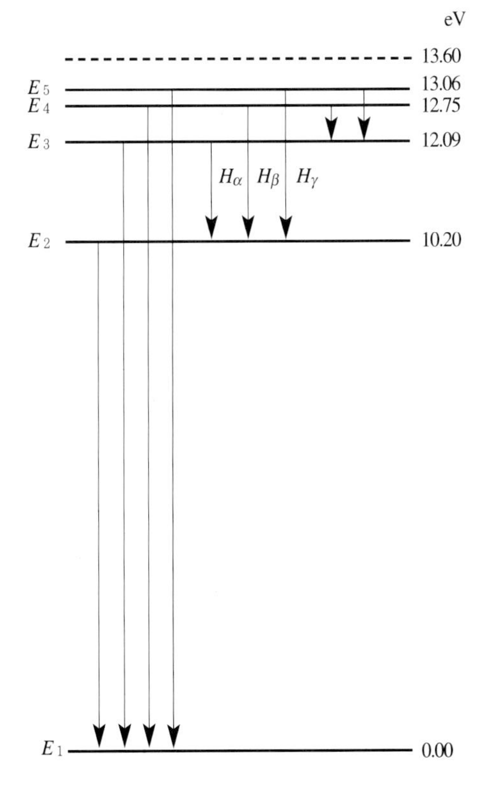

궤도로 뛰어오른다. 에너지의 공급을 중단하고 원자를 그대로 놔두면 전자들은 다시 기저 상태로 되돌아온다. 이때 전자들은 특정 에너지의 광자를 방출한다. 저준위 상태의 에너지 W_2를 고준위 상태의 에너지 W_1에서 뺀 차이는 정확하게 방출되는 빛의 에너지 $h\nu$가 된다. 플랑크의 공동 복사의 물리적 과정은 이렇게 이루어진다.

이 멋진 단순화, $W_1-W_2=h\nu$로부터 보어는 발머 시리즈를 유도해 낼 수 있었다. 발머 시리즈의 선들은 수소 원자의 전자가 높은 궤도에서 낮은 궤도 또는 기저 상태로 뛰어내릴 때 방출하는 광자의 에너지와 똑같다는 것이 판명됐다.

보어는 감각적으로 단순한 공식을 가지고 뤼드베리 상수를 계산해 내고 실험치와 비교하여 보았다.

$$R = \frac{2\pi^2 me^4}{h^3}$$

(m은 전자의 질량, e는 전자의 전하 그리고 h는 플랑크 상수——모두 기본적인 수이며 보어가 임의로 만든 숫자가 아님) 이 결과는 7퍼센트 이내에서 실험치와 일치했다. 미국의 한 물리학자는 "이 세상에서 실험과 이론 사이의 수치적인 일치보다 더 물리학자들에게 감동을 주는 것은 없다"라고 말했다.

「원자와 분자의 구성에 관하여」라는 논문은 물리학에 근본적인 중요성을 가지는 것이었다. 이 논문은 원자의 모델을 제공했을 뿐만 아니라 원자의 세계에서 일어나는 일들이 양자화됐다는 것을 보여주었다. 물질이 본질적인 낱알의 상태에서 원자와 입자들로 존재하는 것처럼 '과정'도 그렇게 되어 있다. '과정'은 불연속적이고

'과정'의 미립자는 플랑크 상수이다. 그러므로 기계적인 고전 물리학은 부정확하다. 비록 큰 규모의 사건은 잘 설명할 수 있지만 원자의 세계를 설명하는 데에는 실패했다.

보어에게는 옛 물리학과 새로운 물리학을 강제로 대결시키는 일이 즐거웠다. 그것이 물리학을 위하여 보람 있는 일이라고 느꼈다. 왜냐하면 독창적 연구는 원래 모반적인 것이고, 그의 논문은 물리적 세계의 연구일 뿐만 아니라 정치적 문서이기 때문이다. 어떤 의미에서 그것은 과학적 주장을 제한하고 인식론상의 그릇된 편견을 갖고 있는 물리학의 개혁 운동을 제안한 것이었다. 기계적인 물리학은 권위주의적인 것으로 변질됐다. 그것은 모든 분야에서 응용되기를 요구하고 우주 속에 있는 모든 것이 기계적인 원인과 영향에 의하여 지배된다는 것을 주장하기에 이르렀다. 이런 것들은 보어를 숨막히게 했다.

러더퍼드는 보어의 논문 제1부를 받아보고 즉시 문제점을 발견했다. "당신의 가정에는 중대한 어려움이 있는 것 같다." 그는 3월 20일 보어에게 편지를 썼다. "잘 알고 있겠지만, 전자가 하나의 정상 상태에서 다른 정상 상태로 변할 때 어떤 주파수에서 진동할 것인가를 어떻게 결정하는가? 당신은 전자가 어디에서 정지해야 할 것인지 미리 알고 있다고 가정해야 될 것 같다." 아인슈타인은 1917년 러더퍼드의 질문에 대한 물리적 해답은 통계적이라는 것을 보여주었다. 어떤 주파수에서도 가능하다. 다만 결과적으로 나타나는 것은 가장 확률이 높은 것이다. 보어는 나중에 한 강의에서 좀 더 철학적이고 그리고 의인화되기까지 한 표현으로 이 질문에 대답했다. "원자 상태의 모든 변화는 더 자세한 기술이 불가능한 하나의 개개의 과정으로 생각되어야 한다. 이 과정에 의하여 원자는 소위 말하는 정상 상태에서 또 다른 정상 상태로 옮겨간다. 우리가 통상적인 기술에서 완전히 벗어난다면, 정상 상태에 있는 원자는 일반적으로 여러 가능한 전위 중에서 자유 선택권을 갖는다고 말할 수 있다." 보어는 개개의 원자 내에서의 상태 변화는 예측할 수 없다는 것을 뜻했다.

사실 1913년의 논문은 감정적인 측면에서도 보어에게 매우 중요한 것이었다. 그것은 어떻게 과학이 발전되고 그리고 과학적인 발견으로 어떻게 개인이 인정받게 되는가 하는 것을 보여주는 주목할 만한 예이다. 보어의 감정적인 열중이 전에는 감지되지 않은 자연 세계의 규칙성을 볼 수 있도록 그를 민감하게 만들어주었다.

보어가 물리학은 사실에 기초를 두어야 한다고 주장하고 물리적 증거 이상의 논의를 거절한 것은 유명하다. 그는 결코 체계를 만드는 사람은 아니었다. 그는 '원리'와 같은 단어를 피하고 사용하지 않는 특징을 갖고 있었다고 로젠펠드는 말했다. 그는 '관점'이라고 말하는 것을 좋아하고 '논의' 또는 '논증 선상의'란 단어를 자주 사용했다. 그는 '자연의 법칙'이란 말을 거의 사용하지 않고 차라리 '현상의 규칙성'이란 말로 표현했다. 보어는 용어의 선택으로 가식된 겸손을 표시하지 않았다. 그는 자신과 동료들에게 물리학은 권위주의적으로 명령하는 거대한 철학적 체계가 아니고 그가 좋아하는 구절을 인용하면 '자연에 대해 질문을 하는' 단순한 방법이라는 것을 일깨워주고 있었다.

보어는 러더퍼드의 연속적이지만 불안정한 원자를 혁신적인 변화를 통하여 불연속적이지만 안정된 원자로 만들었다.

이미 파기 시작한 무덤

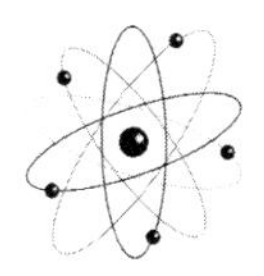

카이저(황제)가 방문하던 날은 오토 한에게 매우 소중한 날이었다. 1912년 10월 23일, 카이저 빌헬름 연구소 중에서 화학 연구소와 물리학 연구소의 공식적인 헌정식이 있던 날은(보어는 코펜하겐에서 그의 양자화된 원자에 접근하고 있었다) 베를린 남서쪽에 있는 달렘의 교외에 비가 왔다. 카이저 빌헬름 2세, 빅토리아의 장손은 그의 제복을 보호하기 위해 우의를 입었다. 외출용 큰 외투의 검은 칼라를 옅은 색깔의 우의 어깨 부분 밖으로 내놓았다. 그의 뒤를 따르는 관리들의 맨 앞쪽에는 황제의 친구인 학자 아돌프 폰 하르낙(Adolf von Harnack)과 유명한 화학자 에밀 피셔(Emil Fischer)가 검은 코트를 입고 높은 실크 모자를 쓰고 걸어왔다. 행렬의 뒷쪽에 따르는 사람들은 우산을 접어들고 걸어왔다. 학생들은 손에 모자를 들고 열병하는 군인들처럼 길가에 늘어서 있었다. 그들은 신권에 따라 그들을 통치한다고 믿는, 위로 삐친 검은 콧수염이 난 이 뚱뚱한 중년 남자가 사열하며 지나가는 동안 두려움에 정신이 아찔해진 얼굴로 어린아이같이 차렷 자세로 서 있었다. 그들은 열셋 혹은 열네 살쯤 되어 보였다. 그들도 곧 병사가 될 것이다.

문화부의 관리들이 황제 폐하께 독일의 과학을 지원해 주도록 건의했다. 황제는 황실 농장에 연구 센터를 건립하도록 땅을 기증했다. 산업계와 정부도 1914년까지 일곱 개의 연구소를 세울 과학 재단 카이저 빌헬름 협회에 운영비를 아낌없이 기증했다.

오토 한은 1906년 몬트리올에서 러더퍼드를 떠나 에밀 피셔와 베를린 대학교에서 연구하기 위하여 돌아왔다. 피셔는 방사능에 대하여 거의 알지 못하는 유기 화학자였다. 그러나 그는 이 분야가 새롭게 시작되고 있다는 것을 이해했고 한은 이 분야의 일급 연구가였다. 그는 실험실 지하에 있는 목공실에 한의 연구실을 마련하여 주었고, 한을 무급 강사로 임명했다. 이 일은 교수진 중에서 앞날을 보지 못하는 화학자들을 동요시켰고 통탄할 수준 저하에 수군거리게 만들었다. 금박 검전기로 새로운 원소를 찾아낼 수 있다고 주장하는 화학자는 협잡꾼이 아니라면 적어도 곤란한 사람이었다.

한은 학교의 물리학자들이 화학자들보다 더 마음에 맞는 것을 알게 됐고 물리학 세미나에 정기적으로 참가했다. 1907년 가을 학기 초 한 세미나에서 비엔나에서 방금 도착한 오스트리아 여성 물리학자 리제 마이트너를 만났다. 마이트너는 스물아홉 살로 한보다 한 살 위였다. 그녀는 비엔나 대학에서 박사 학위를 받고 이미 알파와 베타 방출에 관한 두 편의 논문을 발표했다. 그녀는 막스 플랑크의 이론물리학 강의를 듣기 위해 베를린에 왔다.

한은 체조 선수였고 스키와 등산을 즐겼으며, 소년 같고 잘생긴 얼굴에 맥주와 여송연을 좋아했다. 라인 지방의 특유한 느린 억양과 따뜻하고 겸손한 유머 감각을 가졌다. 그는 매력적인 여성을 찬미했고, 그들과 교제하기 위하여 시간을 냈으며, 그의 행복한 결혼 이후에도 몇몇은 여전히 친구로 남아 있었다. 마이트너는 몸집은 작고 까무잡잡하지만 얼굴은 예쁜 편이었다. 또한 그녀는 병적으로 수줍어했다. 한은 그녀와 친구가 됐다. 그녀는 자유로운 시간이 있을 때에는 같이 실험을 하기로 했다. 그녀는 협력자가 필요했고 한도 마찬가지였다. 물리학자와 방사능 화학자인 그들은 좋은 팀을 이룰 것이다.

그들은 실험실이 필요했다. 피셔는 마이트너가 남자 학생들만 있는 윗층 실험실에는 결코 얼굴을 내보이지 않는다는 조건으로 목공실을 같이 쓰도록 허락했다. 2년 동안 그녀는 엄격하게 이 조건을 지켰다. 그러고 나서 대학이 자유화되어 피셔는 그의 강의에 여학생을 받아들였고 마이트너도 윗층에 올라올 수 있도록 했다. 비엔나는 이보다는 약간 더 진보된 사회였다. 변호사인 마이트너의 아버지는 그녀가 물리학 공부를 시작하기 전에 불어 교사 자격증을 받아 언제나 자신의 생활을 해결할 수 있도록 하라고 고집했다. 마이트너의 가족은 동화한 오스트리아 유대인이지만 모두 기독교 세례를 받았다. 교사 자격증을 따기 위한 공부는 제쳐두고 마이트너는 8년의 고교 과정을 2년에 마쳤다. 그녀는 두 번째로 박사학위를 받은 오스트리아 여성이었다. 그녀의 아버지는 1912년까지는 경제적으로 지원해 주었으며 그후 막스 플랑크가 그녀를 조교로 임명했다. 아인슈타인은 그녀가 오스트리아 태생이라는 것을 잊어버리고 독일의 마담 퀴리라고 불렀다.

두 절친한 친구는 1912년 새 연구소 건물로 이사했고, 카이저의 방문을 맞이할 전시물을 준비했다. 한이 방사능 화학을 처음 공부하기 시작할 때(런던에서 몬트리올로 가기 전에) 그는 새로운 원소라고 생각되는 라디오 토륨을 몰래 연구했다. 라디오 토륨은 방사능 활동이 매우 강한 물질이다. 맥길 대학에서 그는 방사능 활동이 토륨과 라디오 토륨의 중간쯤 되는 '메조토륨'을 발견했다. 이것은 뒤에 라듐의 동위원소로 판명됐다. 한은 이 차이가 황제를 즐겁게 해 줄 것이라고 생각했다. 작은 상자 속의 벨벳 천 위에 300밀리그램의 라듐과 같은 세기의 방사능을 방출하는 양의 메조토륨을 넣었다. 그는 황제에게 어둠 속에서 스크린 위에 움직이는 것 같은 빛을 발하는 라디오 토륨 견본과 비교해 보도록 요청했다. 아무도 황제에게 방사능의 위험에 대하여 경고하지 않았다. 왜냐하면 당시에는 방사능 노출에 대한 위험성이 심각하게 인식되지 못했기 때문이다.

메조토륨은 크게 위험하지는 않았다. 카이저는 두 번째 연구소를 방문했다. 한과 마이트너가 일하고 있는 화학 연구소는 두 명의 선임 화학자가 관리했다. 물리화학-전기화학 연구소는 특별히 초대 소장이었던 유대계 독일인 화학자 프리츠 하버를 위하여 설립됐다. 그것은 일종의 보상이었다. 1909년 하버가 암모니아를 만들기 위하여 공기 중에서 질소를 뽑아내는 방법 개발에 성공했기 때문에 독일 산업 재단에서 연구소를 설립하여 기증했다. 암모니아로 인조 비료를 생산할 수 있기 때문에 칠레의 북부 사막 지대에서 캐내는 비싸고 공급이 불안정한 질산 나트륨을 대체할 수 있었다. 특히 하버의 공정은 전시에 폭약 생산에 사용되는 질산염을 생산할 수 있으므로 전략적으로 매우 귀중한 것이었다. 독일은 질산염 자원을 갖고 있지 않았다.

방사능 물질에 오염되지 않은 새롭고 현대적인 실험실에서 한과 마이트너는 방사능 화학과 핵 물리학이라는 새로운 분야에서 연구를 계속했다. 카이저는 움트는 독일 국력의 상징인, 새로운 연구기관에 또다시 자기 이름을 빌려준 데에 대하여 행복감을 느끼면서 달렘에서 베를린에 있는 황궁으로 돌아왔다.

1913년 여름 닐스 보어는 젊은 부인과 같이 영국으로 건너갔다. 그는 그의 획기적인 논문의 제2부와 제3부를 이미 러더퍼드에 우송했으며 일반에 공개하기 전에 그를 만나 토의하기를 원했다. 맨체스터에서 그의 친구와 다른 연구자들을 다시 만났다. 그가 만난 사람 중의 하나는 헨리 모즐리(Henry Gwyn Jeffreys Mosley)였다. 모즐리는 해리(Harry)라고 불린, 이튼과 옥스퍼드 졸업생으로 1910년부터 러더퍼드 밑에서 조수 겸 학부 강사로 일했다. 26세의 해리 모즐리(Harry Moseley)는 훌륭한 업적을 낼 모든 준비가 되어 있었다. 그는 단지 그를 출발시키는 촉매제로 작용할 보어의 방문만이 필요한 상태였다.

모즐리는 혼자 일하는 형이며 말이 별로 없었다. "나는 그를 좋아할 수도 없고 좋아하지 않을 수도 없었다"라고 러셀(A. S. Russell)은 말했다. 그는 사실을 부정확하게 말하는 것을 그대로 듣지 못하고 꼭 따져보는 습관을 갖고 있었다. 그가 실험실에서 오랫동안 일을 하고 차를 마시는 동안에는 러더퍼드까지도 그를 방해하지 못하도록 했다. 러더퍼드 밑에 있는 다른 사람들은 그를 '파파(papa)'라고 불렀다. 모즐리는 떠들썩한 수상자를 존경했다. 그러나 아주 친숙하게 공경하지는 않았다는 것이 확실하다.

해리는 훌륭한 과학자 집안에서 태어났다. 그의 증조부는 의료 면허는 없었지만 미치광이를 고치겠다는 열정을 가지고 정신병원을 운영했다. 그의 조부는 킹스 대학의 교목이고 자연철학과 천문학

교수였고, 그의 아버지는 생물학자로 챌린저 호를 타고 3년 동안 항해 끝에 세계의 대양에 관한 50권의 개척적인 연구 결과를 발표했다. 헨리 모즐리(Henry Moseley, 해리는 아버지의 이름을 물려받았음)는 그의 『챌린저 호에서 자연과학자의 기록』이란 대중용 단행본을 출간했고, 이 때문에 찰스 다윈의 우정어린 칭송을 받았다. 해리는 다윈의 손자이며 물리학자인 찰스 다윈(Chales G. Darwin)과 같이 맨체스터에서 일했다.

그를 답답할 정도로 말이 없는 사람이라고 할 수 있다면, 그는 또한 실험에는 끈질긴 사람이었다. 그는 밤 늦게까지 15시간 동안 피곤해서 지칠 때까지 일을 하고 해 뜨기 전에 한 조각의 치즈로 식사를 하고 몇 시간 눈을 붙이고 나서 정오경에 야채 샐러드로 아침 식사를 했다. 그는 날씬했고, 단정하게 옷을 입었으며 보수적이었다. 그는 그의 누이동생과 홀로 된 어머니에게 정기적으로 많은 이야기를 편지로 적어보냈다.

그는 건초열 때문에 옥스퍼드에서 마지막 우등생 선발 시험을 포기해야 했다. 그는 맨체스터에서의 학부 강의를 경멸했다. 많은 학생들이 힌두인, 버마인, 일본인, 이집트인 그리고 다른 천한 부류의 인도인 등이었고 그들의 냄새 나는 불결함을 싫어했다. 그러나 마침내 1912년 가을 해리는 훌륭한 연구 주제를 발견했다.

그는 10월 10일 어머니에게 보낸 편지에 "어떤 독일인들은 최근에 엑스선을 크리스털(결정) 속으로 투과시킨 다음 그들의 사진을 찍었는데 매우 훌륭한 결과를 얻었습니다"라고 썼다. 뮌헨에 있는 라우에는 일정하게 반복되는 결정의 원자구조가 엑스선의 단색 간섭 무늬를 만들어 내는 현상을 발견했다(비누 방울에 비친 흰색광이 여러 색깔의 간섭 무늬를 만드는 현상과 같음). 엑스선 결정학의 발견으로

라우에는 노벨상을 수상했다. 모즐리와 다윈은 새로운 분야를 탐구할 의지를 가지고 출발했다. 그들은 필요한 실험 장비를 확보하여 겨울 동안 실험에 열중했다. 1913년 5월쯤 그들은 결정을 분광기로 사용하는 방법을 발전시켰고 처음으로 확실한 결과를 마무리 짓고 있었다. 엑스선은 파장이 극히 짧은 높은 에너지를 갖는 빛이다. 가시광선이 프리즘을 통과할 때 분산되는 것과 같이 결정의 원자 격자는 엑스선을 스펙트럼으로 분산시킨다.

5월 18일, 모즐리는 그의 어머니에게 편지를 썼다. "우리는 백금 표적을 사용한 엑스선 방출관이 다섯 가지 파장의 예리한 선스펙트럼을 방출하는 것을 발견했습니다. 내일부터 우리는 다른 원소의 스펙트럼을 조사할 것입니다. 여기에 전혀 새로운 분광학의 한 부문이 시작되어 원자의 본질에 관한 많은 것을 이야기해 줄 것입니다."

그때 보어가 도착했고 그들이 토의한 문제는 주기율표에서 원소의 순서는 화학자들이 생각했던 원자 질량에 따르기보다는 원자 번호에 따라야 한다는 보어의 이전 생각이었다(예를 들면 우라늄의 원자 번호는 92이고 가장 흔한 동위원소의 원자 질량은 238이며, 좀 희귀한 동위원소의 질량은 235이며 같은 원자 번호를 갖고 있다). 해리는 엑스선의 선스펙트럼의 규칙적인 변위를 조사하여 보어의 주장을 증명할 수 있었다. 원자 번호를 기준으로 이용함으로써 지금까지 발견된 여러 가지 서로 다른 물리적 형태의 원소들을 주기율표의 같은 위치에 배치할 것이며 이들에게는 곧 동위원소라는 이름이 붙게 될 것이다. 원자 번호가 원소의 화학적 성질을 결정한다는 것은 러더퍼드의 원자핵 모델을 강력하게 확인하는 것이며, 엑스선의 선스펙트럼은 보어의 양자화된 전자 궤도를 기록하게 될 것이다. 이

때에 다윈은 다른 흥미 거리를 추구하고 있었으므로 이 일은 모즐리 혼자서 하게 됐다.

보어와 인내심이 강한 마가레스는 휴가를 겸하여 논문을 다듬을 계획으로 케임브리지로 갔다. 러더퍼드는 7월 하순경 메리와 티롤에 있는 목가적인 산으로 떠났다. 모즐리는 참을 수 없이 덥고 답답한 맨체스터에 남아 유리관을 불어서 만드는 일을 했다. 러더퍼드가 떠난 지 이틀 후 그는 어머니께 편지를 썼다. "이제 거의 자정이 됐지만 나는 코트와 조끼를 벗고 바람이 들어오도록 창문과 문을 모두 열어놓고 일을 하고 있습니다. 연구 장비가 준비되면 측정을 시작하기 전에 어머니께 가겠습니다." 8월 13일에도 그는 아직도 일을 하고 있었다. 그는 그의 결혼한 여동생 마저리(Margery)에게 그가 무슨 일을 하고 있는지 편지를 썼다.

> 나는 이런 방법으로 가능한 한 많은 원소의 엑스선 스펙트럼의 파장을 발견하려고 한다. 나는 그들이 보통 빛의 스펙트럼보다 더 중요하고 그리고 더 기본적인 것을 증명하리라고 믿는다. 파장을 발견하는 방법은, 조사하고자 하는 원소로 만든 표적을 음극선(전자)으로 때려 방출되는 엑스선을 반사시키는 것이다. ……나는 단지 어떤 각도로 엑스선이 반사됐는지만 측정하면 파장을 구할 수 있다. 나는 1000분의 1의 정밀도를 목표로 하고 있다.

보어는 코펜하겐으로 돌아왔고, 러더퍼드도 티롤에서 돌아왔다. 때는 9월이었으므로 영국 학회의 연례 모임이 버밍엄에서 개최될 예정이었다. 보어는 케임브리지에서 너무 오래 우물쭈물 시간을 보냈으므로 학회에 참석할 계획을 세우지 않았다. 그러나 러더퍼드는 참석해야 되겠다고 생각했다. 그의 양자화된 원자와 깜짝 놀랄 만한 스펙트럼의 예측이 학회의 화젯거리가 될 것이다. 보어도 마음을 바꾸어 급히 참석했다. 버밍엄의 호텔은 모두 만원이었다. 그는 첫날은 당구대 위에서 잤다. 그러자 지략이 풍부한 헤베시가 여자대학교에 숙소를 마련했다. "그런데 그곳은 매우 실용적이고 훌륭했다"라고 보어는 후에 기억했다. 그는 급히 덧붙여 "여학생들은 집에 돌아가고 없었지"라고 말했다.

영국 협회의 회장인 올리버 로지(Oliver Lodge) 경은 개회사에서 보어의 연구에 대하여 언급했다. 러더퍼드는 회의에서 보어의 이론을 극구 칭찬했다. 캐번디시 연구소의 물리학자 프랜시스 애스턴(Francis W. Aston)은 많은 양의 샘플을 수천 번 반복하여 점토 파이프를 통과시키는 지루한 확산 과정 끝에 서로 다른 질량을 갖는 네온 가스를 분리해 낼 수 있었다고 발표했다. "확정적인 증거이다"라고 헤베시는 생각했다. "서로 다른 원자 질량을 갖는 원소들이 같은 화학적 성질을 가질 수 있다." 퀴리 부인은 프랑스에서 건너왔다. A.S. 이브는 그녀를 수줍어하고 사교성이 없으며 침착하고 고상하다고 표현했다. 그녀는 러더퍼드를 칭찬해 주어 물고 늘어지는 영국 언론 기자들을 받아넘겼다. "그의 연구 업적에서 위대한 발전이 오게 될 것이다. 그는 인류에게 헤아릴 수 없는 혜택을 베풀 수 있는 사람이다"라고 마담 퀴리는 말했다.

모즐리는 계속 노력했다. 그는 처음에는 엑스선 스펙트럼의 선명한 사진을 얻는 데 애를 먹었지만 요령을 터득하고 좋은 사진을 얻을 수 있었다. 주요한 스펙트럼 선들이 절대적인 규칙성을 가지고 이동했다. 그는 선들을 맞추어 정렬시켜 필름 조각으로 작은 계단을 만들었다. 그는 11월 16일 보어에게 편지를 썼다. "지난 약 2주 동안 나는 당신이 흥미를 가질 결과를 얻었습니다. ……지금까지 나는 칼슘에서 아연까지 원소들의 K 스펙트럼 선들을 조사했습니다. 결과는 매우 간단하며 거의 당신이 예상하는 것입니다.…… $K=N-1$, 정확히, N은 원자 번호입니다." 칼슘의 원자 번호는 20, 스칸듐 21, 티타늄 22, 바나듐 23, 크로뮴 24 그리고 계속해서 아연 30. 그는 그가 얻은 결과가 "당신이 사용한 전반적인 원리에 크게 무게를 실리게 하며, 당신의 이론이 물리학에 커다란 빛나는 영향을 가져올 것이므로 나는 대단히 기쁩니다"라고 말했다. 해리 모즐리의 깔끔한 연구가 보어-러더퍼드 원자에 실험적 확증을 주었다. 그것은 마스던과 가이거의 알파 산란 실험보다 훨씬 확고하게 받아들여질 수 있는 것이다. '왜냐하면' 보어는 마지막 회견에서 말했다. "사실 러더퍼드의 연구는 심각하게 받아들여지지 않았다. 오늘날 이해할 수가 없다. 그러나 그것은 전혀 심각하게 받아들여지지 않았다. ……모즐리가 커다란 변화를 가져왔다."

전쟁이 일어났을 때 닐스와 하랄 보어는 오스트리아에서 하루에 22마일씩이나 걸으며 알프스를 등산하고 있었다. "얼마나 놀랍고도 아름다운지 설명을 할 수 없다"라고 닐스는 여행 중에 마가레스에게 편지했다. "산 위에 있는 안개가 갑자기 모든 정상에서부터 몰려 내려올 때는 처음에는 아주 작은 구름이었지만 마침내 전 계곡에 꽉 차게 된다." 형제들은 8월 6일 집에 돌아올 계획으로 떠났었으나 갑자기 산 안개와 같이 전쟁이 몰아닥쳐 그들은 국경이 폐쇄되기 전에 독일을 가로질러 돌아왔다. 10월에 보어는 부인과 함께 중립을 지키는 덴마크를 떠나 맨체스터에서 2년 동안 강의할 계획이다. 러더퍼드의 조수들이 모두 전시 업무를 위하여 떠났으므로 도움이 필요했다.

8월 초에 해리 모즐리는 그의 어머니와 같이 오스트레일리아에 있었다. 1914년 영국 학회에 참석하고 나서 오리 주둥이를 갖고 있는 오리너구리와 그림 같은 은 광산 등을 찾았다. 전쟁 발발 즉시 동원을 시작한 오스트레일리아 사람의 애국심이 그의 왕과 국가에 대한 이튼의 충성심을 일깨워주었다. 그는 선편을 구하는 대로 곧 영국으로 돌아왔다. 10월 말경 그는 징모관에게 부탁하여 대기자들보다 앞서서 영국 공병 소위로 임관됐다.

맨체스터의 하임 바이츠만(Chaim Weizmann)은 키가 크고 건장한 러시아 태생 유대계 생화학자로서 러더퍼드의 좋은 친구였다. 많은 영향력 있는 영국 유대인들을 포함하여 많은 유대인들이 시온주의는 사리에 맞지 않고, 광신적이며 골칫거리가 아니라면 적어도 환상적이고 천진난만한 것이라고 믿고 있던 때에 그는 열렬한 유대 민족주의자였다. 그러나 바이츠만이 유대 민족주의자라면 그는 또한 영국의 민주주의를 깊이 찬미하는 사람이었다. 그리고 전쟁이 시작된 후 그가 첫 번째로 한 일은 중립을 지킬 것을 제안한 국제 유대 민족주의자 기관과 자신의 관계를 끊는 일이었다. 국제 유대 민족주의자 기관의 유럽 지도자들은 영국의 동맹국인 러시아의 차르주의자들을 싫어했고 바이츠만도 역시 그랬다. 그러나 그는 그들과 달리 독일의 문화와 기술적 우월성이 전쟁에서 이기리라고 생각하지 않았다. 그는 서방의 민주주의가 승리하리라 믿었고 유대인의 운명은 이들에 달렸다고 생각했다.

그와 그의 부인 그리고 어린 아들은 전쟁이 발발했을 때 휴가를 보내기 위해 스위스로 가던 중이었다. 그들은 파리로 돌아와 팔레스타인에 있는 개척 유대인 농업 정착촌의 재정적 대들보인 연로한 에드몽 드 로칠드(Edmond de Rothschild) 남작을 방문했다. 놀랍게도 전쟁의 결말과 유대 민족의 장래에 대하여 남작은 바이츠만과 같은 낙관적 견해를 갖고 있었다. 바이츠만은 유대 민족주의자 운동에 공식적인 위치를 갖고 있지 않았지만 로칠드 남작은 그에게 영국의 지도자들을 만나 이야기할 것을 주장했다. 그 자신의 성향과 부합되는 일이었다. 영국의 영향에 대한 그의 희망은 깊은 뿌리를 갖고 있다. 그는 재목 상인의 열다섯 아이들 중 세 번째였다. 그의 아버지는 재목을 엮어 뗏목을 만들기 위하여 비스툴라에서 단치히까지 떠내려 보냈다. 바이츠만의 가족은 러시아의 곤궁한 서부 지역 유대인 정착촌에 살았다. 바이츠만이 열한 살 때 그가 앞으로 할 일에 대하여 미리 예상하는 편지를 썼다고 그의 전기 작가 아이자이어 베를린(Isaiah Berlin)은 말했다. "세계의 왕들과 국가들이 유대 국가의 폐허에 덮쳐 들었다. 유대인들은 자신들이 파괴되도록 방치해서는 안된다. 영국만이 홀로 그들을 도와 팔레스타인 옛 땅에 다시 돌아가 일어서도록 지원할 것이다."

젊은 바이츠만의 확신은 그를 냉혹하게 서쪽으로 내몰았다. 열여덟 살에 아버지의 뗏목을 타고 서프러시아로 갔다. 일을 하며 베를린에 도착하여 공과대학(Technische Hobschule)에서 공부했다. 1899년 스위스의 프리부르(Fribourg) 대학교에서 박사 학위를 받았다. 바이엘 사에 특허를 팔아 경제 형편이 상당히 좋아졌다. 그는 1904년 영국으로 이주했다. 화학과 과장 윌리엄 헨리 퍼킨 2세(William Henry Perkin Jr.)의 도움으로 맨체스터 대학에 자리잡았다. 퍼킨 2세의 아버지는 자주색 염료인 아닐린 블루(anilin blue)를 분리해 내어 영국 콜타르 염료 산업을 일으켰다. 1914년 8월 늦게 프랑스에서 맨체스터로 돌아온 바이츠만은 영국 전시국에서 군사적 가치가 있는 어떤 것이라도 발견한 과학자는 그것을 보고해 주도록 요청하는 회람을 책상 위에서 발견했다. 그는 이런 발견을 즉시 전시국에 보고했다.

전시국은 이에 대하여 일단 회신하지 않기로 결정했다. 바이츠만은 그의 연구를 계속했다. 동시에 그는 로칠드와 의논한 대로 영국의 지도층 인사들을 만나기 시작했으며 전쟁이 끝나기 전에 2000여 명을 인터뷰했다.

바이츠만의 발견은 간상균과 그것의 사용 방법이었다. 간상균은 비공식적으로 B-Y(Bacillus-Weizman)라고 불리우는 전분을 분해하는 균이다. 그가 옥수수에서 이것을 발견했을 때, 그는 인조 고무를 만드는 방법을 찾고 있었다. 그는 알코올을 발효시킬 때 소량의 부산물로 나오는 이소아밀(isoamyl) 알코올로부터 인조 섬유를 만들 수 있을 것이라고 생각했다. 그는 토양과 식물 등에 사는 수백만 종의 간상균 중에서 전분을 매우 효과적으로 이소아밀 알코올로 분해하는 세균을 찾았다. 이러한 조사 과정에서 냄새가 이소아밀 알코올과 거의 같은, 상당한 양의 액체를 만들어 내는 박테리아를 발견했다. "그러나 내가 그것을 증류시켰을 때 매우 순수한 아세톤과 부틸알코올의 혼합물로 판명됐다. 퍼킨스 교수는 그것을 개수대에 쏟아버리라고 했지만, 나는 순수한 화학 물질은 가치가 없는 것이 없고 쏟아버려서는 안 된다고 반론했다."

뜻밖에 발견한 것이 B-Y였다. 삶은 옥수수와 혼합하면 옥수수가 발효되어 에틸알코올, 아세톤 그리고 부틸알코올이 생성됐다. 이 세 가지 용제는 단순한 증류 작업으로 분리될 수 있다. 바이츠만은 부탄올로부터 인조 고무를 만드는 방법을 개발했지만 전쟁 발발 수년 전부터 자연산 고무의 가격이 하락했으므로 인조 고무의 필요성이 잠잠해졌다.

유대인의 조국을 찾는 그의 노력을 추구하던 중, 바이츠만은 맨체스터에서 영향력 있고 충실한 친구 스콧(C. P. Scott)과 알게 됐다.

스콧은 키가 크고 진보적인 《맨체스터 가디언》의 편집장이었다. 그는 데이비드 로이드 조지(David Lloyd George)의 가장 절친한 정치 조언자였다. 1915년 1월 어느 금요일 아침, 바이츠만은 당시 재무부 장관이였으며 뒤에 전쟁 중에 수상이 된 정력이 왕성한 작은 웨일스 사람과 아침식사를 했다. 로이드 조지는 성경의 가르침을 배우며 자랐다. 그는 유대인이 팔레스타인에 돌아가는 생각을 존중했으며, 특히 바이츠만이 바위와 산이 많은 작은 팔레스타인과 바위와 산이 많은 작은 웨일즈를 설득력 있게 비교하자 감명을 받았다. 바이츠만은 로이드 조지 이외에도 전 수상이었으며 로이드 조지 내각에서 외상을 지내게 될 아서 밸푸어(Arthur Balfour) 그리고 막후에서 활약한 후 1917년 영국의 전시 내각에 참여하여 높은 존경을 받는 보어인(人) 얀 크리스티안 스무츠(Jan Christiaan Smuts) 같은 사람들이 시온주의에 흥미를 갖고 있다는 것을 알고는 놀랐다. "정말로 구세주의적 시대가 우리에게 왔다"라고 초기의 희망적인 시기에 그의 아내에게 편지를 썼다.

바이츠만은 주로 부탄올을 만들기 위하여 B-Y를 배양했다. 그는 어느 날 노벨 폭약 회사의 스코틀랜드 지점의 화약 연구 책임자에게 그의 발효 연구에 대한 이야기를 했다. 그 사람은 연구의 중요성을 이해하며 바이츠만에게 말했다. "당신은 매우 중요한 문제의 해결책을 손에 쥔 것 같습니다." 노벨 사는 커다란 폭발사고가 있었기 때문에 이 공정을 개발하지 못하고 대신 영국 정부에 바이츠만의 연구를 알려주었다. "그래서 일이 시작됐다. 1915년 3월 어느 날 파리를 방문하고 돌아오니 영국 해군성에서 나를 찾고 있었다"라고 바이츠만은 말했다. 바이츠만과 같은 나이인 41세의 윈스턴 처칠(Winston Churchill)이 맡고 있는 해군성은 당시 심각한 아세톤 부족에 직면하고 있었다. 아세톤은 해군 함포 등 대형 화포의 추진 폭약 코다이트(cordite)의 생산에 없어서는 안 될 중요한 성분이었다. 코다이트는 통상 사출될 때 코드 같은 모양이 되므로 붙여진 이름이다. 영국 해군의 함대함 또는 함대지 대형 포탄을 추진시키는 폭약은 니트로셀룰로오스(nitrocellulose) 64퍼센트, 니트로글리세린(nitroglycerin) 30.2퍼센트, 페트롤륨 젤리(petroleum jelly) 5퍼센트 그리고 0.8퍼센트의 아세톤으로 만들어진다. 아세톤이 없으면 코다이트를 생산할 수 없다. 또한 코다이트가 없으면 연소 온도가 훨씬 높은 추진제를 사용할 수 있도록 포신을 모두 다시 만들어야 된다.

바이츠만은 그가 무엇을 할 수 있을지 생각해 보기로 동의했다. 곧 처칠에게 안내됐다. 그는 활기 있고 매력적이고 정력적인 윈스턴 처칠을 만난 경험을 기억했다.

> 그의 첫 말은 "자, 바이츠만 박사, 우리는 3만 톤의 아세톤이 필요합니다. 당신이 만들 수 있겠습니까?" 나는 이 당당한 요청에 겁이 나 처음에는 거의 꽁무니를 뺐다. 나는 대답했다. "지금까지 발효 작업으로 한 번에 수백 세제곱센티미터 정도의 아세톤을 만드는 데 성공했습니다. 나는 이 일을 연구실에서 합니다. 나는 기능공이 아니고 단지 화학자입니다. 그러나 내가 어떻게 하여 1톤의 아세톤을 만들 수 있다면, 그 다음에는 어떤 양이든지 원하시는 대로 만들 수 있을 것입니다." 나는 처칠과 해군성으로부터 백지 위임장을 받았다. 나는 다음 2년 동안 모든 나의 정력을 쏟아붓는 일을 스스로 맡았다.

이것이 바이츠만의 아세톤 경험의 제1부이다. 제2부는 6월 초에 시작됐다. 영국의 전시 내각은 갈리폴리에 있는 다르다넬스 해협 작전의 실패로 5월에 개각을 단행했다. 수상 허버트 애스퀴스(Herbert Asquith)는 처칠을 해군성 장관직에서 사직시키고 아서 밸푸어를 임명했다. 로이드 조지는 재무성에서 탄약 장관으로 옮겼다. 로이드 조지는 즉시 해군은 물론 육군의 아세톤 문제를 물려받게 됐다. 《맨체스터 가디언》의 스콧은 그에게 바이츠만의 연구를 알려주었고, 로이드 조지와 바이츠만은 6월 7일에 만났다. 바이츠만은 처칠에게 전에 말한 바를 그에게 말했다. 로이드 조지는 발효 과정의 규모를 증대시키도록 더 큰 백지 위임장을 주었다.

보(Bow)에 있는 니콜슨 진 공장에서 6개월 동안 실험한 후 바이츠만은 0.5톤 규모의 생산에 성공했다. 공정은 효율적인 것으로 판명됐다. 100톤의 곡식으로부터 37톤의 용제를 얻었고 이 중 11톤이 아세톤이었다. 바이츠만은 산업화학자들을 훈련시키기 시작했으며 정부는 영국, 스코틀랜드 그리고 아일랜드의 주정 공장들을 접수했다. 독일 잠수함들이 제2차 세계대전 때와 마찬가지로 제1차 세계대전 때에도 영국 선박을 꼼짝 못하게 했으므로, 미국으로부터 옥수수 도입에 차질이 발생하여 아세톤 공장이 문을 닫아야 될 위험에 처했다. 로이드 조지는 그의 전쟁 회고록에서 "마로니에 열매는 많이 있었다. 옥수수를 대신하여 마로니에 열매의 전분을 사용할 목적으로 전국가적인 수집 체제가 조직됐다." 종내에는 아세톤 생산을 캐나다에서 했고, 미국의 옥수수를 다시 사용했다.

바이츠만 박사의 비상한 재주로 영국의 어려움이 해결됐을 때 밸푸어는 그에게 말했다. "당신은 국가에 커다란 봉사를 했습니다. 그러므로 나는 수상에게 어떤 영예를 당신에게 수여하도록 요청할 생각입니다." 그는 말했다. "나는 내 자신을 위하여 아무것도 원하지 않습니다." "그러나 당신의 국가에 대한 귀중한 노력을 인정해 줄 수 있는 일이 아무것도 없겠습니까?" 하고 밸푸어는 물었다. 그는 대답했다. "예, 나는 당신이 우리 유대인들을 위해 어떤 일을 해주기 바랍니다." 그것이 팔레스타인에 유대인을 위한 국가를 설립하는 유명한 선언의 샘이요 기원이 됐다. 이 유명한 선언은 밸푸어 선언이라고 불리게 됐다.

아서 밸푸어가 로칠드 남작에게 보내는 서신의 형식으로 유대인들을 위한 국가를 팔레스타인에 세우는 데 호의적인 관심을 표명한 영국 정부의 언질이었다. 이 목적을 달성하기 위하여 최선의 노력을 하겠다는 이 서한은 바이츠만의 생화학적 봉사에 대한 단순한 보답보다는 훨씬 더 복잡한 과정을 거쳐 나오게 됐다. 다른 대변인 및 정치가들과 바이츠만의 2000번에 걸친 인터뷰에서 만난 사람들도 이 일에 관여했다. 스무츠는 전쟁이 끝난 지 오래된 후에 이 관계에 대하여 말했다. "바이츠만의 뛰어난 과학자로서의 전시 업무 수행이 그를 연합국측의 고위층 인사들에게 알려지고 유명해지게 했다. 그래서 그의 목소리는 유대인 국가를 간청하는 데 큰 무게를 갖게 됐다." 118개의 단어로 쓰여진, 외상이 서명한 편지 한 통은 불확정한 미래에 팔레스타인에 유대인 국가를 세우도록 도와줄 것이지만, "팔레스타인에 존재하는 비(非)유대인들의 사회적 종교적 권리에 손상을 줄 일은 아무것도 하지 않을 것이다." 어쨌든 영국 육군과 해군의 대포들을 조로 현상으로부터 구해낸 데 대한 어울리지 않는 보상이라고 생각할 수 없는 바이츠만의 경험은 전시에 발휘되는 과학의 힘의 한 교훈적인 예이다.

1915년 4월 22일 시작된 이프레스의 2차 전투에 선행하여 독일은 대포격을 가했다. 이프레스는 벨기에의 남동부에 있는 작은 상업도시이다. 프랑스 국경으로부터 북쪽으로 8마일 떨어져 있고, 프랑스 항구 됭케르크로부터 30마일 내륙에 위치한 이프레스 주위에는 포탄이 떨어진 웅덩이가 산재하고 습한 저지대에는 낮은 언덕이 여기저기 있었으며 가장 높은 곳이 군사 지도에 고도 60미터로 표시되어 있었다. 연합군과 독일군의 참호선이 평행하게 북동쪽으로 구축되어 있었다.

독일군은 공격하고 영국군은 방어하며 이 두 육군은 전투를 계속했다. 독일은 전쟁을 위하여 아직 완전히 동원된 상태가 아니었으므로 고등학생과 대학생들로 구성된, 잘 훈련되지 못한 예비 군단을 투입했다. 독일은 135,000명의 사상자를 냈으므로 독일 국민들은 어린이 학살이라고 불렀다. 그러나 영국은 50,000명의 사상자를 내며 좁은 측면 전선을 지켰다. 이 전쟁은 외과 수술처럼 간단히 끝내기로 되어 있었다(벨기에를 통과하는 재빠른 행군, 프랑스의 항복 그리고 크리스마스에는 귀향). 해협에서 알프스까지 전선 곳곳에 이프레스와 같이 대치하는 참호가 구축되고 전쟁은 정체되고 있었다.

돌파구를 찾으려는 독일군의 공격이 시작된 4월 22일의 포격은 이프레스 전선을 지키는 캐나다와 프랑스령 아프리카군을 참호 속 깊숙이 몰아넣었다. 황혼이 지자 포격은 중지됐다. 독일군들은 전선에서 수직 방향으로 파진 교통 참호를 따라 후퇴했다. 단지 새로 훈련된 전투 공병만 남겨 놓았다. 독일의 로켓 신호탄이 발사되어 공중에 올라갔다. 전투 공병들은 밸브를 여는 작업을 시작했다. 초록빛을 띠는 노란 연기가 노즐로부터 뿜어나오며 바람을 따라 전선에 퍼지기 시작했다. 연기는 땅을 덮으며 웅덩이 속으로 흘러들어갔고 죽은 자의 썩은 시체를 감싸고, 가시나무처럼 쳐져 있는 철조망을 통과하고, 연합군의 모래 주머니 성벽을 타고 넘어 참호 속으로 흘러들어 갔다. 이 연기를 호흡한 병사들은 숨이 막혀 고통의 소리를 질렀다. 이 연기는 부식성과 질식성이 있는 염소 가스였다. 많은 아프리카와 캐나다 군인들이 집단으로 후퇴했다. 또 다른 무리는 무슨 일인지도 모르며 참호를 벗어나 아무도 없는 전선으로 비틀거리며 뛰어나왔다. 병사들은 목을 움켜쥐고, 그들의 입을 셔츠 자락이나 목도리로 막았으며 맨손으로 흙을 파고 땅에 얼굴을 묻었다. 그들은 고통에 몸부림쳤으며 1만 명이 중상을 입었고 5,000명이 사망했다. 전 사단이 전선을 버리고 퇴각했다.

독일은 완전한 기습에 성공했다. 모든 교전국은 질식 또는 유독가스의 확산만을 목적으로 하는 포탄의 사용을 삼가기로 한 질식가스에 관한 1899년 헤이그 선언에 동의했다. 대부분의 나라들이 최루 가스는 이 선언에 포함되지 않는다고 생각한 것 같다. 그렇지만 충분한 양의 최루 가스는 염소 가스보다도 더 유독하다. 프랑스는 1914년 8월 총류탄에 최루 가스를 사용했다. 독일은 최루 가스 포탄을 1915년 1월 말경 볼리모프에서 러시아군에 발사했고 서부 전선에서는 3월에 니외포르에서 영국군에 처음 사용했다. 그러나 이프레스에서 염소 가스의 공격은 이번 전쟁에서 처음이며 계획적으로 수행된 독가스 공격이었다.

성능을 잘 모르는 무기처럼, 염소 가스는 공포에 질리고 당황케 했다. 병사들은 소총을 집어던지고 도주했다. 치료소에 있는 군의관들에게 원인을 알 수 없는 부상자들이 갑자기 들이닥쳤다. 생존한 병사들 중 화학자들이 재빨리 염소 가스라는 것을 알아냈고, 중화시키는 것이 얼마나 쉬운지 알고 있었다. 1주일 이내에 런던의 부인들은 차아황산염에 적셔 방독면으로 사용할, 솜을 싼 옥양목 마스크 30만 개를 만들었다.

독일 고위 사령부는 이프레스에서 가스를 사용할 것을 승인했지만 전술석 가치에 대해서는 의심을 갖고 있었으므로 대량의 예비

병력을 일선의 후방에 배치하지 않았다. 연합군 사단들은 재빨리 틈새를 막을 수 있었다. 공격의 결과는 고통 이외에는 아무것도 없었다.

보병 예비군 소위 오토 한은 처음에는 전선의 다른 곳에서 168톤의 염소가 들어 있는 5,730개의 가스통을 설치하는 것을 도와주었다. 참호의 전방벽을 깊숙히 삽으로 판 다음 가스통을 넣고 포탄으로부터 보호하기 위하여 모래 주머니를 두껍게 쌓았다. 밸브에 파이프를 연결하고 파이프의 다른 끝을 적진지를 향하여 늘어놓았다. 예정된 시각에 로켓 신호탄이 발사되면 밸브를 열어준다. 염소는 −33.6°C에서 끓는다. 압축된 염소를 대기 중으로 방출하면 압력이 떨어지면서 끓어오르게 된다. 그러나 처음에 염소통을 설치한 곳은 바람의 방향이 맞지 않았다. 고위 사령부에서 바람 조건이 적합한 이프레스로 옮기기로 결정했을 때 한은 샹파뉴에서 가스 공격 조건을 조사하도록 파견됐다.

1월에 그는 독일이 점령한 브뤼셀에서 프리츠 하버를 만나보도록 명령을 받았다. 하버는 최근 예비군 상사에서 대위로 승진됐다. 배타적인 독일 육군에서 전례 없는 특진이었다. 그는 그의 새로운 임무를 수행하기 위하여 계급이 필요하다고 한에게 말했다. "하버는 나에게 그의 임무는 가스전을 위한 특별 부대를 구성하는 일이라고 알려주었다." 한은 충격을 받은 것 같았다. 하버는 그 이유를 설명했다. 전쟁 중에 다시 이 이유들을 들을 기회가 있다.

그는 나에게 설명했다. "수렁에 빠져 있는 서부 전선은 새로운 무기의 사용에 의해서만 다시 움직일 수 있을 것이다. 계획된 무기 중의 하나는 독가스이다." 이것은 헤이그 규약을 위반하는 전투 방법이라고 이의를 달자 그는 프랑스가 이미 별 효과는 없지만 가스가 든 포탄을 사용하기 시작했다고 말했다. 이밖에도 전쟁이 일찍 끝나게 할 수 있다면 수없는 목숨을 구하는 길이라고 설명했다.

한은 하버를 따라 가스전에 관련된 일을 했다. 하버의 연구소의 물리학과 과장인 물리학자 제임스 프랭크(James Franck, 뒤에 하버와 한이 받았던 것처럼 노벨 물리학상을 받음)도 같이 일했다.

헤이그 협약의 파기는 병기류에 새로운 장을 열었다. 가스의 종류와 투발 수단은 다윈의 피리새처럼 다양해졌다. 독일은 염소 가스 다음에 포스겐(carbonyl chloride)을 사용했는데 증발율이 낮았기 때문에 염소와 섞어 사용했다. 프랑스는 1916년 초에 포스겐 포탄으로 반격했다. 포스겐은 그때 전쟁의 주종품이 됐다. 원통, 포탄, 박격포, 그리고 폭탄 등에 의하여 투발됐다. 포스겐은 새로 베어낸 건초 같은 냄새가 났지만 가장 독한 가스이며 염소보다 열 배나 독성이 강하다. 공기 1리터 속에 0.5밀리그램만 포함되면 10분 내에 사람을 죽게 한다. 더 진하게 농축된 공기를 한 번 또는 두 번만 숨을 쉬면 수시간 내에 죽게 된다. 포스겐은 물과 접촉하면 가수분해되어 염산이 된다. 수분이 많은 인간의 폐 속에서 염산으로 변한다. 전쟁 중 가스로 인한 사망자의 80퍼센트 이상이 포스겐에 의하여 죽었다.

클로로피크린(영국은 구토 가스라 불렀고, 독일은 클롭이라고 부름)은 표백분과 피크린산의 독한 복합물로 포스겐 다음에 사용됐다. 독일 공병들은 1916년 8월 러시아 병사들에게 이것을 사용했다. 이것의 장점은 화학적으로 안정하다는 것이다. 이것은 가스 마스크 통에 넣어진 몇 가지 중화 물질과 반응하지 않는다. 단지 통 속에 있는 상당한 양의 활성탄만이 이것을 흡수하여 공기 속에서 제거할 수 있다. 그러므로 농도가 진하면 활성탄이 포화되어 그대로 통과될 수 있다. 이것은 최루 가스와 비슷하나 어지럽고, 구역질이 나며 설사도 하게 된다.

병사들이 구토를 하기 위하여 방독면을 벗으면 치명적인 포스겐에 노출된다. 클로로피크린은 제조 방법이 간단하고 비용이 저렴하다.

이 전쟁에 사용된 가장 무서운 가스는 이 염화 황화물(dichlorothyl sulfide)인데 매움풀(horseradish) 또는 겨자와 같은 냄새가 난다고 하여 겨자 가스로 알려진 것이다. 독일군이 1917년 7월 17일 저녁에 이프레스에서 영국군에 대한 포격에서 처음으로 사용했다. 공격은 완전한 기습이었으며 수천 명의 사상자를 냈다. 독일은 전에 염소 가스를 사용한 것처럼 전쟁의 정돈 상태를 깨기 위하여 겨자 가스를 사용했다. 노란 십(+)자가 표시된 포탄이 이프레스에 비오듯 쏟아졌다. 처음에는 재채기가 나는 정도밖에 별 다른 일이 없는 듯하니까 많은 병사들이 모두 방독면을 벗었다. 그러고 나자 그들은 구토를 시작했고 살갗은 붉게 변하며 물집이 생기기 시작했다. 그들의 눈두덩은 부어올라 눈을 뜨지 못했다. 그들은 앞을 볼 수 없어 치료소로 안내되어야 했다. 이후 3주 동안 14,000명 이상의 병사들이 치료를 받았다.

농도가 진한 가스는 겨자 같은 냄새가 났고 농도가 묽은 가스는 냄새는 별로 나지 않지만 매우 독하다. 이 가스는 수일 또는 수주 동안 전쟁터에 남아 있었다. 방독면만으로는 이제 더 이상 충분한 보호를 받을 수 없다. 겨자 가스는 고무와 가죽을 분해시킨다. 겹겹이 입은 옷 속에도 스며든다. 한 사람이 군화 밑바닥에 약간만 묻혀서 참호로 들어오면 주위에 있는 여러 사람을 일시적으로 눈을 멀게 할 수 있다. 냄새도 다른 것으로 위장될 수 있다. 독일은 브롬화물(xylyl bromide)를 사용하여 라일락 향기처럼 위장시켰다. 그래서 봄에는 병사들이 라일락 향기가 나면 공포에 질려 이리저리 뛰었다. 이것들이 대전중에 타락한 실험실이 개발해 낸 가스와 유독 물질의 전부는 아니다. 재채기 가스, 비소 분말 그리고 십여 종의 최루 가스와 이들의 각종 혼합물 등이 있다. 프랑스는 포탄에 시안화물(청산가리)을 집어넣은 적이 있다. 그러나 시안화물의 증기는 공기보다 가볍기 때문에 날아가 버려 결과는 미움만 사고 말았다. 1918년에는 사용된 포탄의 절반이 가스탄이고 나머지가 고폭탄이었다. 독일은 언제나 전쟁에서 잔인할 정도로 논리적이었다. 화학 물질의 선제 사용에 대하여 프랑스를 비난했다. 화학자들은 싸구려 물건만 찾는 사람들처럼 수만 명의 생명을 지불하고 더 많은 생명을 구한다고 상상했다. 영국은 도덕적 분노로 반응했지만 균형이라는 이름 아래 굴복하고 말았다.

갈리폴리에서 연합군의 작전은 1915년 4월 25일에 시작됐다. 험준한 남쪽으로 뻗어내려 간 갈리폴리 반도의 서쪽은 에게 해이고 동쪽은 다르다넬스(옛날 사람들과 바이런에게는 헬레스폰트)라고 알려진 좁은 해협을 건너 터키가 있다. 반도를 점령하고, 다르다넬스 해협과 유럽과 아시아를 나누는 좁은 보스포루스 해협을 장악하면 다뉴브 강이 흘러들어가는 흑해를 통제할 수 있다. 이것이 윈스턴 처칠에게 혹사당하는 전시 내각의 다르다넬스 작전의 야망이었다. 이 땅의 주인인 터키는 독일의 지원을 받아 기관총과 곡사포로 대항했다.

호주, 뉴질랜드, 프랑스령 아프리카에서 각각 1개 사단과 영국군 2개 사단이 좁은 교두보를 확보하기 위하여 갈리폴리에 상륙했다. 한 교두보의 앞바다는 터키군이 1분당 1만 발의 총탄을 가파른 절벽

위에서 사격했으므로 처음에는 흰 빛깔로 출렁거리다가 차츰 피로 물들여진 검붉은 색으로 변했다. 영국군은 기선을 제압하지 못해 효과적으로 전진할 수 없었다. 5월 초에 연합군을 충원하기 위하여 영국의 구르카(네팔에 사는 호전적인 힌두교 종족)와 프랑스 사단이 도착하여, 양쪽은 돌바닥 땅 위에 참호를 팠다.

여름까지 대치만 계속됐다. 보어 전쟁시 오른팔을 부상당한 연합군 사령관 이언 해밀턴(Ian Hamilton) 경은 증원군을 요청했다. 재개각을 단행하고 처칠을 내몬 전시 내각은 마음에 내키지 않지만 해밀턴의 요청을 수락하여 5개 사단을 증파했다. 해리 모즐리도 그들과 함께 파견됐다. 그는 13보병사단 38여단 통신장교였다. 키치너(Lord Kitchener) 경의 새로운 육군 부대 중 하나로 헌신적이지만 경험이 부족한 민간 지원병으로 구성됐다. 6월 20일 지브롤터에서 어머니에게 소식을 전했다. "우리의 운명은 더 이상 의심할 바가 없습니다." 6월 27일 알렉산드리아에서 유언을 작성했다. 그가 갖고 있는 모든 것, 2,300파운드를 왕립학회에 기증했다. "병리학, 물리학, 생리학, 화학 및 다른 과학 분야에서 실험적 연구를 발전시킬 수 있는 것에만 사용할 것이며 순수 수학, 천문학 또는 단지 설명하고, 목록을 작성하거나 계통화하는 다른 과학 분야에는 사용하지 못하도록" 했다.

7월 말이 가까워 오자 사단들은 기습 작전을 위하여 렘노스로 건너갔다. 반도를 나누고 고지를 차지하여 터키군 전선의 측면을 포위하려는 작전이다. 해밀턴 경은 몰래 달이 없는 밤을 택하여 반도의 중간지점 안작이라고 불리는 해안에 있는 밀집된 참호 속으로 이만 명의 병사를 보냈다. 나머지 17,000명의 신병은 안작 북쪽 술바 만에 별 저항을 받지 않고 1915년 8월 6일 밤에 상륙했다.

터키군은 연합군이 침입한 것을 알고 새로운 사단들을 반도 아래쪽으로 강행군하여 증파했다. 38여단의 목표는 여러 날 여러 밤 계속되는 행군과 전투 끝에 안작으로부터 2.5킬로미터 내륙에 있는 850고지 차누크 바이르(Chanuk Bair)를 점령하는 것이었다. 차누크 바이르 서쪽에 좀 더 내려간 곳에 군데군데 경작지가 있는 언덕이 있었다. 볼드윈(H. H. Baldwin) 준장이 지휘하는 모즐리가 속한 부대는 폭이 1미터 정도 되며 길이가 약 200미터 되는 좁은 골짜기를 따라 올라가는 데 탄약을 등에 싣고 내려오는 한 떼의 당나귀가 길을 막고 있었다. 그것은 재수 없는 통로였다. 준장은 차질에 분노하여 농가를 향하여 북쪽으로 선도해 나갔다. 칠흑 같은 밤에 유령이 나올 것 같은 시골에서 병사들은 웅덩이 속으로 곤두박질치며 떨어지면서 미끄럽고 가파른 경사를 기어올라 갔다고 여단 기관총 사수는 말했다. 결국 그들은 농장에 도착했다. 볼드윈의 부대는, 아직도 터키군이 참호를 파고 통제하고 있는 차누크 바이르 고지 밑의 경사면에 참호를 팠다.

터키군 증원 부대가 밤에 도착하여 고지의 참호 속으로 몰려들었다. 그들의 병력은 삼만 명이나 됐다. 8월 10일 새벽, 그들은 떠오르는 해를 등지고 공격을 시작했다. 존 메이즈필드(John Masefield)는 살아남아 다음과 같이 전했다. "그들은 인해 전술로 나왔다. 어깨와 어깨를 맞대고 어떤 곳은 여덟 겹으로 어떤 곳은 셋 혹은 네 겹으로 몰려왔다. 좌측 측면에서는 터키군이 영국군과 뒤엉켜 육박전이 시작됐다. 칼, 돌 그리고 이빨로 농장의 폐허화된 옥수수밭에서 야수의 싸움이 계속됐다." 해리 모즐리는 최전방에서 그날 밤 전사했다.

미국의 물리학자 로버트 밀리칸(Robert A. Millikan)은 모즐리의 전사 소식을 접하고 나서 “이 전쟁은 그의 죽음만으로도 역사에서 가장 소름끼치고 또한 용서받을 수 없는 범죄가 되어 버렸다”라고 그를 찬양하는 글을 썼다.

영국의 남동쪽 백악 해안에 있는 도버 남쪽 6마일 지점에 옛 휴양 도시며 항구인 작은 마을 포크스톤이 해협으로 입을 벌린 경사가 급한 계곡에 자리잡고 있다. 마을의 북쪽은 언덕으로 이어졌고 서쪽의 하얀 절벽 위에는 마을에서 관리하는 잔디밭과 꽃밭이 있다.

많은 연합군 병사들이 프랑스로 떠나간 항구에는 삼분의 일 마일쯤 되는 긴 선창이 있어 8척의 기선이 동시에 접안할 수 있다. 이 마을은 혈액 순환을 발견한 17세기의 의사 윌리엄 하비(William Harvey)를 이 마을이 배출한 가장 유명한 인사로 기억하고 있었다.

1917년 5월 25일, 밝고 따뜻한 금요일 오후 포크스톤의 주부들은 성령 강림 축일 주말 쇼핑을 하기 위하여 몰려 나왔다. 몇 마일 떨어진 곳에는 캐나다 병사들이 연병장에 집합해 있었다. 마을과 부대는 똑같이 북적거리고 들떠 있었다. 오늘이 월급날이었다.

경고도 없이 상점과 거리에서 폭발이 일어났다. 줄서서 기다리던 부인들이 채소 가게 밖으로 뛰어나왔다. 포도주 가게 주인이 상점 앞으로 뛰어나와 보니 단골 손님의 목이 떨어져 나가 있었다. 폭탄은 오래된 두 건물 사이의 좁은 통로를 지나던 사람들한테 떨어졌다. 말들은 마차 사이에 쓰러져 죽었다. 잘게 부서진 유리 조각이 마치 눈이 온 듯 거리에 흩어져 있었다. 온실의 유리창은 날아가 버리고 테니스장은 웅덩이가 파여 알아볼 수 없었다. 부서진 상점들에서는 불길이 솟았다.

최초의 폭발이 일어난 후에야 포크스톤 사람들은 공기를 치는 엔진 소리를 듣게 됐다. 그들은 무슨 소리인지 알 수 없었다. 그들은

"쳅스! 쳅스!" 하고 소리쳤다. 그때까지만 해도 조종할 수 있는 체펠린 비행선이 그들이 알고 있는 유일한 공중 공격 기계였다. 요란한 소리에 놀라 밖으로 뛰어나온 한 성직자가 기억했다. "나는 거의 머리 위에서 태양을 벗어 나오는 비행선이 아닌 두 대의 비행기를 보았다. 그러고는 네 대 또는 다섯 대…… 파란 하늘을 배경으로 경쾌하고 빛나는 은빛 곤충들이 빙빙 날고 있었다. 모두 약 이십 대는 됐다. 우리는 아름다운 광경에 매혹됐다." 이들은 흰색의 커다란 비행기에 매료된 것이다. 그러나 결과는 매혹적인 것이 아니었다. 95명 사망, 195명 부상. 숀클리프에 있는 부대도 피해를 입었으나 한 사람도 부상당하진 않았다.

복엽기를 이용한 독일군의 공중 공격은 처음 있는 일이었으며, 전략적 폭격 개념이 싹트기 시작했다. 독일 비행기들은 런던을 향해 비행했으나 도중에 짙은 구름을 만나 스물한 대의 비행기가 남으로 기수를 돌려 대체 표적을 찾고 있었다. 포크스톤과 근처의 군부대가 폭격을 당하게 됐다.

독일군이 벨기에를 밀고 들어오던 전쟁 초기에 한 대의 체펠린 비행선이 앤트워프를 폭격했다. 처칠은 뒤셀도르프의 비행선 격납고를 폭격하도록 해군 전투기를 보냈다. 갈리폴리 전투 중 독일의 고타 폭격기는 살로니카를 공격했고 영국의 비행 중대는 다르다넬스 해협의 마이도스 요새를 폭격했다. 그러나 1917년 포크스톤을 공격한 고타는 최초의 효과적인 전략 민간인 폭격 작전을 시작한 것이다. 그것은 잠수함 공격이 그랬듯이 프러시아의 군사 전술 전문가 카를 폰 클라우제비츠(Karl von Clausevitz)가 주장하는 적의 저항 의지를 약화시키기 위한 두려움과 공포를 주는 총력전주의에 부합된 것이었다.

처음에 황제는 왕가의 친척들과 역사적 건물 등을 고려하여 런던은 폭격하지 않도록 했다. 그의 해군 참모들이 마음을 바꾸도록 압력을 넣어 단계적으로 폭격을 허락했다. 처음에는 해군 비행선이 부두를 공격할 수 있도록 허락했고 마지못해 차차 서쪽으로 도시를 폭격하도록 승인했다. 그러나 수소를 채운 페르디난트 폰 체펠린(Ferdinand von Zeppelin) 백작의 비행선은 소이탄에 취약했으며 영국 조종사들이 이것을 알아 차리게 되자 작전을 폭격기로 대체했다.

공습에 참가하는 폭격기의 수는 일정치 않았다. 변덕스런 기후 문제뿐만 아니라, 영국의 봉쇄 강화로 인한 저질의 엔진 부품 및 연료 때문이었다. 6월 13일 낮의 포크스톤 공습 이후 19일 만에, 일개 중대의 폭격기가 런던을 공습하여 10,000파운드의 폭탄을 투하하여 전쟁 중 가장 심각한 민간인 손실을 입혔다. 432명이 부상, 162명이 사망했고 유치원의 지하실에서는 16명의 어린이가 시체를 알아볼 수 없게 참혹하게 죽었다. 런던은 거의 무방비 상태였으며 처음에는 군에서도 방어 대책을 세워야 될 이유를 찾지 못했다.

육군성 장관은 하원에서 "폭격은 군사적으로 의미가 별로 없다. 왜냐하면 단 한 명의 군인도 폭격으로 죽지 않았기 때문이다"라고 말했다. 그래서 고타는 공습을 계속했다. 그들은 벨기에에 있는 기지를 떠나 해협을 건너왔다. 7월에 세 번, 8월에 두 번 그리고 가을, 겨울과 봄에는 월평균 두 번씩 공습했으며 차차 영국의 방어태세가 준비되어 가자 밤에 공습했다. 그들은 25만 파운드의 폭탄을 투하하여 835명을 죽이고 1,972명 이상 부상당하게 했다.

그때에 수상이었던 로이드 조지는 재주가 있고 믿을 수 있는 스무츠에게 방공 체계를 포함하는 항공 계획을 개발하도록 호소했다. 조기 경보 체제가 고안됐다. 커다란 축음기의 나팔을 청진기에 연결하여 소리에 예민한 장님이 감청했고, 바다 절벽에 소리를 모으는 공동을 파내고 이십 마일 밖에서 윙윙거리는 고타의 엔진 소리를 포착했다. 기구를 이용하여 강철선을 런던의 하늘에 설치해 놓았다. 런던 주위에 완성된 방어 체계는 원시적인 것이었지만 효과적이었다.

동시에 독일은 전략적 공격 방법을 발굴해 냈다. 그들은 연료 보조 탱크를 설치하여 고타의 비행 거리를 연장했다. 주간 공격의 위험 부담이 커지자 별을 보고 항해하는 방법을 이용 야간 비행 및 폭격 기술을 익혔다. 그들은 새로운 4발 엔진 폭격기를 개발했다. 거대한 복엽기로 익폭이 138피트나 됐다. 이십여 년 후 미국의 B-29가 출현할 때까지는 비교될 만한 항공기가 없었다. 유효 비행 거리는 300마일이나 됐다. 이 거인은 1918년 2월 16일 런던에 무게가 2,000파운드이고 길이가 13피트나 되는 가장 큰 폭탄을 투하했다. 이 폭탄은 첼시에 있는 왕립 병원의 마당에서 폭발했다. 차츰 전략적 폭격에 대한 개념을 이해하게 되자, 독일은 고폭탄을 소이탄으로 바꾸어 나갔다. 소이탄이 화재를 일으켜 고폭탄보다 더 많은 피해를 줄 수 있기 때문이다. 1918년에는 거의 순수한 마그네슘을 사용하여 10파운드 소이탄 엘렉트론(Elektron)을 개발했다. 이 소이탄은 2,000°C 내지 3,000°C의 온도로 타기 때문에 물로 끌 수가 없었다. 협상을 통한 평화를 얻을 희망으로 독일은 전쟁의 마지막 몇 달 동안 대규모 소이탄 공습을 자제했다.

독일은 영국 국민의 사기를 저하시키고 싸우려는 의지를 마비시켜 전쟁을 끝내려는 목적으로 폭격했다. 그들은 영국인들이 화가 나서 전략적 폭격은 끝났다고 생각하도록 만드는 데 성공했다. 스무츠는 로이드 조지에게 보낸 보고서에서 이렇게 말했다. "적의 국토를 황폐하게 하고 산업 및 인구 밀집 지역을 대규모로 파괴하는 공중 작전이 전쟁의 주요 작전이 되어 옛날식의 군사 및 해군 작전이 이차적인 것으로, 중요도가 떨어질 날도 멀지 않았다."

사람을 죽이거나 불구로 만드는 데에 가스는 대포나 기관총보다 훨씬 효과가 적다. 2100만 명의 전투 희생자 중 약 5퍼센트인 100만 명이 가스에 의해 희생됐다. 가스에 의한 사망자는 3만 명이지만 전체적으로 사망자의 수는 적어도 900만에 달한다. 가스는 생소하고 화학적이기 때문에 익숙하고 기계적인 무기보다 더 큰 공포를 불러일으켰다.

기관총은 적군을 참호 속으로 몰아넣었고, 대포는 방벽 넘어로 공격할 수 있다. 그래서 군사 참모들은 6개월의 공세에 50만 명을 잃는다든지 또는 6개월 간의 통상의 참호전에서 30만 명을 잃는다고 계산해낼 수 있다. 영국 단독으로 이 전쟁을 통하여 1억 7000만 발 이상의 포탄을 사용했다. 포탄은 뾰족뾰족한 쇳조각들이 내장되어 있거나 또는 충격에 의하여 폭발할 때 파편이 튀어 나오도록 설계됐다. 이 파편들이 신체를 조각내는 가장 무서운 것들이다. 찢겨진 얼굴, 잘린 팔다리, 딩구는 머리와 살점들은 땅에 짓이겨져서 이런 흙으로 모래 주머니를 만드는 일이 가장 염증나게 하는 벌이다. 병사들은 전쟁의 극악무도함에 울부짖는다. 기관총은 산산조각을 내지는 않지만 훨씬 효과적인 전쟁의 기본 살육 도구이다. 한 군사 이론가는 '농축된 보병의 정수'라고 이름을 붙였다. 한 영국 병사는 공격선에서 경험한 바를 다음과 같이 적었다. "나는 앞으로 간다.…… 올라가고 내려가고 땅을 가로질러 달려간다. 나의 공격 제대는 녹아 없어진다. 그러자 제2제대가 올라오고, 다시 녹아 없어진다. 그리고 제3제대가 제1, 제2제대의 폐허 속으로 합쳐져 버린다. 잠시 후 제4의 제대가 다른 제대의 잔해에 걸려 넘어진다." 그는 1916년 7월 1일 솜메의 전투를 설명하고 있다. 첫 한 시간 동안 적어도 21,000명이 죽었고 첫날에 60,000명이 전사한 전투였다.

미국인들이 기관총을 발명했다(하이럼 스티븐스 맥심(Hiram Stevens Maxim)은 메인 주에서 온 양키이고, 아이작 루이스(Isaac Lewis)는 미육사 출신의 대령으로서 미육군 포병학교장을 지냈다. 윌리엄 브라우닝(William J. Browning)은 총포 제작자 및 사업가였으며, 이들의 선배이며 기관총을 자동화 체계로 분류한 리처드 조던 개틀링(Richard Jordan Gatling) 등 네 명이 기관총을 발명했다). 기관총과 다른 총의 관계는 자동수확기와 낫의 관계나 혹은 재봉틀과 보통 바늘의 관계와 똑같다고 개틀링은 말했다.

기관총은 전쟁을 기계화했다. 대포와 가스도 전쟁을 기계화했다. 이들은 전쟁의 하드웨어이다. 그러나 그것들은 단지 살륙의 기계이다. 궁극적 것은 조작 방법이며 시대 착오적으로 말한다면 소프트웨어이다. 작가 질 엘리엇(Gil Elliot)이 언급했다. "기본적인 조작 손잡이는 많은 남자들을 군에 복무하게 만든 징병법이다. 이 법의 시행을 확실하게 해주는 민간 기구와 사람의 숫자를 대대, 사단 등으로 바꾼 군사 조직들이 관료주의에 의하여 설립됐다. 자원의 생산, 특히 총과 탄약은 민간 조직의 문제였다. 사람과 자원을 전선으로 이동시키는 것과 방어용 진지를 만드는 것은 군사적인 것이었다." 각각 서로 얽힌 체계는 논리적인 것이었고 그것을 움직이게 하고, 그것을 통하여 움직이는 사람들에 의하여 합리화될 수 있었다.

이 복잡한 조직의 목적은 무엇인가? 공식적으로 그것은 문명을 구하고, 작은 민주 국가의 권리를 보호하고, 게르만 민족의 문화적 우수성을 보여주고, 더러운 헝가리인을 쳐부수고, 오만한 영국인을 물리치는 것이다. 그러나 이 중간에 끼어 있는 사람들은 어두운 진실을 보게 된다. "전쟁은 공공연히 기계적이며 비인도적인 것이 됐다." "초기에는 지원자들의 모병이었던 것이 이제는 희생자의 인파이다."모든 전선에 있는 병사들은 그들이 희생물이라는 사실을 알게 됐다. 전쟁이 지루하게 계속됨에 따라 자각은 더 강화됐다. 러시아에서는 혁명으로 폭발했다(실라르드가 예언한 대로 러시아도 전쟁에 지는 결과가 됐다). 독일에서는 탈영과 항복의 동기가 됐다. 프랑스인들 중에서는 전선에서 반란이 일어났다. 영국인들은 꾀병을 앓았다.

표면상의 목적이 무엇이든지 간에 대전의 결말은 시체의 양산이었다. 본질적으로 산업적이었던 조직의 운용은 장군들에 의하여 소모 전술로 바뀌었다. 영국인은 독일인을 죽이려 했고, 독일인은 영국인과 프랑스인을 죽이려 했으며 그리고……. 이 전술은 이제는 사람들에게 매우 익숙해져서 정상적인 것으로 받아들인다. 1914년 이전 유럽에서는 그것은 정상적인 것이 아니었다. 미국 남북전쟁의 교훈이 있었음에도 불구하고 그렇게 변해 가리라고는 아무도 예상하지 못했다. 일단 참호 진지가 구축되면 긴 무덤은 이미 파진 것이며, 전쟁은 움직일 수 없는 상태에 빠지게 되고 죽음을 만드는 일이 어떤 합리적인 반응도 압도해 버린다. 법, 조직, 생산, 이동, 과학, 기술적 천재성에 뿌리를 두고, 1,500일에 걸쳐 매일 6,000명의 주검을 생산해 낸 전쟁 기계는 영구적이고 현실적인 요소였으며 인간의 변화에 의하여 약간 변경될 뿐이다.

인간이 만든 어떤 제도도 죽음의 기계에 저항할 수 있을 만큼 충분히 강하지 못했다. 새로운 기계 탱크가 정체 상태에 종지부를 찍었다. 옛날 기계, 봉쇄가 독일의 식량과 물자의 공급을 질식시켰다. 점증하는 보병의 반항 의식이 관리들의 안전을 위협했다. 또는, 프랑스에 대한 경우에서는 죽음의 기계는 잘 작동됐으나 원자재가 부족하기 시작했다. 양키는 나뭇가지에 창자가 널려 있지 않고 그리고 참호가 파지지 않은 미국 대륙에서부터 소매를 걷어붙이고 달려 왔다. 전쟁은 서서히 썩어 무너져 내려 끝장이 났다.

그러나 전쟁 기계는 전선의 후방에 있는 막대한 양의 원자재인 민간인들의 표본만 채취했다. 그들을 효과적으로 가공할 수 있는 장비를 개발하지 못했다. 단지 큰 대포와 서툰 복엽 폭격기뿐이다. 그것은 아직도 늙은이, 여자 그리고 아이들도 무장된 젊은이들과 똑같은 전투 요원이라는 필요한 합리화를 발전시키고 있지 못했다. 이것이 싫증나도록 초라함과 야수적 행위에도 불구하고 제1차 세계대전이 현대적인 관점에서 그렇게 천진난만하게 보이는 이유이다.

화성에서 온 방문자들

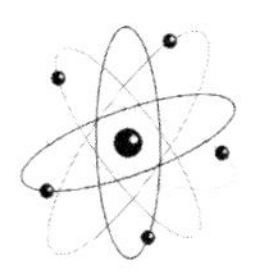

유럽 대륙에서 제일 먼저 지하철이 건설된 도시는 파리 또는 베를린이 아니라 부다페스트이다. 2마일 길이의 지하철은 1898년에 완공되어 번창하는 헝가리의 수도와 북서쪽에 위치한 교외를 연결했다. 같은 해 프란츠 요제프 2세는 그의 오스트리아-헝가리 국왕의 권위에 어울리도록 대궁전을 증축했다.

넓은 다뉴브 강 건너에 웅장한 국회 건물이 세워졌다. 2단으로 경사진 빅토리아식의 지붕을 가진 6층짜리 석조 건물에는 신 고딕식 작은 첨탑들이 길쭉한 르네상스 돔에 부연 벽받이로 고정되어 있다. 언덕이 많고 조용한 부다에 있는 궁전은 동쪽에 위치한 부산스러운 페스트에 있는 의사당 건물과 마주 보고 있다. 헝가리의 물리학자 테오도어 폰 카르만(Theodor von Kármán)은 당시를 기억했다. "말이 끄는 승합 마차는 실크 가운을 입은 부인들과 빨간 유니

폼을 입고 털모자를 쓴 경기병 백작들을 옛 전쟁에서 상처받은 부다의 언덕을 통과하며 실어날랐다." 그러나 이런 광경은 깊숙한 사회적 흐름을 감추고 있었다.

부다의 언덕으로부터 페스트를 넘어 멀리 대(大)헝가리 평원을 바라볼 수 있다. 천 년 전에 헝가리를 발견한 마자르 사람들이 넘어왔던, 활 모양으로 굽은 카르파티안 산맥이 분지를 에워싸고 있다. 페스트는 비엔나식으로 겹겹의 고리 모양의 대로를 이루며 확장됐다. 사무실들은 금융업, 중개업, 곡식, 과일, 포도주, 쇠고기, 가죽, 목재 그리고 공산품들의 교역으로 매우 분주하다. 50년 전만 해도 96퍼센트 이상의 국민들이 인구 2만 명 이하의 소도시에서 살았던 나라에 최근에 많은 산업체들이 생겨나기 시작했다. 부다와 페스트를 합친 부다페스트는 지난 50년 동안 유럽 대륙의 어느 도시보다 빨리 성장했다. 크기가 17번째에서 8번째로 뛰어올랐고 인구는 거의 100만을 헤아리게 됐다. 헝가리의 한 언론인이 "밀매, 간통, 재담, 헛소문 그리고 시의 원천이며 지성인과 억압에 항거하는 사람들의 만남의 장소"라고 생각한 카페가 밀집된 대로는 활기를 띠었다. 공원과 광장에는 기마 동상들이 서 있고, 다뉴브의 여왕 도시를 처음 방문하는 농사꾼들은 유럽의 다른 어느 곳과 비교해도 손색이 없는, 즐비하게 늘어선 훌륭한 저택들을 믿기지 않는 듯 멍하니 바라보았다.

농업자원이 풍부한 나라에 자본주의와 산업화가 도입되자 헝가리는 급속하게 발전했다. 자본주의와 산업 기술을 도입한 사람들은 뛰어난 의욕과 정력을 갖고 있는 유대인들이었는데 이들은 1910년 헝가리 인구의 5퍼센트 정도밖에 되지 않았다. 고집스럽게도 시골풍이며 군국주의적인 마자르 귀족 계급은 1918년까지도 헝가리 사람의 33퍼센트를 문맹인 채로 내버려 두었으며, 과일 판매 이외의 저속한 상업은 원하지 않았다. 이 결과로 1904년에는 유대인들이 헝가리의 농사 지을 수 있는 땅의 37.5퍼센트를 차지했고 1910년에는 유대인이 농민의 0.1퍼센트 그리고 산업체 근로자의 7.3퍼센트를 차지했지만 변호사의 50.6퍼센트, 상업에 종사하는 사업자의 53퍼센트, 의사의 59.9퍼센트 그리고 금융인의 80퍼센트를 차지했다. 헝가리의 곤궁한 관리들은 중간 계급을 이루어 유대인 유산 계급과 정치적 권력을 놓고 경쟁했다. 유대인이 주류를 이루는 사회주의자와 과격주의자들이 한쪽에 그리고 지반을 굳힌 관료들이 다른 쪽에 있는 상황에서 유대인 상업 엘리트들은 생존하기 위하여 옛 귀족 계급과 연합했다. 이 연합의 결과로 20세기 초에 귀족이 된 유대인의 숫자가 극적으로 증가했다.

뛰어난 수학자 요한 폰 노이만(Johann von Neumann)의 아버지 막스 노이만은 1913년 작위를 받았다. 폰 카르만의 부친의 경우는 예외적인 것이었다. 모르 카르만(Mor Kármán)은 사업가라기보다는 교육자였다. 그는 19세기의 마지막 10년 동안 헝가리의 교육 제도를 독일식으로 정비했다. 종교 기관에서 주도하던 교육의 관리 통제권을 정부에서 인수했다. 이런 공로로 그는 궁전에서 일하게 됐고 황제의 사촌인 대공(구 오스트리아의 황태자 칭호)의 교육 개혁 업무를 도왔다.

> 1907년 8월 어느 날 황제 요제프 1세는 모르 카르만을 불러 그의 훌륭한 업적에 대하여 보상하고 싶다고 말했다. 그는 나의 아버지에게 각하 칭호를 수여할 것을 제안했다. 아버지는 고개를 약간 숙이고 말했다. "황제 폐하, 대단히 송구스럽습니다만 저의 아이들에게 물려줄 수 있는 것이면 더욱 좋겠습니다." 황제는 고개를 끄덕여 승

낙하고 물려줄 수 있는 귀족의 지위를 명했다. 귀족의 칭호를 수여하기 위하여 아버지에게 토지가 주어져야 한다. 다행히 아버지는 부다페스트 근교에 작은 포도밭을 소유하고 있었다. 황제는 아버지에게 폰 졸로스키슬락(von Szolloskislak, 작은 포도)이란 칭호를 주었다. 나는 그것을 줄여서 '폰'이라고만 쓴다. 헝가리 사람인 나도 칭호를 모두 발음하기가 어렵다.

1800년에서 1900년까지 100년 동안 126명이 귀족이 됐다. 1900년부터 제1차 세계대전이 시작될 때까지 15년 동안에 불안했던 보수 연합은 220명 이상을 귀족으로 만들었다. 이 346개의 혈통에 연관된 귀족은 수천 명에 달했다. 그들은 이렇게 정치적 연관을 맺게 됐으나 그들 자신의 독립적인 정치력은 없어져 버렸다.

번영했지만 상처받기 쉬운 유대인 중산 계급에서 20세기에 가장 뛰어난 과학자가 적어도 7명이나 나타났다. 이들을 태어난 순서대로 보면, 폰 카르만, 게오르크 헤베시, 미카엘 폴라니, 레오 실라르드, 유진 위그너, 폰 노이만 그리고 에드워드 텔러였다. 일곱 명 모두 젊었을 때 헝가리를 떠났고, 모두 비범한 재능이 있었으며 과학과 기술에 주요 업적을 남겼다. 이들 중 헤베시와 위그너는 노벨상을 수상했다.

그렇게 외떨어진 시골에서 이런 능력의 집합이 일어난 것에 대하여 과학계는 매우 신기해 했다. 이론물리학자 프리츠 하우터만스(Fritz Houtermans)는 헝가리 국적을 버린 기라성 같은 이들을 "화성에서 온 방문자"라고 불렀다. "그들은 악센트 없이는 말을 할 수 없었으므로 헝가리 출신이라는 것이 금방 드러났다." 이들은 헝가리에는 과학적 기회도 없을 뿐 아니라 격렬한 반(反)유대주의가 그들을 내쫓았기 때문에 모두 헝가리 이외의 지역에서 살게 됐다. 그들은 헝가리에서 배운 교훈을 잊지 않고 살았다.

그들은 모두 재능이 있었다. 카르만은 여섯 살 때 여섯 자리 수를 암산으로 계산하여 파티에 참석한 그의 아버지의 친구들을 놀라게 했다. 노이만도 역시 여섯 살 때 그의 아버지와 옛 희랍어로 농담을 주고 받았고 뛰어난 기억력을 갖고 있었다. 그는 읽은 책의 거의 대부분을 암기할 수 있었다. 에드워드 텔러는 아인슈타인처럼 말을 배우기 시작한 때가 매우 늦었다. 그의 할아버지는 손자가 저능아가 아닌지 걱정했으나 마침내 텔러는 세 살이 되어 말을 하기 시작하여 완전한 문장으로 의사를 표시했다.

제1차 세계대전 무렵에 헝가리로부터 이주한 유명한 유대인 과학자들과 예술가들은 대부분 카르파티안 산맥의 기슭에 있는 곤궁한 시골의 전통적인 마을에서 태어났다. 이들은 경제 사정이 호전되자 부다페스트로 이사했고, 각자 기회를 찾아 독일, 영국 그리고 미국 등지로 떠났다.

유진 위그너의 아버지는 제혁 공장 관리인이었는데 20세기의 선도적 이론물리학자 중 한 명이 될 그는 1913년 루테란 고등학교에 입학했다. 노이만도 다음해 같은 학교에 입학했다. "우리는 마지막 2년 동안 물리학을 공부했다. 선생님은 훌륭했다. 그러나 수학 선생님은 더 좋았다. 그는 노이만에게 개인 지도를 해주었다. 왜냐하면 그는 노이만이 훌륭한 수학자가 될 것을 알았기 때문이다"라고 위그너는 말했다.

노이만과 위그너는 걸으면서도 수학에 대하여 이야기했다. 위그너의 수학적 재능도 뛰어났으나 노이만에 비하여서는 뒤진다고 느꼈다. 노이만의 명민함은 일생 동안 동료들을 놀라게 했다. 텔러는 누군가가 제안한 요약된 삼단 논법을 기억했다.

(a) 야니(노이만)는 무엇이든지 증명해 낼 수 있다.
(b) 무엇이든 야니가 증명한 것은 옳다.

1933년 스물아홉 살의 나이로 새로 설립된 프린스턴 고등연구원의 최연소 연구원이 된 헝가리 수학자 노이만은 정말로 반신반인의 경지에 이르렀으며, 사람을 철저하게 자세히 연구하여 완전히 똑같이 흉내를 낼 수 있다고 소문이 퍼졌다. 이 이야기는 노이만의 온후한 얼굴 표정 뒤에 숨어 있는 차가움을 나타내려고 누군가가 만들어낸 것인지도 모른다. 위그너조차도 그의 우정에는 친밀감이 결핍되어 있다고 생각했다. 그러나 위그너는 노이만이 단 한 명의 진짜 천재라고 생각했다.

텔러는 열한 살 때 헝가리의 혁명과 반혁명, 폭동과 격렬한 피흘림 등을 두려움을 가지고 직접 경험했다. 그의 선배 화성인들에게는 간접적인 암시 정도의 일이었지만 그의 눈앞에서는 직접적 현실로 나타났다. "나의 아버지는 반유대주의가 시작되고 있다고 말했다. 나에게는 새로운 것이었으며 아버지가 그렇게 심각하게 걱정하신다는 사실이 나에게 깊은 인상을 심어주었다"라고 텔러는 그의 전기 작가에게 구술했다.

카르만은 1906년 괴팅겐으로 떠나기 전에 부다페스트 대학에서 기계공학을 공부했다. 헤베시는 1903년에는 부다페스트에서 공부했고 다음해 베를린에 있는 기술공과대학으로 옮겼다. 프리츠 하버와 같이 일한 후 영국으로 가서 러더퍼드 밑에서 연구했다. 실라르드는 부다페스트에 있는 공과대학에 다니던 중 군에 입대했다가 휴전 후 혼란기에 베를린으로 떠났다. 이와는 대조적으로 위그너와 노이만은 헝가리 사회가 무너지는 것을 청년기에 경험했다. 텔러는 감수성이 강한 사춘기가 시작될 때 직접 경험했다.

1920년 헝가리의 호르티 정권은 여러 민족 또는 국적에 따른 인구 비례에 거의 상응하는 비율로 대학 신입생을 입학시키도록 하는 법률을 제정했다. 이 법에 따르면 유대인계는 신입생의 5퍼센트로 크게 감소하게 된다. 노이만은 부다페스트 대학에 입학이 되어 그대로 공부할 수 있었으나 1921년 열일곱 살 때 베를린으로 옮겨가서 화학 공부를 했다. 1925년에 취리히 공과대학에서 학위를 받고 1년 후 부다페스트에서 최우수 성적으로 수학 박사 학위를 받았다. 1927년 베를린 대학교의 방문교수가 됐고, 스물다섯 살 때 프린스턴에서 강의하도록 초청받았다. 그는 1931년 프린스턴으로 옮겨 수학 교수가 됐고, 1933년 고등연구원의 종신 연구직을 수락했다.

호시의 파시스트 정권의 최악의 기간 동안 텔러는 너무 어려서 헝가리를 떠나지 못했다. 그의 아버지는 두 가지 엄한 가르침을 귀에 못이 박히도록 이야기했다.

(1) 자라나면 좀 더 우호적인 나라로 이민을 떠나야 한다.
(2) 사람들이 싫어하는 소수민족의 일원이므로 남과 같이 생존하기 위해서는 평균보다는 탁월해야 된다.

텔러는 자신의 교훈을 여기에 덧붙였다. "나는 과학을 좋아했다." 그리고 "과학이 이 불운한 사회를 탈출할 수 있는 가능성을 제공했다"라고 말했다.

카르만도 그의 자서전에서 과학이 그의 생애에서 차지하는 자리에 대하여 비슷한 이야기를 했다. 헝가리의 사회주의 공화국이 붕괴됐을 때 그는 부유한 친구의 집에서 지냈다. 그러고는 독일로 가는 길을 찾았다. "나는 헝가리를 빠져 나올 수 있어서 기뻤다"라고 그의 감정을 기술했다. "나는 정치가들과 정부의 격변을 충분히 경험했다고 생각했다.……갑자기 나는 과학만이 계속되는 것이라는 느낌에 휩싸였다."

과학이 이 세상의 피난처가 될 수 있다는 확신은 과학을 공부하게 된 사람들 사이에서는 거의 공통된 것이었다. 아인슈타인은 일찍이 자신의 "육체와 영혼을 과학에 팔았다"라고 말했다. 태어나고, 어린 시절을 보내고 말을 배운 고향이 엄습하는 위험에 빠질 때 고향으로부터 탈출하는 수단으로써 과학은—탈출구, 휴대할 수 있는 문화, 국제적으로 서로 통하는 것 그리고 단 하나 확실하게 영속되는 것—더욱더 간절한 것이 되고 그리고 더욱더 이에 의존하게 되는 것이었다.

하임 바이츠만은 러시아의 격변하는 사회를 탈출했다. 그는 자기의 경험을 다음과 같이 표현했다. "우리들의 지식의 습득은 적대적인 세계에서 우리 자신을 지킬 희망으로 병기고에 무기를 저장하는 것과 같았지 정상적인 교육 과정은 아니었다." 텔러가 1926년 열일곱 살의 나이에 헝가리를 떠나기 전에 카를스루에 있는 공과대학에서 경험한 것은 바이츠만이 러시아의 유대인 거주 지역에서 경험한 것보다는 훨씬 덜 혹독한 것이었다. 그러나 외적인 상황은 내적인 상처의 정확한 계량이 될 수 없다. 그리고 깊은 분노와 무서운 일생 동안의 불안감을 조성하는 데, 부모가 자식을 보호할 수 없는 무능력만큼이나 전율할 만한 일도 많지 않다.

닐스 보어는 1922년 4월 뮌헨에 있는 독일 이론물리학자 아르놀트 좀머펠트(Arnold Sommerfeld)에게 편지를 보냈다. "지난 수년 동안 나는 자신이 과학적으로 매우 외롭다고 느꼈습니다. 양자 이론의 원리를 능력껏 체계적으로 발전시키려는 나의 노력이 별로 이해되고 있지 못하다는 느낌을 받았습니다." 전쟁 기간 동안 보어는 그가 물리학에 도입한 '과격한 변화'가 어떤 결과를 가져 오는지 따라가 보려고 노력했다. 그것은 좌절을 가져왔다. 전쟁 전에 보어가 발표한 이론은 매우 놀라운 것이었지만, 나이 먹은 많은 유럽의 과학자들은 아직도 그의 앞뒤가 맞지 않는 가정들은 특별한 목적을 위한 것이라고 생각했고, 양자화된 원자의 개념은 그들의 비위에 거슬리는 것이었다. 전쟁으로 인하여 더 이상의 진전은 없었다.

그렇지만 그는 어둠 속에서도 그의 앞길을 더듬으며 자기의 생각에 집착했다. 이탈리아 물리학자 에밀리오 세그레(Emilio Segre)는 "드물고 초인적인 직관적 통찰만이 보어가 미로에서 미아가 되는 것으로부터 그를 구해낼 수 있었다. 그가 대응 원리라고 부르는 것으로 스스로를 안내했다"라고 말했다. 로버트 오펜하이머(Rebert J. Oppenheimer)는 "보어는 물리학은 물리학이라는 것을 기억했다. 뉴턴이 많은 부분을 설명했고, 맥스웰은 더 많은 부분을 설명했다. 그래서 보어는 작용이 양자와 비교하여 큰 경우에는 그의 양자 규칙이 뉴턴과 맥스웰의 고전 규칙에 가까워져야 된다고 가정했다. 신뢰할 수 있는 옛것과 익숙하지 않은 새것 사이의 대응이 그에게 신중히 따라 나아갈 수 있는 울타리가 되는 외곽 한계를 제공했다"라고 말했다.

코펜하겐 대학교와 덴마크 산업계의 지원으로 보어는 이론물리학 연구소를 세웠다. 1년 이상의 지연 끝에 1921년 1월 18일 연구소 건물에 입주했다. 그는 과학 논문을 가지고 씨름하듯이 건축 설계 계획과 씨름했다. 코펜하겐 시는 덴마크 헌법기념일 축제가 매년 열리는 넓은 축구장이 있는 공원의 한 귀퉁이에 있는 땅을 연구소 부지로 기증했다. 건물 자체는 치장 벽토를 바른 빨간 타일 지붕을 가지고 있었고 다른 개인 주택보다 그리 크지도 않고 화려하지도 않았다. 일층이 반지하로 되어 있어 내부에서 보면 4층이지만 외부에서는 3층 같아 보인다. 맨 윗층은 처음에는 보어 가족의 아파트로 사용됐다(보어 부부가 아들 5형제를 두게 되자 건물 옆에 아파트를 신축하여 이사하고 이 아파트는 학생 방문자들과 연구 동료들의 숙소로 사용했다). 연구소 건물에는 강의실, 도서실, 실험실, 사무실과 보어도 자주 이용하는 탁구대 등이 있었다. "그의 반응은 매우 빠르고 정확하다. 그리고 강한 의지력과 정력을 갖고 있다. 어떤 면에서는 그의 이런 자질이 과학 연구의 특성이 되고 있다"라고 오토 프리슈는 생각했다.

1922년 노벨상을 받아 덴마크의 국가적 영웅이 됐고, 원소의 주기율표의 규칙성의 기초가 되는 원자 구조를 설명하는 두 번째 이론적 업적을 성취했다. 이 이론은 화학과 물리학을 연결시키는 결정적 역할을 했다. 이제는 모든 기초 화학 교과서에 표준 내용이 되고 있다. 핵 주위에 전자의 궤도를 계속 쌓아나가면 원자를 구성하게 된다. 한 세트의 동심구를 상상해 보자. 각각의 동심구는 어떤 한정된 숫자만큼의 전자를 보유할 수 있다. 화학적으로 유사한 원소들은 최외각 동심구에 같은 숫자의 전자를 갖고 있기 때문에 이들이 화학 작용에 이용되어 유사한 성질을 나타내게 된다. 바륨은 알칼리 토류금속으로 주기율표에서 56번째 원소이며 원자 질량은 137.34이다. 동심구에는 각각 2, 8, 18, 18, 8 그리고 2개의 전자가 배치되어 있다. 라듐은 또 다른 알칼리 토류금속으로 88번째 원소이며 원자 질량은 226이다. 각 동심구에는 2, 8, 18, 32, 18, 8 그리고 2개의 전자가 배열되어 있다. 각 원소의 최외각에 2개의 전자가 있으므로 바륨과 라듐은 원자 질량과 번호가 서로 다르지만 화학적으로는 유사한 성질을 갖게 된다.

"이 불안정하고 모순되는(보어의 양자 가정) 기반은 보어 같이 독특한 직감력과 통찰력을 갖고 있는 사람에게 스펙트럼선과 원자의 전자구각과 이들의 화학적 의미 등에 관한, 나에게는 기적 같아 보이는 주요 발견을 하게 만들기에 충분한 것이다. ……그것은 사고의 세계에서 최상의 형태로 조화된 음악성이다"라고 아인슈타인은 말했다.

보어는 1922년 가을, 원소 72번이 만약 발견된다면 화학자들이 예견하는 바와 같이 그리고 원소 57에서 71까지와 같은 토류가 아니고 지르코늄과 같은 4가의 금속일 것이라고 예측했다. 헤베시와 더크 코스터는 엑스선 분광법을 이용하여 지르콘을 함유한 광물질에서 이 원소를 찾기 시작했다. 보어 부부가 12월 초에 노벨상을 받기 위하여 스웨덴으로 떠날 때까지 그들은 조사를 끝마치지 못했다. 그들은 보어의 노벨상 수상 기념 강의 전날 밤 스톡홀름으로 전화를 걸어 원소 72를 발견했으며 거의 화학적으로 지르코늄과 동일하다고 알려왔다. 그들은 새로운 원소를 코펜하겐의 로마 시대 옛 이름인 하프니아(Hafnia)를 따서 하프늄(Hafnium)이라고 불렀다. 보어는 이 발견을 자랑스럽게 다음날 그의 강의의 결론으로 발표했다.

그의 성공에도 불구하고 양자 이론은 보어의 직감보다는 좀 더 확고한 기반이 필요했다. 좀머펠트가 초기 공헌자 중의 한 명이다. 전쟁 후 이 젊은이는 물리학에서 발전 전망이 있어 보이는 분야를 찾고 있었다. 보어는 이 기간을 "많은 나라의 이론물리학자들의 독특한 협력 기간이었으며, 잊을 수 없는 경험이었다"라고 말했다. 그는 더 이상 외롭지 않았다.

좀머펠트는 1922년 초여름 방문교수로 와 있는 보어의 강의를 듣기 위하여 장래가 촉망되는 학생 베르너 하이젠베르크(Werner Heisenberg)를 데리고 괴팅겐에 왔다. "나는 처음 들은 그의 강의를 결코 잊지 못할 것이다"라고 하이젠베르크는 50년 뒤에도 자세히 기억하고 있었다. "강당은 초만원이었다. 훌륭한 덴마크 물리학자는…… 강단에 섰다. 그는 머리를 약간 숙이고 정다워 보였으며 약간 어리둥절한 웃음을 입가에 띄었다. 여름 햇빛이 활짝 열려진 창을 통하여 쏟아져 들어왔다. 보어는 덴마크 억양으로 조용히 말했다. 조심스럽게 정돈된 하나하나의 문장이 밑에 깔린 철학적 의견의 긴 사고의 연속을 드러냈다. 넌지시 비치기만 했지 결코 완전히 표현하지는 않았다. 나는 이런 방법이 매우 흥미를 자극하는 것임을 알게 됐다."

그럼에도 불구하고 하이젠베르크는 보어가 언급한 것 중 한 가지에 대하여 이견을 제시했다. "강의가 끝난 후 그는 나에게 와서 오후에 산책을 나가는데, 같이 가자고 청했다. 나의 진짜 과학적 생애는 그 날 오후에 시작됐다." 보어는 하이젠베르크에게 언젠가는 코펜하겐에 와서 같이 일하자고 제안했다. "갑자기 앞날이 희망으로 꽉 찬 것 같아 보였다." 다음날 저녁식사 때 보어는 괴팅겐 경찰 복장을 한 두 젊은이의 검문을 받고 놀랐다. 그중의 한 명이 보어의 어깨를 툭 치며 "당신을 어린이 유괴죄로 체포합니다"라고 말했다. 그들은 장난꾸러기 학생들이었으며, 그들이 보호하려고 하는 어린이는 소년같이 주근깨가 많고 뻣뻣한 빨강머리를 한 하이젠베르크였다.

보어가 말했던 '독특한 협력'의 일부로 그들은 양자 이론에 관하여 새롭게 연구를 시작했다. 하이젠베르크는 측정할 수 없는 사건을 가시화하려는 노력을 마땅치 않게 생각하며 일을 시작한 것 같다. 예를 들면 그는 학부 학생 시절 원자는 기하학적인 형태를 가졌다고 하는 플라톤의 『티마이오스(*Timaeus*)』를 읽고 충격을 받았다. 플라톤과 같이 비평이 날카로운 철학자가 이런 상상 때문에 굴복했다는 것을 알고 슬퍼졌다. 보어의 전자 궤도도 이와 유사하게 공상적인 것이라고 하이젠베르크는 생각했다. 그리고 괴팅겐에 있는 그의 동료들 막스 보른(Max Born)과 볼프강 파울리(Wolfgang Pauli)도 같은 의견을 갖고 있었다. 아무도 원자의 내부를 볼 수는 없다. 알려진 것과 측정할 수 있는 것은 원자의 내부로부터 나오는 빛이며 이들의 주파수와 크기이다. 하이젠베르크는 원자 모델을 무시하고 숫자들 사이의 규칙성을 조사해 보기로 했다.

그는 괴팅겐으로 돌아와 막스 보른 밑에서 일했다. 1925년 5월 말경 건초열이 심해져 2주의 휴가를 얻어 독일 해안에서 28마일 떨어진 북해에 있는, 꽃가루가 거의 날리지 않는 헬리고란트 섬으로 떠났다. 그는 섬 주위를 산책하고 추운 바다에서 장거리 수영도 했다. "이런 시도를 늘 방해하던 수학적 짐을 덜어버리고 나의 문제를 간단히 공식화하는 데 며칠이면 충분했다"라고 하이젠베르크는 말했다. 며칠이 더 걸려 그가 필요로 하는 체계를 어렴풋이 볼 수 있었다. 그것은 이상한 수학을 필요로 했다. 숫자들을 한 방향을 따라 곱셈을 한 결과와 반대 방향에서 곱셈을 한 결과가 서로 다른 이상한 대수였다. 그는 이 체제가 물리학 기본 법칙인 에너지 보존 법칙을 위반하는 것이 아닌지 걱정했다. 새벽 3시까지 숫자들을 조사했으나 모두 이치에 타당했다.

깊은 물리학적 발견 경험은 의기양양하게 이룩되지만 동시에 마음을 어지럽게 하기도 한다.

처음에 나는 깜짝 놀랐다. 원자적 현상의 표면을 통하여 이상하리 만큼 아름다운 내부를 들여다보고 있다는 느낌을 가졌다. 그리고 나는 자연이 그렇게 관대하게도 내 앞에 펼쳐 놓은 이 풍요한 수학적 구조물을 조사해 본다는 생각에 나는 거의 현기증이 났다. 나는 너무 흥분하여 잠을 이룰 수 없었다. 새벽이 밝아오자 나는 섬의 남쪽 끝으로 가서 평소에 올라가 보고 싶었던 바다로 돌출한 바위로 올라갔다. 나는 큰 어려움 없이 바위 위에 올라가 태양이 떠오르기를 기다렸다.

괴팅겐에서 막스 보른은 하이젠베르크의 이상한 수학이 1850년대에 연구됐고 막스 보른의 은사인 다비트 힐베르트(David Hilbert)가 1904년 확장시킨 일련의 숫자를 행과 열로 표시하고 계산하는 행렬식임을 알아냈다.

보른, 하이젠베르크 그리고 파스쿠알 요르단(Pascual Jordan)은 3개월 동안 열심히 연구하여 원자 물리의 여러 가지 면을 모두 포괄할 수 있는, 하이젠베르크가 '조화된 수학적 구성'이라고 부르는 것을 만들어 냈다. 이 새로운 체계는 '양자역학'이라고 불리게 됐다. 양자역학의 결과는 실험치와 잘 일치됐다. 파울리가 양자역학을 수소 원자에 적용하는 영웅적 노력을 수행하여 보어가 1913년 일관성 없는 가정을 사용하여 유도했던 발머 공식과 리드버그 상수를 얻을 수 있었다. 보어는 기뻤다. 코펜하겐, 괴팅겐 그리고 케임브리지에서 연구는 계속됐다.

카르파티안 산맥이 북서쪽으로 구부러지기 시작하는 곳에서 체코슬로바키아의 북쪽 국경이 시작된다. 프라하에서 약 60여 마일 떨어진 곳에서 산맥은 다시 남서쪽으로 방향을 바꾸어 체코슬로바키아와 독일 사이를 가로지르는 낮은 산맥을 이룬다. 이곳을 독일어로 광맥산(Erzgebirge)이라고 부른다. 이곳에서 중세 때부터 철이 채광됐다. 1516년 폰 슐릭(von Schlick) 백작의 영지에 있는 요아킴스탈(Joachimsthal)에서 풍부한 은 광맥이 발견됐다. 슐릭 백작은 즉시 광산을 자기 소유로 만들었다. 1519년 그의 명령으로 요아킴스탈러(Joachimsthaler)라는 은전을 만들었다. 이 은전의 이름을 탈러(Thaler)라고 줄여서 불렀으며 1600년경에 영국으로 건너가 달러(Dollar)가 됐다. 이렇게 하여 미국의 달러는 요아킴스탈에서 나오는 은에서 유래하게 됐다.

동굴이 많고 검푸른 수풀로 덮인 요아킴스탈 광산에는 검고 무거운 역청 우라늄 광물을 포함하여 희귀한 금속들이 많았다. 독일 약제사이며 독학으로 공부한 화학자이고 1810년 베를린 대학교가 개교했을 때 최초의 화학 교수가 된 마르틴 클라프로트(Martin Klaproth)는 역청 우라늄광에서 1789년 회색 금속 물질을 추출해 내는 데 성공했다. 이보다 8년 전 독일에서 출생한 영국 천문학자 윌리엄 허셜(William Herschel) 경이 새로운 행성을 발견하고 희랍 신화에 나오는 대지의 여신 가이아(Gaea)의 아들이며 남편이고, 타이탄과 외눈박이 거인 사이클로프스(Cyclops)의 아버지이며, 가이아의 도움을 받은 아들 크로노스(Chronus)에게 거세당했으며, 그의 상처에서 흘러나온 피가 지구에 떨어져 세 명의 복수심을 품은 생명의 줄을 끊는 여신으로 변했다는 신화를 지닌 우라누스(Uranus)의 이름을 따서 명명했다. 허셸의 발견을 기념하기 위하여 클라프로트는 새로운 금속을 우라늄이라고 불렀다. 우라늄은 도자기에 색깔을 내는 염료로 사용될 수 있음이 밝혀졌다. 0.006퍼센트 정도 포함시키면 노란색을 내고 함량을 증가시키면 오렌지색, 갈색, 초록색 그리고 검은색을 내게 할 수 있다. 도자기에 사용하기 위하여 우라늄의 채광은 근대에 이르기까지 꾸준히 계속됐다. 마리와 피에르 퀴리가 역청 우라늄광에서 새로운 원소의 표본을 채취하여 라듐과 폴로늄이라고 불렀다. 광맥산의 광물에서 나오는 방사능은 이 지역의 온천장들을 유명하게 만들었다. 카를스바트와 마리엔바트에 있는 온천장들은 물이 자연적으로 덥혀졌을 뿐만 아니라 강장 성분인 방사능을 포함하고 있다고 선전했다.

1921년 뉴욕의 윤리 문화 학교를 갓 졸업한 열일곱 살 난 미국 학생이 요아킴스탈에 광물 수집 여행차 방문했다. 젊은 로버트 오펜하이머는 어린 시절, 독일 하나우에 사는 할아버지가 방문했을 때 선물로 광물 표본집을 받은 이래 광물 수집을 계속했다.

오펜하이머의 아버지는 1898년 하나우를 떠나 미국으로 이민갔다. 그는 미국에서 열심히 일하여 직물 수입상을 경영했다. 기성복이 점차 맞춤 양복을 대체해 나가기 시작하자 그의 사업은 번창했다. 율리우스 오펜하이머(Julius Oppenheimer)의 아름답고 갸날프게 생긴 아내 엘라(Ella)는 볼티모어에서 예술 분야 공부를 했던 여인이었다. 로버트는 1904년 4월 22일 출생했다. 동생 프랑크와는 여덟 살이나 차이였지만 친구같이 지냈고 그들은 자주 유럽으로 여행을 다녔다.

율리우스와 엘라는 품위가 있고 조심스러우며 유대교를 신봉하지 않는 유대인이다. 오펜하이머 가족은 허드슨 강이 내려다 보이는 88가 근처의 리버사이드 드라이브에 있는 넓다란 아파트에서 살았다. 그들은 맞춤복을 입었고 교양 있게 행동했으며 그들 자신과 아이들을 실제적인 위험과 가상적인 위험에서 보호하기 위하여 늘 마음을 썼다.

엘라 오펜하이머는 날 때부터 오른 손이 없으므로 언제나 의수장

갑을 끼고 있었으며, 소년들조차도 들을 수 있는 거리에서는 이것에 관한 이야기를 하지 않았다. 그녀는 사랑스러웠지만 태도가 딱딱하여 그녀가 있을 때에는 그녀 남편만이 큰 소리로 말했다. 로버트의 친구의 말에 의하면, 율리우스 오펜하이머는 화술이 좋고 사교적인 토론자였으며, 또 다른 사람은 굉장히 상냥하고 호감을 보이려고 애쓰는 사람이지만 근본적으로도 친절한 사람이라고 말했다. 그는 컬럼비아 대학교의 교육학자 펠릭스 애들러(Felix Adler)의 윤리문화협회의 회원이었다. 로버트가 다닌 학교도 이 협회에 부속된 것으로 "사람은 그의 생애와 운명의 방향에 대하여 책임을 져야 한다"라고 가르쳤다. 로버트 오펜하이머는 그 자신을 "천진난만하고 아주 상냥했던 작은 소년"으로 기억했다. 어린 시절, "이 세상은 잔인하고 괴로운 것들로 가득 차 있다는 사실에 대하여 아무런 대비도 해두지 못했다"고 말했다. "그래서 나는 정상적이며 건강한 길을 쉽게 깨우치지 못했다." 그는 자주 아팠고 그의 어머니가 둘째 아들을 낳자마자 잃었기 때문에 길거리에 나가 뛰어놀지 못하게 했다. 그는 집 안에서 놀았고, 광물을 수집하고, 열한 살 때에는 시도 쓰고 그리고 나무토막 쌓기를 하며 시간을 보냈다.

그는 장난감이 아닌 진짜 현미경을 가지고 놀았다. 3학년 때에는 실험실에서 실험을 하고 4학년 때부터는 과학 관찰 노트를 기록하기 시작했다. 5학년 때에는 물리를 공부했지만 화학에 흥미가 더 있었다. 미국 자연사 박물관의 결정 관리인에게 배우기도 했다. 그가 열두 살 때 미국 광물학 클럽에서 강연을 하여 회원들을 놀라게 했으며, 그와 편지를 주고 받은 회원들은 그가 어른인 줄 알았다.

그가 열네 살이 됐을 때 부모들은 그를 밖으로 내보내고 친구들도 만나게 해주기 위하여 캠프에 보냈다. 그는 캠프장의 등산로를 걸으며 이상한 돌들을 수집하고 유일하게 사귄 친구 조지 엘리엇(George Eliot)과 이야기도 나눴다. 그는 엘리엇이 원인과 영향이 사람의 일을 지배한다고 말해주자 용기를 얻기도 했다. 그는 부끄럼을 타고, 다루기가 곤란했으며, 참을 수 없을 정도로 까다로웠고 그리고 짐짓 겸손한 척했으며 남에게 대들지도 않았다. 그는 부모에게 캠프에 와서 인생에 대해 배우기 때문에 즐겁다고 편지를 썼다. 캠프 지도자가 소년들이 저속한 농담을 했다고 크게 야단치자 다른 소년들은 그들이 '귀여운 것'이라고 부르는 로버트가 고자질을 했다고 생각했다. 소년들은 로버트를 캠프의 얼음 창고로 끌고가 발가벗기고 때려주며 고문을 했다. 성기와 궁둥이에 초록색 페인트 칠을 하고 발가벗긴 채 밤새 가두어놓았다. 오펜하이머 가족들이 달려왔다. 그는 캠프가 끝날 때까지 참고 견디었지만 다시는 캠프에 가지 않았다.

그는 1921년 2월, 윤리문화학교를 졸업할 때 대표로 고별사를 읽었다. 4월에 맹장 수술을 받고 회복되자 가족과 같이 유럽 여행을 떠났다. 요아킴스탈 광산을 방문하고 나서 이질에 걸려 몹시 아팠다. 9월에 하버드에 진학하기로 되어 있었으나 이질 뒤에는 맹장염에 걸려 여러 달 쉬어야 했으므로 그해 겨울을 가족이 있는 뉴욕의 아파트에서 보냈다.

그의 아버지는 체력을 단련하는 데 도움을 주려는 의도로 윤리문화학교 영어 교사로 있는 허버트 스미스(Herbert Smith)에게 로버트를 데리고 여름 동안 서부에 다녀오도록 주선했다. 로버트는 그때 열여덟 살이었으나 얼굴은 아직 소년티를 벗지 못하고 있었다. 183센티미터의 키에 깡마른 체격이었고, 다른 사람의 눈을 끄는 푸른 바탕의 회색 눈은 침착해 보였다. 그의 체중은 57킬로그램을 넘은 적이 없고 아플 때에는 52킬로그램까지 몸무게가 줄었다. 스미스와 같이 샌타페이 북동쪽 상그레 드 크리스토 산에 있는 관광 목장 로스피노스에서 장작을 패고 음식도 먹어치우고 그리고 승마를 배우며 거친 생활을 했다.

여름 동안에 있었던 가장 즐거운 일은 도보 여행이었다. 그들은 원주민들이 동굴을 파고 살았던 깎아지르는듯이 험준한 프리졸스(Frijoles)계곡에 있는 마을을 출발하여 파자리토 평원의 계곡과 평평한 산들을 지나 고도가 10,000피트 이상 되는 거대한 예메즈 칼데라(화산의 원형 함몰지역)의 발레그란데(Valle Grande)까지 올라갔다. 예메즈 칼데라는 사발 모양의 화산 분화구로 지름이 12마일이나 되며 풀밭으로 덮힌 바닥은 가장자리에서 3,500피트나 내려간다. 흘러나온 산 같은 용암은 몇 개의 높은 계곡을 이루어 놓았다. 100만 년 전에 만들어진 세계에서 가장 큰 칼데라로 달에서도 볼 수 있었다. 프리졸스 계곡으로부터 북쪽으로 4마일 되는 곳에 나란히 뻗어 있는 협곡은 개울에 그늘을 드리우는 사시나무의 스페인어에서 이름을 따온 로스앨러모스이다. 젊은 로버트 오펜하이머는 1922년 여름 처음 이곳을 방문했다.

서부 개척 시대, 동부에서 온 병약자같이 보였던 오펜하이머에게 황야와의 조우는 문명화된 제약에서 해방시키는 결정적인 믿음을 가져다 주었다. 나약하고 우울한 소년이었던 그가 한여름 역경을 뚫고 나가는 경험으로 신체적으로 자신감 있는 젊은이가 됐다. 그는 햇빛에 탄 건강한 모습으로 하버드에 도착했다.

하버드에서 그는 자신을 로마에 입성하는 고트족이라고 상상했다. "그는 지적인 면에서 하버드를 약탈했다"라고 한 급우가 말했다. 그는 한 학기에 다섯 과목만 신청해노 되지만 보통 여섯 과목씩 신청했고 그리고 네 과목을 더 청강했다. 화학 전공이었지만 매년 네 과목의 화학, 불문학 두 과목, 수학 두 과목, 철학 한 과목 그리고 물리학 세 과목 등의 학점을 땄다. 그는 물론 독서도 하고 외국어 공부도 했다. 주말에는 때때로 아버지가 사주신 요트를 타거나 친구들과 등산을 가기도 했다. 기분이 내키면 단편소설이나 시를 쓰기도 했지만 과외 활동이나 클럽 활동에는 별로 참가하지 않았다. 그는 여자친구도 사귀지 않았고 아직 미숙하여 멀리서 연상의 여인을 쳐다보는 정도에 그쳤다. 그의 학교 성적은 거의 모두 A에 몇 개의 B가 섞여 있었다. 그는 최우등으로 3년 만에 졸업했다.

그러나 오펜하이머는 아직도 스스로 무엇을 할 것인가를 발견하지 못했다. 실라르드나 텔러같이 젊은 시절에 자기들이 나아갈 방향이 결정됐던 유럽인들과는 달리 미국인들에게는 결정하기가 더 어려운 일인지? 하여튼 하버드에서는 앞으로 무엇을 할지 결정하지 못했다.

"지금까지 나는 거의 어떤 행동도 취하지 않았다. 아무 일도 하지 않았으므로 실패하지도 않았다. 이 일이 물리학의 논문이거나, 강의이거나, 내가 책을 읽는 방법이거나, 친구에게 말하는 방법이거나 또는 사랑하는 방법이거나, 나는 아무 일도 하지 않았으므로 감정의 급격한 변화나 무엇이 잘못된 것이라는 생각이 일어나지 않았다"고 친구들에게 말했다. 하버드에 있는 그의 친구들은 이런 면을 거의 보지 못했다. 그러나 그는 스미스에게 보낸 편지에 문제점을 암시하고 있었다.

> 내가 무엇을 하고 지내는지 물어 보셨습니다. 지난 주에 알려드린 싫증나는 활동 이외에 나는 수없이 많은 보고서, 노트, 시, 이야기

> 그리고 잡다한 것들을 쓰고, 수학 도서관에 가서 책을 읽고 그리고 철학 도서관에서 버트런드 러셀과 스피노자에 관하여 논문을 작성하고 있는 가장 아름답고 상냥스러운 숙녀를 바라보는 데 내 시간을 할애하고 있습니다. 몇몇 방황하는 인간들에게 차를 대접하고 박식하게 이야기하거나 주말에 희랍 고전을 읽고 책상서랍에서 편지를 찾거나 그저 그런 일들입니다. 차라리 죽어버렸으면 싶은 때도 있습니다. 자 보십시오! 어떻습니까?

죽었으면 좋겠다고 하는 좀 과장된 이야기는 오펜하이머가 카운슬러의 관심을 끌려고 하는 면이 없지 않으나, 다른 한편으로는 그가 멋있고 용기 있게 견디어 내는 순수한 고뇌에 따른 괴로움 때문이다.

오펜하이머와 절친한 친구들인 프랜시스 퍼거슨(Francis Fergusson)과 폴 호건(Paul Horgan)은 모두 그가 일을 실제보다 부풀려 이상하게 과장하는 경향이 있다고 말했다. 이런 경향이 마침내는 그의 인생을 망치게 했으므로 좀 더 조사해 볼 가치가 있다. 오펜하이머는 더 이상 겁에 질린 소년은 아니었지만 아직도 불안정하고 불확실한 젊은이였다. 그는 자기에게 적합한 것을 찾는다는 생각으로 정보, 지식, 시스템, 언어, 자연의 신비 그리고 적절한 기술 등을 분류해 보았다. 이리저리 찾아봐도 정말로 그에게 딱들어 맞는 것이 없다는 것을 그는 알고 있었다.

자기 혐오는 더 깊어갔다. 매우 큰 반발심과 무엇이 잘못됐다는 느낌만 생겼다. 아무것도 아직 자신의 것이 없고 독창적인 것도 없었다. 그리고 공부를 통하여 자기 것으로 얻은 것은 훔친 것이라고 생각했으며, 자신을 로마를 노략질하는 고트족 같은 도둑이라고 생각했다. 그는 전리품은 좋아했지만 약탈자는 경멸했다. 해리 모즐리가 그의 마지막 유언에서 수집가와 창조자 사이의 차이를 명백히 했던 것이 그에게도 명백했다. 그때까지 지적인 방법으로 자신을 통제하는 것이 유일한 방법이라고 생각했던 것 같다. 그는 이 방법을 포기할 수 없었다.

그는 시와 단편들을 썼다. 그가 대학 시절에 쓴 편지들은 과학자라기보다는 문인이 쓴 것 같다. 그는 그의 문학적 재능을 키워나갔고 이것이 그에게 큰 보탬이 됐다. 그러나 무엇보다도 문학적 재능이 자신을 아는 길이 될 것이라고 생각했다. 동시에 그는 글을 쓰는 것이 어떤 방법으로든 그에게 인간성을 부여해 줄 것이라고 희망했다. 그는 힌두 철학에서 위안을 구하기 시작했다.

그는 점차 화학의 밑바탕에 깔린 물리학에 대하여 알게 됐다. 그가 결정이 암석의 복잡한 역사 속에서 나온다는 것을 알게 되면서, "내가 화학에서 좋아하는 것이 물리학에 매우 가깝다는 것을 알게 됐다. 만일 당신이 물리화학에 대하여 읽고 있으면서 열역학과 통계역학에 접하게 되면, 당신은 그들에 대하여 알고 싶어질 것이다. ……이것은 이상한 일이지만, 나는 결코 물리학의 기초 과목을 공부한 적이 없다"라고 말했다.

그는 훨씬 뒤에 노벨상을 받은 퍼시 브리지먼(Percy Bridgman)의 실험실에서 일하기 시작했다. 오펜하이머는 그에 대해서, 누구나 그 밑에서 일하고 싶어하는 그런 사람이라고 말했다. 그에게서 물리학을 배웠지만, 화학 학사 학위를 받고 케임브리지에서 러더퍼드가 자기를 받아들일 것이라고 생각할 만큼 세상을 잘 모르고 있었다. "러더퍼드는 나를 받아들이지 않았다"라고 후에 말했다. "내가 왜 하버드를 떠났는지 나도 모르겠다. 그러나 어쨌든 나는 케임브리지가 더 과학의 중심지에 가깝다고 생각했다." 오펜하이머는 친구들과 뉴멕시코에서 여름을 보내고 케임브리지로 떠났다.

연로한 톰슨은 러더퍼드에게 소장직을 물려주고 난 뒤에도 케임브리지에서 연구하고 있었다. 그가 오펜하이머를 받아들였다. 오펜하이머는 옥스퍼드에 있는 친구 퍼거슨에게 11월 1일 편지를 보냈다. "나는 요즘 고전하고 있다. 실험실의 일은 매우 싫증나는 것들뿐이고, 또 실험을 잘 하지 못하므로 무엇을 배운다는 것이 불가능하다고 느껴진다. ……강의는 모두 시시하다. 그렇지만 이곳의 학문 수준은 하룻밤 사이 하버드의 인구를 감소시킬 만하다고 생각된다." 그는 캐번디시의 커다란 지하실의 한 구석에서 일하고 있었다. 톰슨은 또 다른 방에서 연구했다. 그는 실험에 사용하기 위하여 베릴륨으로 얇은 막을 만들고 있었으나 끝내 완성하지 못한 것 같다. 실험실의 일이라는 것이 짜증나는 것이었지만, 그러나 그는 사람들이 얘기하는 것을 들을 수 있었고 그리고 흥미를 갖고 있는 것이 무엇인지 많이 알 수 있었다.

전쟁이 끝난 뒤 양자론에 대한 연구가 시작되고 있었다. 이것이 오펜하이머를 크게 흥분시켰다. 그도 연구에 참여하고 싶었다. 그는 너무 늦지나 않을까 걱정했다. 그 전에는 배우는 것이 모두 쉬웠으나 케임브리지에서는 벽에 부딪쳤다.

그것은 지적인 벽이라기보다는 감정적인 벽이었다. "푸대접을 받기 때문에 같이 어울리지 않는 작은 소년의 우울"이었다고 3년 뒤에 설명했다. 영국인들은 닐스 보어를 대했던 것 같이 오펜하이머도 똑같이 취급했다. 그러나 그에게는 자신감—닐스 보어가 어렵게 얻었던—이 결핍되어 있었다. 허버트 스미스는 다가오는 어려움을 예감했다. 그는 퍼거슨에게 편지를 보내 로버트의 근황을 물어보았다. "당신이 경험한 바로는 냉담한 영국이 사회적으로 그리고 기후

적으로 지옥처럼 느껴집니까? 또는 오펜하이머는 이국의 정서를 즐기고 있습니까? ……그런데 나는 당신의 능력을 그에게 보여줄 때는 아주 많이 한번에 다 보여주기보다는 재치 있게 해야 된다고 생각하고 있습니다. 당신이 잘 적응하고 있는 것을 보고 그는 스스로 절망에 빠질 수도 있습니다. 그리고 당신의 목을 조르기보다는…… 그는 자신의 인생이 살 가치가 없다고 생각하지나 않을까 걱정됩니다."

오펜하이머는 12월에 스미스에게 편지를 썼다. 그는 스스로 경력을 쌓는 일에는 별로 바쁘지 않았고, 실제로는 어느 길을 걸어야 하는가 하는 더 어려운 일에 매달리고 있었다. 문제는 꽤 심각하여 사실 그는 자살을 생각할 지경에 이르렀다. 아주 심했다. 그는 크리스마스 때 파리에서 퍼거슨을 만나 실험실 일에 대한 절망감과 성적 모험에 대한 좌절감을 이야기했다. 그러고는 스미스의 예상과는 반대로 퍼거슨에게 달려들어 그를 목졸라 죽이려고 했다. 퍼거슨은 쉽게 그를 뿌리쳤다. 케임브리지로 돌아온 오펜하이머는 설명하는 편지를 쓰려고 노력했다. "나는 뒤떨어졌다. 그리고 이 점이 재미있는 것이다. 내가 파리에서 한 것처럼, 탁월함의 무서운 사실, 네가 알다시피 이제는 이 사실이 두 가닥의 구리줄을 납땜할 수 없는 나의 무능력과 결합하여 나를 미치게 하고 있다."

그는 계속해서 자신이 탁월하다는 생각을 벗어날 수가 없었다. 심리적인 위기에 접근하게 되자, 그는 자신의 정신이 그를 지탱해 주어야 한다는 것을 깊이 이해하고 도움을 청하려고 애썼다. 그는 마음속으로 크게 걱정하면서 생각하고, 책을 읽고 그리고 토론을 하는 등 많은 일에 매달렸다고 한 친구가 말했다. 그 해에 있었던 중요한 변화는 보어와의 만남이었다. "러더퍼드가 나를 보어에게 소개하자 그는 내가 무슨 일을 하고 있는지 물었다. '어떻게 하고 있나?' '어려움이 있습니다.' 그는 어려움이 수학적인 것인가 또는 물리적인 것인가 하고 물었다. 나는 모른다고 대답했다. 그는 '그건 곤란한데'라고 말했다." 스노가 단순하면서도 순진한 친절함이라고 표현했던 보어의 백부 같은 온화함이 오펜하이머가 새로운 길을 찾는 일을 도와주었다. "그때 나는 베릴륨 막을 만드는 일은 잊어버리고 이론물리학자로서의 새로운 직업에 대해 배워보기로 결심했다."

기록상으로는 이 결정이 위기를 해소시켰는지 또는 감소시키기 시작했는지는 명확하지 않다. 오펜하이머는 케임브리지에 있는 정신과 의사를 찾아갔다. 누군가가 그의 가족에게 알렸고 부모님들은 수년 전 캠프장에 달려왔던 것처럼 서둘러 영국에 도착했다. 그들은 할리 가에 있는 또 다른 의사에게 진찰을 받도록 주선했다. 몇 차례 진찰 끝에 의사는 오늘날은 정신분열증이라고 하는 병으로 조숙하고, 사고 방법에 결함이 있고, 기괴한 행동을 하고, 내면의 세계에서 살려는 경향이 있고, 정상적인 대인 관계를 유지할 수 없으며 그리고 병의 경과를 예측할 수 없는 것들이 증상으로 나타나는 조발성 백치라고 진단했다. 애매한 진단, 오펜하이머의 지적인 뛰어남과 고통 등을 생각한다면 정신과 의사의 오진은 쉽게 짐작할 수 있다. 퍼거슨은 어느 날 오펜하이머를 할리 가에서 만났다. 그는 진찰 결과를 물어 보았다. 그는 말했다. "의사는 너무 바보스러워 무슨 말을 하는지 이해할 수 없고, 내 문제는 내가 의사보다 더 잘 알고 있다고……." 아마도 사실일 것이다.

오펜하이머는 할리 가에 있는 의사와 상의하기 전에 두 명의 미국인 친구와 열흘 동안 코르시카를 여행했다. 이미 이때 결심을 했다. 무엇이 오펜하이머로 하여금 이 고통을 이겨내게 했는지는 수수께끼로 남아 있지만 그에게는 매우 중요한 것이었다. 노년기에 오펜하이머는 그의 프로파일 작성자 중의 한 명인 데이비스(Nuel Pharr Davis)에게 미국 정부는 수년에 걸쳐 그에 대한 수백 페이지에 달하는 정보를 수집하여 놓았으므로, 어떤 사람들은 그의 전 생애의 기록이 거기에 다 있다고 말하지만 실제로 중요한 것은 거기에 아무것도 포함되어 있지 않다고 강조했다. 그가 옳다는 것을 보여주기 위하여 그는 코르시카 여행에 대하여 언급했다. "케임브리지의 정신병 의사를 만나본 일은 코르시카에서 나를 위하여 시작된 것의 전주곡에 불과하다. 내가 모든 것을 털어놓을지 또는 당신이 조사를 해야 되겠는지 나에게 물어보라. 그러나 그것은 몇몇 사람만 알고 있고 그들은 말하지 않을 것이다. 당신은 그것을 조사해 낼 수 없다. 당신이 알아야 되는 것은 그것(이론물리학을 공부하기로 결정한 것)은 연애 사건이 아니고 사랑이었다는 것이다"라고 그는 말했다. "그것은 나의 생애에서 훌륭한 것이었고 그리고 영속하는 부분이었다."

연애 사건이었든 또는 사랑이었든, 오펜하이머는 케임브리지에서 그의 직업을 발견했고 그것은 확실한 치료였다. 과학이 텔러를 사회적 재앙에서 구했듯이 오펜하이머를 정신적 재앙에서 구출했다. 그는 1926년 가을 중부 독일에 있는 옛 중세 도시인 괴팅겐으로 옮겼다. 괴팅겐에는 영국의 조지 2세가 세운 대학이 있었다. 막스 보른이 물리학과 과장이었으며, 베르너 하이젠베르크, 볼프강 파울리, 이탈리아인 엔리코 페르미 그리고 유진 위그너가 있었다. 이들은 모두 노벨 물리학상을 수상하게 된다. 1925년에 노벨상을 받은 제임스 프랑크도 카이저 빌헬름 연구소를 잠시 떠나 이곳에서 실험 강의를 하고 있었다. 수학자 리샤르 쿠랑(Richard Courant), 헤르만

바일(Hermann Weyl) 그리고 노이만도 같이 연구하고 있었다. 에드워드 텔러는 나중에 조교직을 얻어 이곳에 나타났다.

독일 국민들은 아직도 전쟁의 상처와 인플레로 고통을 당하고 있었다. 오펜하이머와 다른 미국 학생들은 전쟁 중에 모든 것을 잃어 하숙생을 받아들이게 된 어느 의사의 저택에서 생활했다. "대학 사회는 매우 풍요했고, 따뜻하며 나에게 도움이 됐지만 독일 사회는 쓰라림, 음울함, 불만과 분노 등의 비참한 분위기였다. 이 분위기가 후에 큰 재앙을 불러왔다"라고 오펜하이머는 말했다. 괴팅겐에서 그는 독일 폐허의 깊이를 느꼈다. 텔러는 뒤에 자신이 경험한 패전과 그후의 혼란으로부터 "전쟁은 막대한 고통을 가져올 뿐만 아니라, 수 세대에 걸쳐 지속되는 깊은 원한을 야기시킨다"라고 말했다.

오펜하이머는 괴팅겐에 도착하기 전에 이미 두 편의 논문「진동과 회전 대역의 양자 이론에 관하여」와「이체 문제의 양자 이론에 관하여」를 케임브리지 철학 학회에 제출했다. 이 논문들이 괴팅겐에서 그의 앞 길을 열어나가는 데 큰 도움이 됐다. 그는 이제 연구 분야를 찾았으므로 계속하여 논문을 발표했다. 그의 연구는 더 이상 도제로서가 아니고 확고한 성취된 입장에서 수행됐다. 그의 연구는 초기 양자 역학의 약한 기반을 확장하는 데 공헌했다. 오펜하이머의 박사 학위 논문은 '연속 스펙트럼의 양자 이론'에 관한 것이었으며 막스 보른은 탁월한 논문이라고 높이 칭찬했다. 오펜하이머는 보른과 같이 분자의 양자 이론에 관한 연구를 수행하여 중요하고도 불후의 공헌을 남겼다. 1926년에서부터 1929년까지 오펜하이머는 학위 논문을 포함하여 16편의 논문을 발표했다. 이 논문들은 그에게 이론물리학자로서의 국제적 명성을 얻게 했다.

그는 훨씬 더 자신감이 넘치는 젊은이가 되어 집으로 돌아왔다.

하버드에서 그에게 교수직을 제안했으며 패서디나에 있는 캘리포니아 공과대학(CalTech)에서도 역시 교수직을 제안했다. U.C. 버클리가 그에게 특히 관심이 있었다. 왜냐하면 이곳은 아직도 이론물리학을 가르치지 못하는 '사막'이었기 때문이다. 그는 버클리와 캘텍에서 강의하기로 결정했다. 가을과 겨울에는 버클리에서 강의하고 봄에는 캘텍에서 강의하기로 했다.

오펜하이머는 동생 프랑크와 같이 뉴멕시코의 샹그레 드 크리스토를 다시 여행했다. 두 형제는 산 위의 초원에서 개울가에 인접한 오두막집을 발견했다. 마구 베어낸 목재를 가다듬지도 않고 그대로 지은 오두막에는 옥외 화장실조차 없었다. 아버지는 그 집을 장기 임대로 빌렸고 수리 비용으로 300달러를 지불했다. 여름을 산에서 지내는 것은 촉망받는 젊은 이론가에게도 복원의 의미를 갖는 일이다.

1927년 여름이 끝나갈 무렵 베니토 무솔리니의 파시스트 정부는 이태리 북부에 있는 코모에서 국제물리학회를 개최했다. 이 학회는 코모에서 태어난 이탈리아의 물리학자이며 전지를 발명한 알레산드로 볼타(Alesandro Volta)의 서거 100주년을 기념하기 위한 것이었다. 전압을 표시하는 단위인 볼트(volt)는 그의 이름을 따서 붙인 것이다. 파시즘에 그의 명성을 팔기를 거부한 아인슈타인을 빼놓고는 거의 모든 사람이 참가했다. 양자 이론이 공격을 받고 있었던 때에 닐스 보어가 옹호하는 연설을 하기로 되어 있었기 때문에 많은 사람들이 참석했다.

주제는 새롭고도 더욱 도전적인 형태로 나타난 오래된 문제였다. 1905년 아인슈타인의 광전 효과에 대한 연구는 빛은 때때로 파동이 아닌 입자와 같이 행동한다는 것을 보여주었다. 1926년 초 교양 있는 비엔나의 이론물리학자 에르빈 슈뢰딩거(Erwin Schrödinger)는 원자 규모의 물질은 마치 파동으로 구성된 것처럼 행동한다는 물질의 파동 이론을 발표했다. 슈뢰딩거의 이론은 간결하고 누구나 접근 가능하며 그리고 완벽하게 모순점 없이 앞뒤가 일치하고 있다. 슈뢰딩거의 방정식으로 보어 원자의 양자화된 에너지 준위가 유도됐으나 전자의 점프라기보다는 진동하는 물질 파동의 변화로 표시됐다. 슈뢰딩거는 곧 이어 그의 파동역학이 수학적으로 양자역학과 동일하다는 것을 증명했다. "다시 말하면 이 두 이론은 같은 구조물을 서로 다른 수학적 공식으로 표시한 것이다"라고 하이젠베르크는 설명했다. 이것이 양자 이론가들을 기쁘게 했다. 왜냐하면 이것이 그들의 입장을 강화시켰고 슈뢰딩거의 간단한 수학이 계산을 단순화시켰기 때문이었다.

그러나 고전물리학에 동감하는 슈뢰딩거는 그의 파동역학이 원자 내부의 실체를 나타낸다고 지나친 주장을 했다. 원자의 내부에 입자가 아니라 정지한 물질파가 존재한다고 주장하여 연속적인 과정과 절대적인 결정이 가능한 고전물리학 속으로 다시 원자를 끌어들여왔다. 보어의 원자에서는 정상 상태에서 항해하는 전자들의 양자 점프에 의하여 광자가 방출된다. 대신에 슈뢰딩거는 건설적인 간섭이라고 알려진 과정에 의하여 파동들의 크기가 서로 합쳐져 빛을 방출한다고 설명했다. 하이젠베르크는 이 가정이 진실이기에는 너무 훌륭하다고 말했다. 플랑크가 1900년에 발표한 양자화된 복사 공식은 이제 실험적으로 충분히 증명됐으며 이 가정에 반대된다. 그러나 양자 이론을 좋아하지 않았던 많은 전통적인 물리학자들에게는 슈뢰딩거의 이론이 반가운 것이었다. 하이젠베르크의 말을 빌리면 일종의 해방감을 느꼈다.

보어는 슈뢰딩거를 코펜하겐으로 초청했다. 기차 정거장에서부터 시작한 토론은 아침 저녁으로 계속됐다고 하이젠베르크가 말했다.

> 보어는 사려 깊고 정중한 사람이지만 그가 매우 중요하다고 생각하는 인식론상의 문제와 관계되는 이런 토의에서는 모든 내용이 완전히 명확해질 때까지 무섭도록 집요하게 매달렸다. 그는 많은 시간을 토론하고 나서도 슈뢰딩거가 그의 해석이 불충분했고 그리고 플랑크의 법칙을 설명할 수도 없다고 인정할 때까지 포기하지 않았다. 이 쓰디쓴 결과를 피하기 위한 슈뢰딩거 측의 모든 시도는 하나하나 천천히 끝없는 토론에서 논박됐다.

슈뢰딩거는 감기에 걸려 침대에 누웠다. 불행히도 그는 보어의 집에 머물고 있었다. 보어의 부인이 그를 간호하기 위하여 차와 과자를 가져온 사이에도 보어는 침대 한편 모퉁이에 앉아 그에게 이야기하고 있었다. "그러나 당신은 확실히 그것을 인정해야 된다." 슈뢰딩거는 더 이상 참을 수가 없었다. "만일 이 지긋지긋한 양자 점프에 대하여 계속 이야기해야 한다면," 그는 폭발했다. "나는 원자 이론에 관한 일을 시작한 것을 후회합니다." 보어는 언제나 대립된 의견을 좋아했다. 그것이 이해를 명확하게 해주기 때문이다. 그는 지쳐버린 손님을 칭찬해 주며 달랬다. "그러나 우리들은 당신이 그렇게 해주어서 매우 감사하게 생각하고 있습니다. 왜냐하면 당신이 핵물리학을 결정적으로 한걸음 더 앞으로 진전시켰기 때문입니다." 그러나 슈뢰딩거는 실망하고, 확신을 얻지 못한 채 돌아왔다.

보어와 하이젠베르크는 두 가지 원자 이론의 상충점을 해결하기 위하여 계속 연구했다. 보어는 물질과 빛이 입자와 파동으로 같이 존재할 수 있는 이론을 구상해 보려고 노력했다. 하이젠베르크는 모델은 모두 버리고 수학에 집착하기를 주장했다. 1927년 2월 말경 이들은 말 그대로 지쳐 있었지만 긴장 상태에 있었다. 보어는 스키를 타기 위하여 노르웨이로 갔다. 이 젊은 바바리아인은 양자역학의 방정식을 사용하여 간단해 보이는 구름상자 속에서 전자의 궤적을 계산해 보았으나 희망이 없음을 알았다. "나는 우리가 잘못된 질문을 내내 하고 있었던 것은 아닌지 하는 의문이 생기기 시작했다."

어느 날 저녁 늦게까지 일을 하다가 하이젠베르크는 아인슈타인이 그에게 말했던, 과학적 연구 업무에서 이론의 가치에 대한 패러독스를 기억해 냈다. "우리가 무엇을 관측할 수 있는지를 결정하는 것은 이론이다"라고 아인슈타인이 말했었다. 그 기억은 하이젠베르크를 들뜨게 만들었다. 그는 아랫층으로 내려가 밖으로 나갔다. 자정이 지난 시간이었다. 연구소의 뒷편에 있는 큰 너도밤나무를 지나 공원의 축구장으로 걸어갔다. 이른 삼월이었으므로 밖은 추웠을 것이다. 그러나 하이젠베르크는 산책을 좋아했고 야외에서 생각을 많이 했다. "별빛 아래 잔디밭을 걸을 때 새로운 생각이 떠올랐다. 양자역학의 수학적 형식론의 구도를 통해 자연을 설명하는 것은 단지 실험적인 상황에서만 가능하다고 가정해야 된다는 생각이었다." 이 꾸밈 없는 말은 이상하게도 놀랄 만하게 독단적인 것처럼 들린다. 이것에 대한 시험은 조리에 맞는 수학적 체계화와 궁극적으로 실험에 대한 예측 능력이다. 이 생각은 즉시 하이젠베르크에게 멋진 결론이 떠오르게 했다. 즉 원자와 같이 매우 작은 규모에서는 얼마나 정밀하게 사건을 알아낼 수 있는가 하는 문제에 본래의 고유한 제한이 있을 것이다. 만일 입자를 황화아연 스크린에 부딪치게 하여 입자의 위치를 알아낸다면 이미 입자의 속도에는 변화가 생겼으므로 속도에 대한 정보는 알 수 없게 된다. 감마선을 산란시켜 입자의 속도를 측정했다면 입자는 감마선과의 충돌로 인하여 운동경로가 바뀌었으므로 충돌 전의 위치를 정확하게 알 수 없게 된다. 한 가지 정보의 측정은 언제나 다른 정보를 불확실하게 만든다.

하이젠베르크는 방으로 돌아와 자신의 생각을 수학적으로 기술하기 시작했다. 위치와 운동량 측정치의 불확실한 값의 곱은 플랑크 상수보다 더 작을 수 없다. 이렇게 하여 h는 우주의 기본이며 더 쪼갤 수 없는 입상을 정의하기 위하여 물리학의 핵심에 다시 나타났다. 그날 밤 하이젠베르크가 생각해 낸 것은 '불확정성 원리'라고 불리게 됐으며 그것은 물리학에서 엄밀한 결정주의의 종말을 의미한다. 왜냐하면 만일 원자적 사건이 원래부터 불분명하고 개개의 입자에 대하여 시간과 공간에서의 완전한 정보를 얻을 수 없다면 그들의 미래의 행동에 대한 예측은 통계적일 수밖에 없기 때문이다. 18세기 프랑스의 수학자이며 천문학자였던 라플라스(Marquis de Laplace)의 꿈은 만일 그가 어떤 순간 우주의 모든 입자들의 시간과 공간에서의 정확한 위치를 알 수 있다면 그는 영원한 미래를 예측할 수 있다는 것이었다. 그의 꿈은 그날 밤 코펜하겐에서 해답을 얻었다. 자연은 신의 특권에 대한 비밀을 인간에게 나누어주지 않는다.

보어는 하이젠베르크의 원자 내부의 평등화를 좋아했음에 틀림없다. 그러나 한편 그것은 그를 괴롭혔다. 그는 자신의 더 멋진 생각을 가지고 스키 여행에서 돌아왔다. 그는 바이에른 출신 제자가 불확정성 원리를 입자와 파동의 이중성에 기초를 두지 않은 것이 마음에 걸렸다. 보어는 전에 슈뢰딩거에게 향했던 그의 집요함으로 이번에는 하이젠베르크를 겨냥했다. 그 당시 보어의 필사자였던 오스카 클라인이 다행히도 중재자 역할을 했다. 하이젠베르크는 명석했지만 아직 스물여섯 살의 젊은이였다. 불확정성 원리는 보어가 구상해 낸 좀 더 일반적인 개념의 특별한 경우라는 것에 동의했다. 이 양보로 보어는 논문이 발표되는 것을 허락하고 코모에서 하기로 되어 있는 강연을 준비하기 시작했다.

보어는 코모에서 "우리가 추모하기 위하여 여기에 모인 위대한 천재 볼타"라는 정중한 인사로 시작했다. 그러고는 토의에 돌입했다. 그는 과학자들 사이에 존재하는 명백하게 상반된 견해를 조화시킬 수 있는 어떤 일반적인 관점을 개발할 것을 제안했다. 보어는 양자조건이 원자의 세계를 지배하지만 이런 조건을 측정하는 우리의 실험 장비와 감각은 고전적인 방법으로 작동하는 것이 문제라고 말했다. 이 부적합함이 우리가 알 수 있는 것에 한계를 가져온다. 빛이 광자로 여행한다는 것을 보여주는 실험은 이 조건의 한계 내에서만 성립한다. 입자와 물질 파동에 대해서도 똑같다. 입자와 물질의 파동이 모두 받아 들여질 수 있는 이유는 이들이 추상적인 단어이기 때문이다. 우리가 아는 것들은 입자들과 파동들이 아니고 실험 장비들이며 그리고 실험에 사용될 때 장비들이 어떻게 반응하는가 하는 것이다. 장비는 크고 원자의 내부는 작다. 그리고 이들 사이에는 필수적이지만 제한적인 해석이 개입되어 있다.

보어는 계속해서, 서로 다르고 배제하는 결과들을 동등하게 성립하는 것으로 받아들여야 하며, 원자 세계의 복합적 그림을 그리기 위하여 그들을 나란히 앞세워야 된다는 것을 해결 방법으로 제시했다. 전체만이 명료함을 나타낸다. 보어는 복잡한 현상을 단순하게 바꾸려는 환원주의 이론에는 결코 흥미가 없었다. 그는 대신 '폐기'라는 단어를 사용했다. 원자 규모의 크기가 관계되는 곳에서는 고전물리학의 신과 같은 결정론은 폐기되어야 한다. 이 단어는 코모 강연에서 여러 번 반복하여 나타났다.

이 '일반적 관점'에 대하여 그가 선정한 이름은 '상보성(Complementarity)'이였다. 이 말은 라틴어 *Complementum*에서 유래한 것으로 '보충하는 것' 또는 '채우는 것'이라는 뜻이 있다. 입자로서의 빛 그리고 파동으로서의 빛, 입자로서의 물질 그리고 파동으로서의 물질들은 서로를 배제하는 추상적 개념이며, 이 개념들은 서로를 보완한다. 그들은 합쳐지거나 분리될 수 없다. 그들은 외관상의 패러독스에 대하여 같이 대처하여야 한다.

최근에 발표된 하이젠베르크의 불확정성 원리는 제한된 내용의 범위내에서 우주는 인간의 감각이 볼 수 있는 바와 같이 그렇게 되어 있는 것처럼 보인다는 것을 실증했다.

젊은 공학도로서 1927년 보어의 코모 강연을 들었던 에밀리오 세그레는 은퇴 후 현대 물리학의 역사에 관한 그의 글에서 상보성을 간단하고도 명료하게 설명했다. "두 개의 크기 중 하나의 측정이 다른 하나의 크기를 정확하게 동시에 결정할 수 없게 할 때 이 두 개의 크기는 서로 상보적이라고 한다. 유사하게 하나의 개념이 다른 개념에 제한을 가져올 때 이 두 개의 개념은 서로 상보적이라고 한다."

보어는 조심스럽게 고전물리학과 양자물리학의 갈등을 하나씩 조사해 나갔다. 그리고 상보성이 그 갈등들을 어떻게 표현했는지를 보여주었다. 결론으로 그는 간략하게 상보성의 철학과의 관계를 지적했다. 이와 같은 물리학의 문제는, 인간이 사고를 형성하는 데 주관과 객관 사이의 구별에 내재되어 있는 일반적인 어려움과 깊은 유사성이 있다. 생각하는 나와 행동하는 나는 서로 다르고 상호 배제한다. 그러나 그들은 자아의 상보적인 추상 관념이다.

이후 보어는 그의 '어떤 일반적인 관점'의 한계를 확장해 나갔다. 그것은 그에게 물리학 문제뿐만 아니라 정치적 문제에 있어서도 안내자의 역할을 하도록 했다. 그러나 그가 바라던 것만큼 물리학에서의 중심적 역할을 하지 못했다.

코모에서 예상했던 대로 상당수의 나이 많은 물리학자들은 설득해 낼 수 없었다. 아인슈타인도 마음을 바꾸지 않았다. 1926년, 아인슈타인은 양자 이론의 통계적 성격에 대하여 주목해 볼 필요가 있다는 내용의 편지를 막스 보른에게 보냈다. "이 이론은 많은 것을 성취했으나 신의 비밀을 푸는 데에는 별로 도움이 되지 못하고 있다. 어떻든 나는 신이 주사위를 던진다고 믿지 않는다"라고 아인슈타인은 말했다. 벨기에의 부유한 산업 화학자 에른스트 솔베이(Ernst Solvay)가 후원한 또 다른 연례 솔베이 회의가 코모 회의가 끝난 지 한달 후 브뤼셀에서 열렸다. 아인슈타인, 보어, 막스 보른, 막스 플랑크, 마담 퀴리, 파울 에렌페스트, 에르빈 슈뢰딩거, 볼프강 파울리, 헨드릭 로렌스 그리고 베르너 하이젠베르크 등이 참석했다. 이들은 모두 같은 호텔에 투숙했다. 그리고 예리한 토론이 발표장에서 이루어지지 않고 호텔에서 식사 시간에 이루어졌다. 보어와 아인슈타인은, 토론이 한창 치열할 때마다 항상 그 곳에 있었다.

아인슈타인은, 원자 수준에서는 결정론이 적용될 수 없고 우주의 미세 구조는 통계가 지배하기 때문에 알 수 없다는 생각을 수용하기를 거부했다. 이 토론에서 자주 사용됐던 말은 "신은 주사위를 던지지 않는다"라는 아인슈타인의 말이었다. 그는 불확정성 원리를 수용하기를 단호히 거부했다. 그는 이 원리가 성립하지 않는 경우를 생각해 내려고 노력했다. 아인슈타인이 한 예를 아침식사 때 내놓으면 토의는 하루 종일 계속되고 저녁식사 때가 되면 보어가 아인슈타인의 실험이 불확정성 원리를 흔들어 놓는 데 실패했다고 증명할 수 있게 된다. 아인슈타인은 약간 걱정스런 얼굴빛이 됐다가 다음날 아침 지난번보다도 더 복잡한 가상적인 실험을 내놓곤 했다. 이러한 일이 에렌페스트가 아인슈타인을 큰소리로 꾸짖었을 때까지 며칠 동안 계속됐다. 그들은 오랜 친구였다. 에렌페스트는 아인슈타인이 상대성 이론을 내놓았을 때 반대하는 사람들이 논쟁을 벌였던 것 같이 양자 이론에 비합리적으로 반대하는 것을 부끄럽게 생각했다. 그러나 아인슈타인은 일생 동안 양자 이론이 관계되는 곳에서는 확고부동했다.

보어는 유순한 실용주의자이고 민주주의자이지 전제주의자는 아니었지만 신의 도박 습관에 대한 아인슈타인의 이야기를 너무 많이 들었다. 그는 마침내 아인슈타인의 말을 빌어 불평을 터뜨렸다. "신은 주사위를 던지지 않는다고? 신에게 어떻게 세상을 운영하라고 하는 것도 우리가 할 일이 아니다."

기계

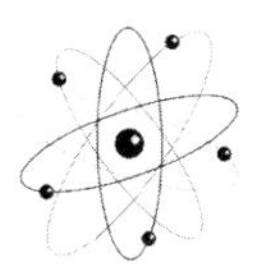

제1차 세계대전 이후 캐번디시의 연구 활동은 활발하게 진행되고 있었다. 오펜하이머는 실험물리학자가 아니었기 때문에 고통을 받았지만 다른 실험물리학자들은 한번쯤 이곳에서 연구하는 것이 꿈이기도 했다.

러더퍼드는 간단한 실험 기구로 계속 놀라운 발견을 해냈다. 원자핵을 발견한 이후 가장 중요한 연구 업적은 맨체스터를 떠나 케임브리지로 오기 직전인 1919년에 성취했다. 그는 4월에 논문을 학회로 발송하고 그후 제임스 채드윅과 같이 연구를 계속했다. 1919년 맨체스터에서 작성된 논문은 4년 동안의 전쟁 기간 중 영국 해군을 위하여 잠수함 탐지 방법을 연구하는 동안 거의 혼자 맨체스터 연구실을 운영하면서 틈틈이 한가한 시간에 수행한 일련의 연구 결과를 요약한 것이다. 이 논문은 4부로 구성됐으나 처음 3편은 혁명적인 제4부「질소의 불규칙한 현상」을 위하여 길을 터놓는 내용이다.

알파 입자 산란 현상에 대한 조사를 통해 러더퍼드가 원자핵을 발견하는 데 큰 도움을 주었던 마스던은 1915년 맨체스터에서 통상적인 실험 연구를 수행하던 중 이상한 현상을 발견했다. 마스던은 작은 유리관 속에 들어 있는 라돈 가스에서 방출되는 알파 입자(헬륨 원자핵으로 원자 질량이 4인 입자)를 수소 원자에 충돌시키는 실험을 했다. 그는 라돈 유리관을 청동 상자에 넣어 상자의 다른 한 면에 황화아연을 바른 형광막을 설치하고 상자 속의 공기를 빼낸 후 수소 가스를 주입했다. 알파 입자들은 수소 원자와 충돌하여 에너지를 수소 원자에게 전달하므로 마치 구슬처럼 튕겨져 나가게 한다. 어떤 수소 원자들은 형광막에 부딪쳐 형광을 내게 한다. 마스던은 수소 원자의 운동 거리를 측정하기 위하여 형광이 사라질 때까지 수소 원자를 흡수하는 얇은 금속막을 형광막 앞에 설치했다. 예상했던 대로 질량이 작은 수소 원자는 무거운 알파 입자와 충돌하면 마치 작은 유리구슬이 큰 유리구슬에 부딪칠 때와 마찬가지로 알파 입자보다 4배나 더 멀리 튕겨져 나갔다.

이 실험 자체는 간단한 것이었다. 그러나 마스던은 상자 속의 공기를 빼내는 동안 라돈 유리관 자체가 마치 수소 원자가 만들었던 것과 같이 형광을 발하고 있는 것을 관찰했다. 그는 수정으로 만든 관으로 바꿔보고 그리고 니켈 원반에 라듐 복합물을 코팅하여 사용해 보기도 했다. 그러나 매번 수소 원자가 만들어 내는 것과 똑같은 밝은 형광이 생겼다. 마스던은 방사능 물질 자체에서 수소 원자가 나온다는 강력한 증거라고 추측했다. 만일 이 추측이 사실이라면 굉장히 놀라운 일이다.

지금까지는 방사능 원자가 붕괴하는 과정에서 헬륨 원자핵(알파 입자), 전자 그리고 감마선을 방출하는 것이 발견됐을 뿐이다. 세 가지 기본 방사선 중 두 가지를 발견한 러더퍼드가 이 사실을 그대로 인정할 것 같지는 않았다. 마스던은 1915년 강의를 하기 위하여 뉴질랜드로 돌아갔다. 러더퍼드는 이 이상한 일을 계속 추적했다. 그는 그가 찾고 있는 것을 잘 알고 있었다.

마스던이 발견했던 이례적인 수소 원자에 대한 그럴 듯한 설명은 오염이었다. 수소는 가볍고 화학적으로 활성이며 어디에나 있는 공기 중에 소량이 포함되어 있다. 그래서 러더퍼드는 오염된 수소를 엄밀하게 제거해 나가기로 했다. 그는 수소 원자가 어디에서 나오는 것인지 증명할 수 있을 때까지 상자 안의 오염원을 하나씩 제거해 나가기로 했다. 그는 수소 원자가 방사능 물질에서 나오지 않는다는 것을 보여주는 것으로부터 시작했다.

그는 공기를 뽑아낸 청동 상자에 수분이 없는 산소를 넣어 실험했고 다음에는 탄산가스를 넣어 보았다. 두 경우 모두 방사능 물질에서 나오는 입자들은 가스 원자들과 충돌하여 속도를 잃었고 형광막에 나타나는 형광의 수도 매우 적었다.

그 다음에는 건조된 공기를 채워보았다. 결과는 그를 놀라게 했다. 형광의 수가 두 배로 증가했고 밝기도 수소 원자에 의한 형광의 밝기와 거의 같았다. 만일 그들이 수소 원자라면 오염된 것일 수도 있다. 여전히 수증기에 수소가 포함되어 있으므로 공기를 더 철저하게 건조시켰지만 숫자에서의 차이는 찾아볼 수 없었다. 공기 중에 있는 먼지에 수소 원자가 마치 세균처럼 붙어 있을 수도 있다. 그는 상자 속에 넣는 공기를 긴 관 속에 솜을 넣은 필터로 걸러냈지만 별다른 변화를 발견하지 못했다.

공기를 넣었을 때는 수소 원자의 수가 증가했고 산소나 탄산가스

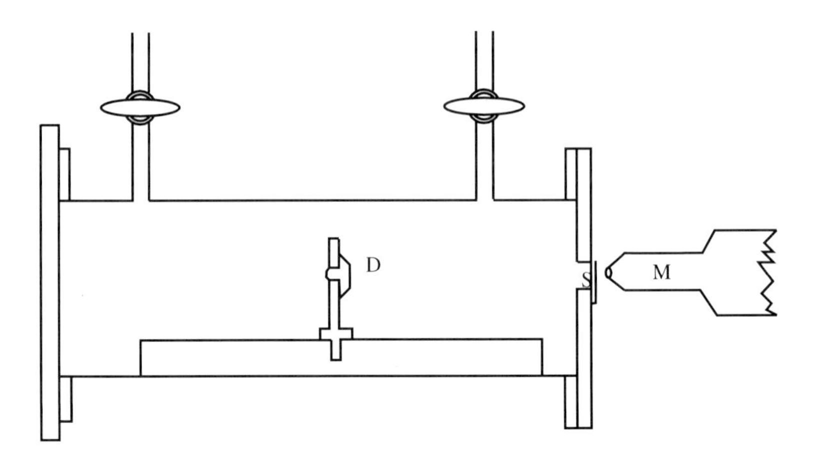

러더퍼드의 실험 장치. D: 알파 소스. S: 유화아연 섬광 스크린. M: 현미경.

를 넣었을 때는 증가하지 않았으므로, 러더퍼드는 질소나 또는 공기 중에 있는 다른 가스가 원인이 될 수 있다고 생각했다. 그런데 공기 중에는 질소가 78퍼센트를 차지하고 있으므로 질소가 가장 그럴 듯한 후보로 떠올랐다. 실험은 그의 예감을 확인하여 주었다. "순수한 질소를 사용했더니 공기를 사용했을 때보다도 같은 조건에서 도달 거리가 긴 형광들이 더 많이 발생했다."

마침내 러더퍼드는 수소 원자가 방사능 물질에서만 나오는 것이 아니고 질소로부터도 나온다는 것을 사실로 입증했다. 러더퍼드는 영국 과학계가 늘 그렇게 하듯이 변죽만 울리고 말을 삼가하는 태도로 그의 놀라운 발견을 발표했다. "지금까지 얻은 결과로는 알파 입자와 질소 원자의 충돌로 인하여 생기는 비상 거리가 긴 원자들이 질소 원자가 아니고 아마도 수소 원자일 것이라는 결론을 피하기는 매우 어렵다. ……만일 이런 경우라면, 우리는 질소 원자가 붕괴된다는 결론을 내려야 된다." 신문들은 이 발견을 더 평범한 말로 기사화했다. 1919년 신문의 머리기사는 "어니스트 러더퍼드 경, 원자를 분할하다"라는 것이었다.

그것은 분할이라기보다는 변환이었다. 최초의 인공 변환이었다. 원자 질량이 4인 알파 입자가 원자 질량이 14인 질소 원자와 충돌할 때 수소 원자핵(러더퍼드는 양자라고 부를 것을 제안했다)을 떼어낸다. 나머지는 산소의 동위원소 산소 17이 된다. 원자 질량 4와 14의 합에서 1을 뺀 것이다. 알파 입자 30만 개 중 1개가 질소 원자핵 주위의 전기적 장벽을 뚫고 들어갈 기회를 얻어 질소 원자핵과 충돌하여 이런 연금술과도 같은 현상을 일으킨다.

이 발견으로 핵을 연구하는 새로운 방법이 제공됐다. 지금까지 물리학자들은 핵의 외부에서 튕겨져 나오는 복사선이나 방사능 붕괴시 자연적으로 방출되는 방사선을 측정하는 일에만 국한되어 연구를 해왔지만, 앞으로는 핵의 내부도 조사할 수 있는 기술을 가지게 됐다. 러더퍼드와 채드윅은 다른 가벼운 원자들도 붕괴시킬 수 있는지 조사해 보았다. 보론, 불소, 나트륨, 알루미늄 그리고 인 등이 붕괴하는 것을 확인했으나 주기율표를 따라 더 내려가자 장애물이 나타났다. 러더퍼드가 사용한 자연 방사능원은 비교적 에너지가 작은 알파 입자를 방출했으므로 무거운 핵의 점점 증가하는 전기적 장벽을 뚫고 들어갈 수 있는 힘이 없었다. 캐번디시 연구원들은 입자가 더 높은 속도를 갖도록 가속시키는 방법에 대하여 이야기하기 시작했다. 복잡한 장비를 경멸했던 러더퍼드는 별로 좋아하지 않았다. 입자를 가속시키는 일은 어려운 일이었다. 새로 태어난 핵물리학은 한동안 정체 상태에 빠지게 됐다.

캐번디시에는 러더퍼드 밑에서 일하는 많은 사람들 외에도 톰슨의 뒤를 잇는 몇몇 개인 연구가들이 있었다. 이들 중 한 명은 운동을 좋아하는 부유한 실험물리학자 프랜시스 윌리엄 애스턴(Francis William Aston)이었다. 애스턴은 러더퍼드의 정규적인 일요 골프 파트너였다. 그는 1913년 왕립학회 모임에서 흰 점토로 만든 파이프를 이용한 힘든 확산 작업으로 네온 가스의 동위원소를 분리해 냈다고 발표했다.

애스턴은 처음에는 화학자로 출발했으나 뢴트겐의 엑스선 발견 소식을 듣고 물리학으로 바꿨다. 톰슨은 양극선 방전관 안에서 네온 가스를 두 가지 성분으로 분리한 것 같이 생각되어, 이것을 가스확산 방법으로 확인시키기 위하여 1910년 애스턴을 캐번디시 연구소로 데려왔다. 톰슨은 그의 방전관에 평행한 자장과 정전기장을 걸어줌으로 해서 서로 다른 종류의 원자들을 분리해 낼 수 있는 방법을 발견했다. 그가 방전관 내에서 만들어낸 원자 빔들은 음극선이 아니었다. 이 선들은 전자를 모두 잃은 원자핵으로 이온화된 원자들의 흐름이었다.

여러 종류의 원자핵들이 혼합된 빔이 자장 속을 통과하면 그들의 속도에 따라 경로의 휘어짐이 달라지게 되어 서로 다른 몇 개의 빔으로 분리되므로 그들의 질량을 알아낼 수 있다. 정전기장은 서로 다른 빔들을 그들의 전하에 따라 또다시 경로가 휘게 만들어 주므로 그들의 원자 번호, 즉 전하를 측정할 수 있게 해준다. 이런 방법으로 많은 종류의 원자들과 원자의 그룹들이 방전관 내에서 그들의 존재를 드러냈다.

애스턴은 전쟁 기간 동안 런던의 남서쪽에 있는 판보러(Farnborough) 왕립 항공창에서 항공기에 쓰이는 도료와 직물을 개발하면서 톰슨의 방전관에 대하여 계속 생각했다. 톰슨이 아직까지 그의 결과에 대하여 확신하지 못하고 있었으므로, 그는 두 가지의 네온이 동위원소라는 것을 명확하게 증명할 수 있기를 원했고 그리고 다른 원소들의 동위원소도 찾아낼 수 있다고 생각했다. 그는 양극선관이 해답을 줄 수 있다고 생각했지만, 그것은 형편 없이 부정확한 장비였다.

애스턴이 1918년 케임브리지로 다시 돌아왔을 때에는 이미 그 문제를 이론적으로 해결했다. 그는 곧 계획했던 정밀 장비를 만들기 시작했다. 이 장비는 가스나 코팅된 물질이 전자와 핵으로 분리되어 이온화될 때까지 충전시켰다. 그러고는 원자핵들을 두 개의 좁은 틈새를 통과하도록 하여 마치 분광기의 좁은 틈새를 빠져나온 광선처럼 칼날같이 얇은 빔이 되도록 만들었다. 그러고는 빔을 강한 정전기장 속에 통과시켜 서로 다른 핵들을 별도의 빔으로 분리해 냈다. 입자 빔을 자장 속으로 통과시켜 그들의 질량에 따라 다시 동위원소들의 빔으로 세분했다. 마지막으로 분류된 빔이 카메라의 건판 지지대에 도달하게 하여 그들의 정확한 위치를 미리 설치된 필름 위에 기록했다. 자장이 얼마 만큼 빔을 구부러지게 했는지, 즉 필름의 어디에 검은 점이 나타났는지에 따라 핵들의 질량이 고도의 정밀도로 결정됐다.

애스턴은 그의 발명품이 광학분광기가 빛을 주파수에 따라 분리하듯이 원자들을 질량에 따라 분리해 내므로 질량분석기라고 불렀다. 질량분석기는 즉시 선풍적인 성공을 가져왔다. "1920년 1월과 2월에 나에게 보낸 편지에서 러더퍼드는 애스턴의 업적에 대한 그의 기쁨을 전해왔다. 애스턴의 연구는 러더퍼드의 원자 모델에 대한 믿을 수 있는 확신을 주었다"라고 보어는 말했다. 이후 20년 동안 애스턴은 자연적으로 존재하는 281가지 동위원소들 중 212가지를 규명해 냈다. 그는 측정한 원소들의 원자 질량이 수소 원자를 제외하고는 모두가 거의 정숫값을 갖는다는 사실을 발견했다. 이 사실은 자연에 존재하는 원소들이 양자와 전자로 구성되어 있다는 이론을 지지하는 강력한 증거가 됐다. 그러나 화학자들이 밝혀낸 원소들의 질량은 완전한 정수로 딱 떨어지지 않았다. 예를 들면, 애스턴이 그의 강의에서 언급했듯이 네온은 의심할 여지없이 동위원소 20과 22로 구성되어 있고 그들의 성분 구성비가 약 9:1 이므로 원자 질량은 20.2가 된다. 톰슨도 만족했다.

그러나 왜 수소 원자만이 예외였을까? 만일 원소들이 수소 원자로 만들어졌다면 왜 수소 원자, 기본적인 구성 단위의 질량은 1.008일까? 왜 4개가 한 쌍으로 뭉쳐져 헬륨이 되면 원자 질량이 4로 줄어드는가? 그리고 왜 헬륨의 질량은 정확히 4가 아니고 4.002이며 산소는 16이 아니고 15.994인가? 이렇게 매우 작고 약간씩 틀리는 차이를 보이는 이유의 의미는 무엇인가?

원자들은 조각이 나지 않는다고 애스턴은 추론했다. 무엇인지 매우 강력한 것이 그들을 같이 붙들어 매고 있다. 이 접착제를 현재는 결합 에너지라고 부른다. 이 결합 에너지를 얻기 위하여 수소 원자들은 핵 속에서 서로 밀집되어 그들 질량의 일부를 잃게 된다. 애스턴은 완전수 규칙을 이용하여 수소 원자를 다른 원소들의 원자들과 비교하여 보고 이 질량 결손을 발견하게 됐다. 그 밖에도 핵은 다소 느슨하게 묶여 있을 것이라고 말했다. 그들의 포장 밀도는 약간의 결합 에너지를 필요로 하고, 따라서 약간의 질량이 소모되며, 이와 같은 이유로 질량에 작은 변화가 있게 된다. 측정된 질량과 완전수 사이의 차이를 그는 분수 채우기 비율(Packing Fraction)로 표시했다. 채우기 비율은 정수로부터의 차이를 정수로 나눈 것이다. 애스턴은 "채우기 비율이 큰 것은 결합이 느슨한 것을 나타내고 따라서 안정성이 낮으며, 채우기 비율이 작은 것은 그 반대를 나타낸다"라고 제안했다. 그는 채우기 비율을 그래프에 표시했다. 주기율표의 중간에 있는 원소들 예를 들면 니켈, 철, 주석 등은 채우기 비율이 가장 작으므로 가장 안정한 반면 주기율표의 양극단에 있는 원소들 예를 들면 가장 가벼운 쪽에 있는 수소와 무거운 쪽에 있는 우라늄은 채우기 비율이 크므로 가장 불안정한 원소이다. 헬륨을 수소에 비교하여 보면 수소 질량의 거의 1퍼센트(4를 4.032로 나누면=0.992=99.2퍼센트)가 에너지로 변환됐다. "만일 우리가 수소를 헬륨으로 변환시킬 수 있다면 거의 1퍼센트의 질량이 없어져 버릴 것이다. 지금은 실험적으로 증명된 질량과 에너지의 동등성 관계(아인슈타인의 유명한 방정식 $E=mc^2$을 뜻함)에 의하면 방출되는 에너지의 양은 막대할 것이다. 그러므로 한 컵의 수소를 헬륨으로 변환시키면 퀸메리호가 전속력으로 대서양을 왕복할 수 있는 충분한 에너지가 방출된다."

애스턴은 1936년에 한 강연에서 이 에너지 방출이 사회에 미칠 수 있는 영향에 대하여 추측했다. "필요한 지식을 갖고 있는 핵화학자들은 일반 화학자들이 복합물을 합성해 내듯이 원소들을 합성해 낼 수 있을 것이라고 나는 확신한다. 그리고 어떤 반응에서는 원자 속에 있는 에너지가 방출될 것이라는 것은 확실하다."

그리고 계속하여,

> 인간의 파괴력이 이미 충분히 크므로 이런 연구는 법으로 금지하여야 한다고 말하는 사람들이 있다. 의심할 바 없이 선사 시대의 우리 조상들은 새로 발견된 불의 위험성을 지적하고 음식 조리 방식의 혁신에 반대했을 것이다.
>
> 개인적으로 나는 원자 에너지가 이용 가능하다는 것과 그리고 언

젠가 인간은 거의 무한정한 에너지를 방출시키고 통제할 수 있을 것이라고 의심하지 않는다. 우리는 그렇게 되는 것을 막을 수 없고 단지 서로의 이웃을 파괴하는 데에만 그것이 사용되지 않기를 희망할 수밖에 없다.

프랜시스 애스턴이 1919년 발명한 질량분석기로는 원자의 결합에너지를 직접 측정할 수가 없었다. 그러나 그것을 가지고 그는 결합에너지를 입증했으며, 비교적 불안정하여 적절한 방법만 사용된다면 에너지를 쉽게 방출할 수 있는 원소들을 주기율표에서 찾아냈다.

그는 1922년 노벨 화학상을 받았다(같은 해, 보어는 노벨 물리학상을 받았다). 그의 누이동생은 그 이후 스톡홀름은 우리들의 꿈의 도시가 됐다고 말했다. 그는 캐번디시로 돌아와 더 크고 더 정확한 질량분석기를 제작했다. 애스턴은 습관적으로 밤에 실험을 했다. 그는 옆방에서 들려오는 이야기 소리 등 여러 가지 사람이 내는 잡음을 몹시 싫어했다. 그는 동물을 좋아하여 고양이와, 특히 새끼 고양이들과 사귀기 위하여 어떤 수고도 아끼지 않았다. 그러나 짖는 개는 좋아하지 않았다. 애스턴은 캐번디시 연구소 소장 러더퍼드를 크게 존경했지만 쩌렁쩌렁하게 울리는 그의 큰 목소리는 애스턴에게 큰 시련이었음에 틀림없다.

미국은 입자가속기 분야를 선도해 나갔다. 공장을 발전시키고 여러 가지 무기를 개발한 미국의 기계적 전통은 이제 연구실에까지 영향을 미치게 됐다. 1914년 미 의회 예산심의회에서 한 국회의원이 증인에게 물었다. "물리학자란 무엇을 하는 사람입니까?" 그는 상식적인 질문을 받고도 물리학자가 무엇을 하는 사람인지 대답할 수가 없었다. 그러나 전쟁이 물리학자가 무엇인지 명확하게 해주었고, 군사 기술을 포함한 기술 개발에 대한 과학의 가치가 무엇인지 명확하게 해주었다. 그후 정부의 지원과 개인 재단의 지원이 크게 증가했다. 1920년에서부터 1932년까지 12년 동안 지난 60년 동안 배출한 물리학자들보다도 두 배나 많은 미국인들이 물리학자가 됐다. 그들은 선배들보다도 훨씬 더 훌륭한 교육을 받았다. 1932년에는 미국에 2,500명의 물리학자들이 있었는데 1919년에 비하여 세 배나 많은 숫자였다. 미국의 물리학회지 《*The Physical Review*》는 독일의 《*Zeitschrift Für Physik*》과 같은 것이지만, 1920년대 이전의 유럽에서는 별로 인정해 주지 않았다. 《*The Physical Review*》는 1920년대 10년 동안 두 배로 두꺼워졌고, 1929년에는 2주에 1회씩 발간됐으며 케임브리지, 코펜하겐, 괴팅겐 그리고 베를린 등지에서 회지가 도착하자마자 죽 훑어보기를 갈망하는 독자들을 확보하기 시작했다.

정신분석학자들이 미국 과학자들의 새로운 세대들이 어떤 부류의 사람들인지 그리고 어떤 배경을 갖고 있는지 궁금하여 자세히 조사해 보았다. 그 당시, 중서부와 태평양 연안에 있는 작은 인문계 대학들이 과학자들을 많이 배출했다. 대조적으로 같은 기간에 뉴잉글랜드 지방은 변호사들을 많이 배출했다. 조사된 실험 물리학자들의 50퍼센트와 이론물리학자들의 84퍼센트가 직업적인 사람들, 예를 들면 엔지니어, 의사 그리고 교사들의 아들이었고 소수의 실험물리학자들이 농부의 아들이었다. 물론 당시에는 여성 과학자들의 수효는 극히 적었다. 22명의 물리학자를 포함한 64명의 과학자들을 조사했을 때 그들의 부모 중 기술이 없는 일반 노동자는 한 명도 없었다. 몇 명의 물리학자들의 아버지는 사업가이었다. 물리학자들의 거의 대부분이 첫아이이거나 또는 누나가 있더라도 장남이었다. 조사된 과학자들 중에서 이론물리학자들이 가장 높은 언어 지능지수를 갖고 있으며 평균 170으로 실험물리학자들보다 20퍼센트가 높았다.

조사 대상이 됐던, 22명의 물리학자를 포함하는 64명의 저명한 과학자들은 그들의 전성기에 다음과 같은 미국 과학자들의 복합적인 초상화를 그려냈다.

> 그들은 어릴 적에 자주 아팠거나 또는 부모를 일찍 여읜 아이들인 것 같다. 지능지수가 매우 높으며 소년 시절부터 많은 양의 책을 읽기 시작했다. 남과 다르다는 느낌을 가지고 부끄럼을 타며 외로움 속에서 급우들과 잘 어울리지 않고 초연한 듯한 태도를 보이는 경향이 있다. 그는 여학생들에 대하여 큰 관심이 없고 대학에 진학할 때까지 데이트를 하지 않는다. 그는 늦게 결혼하여 두 명의 자녀를 두고 가정 생활의 안정을 찾으며 그의 결혼 생활은 평균보다 더 안정되어 있다. 대학 3학년 또는 4학년 때 과학자로서의 그의 직업을 결정한다. 이와 같은 결정을 하게 해 주는 것은(거의 틀림없이) 약간의 독립적 연구를 하는 기회와 스스로 찾아내는 기회를 주는 대학 시절의 연구 과제이다. 일단 이런 종류의 일의 즐거움을 발견하게 되면 그는 결코 바꾸지 않는다. 그는 자기가 선택한 직업에 완전히 만족하고…… 실험실에서 열심히 그리고 헌신적으로 흔히 일주일에 7일 동안을 일한다. 그는 일이 그의 인생이라고 말한다. 그리고 별로 오락을 즐기지 않고…… 영화는 그를 싫증나게 한다. 그는 사회나 정치 활동을 피하고 종교는 그의 인생이나 사고에서 큰 역할을 하지 않는다. 어떤 다른 흥미나 활동보다 과학적 연구가 그의 본성의 내면적 필요를 충족시켜 주는 것 같다.

확실히 이것은 로버트 오펜하이머의 경우와 가깝다. 조사된 그룹은 그 당시 미국의 물리학계와 같이 대부분이 신교도였으며 소수의 유대인이 포함되어 있었고 가톨릭계는 한 명도 없었다.

40명의 버클리 과학자들을 대상으로 심리학적 조사를 수행한 결과 과학자들이 문제에 대하여 생각하는 방법이 예술가들의 방법과 같다는 것이 밝혀졌다. 과학자들과 예술가들은 인식력에서 보다 개성에서 차이가 나며 이들 두 그룹이 사업가들과 다른 점은 서로 유사했다. 극적이고 중요한 것은 이 연구에서 조사된 과학자들의 거의 절반이 그들의 아버지가 어린 시절 일찍 돌아가셨든지, 또는 집을 나가 일을 하고 있었던지, 또는 가족을 부양하지 않고 초연한 입장을 취하여 그들의 아들들이 아버지를 거의 알지 못한다는 것이었다.

생존해 계신 아버지 밑에서 자란 과학자들은 그들의 아버지를 "딱딱하고, 엄하며, 냉담하고, 감정을 표시하지 않는다"라고 표현했다(전에 조사된 예술가들도 유사하게 아버지가 안 계셨지만, 사업가들의 그룹은 아버지가 계셨었다).

정신분석학자 루이스 터만(Lewis M. Terman)에 의하면 흔히 아버지가 안계시고, 부끄럼을 타고, 외로우며, 사회 적응이 늦고, 가까운 개인적 관계나 단체 또는 정치 활동에 무관심한, 고도로 영명한 젊은이들은 흔히 독립적인 연구의 즐거움 때문에 과학의 길을 걷게 됐다고 보고되고 있으나, 그것보다는 개인적인 발견을 통하여 과학의 길을 밟게 된다고 말했다. 이때에 안내자는 통상 아버지와 같은 느낌을 주는 과학 교사이다. 교사의 가르치는 능력이 아니라 우두머리다운 인품, 온화함 그리고 직업적 위엄이 학생의 마음속에 이런 생각을 갖게 한다. 200명의 교사들을 대상으로 한 조사는 "이런 교사들의 성공은 주로 학생에게 아버지의 역할을 얼마나 잘해 주느냐 하는 능력에 달려 있는 것 같다"라는 결론을 얻었다. 아버지가 안 계신 젊은이는 따뜻하고 위엄 있는 우두머리다운 대리 아버지를 발견하고 그에게 지지 않으려고 노력한다. 이 과정의 후반에서 독립된 과학자는 자신이 역사적으로 훌륭한 스승이 되기 위하여 노력한다.

미국의 대형 장비 물리학을 세우게 될 사람이 1928년 오펜하이머보다 1년 앞서 버클리에 도착했다. 어니스트 로렌스(Ernest Orlando Lawrence)는 젊은 이론물리학자(오펜하이머)보다 세 살 위이며 여러 면에서 그와는 정반대인 극단적으로 복합적인 미국형이었다. 그와 오펜하이머는 둘 다 키가 크고 파란 눈을 가졌으며 장래가 매우 촉망됐다. 그러나 로렌스는 실험물리학자였고 사우스 다코타 대초원의 작은 마을 출신이며 노르웨이계의 후손이었다. 아버지는 장학관이며 교육대학 학장이었다. 그는 박사 학위 과정까지 모두 미국에서 교육받았다. 사우스 다코타, 미네소타, 시카고 그리고 예일 대학에서 공부했다. 그의 제자이며 나중에 노벨상을 받은 루이스 앨버레즈(Lewis Alvarez)에 의하면 로렌스는 수학적 사고를 싫어했고 소년처럼 활동적이었으며 그가 즐겨 사용하는 저주하는 소리 중에서 슈거(설탕)와 헛소리 등이 가장 심한 것이었고 그나마 그것이 전부였다.

그는 대학 시절에는 농가를 방문하여 알루미늄 그릇을 파는 행상을 했으나 캘리포니아에 온 뒤에는 백만장자들과도 편하게 어울리는 법도 배웠다. 그는 기계를 만드는 천재적인 소질을 타고 났다.

물리학과 앞날에 대한 야망에 불탄 그는 아침 일찍부터 밤 늦게까지 연구했다. 대학원 1학년 때인 1922년부터 고에너지를 얻는 방법에 대하여 생각하기 시작했다. 아버지와도 같은 그의 스승이 그를 격려했다. 로렌스의 지도교수 윌리엄 프랜시스 게리 스완(William Francis Gary Swann)은 워싱턴에 있는 카네기 연구소의 지구자기학부에서 미네소타 대학교로 갔다. 자신이 학계에 알려짐에 따라 처음에는 로렌스를 시카고로 데리고 갔다가 다시 예일로 갔다.

로렌스가 박사 학위를 받고 좋은 평판을 얻게 되자 스완은 예일 대학교를 설득하여 전통적인 4년 동안의 강사직을 거치지 않고 물리학과에 조교수로 임명되도록 주선해 주었다. 1926년 스완이 예일을 떠나자 로렌스도 서부로 가기로 결정했다. 버클리에서 부교수 자리와 훌륭한 실험실, 그가 원하는 수만큼의 대학원생 조교들 그리고 연봉 3,300달러를 제공했다.

당시 러더퍼드의 선구자적인 연구 때문에 실험물리학자들에게는 원자핵물리학이 첨단 영역으로 여겨지고 있었다. 그러나 러더퍼드의 실험 방법은 본질적으로 매우 지루한 것이어서 전망 있는 대부분의 학자들이 쉽게 뛰어들지 못했다.

간단한 계산에 의하면, 전기적으로 가속된 가벼운 원자들 1마이크로암페어는 세계의 라듐 총공급량보다도 가치 있는 것이다. 방전관에서 나오는 알파 입자와 양자는 전기적으로 밀고 당김으로 가속시킬 수 있다. 무거운 핵의 전기적 장벽을 통과하는 데는 100만 볼트 정도의 에너지가 필요하지만 아무도 일정 시간 동안 스파크나 과열에 의한 전기 방전 없이 한 군데에 입자를 모아둘 수 있는 방법을 알고 있지 못했다. 이 문제는 근본적으로 기계적인 것이고 실험적인 것이었다. 이 문제가 작은 마을의 농가에서 라디오를 가지고 실험을 하며 성장한 미국 실험물리학자들의 젊은 세대를 매혹시켰다는 사실은 그리 놀랄 만한 것이 아니다. 1925년 로렌스의 어릴적 친구이며 미네소타 대학교의 급우였고 같이 스완 밑에서 공부한 멀 튜브(Merle Tuve)는 카네기 연구소에서 다른 세 명의 물리학자들과 기름을 채운 고압 전압기를 이용하여 잠깐 동안이지만 인상적인 가속 효과를 얻는 데 성공했다. MIT의 로버트 반 디 그라프(Robert J. Van de Graaff)와 캘텍의 찰스 로릿센(Charles C. Lauristsen) 등도 가속

기계를 개발하고 있었다.

로렌스는 좀 더 전망이 있어 보이는 분야를 연구했지만 고에너지 문제를 마음속에 간직하고 있었다. 1929년 봄 오펜하이머가 도착하기 넉 달 전 그의 통찰력이 중요한 것을 찾아냈다. 앨버레즈에 의하면 로렌스는 총각 시절, 저녁에는 도서관에서 폭넓게 독서를 했다. 그는 박사 학위를 위한 외국어 시험에서 불어와 독일어를 간신히 합격했다. 그래서 그의 외국어 실력은 볼품없었지만, 그는 매일 저녁 외국의 묵은 정기 간행물들을 열심히 뒤적거렸다. 그는 물리학자들이 별로 읽지 않는 독일의 전기공학회지를 뒤적이고 있었다. 그런데 놀랍게도 노르웨이의 엔지니어 롤프 비더뢰(Rolf Wideroe)의 보고서 「고전압을 만드는 새로운 원리에 관하여」라는 논문이 눈에 띄었다. 제목이 그를 사로잡았다. 그는 논문에 실린 사진과 도형을 조사했다. 그들이 로렌스가 일을 시작할 수 있는 충분한 설명이 됐다. 그는 본문을 읽으려고 애쓰지도 않았다.

비더뢰는 1924년 스웨덴의 물리학자에 의하여 세워진 원리를 상세히 설명했고 고전압 문제를 피해갈 수 있는 교묘한 방법을 제시했다. 그는 두 개의 금속 원통을 일직선으로 놓고 그들을 전원에 연결하고 공기를 모두 뽑아냈다. 전원장치는 25,000볼트의 고주파수 교류 전류, 즉 전압이 양에서 음으로 재빨리 변하는 전류를 공급했다. 이것은 양이온을 밀고 끌어당기는 데 사용될 수 있음을 뜻한다. 첫 번째 원통을 25,000볼트의 음의 전압으로 충전하고 양이온을 방사하면, 이온은 첫 번째 원통을 빠져나갈 때에는 25,000볼트로 가속된다. 그런 다음 첫째 원통을 25,000볼트의 양의 전압이 되도록 하고 두 번째 원통을 음의 전압이 되도록 하면, 이온들은 밀리고 끌어당겨져 더욱 가속된다. 원통의 수를 증가시키면서 또한 길이도 이온의 속도가 증가함에 따라 먼젓번 것보다 조금씩 더 길게 해주면 이론적으로는 이온이 산란되어 중심에서 벗어나 원통의 벽에 부딪칠 때까지 계속 가속시킬 수 있다. 비더뢰의 중요한 혁신은 증가하는 가속을 얻기 위하여 비교적 낮은 전압을 사용하는 것이다. "이 새로운 아이디어는 내가 찾고 있는 양이온을 가속시키기 위한 기술적 문제의 실질적 해답으로 즉시 나의 관심을 끌었으며, 나는 논문을 다 읽지도 않고 그 자리에서 양자를 100만 볼트 이상의 에너지로 가속시키는 선형 가속기의 전반적인 구조에 대하여 생각했다"라고 로렌스는 말했다.

로렌스의 계산은 잠시 그를 실망시켰다. 가속관의 길이가 수 미터가 넘어 실험실에서 사용하기에는 너무 길다고 생각됐다(오늘날의 선형 가속기의 길이는 2마일이나 된다). "따라서 나는 내 자신에게 질문을 던졌다. 많은 수의 원통형 전극을 직렬로 사용하는 대신, 적절한 자기장을 이용하여 양이온이 전극 사이를 왔다갔다하게 함으로써, 두 개의 전극을 반복하여 계속 사용하는 방법이 가능하지 않을까?" 그가 생각했던 배치는 나선형이었다. 즉, "선형 가속기를 자장 내에 집어 넣으면 나선형 가속기로 만들 수 있다". 왜냐하면 자장의 자력선이 이온들을 안내할 수 있기 때문이다. 정확한 시간에 맞추어 이온을 가속시키면 그들은 나선형으로 돌게 되고, 입자가 가속됨에 따라 나선의 크기가 커지므로 그들을 붙잡아 두기가 어렵게 된다. 자장의 영향에 대한 간단한 계산을 해본 결과 로렌스는 원형 가속기의 의심할 바 없는 장점을 알아냈다. 자장 내에서 저속 입자들은 고속 입자들이 큰 궤도를 한 바퀴 도는 데 걸리는 시간과 똑같은 시간내에 작은 궤도를 한 바퀴 돈다. 이것은 이들이 번갈아 교대하는 미는 힘으로 동시에 같이 가속될 수 있다는 것을 의미한다.

로렌스는 세상에 이 사실을 알리기 위하여 뛰어나갔다. 교수 클럽에서 아직 잠자리에 들지 않았던 한 천문학자는 그의 수학 계산을 검산하기 위하여 차출됐다. 그는 다음날 아침 대학원생 중 한 명에게 나선형 가속에 대한 수학 문제를 풀도록 시키면서 이 학생의 논문 실험에 대한 관심은 보이지 않아 학생에게 충격을 주었다. "아, 그거"로렌스는 질문하는 학생에게 말했다. "이제 너는 그것에 대하여 내가 아는 것만큼 알고 있지 않는가. 자네 스스로 계속해 나가게."

다음날 저녁 교정을 가로질러 걸어가던 교수 부인 한 명은 놀랄만한 소리를 들었다. "나는 유명해질 것이다." 젊은 실험학자가 산책 중인 그녀를 지나치며 소리를 질렀던 것이다.

로렌스는 동부에서 열린 미국 물리학회에 참석하여 자기의 생각을 친구들에게 열심히 설명했으나 별로 이렇다 할 반응을 얻지 못했다. 친구들은 입자의 산란 문제가 극복할 수 없는 어려움일 것이라고 생각한 것 같았다. 튜브도 회의적이기는 마찬가지였다. 예일대학 시절의 동료였으며 가까운 친구인 제시 빔스(Jesse Beams)는 만일 그것이 실현된다면 훌륭한 착상이라고 말했다. 로렌스는 수완가라는 평판에도 불구하고 아무도 그를 격려해 주지 않았기 때문에 나선형 입자가속기를 만드는 일을 계속 연기했다.

오펜하이머는 1929년 늦은 여름 동생 프랑크와 상그레 드 크리스토 목장에서 휴가를 보내고 찌그러진 회색 크라이슬러를 타고 돌아왔다. 그는 교수 클럽에 숙소를 정하고 로렌스와 가까운 사이가 됐다. 오펜하이머는 로렌스에게서 믿을 수 없을 만큼의 생동감과 생에 대한 사랑을 보았다. "하루 종일 일하고 나서 정구를 치러 달려 나가며, 그리고 한밤중까지 연구를 한다. 그의 흥미는 주로 활동과 연구장비이며 나와는 정반대이다." 그들은 함께 승마도 했다. 로렌스는 승마용 바지는 입었지만 미국 서부에서는 보기 드문 영국식 안장을 사용했다. 농장에서부터 멀리까지 가기 위해서 그런다고 오펜하이머는 생각했다. 로렌스가 한가한 시간을 발견하면 그들은 자동차를 타고 요세미티와 죽음의 계곡까지 장거리 드라이브를 나갔다.

함부르크에서 온 뛰어난 실험물리학자 오토 스턴(Otto Stern)이 로렌스를 방문했다. 크리스마스 휴가 뒤에 두 사람은 아직 다리가 놓이지 않은 샌프란시스코 만을 연락선을 타고 건너가 저녁식사를 했다. 로렌스는 자장 내에서 입자가 돌게 하여 높은 에너지를 얻게 할 수 있다는 수없이 되풀이한 이야기를 다시 해주었다. 그러나 수많은 동료들이 했던 것처럼 점잖게 기침을 하고 화제를 바꾸는 대신에 스턴은 처음에 로렌스가 가졌던 열정을 독일식으로 재현하며 즉시 식당을 떠나 연구실로 되돌아갈 것을 재촉했다. 로렌스는 예의상 아침까지 기다려 그의 대학원생 중 한 명의 박사 학위 자격 시험을 끝내자마자 이 문제를 토의하자고 제안했다.

로렌스가 만든 기계의 윗면과 측면에서 본 모양은 그림과 같다. 비더뢰 가속기의 두 개의 원통은 높이가 낮은 원통을 반으로 나눈 것과 같은 모양의 청동 전극으로 바뀌었다. 이 전극들은 진공 탱크 속에 들어 있고 진공 탱크는 둥그렇고 편평한 큰 전자석 사이에 설치됐다.

모양 때문에 디(D)라고 불리는 두 전극 사이에 뜨거운 필라멘트와 수소 가스의 출구가 있어서 자장 속으로 양자가 흘러나가게 되어 있다. 두 개의 디는 번갈아 충전되어 양자가 반 바퀴 돌고 나면 서로 밀고 당겨준다. 입자들이 100바퀴쯤 돌아 가속되면 출구를 빠져나와 표적을 향하게 할 수 있다. 4.5인치 크기의 디에 1,000볼트가

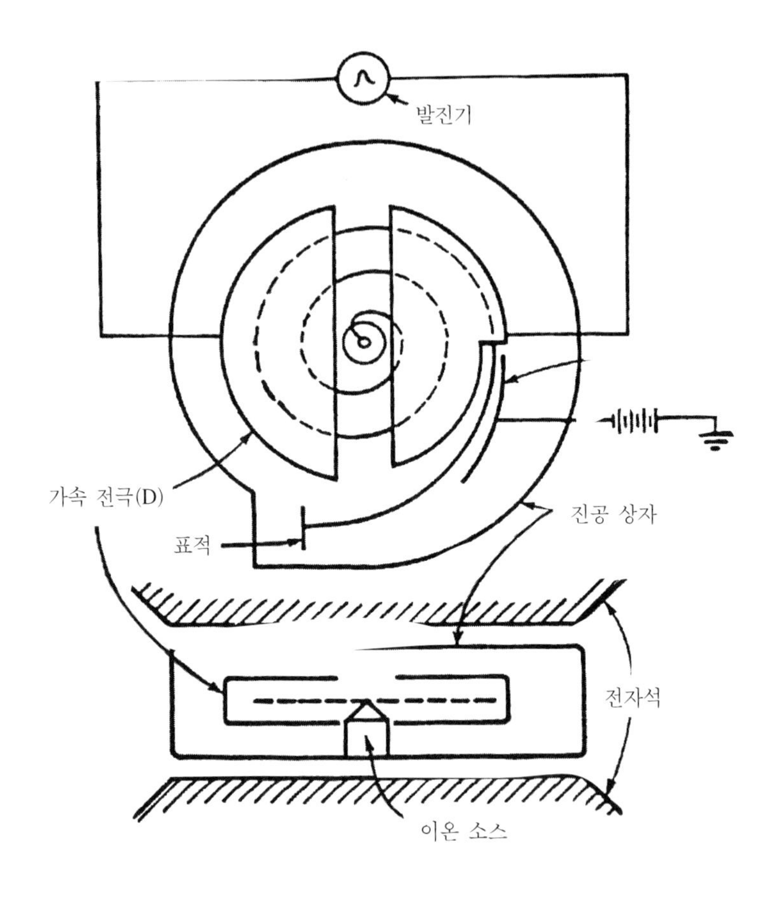

못되는 전압을 걸어주고 로렌스와 그의 학생 리빙스턴(M. Stanley Livingston)은 1931년 1월 2일 80,000볼트 에너지의 양자를 얻었다. 1932년 2월에는 11인치 크기의 기계로 100만 볼트 양자를 얻을 수 있었다. 이때부터 이 기계를 사이클로트론(Cyclotron)이라고 부르기 시작했다. 1932년 4월 1일자 물리학 평론지에 보낸 공식적인 과학 보고서에서 로렌스는 새로운 기계의 가능성에 대한 그의 열정을 감출 수가 없었다.

전압 증폭도를 500으로 가정하면, 2500만 볼트의 양자(!)를 생산하기 위해서는 5만 볼트의 전압을 가속기에 걸어주면 된다. 이것은 전적으로 가능한 것 같아 보인다.

이것을 위한 전자석의 무게는 8톤이나 되며 지금까지 물리학에 사용된 어떤 기계보다도 무거운 것이다. 로렌스는 이제 정교수가 됐고 이미 사이클로트론 건설 자금을 모금하기 시작했다.

오펜하이머의 유년기에 점잖빼는 버릇은 유럽에서 성숙되어 초기 버클리 시절에는 세련되어 보였으며 때로는 우아하기도 했다. 오펜하이머는 야망과 세속적인 성공은 야비한 것이라고 스스로 확신했다. 이 확신을 1년에 1만 달러나 되는 신탁 예금의 이자 소득이 떠받쳐 주었다. 이것은 그가 쟁취하려고 하는 노력을 혼란하게 만들기도 했다. 미국 실험물리학자 이시더 래비(I. I. Rabi)는 뒷날 이에 대한 의문을 갖게 됐다. "왜 오펜하이머와 같이 타고난 재능을 갖고 있는 사람이 발견할 가치가 있는 모든 것을 발견해 내지 않았는가?" 그의 해답은 한 가지 가능한 이유를 말해주고 있다.

어떤 관점에서 보면 오펜하이머는 전통적으로 과학에 속하지 않는 영역에 관한 공부를 너무 많이 했다. 예를 들면, 그는 종교에 흥미가 있었고 특히 힌두교의 우주의 신비는 안개같이 그를 감싸고 있었다. 그는 지금까지 물리학에서 이룩된 것들을 명확히 보고 있었으나, 그것들의 극단에는 실제로 있는 것보다 더 신비롭고 신기한 것들이 있다고 보는 경향이 있었다.…… 어떤 사람들은 그것을 믿음의 부족이라고 부르지만, 나의 의견으로는 그것은 이론물리학의 어렵고 미숙한 방법을 떠나 직관적 통찰의 신비한 영역으로 들어간 것으로 생각됐다.

버클리에 있는 과학자들을 조사한 심리학자는 '경험에 대한 보기 드문 민감성—통상 감각적인 경험'이 과학의 창조적인 발견의 시작이라는 것을 알아냈다. "고도의 민감성에는 비교적 중요하지 않거나 또는 관계가 없는 듯이 보이는 문제의 측면들을 하나도 빼놓지 않는 세심한 조심성이 수반된다. 이것이 과학자들로 하여금 통상적으로는 드러나지 않는 일에서 무엇을 찾아내고 그리고 중요성을 가정하게 만든다. 그리고 그것은 고도로 개인적이며 자기 내성적인 사고방식으로 유도한다." 러더퍼드의 전혀 그럴 것 같지 않은 알파 입자가 되돌아 튕겨져 나오는 현상에 대한 예감, 하이젠베르크가 아인슈타인의 불분명한 의견을 기억하고 자연은 그의 수학에 따라 움직인다고 결론을 내린 것, 그리고 로렌스가 알기 어려운 외국 문헌을 뒤적거린 일들을 생각해 보라.

이 생각들은 과학적 연구의 틀 속에서 이루어지지 않았다면 과대망상으로 여겨졌을 것이다. 과학의 연구에서 창조적 사고는 전에는 보지 못했던 것들을 보도록 만들고 또는 전에는 상상하지 못했던 방법들을 모색할 수 있도록 해준다. 창조적 사고는 '정상' 위치로부터 뛰어내려 현실을 떠나 모험을 하는 것을 필요로 한다. 과대망상증 환자와 과학자를 비교할 때, 후자가 그의 환상 또는 개념화된 것을 과학이 세워 놓은 검증 시스템을 통하여 시험할 수 있는 능력과 또한 기꺼이 시험하고자 하는 점에서 구별된다. 이 과학적 조사에 근거하여 성립하지 않을 때에는 기꺼이 포기한다.

과대망상적 사고를 통제하고 한계를 지우는 규칙과 규정들의 틀을 과학이 제공하기 때문에 과학자는 과대망상적 도약을 하는 것에 대하여 마음이 편안할 수가 있다. 이러한 구조가 없이는 이와 같이 비현실적이고, 비논리적이고 기괴하기조차 한 사고방식이 지니는 위험성은 너무 커서 과학자들의 환상의 자유를 허가할 수는 없다.

과학의 최첨단에서, 진실로 새로운 경계의 문지방에서, 새로운 발견이 주는 위압감은 때로는 거의 압도적이다. 앞에서 말한 바와 같이 다시 튕겨져 나오는 알파 입자에 대한 러더퍼드의 놀라움은 "그의 생애에 일어났던 일들 중 가장 믿을 수 없는 사건이었다." 하이젠베르크가 그의 양자역학과 뜻밖에 만났을 때 하이젠베르크의 깊은 놀라움, '원자 현상의 표면'을 통하여 '눈이 아찔하도록 현기증 나게 하는 이상하게 아름다운 내부'를 들여다보는 그의 환각과도 같은 것이었다.

또한 1915년 11월 아인슈타인이 천문학자들에게는 50년 이상 수수께끼로 남아 있던 수성 궤도의 근점이각을 그의 서재에 고립되어 고통스럽게 개발하고 있던 일반 상대성 이론으로 설명할 수 있다는 것을 깨달았을 때 그의 대단한 기쁨, 아인슈타인의 전기를 쓴 이론 물리학자 에이브러햄 페이스(Abraham Pais)는 "이 발견은 아인슈타인의 과학자로서의 생애에서, 아마도 그의 전 생애에서 가장 강한 감정적 경험이었다고 나는 믿는다"라고 말했다. "며칠 동안 나는 기쁨의 흥분으로 제정신이 아니었다"라고 아인슈타인은 말했다. 후에 그는 친구에게 이 발견이 그에게 심장이 두근거리는 심계 항진 증세를 가져왔다고 말했다. 그가 또 다른 친구에게 말한 것은 더 깊은 의미를 갖고 있다. 그의 계산이 설명되지 않는 천문학적인 관측과 일치됨을 보았을 때 무엇인가가 실제로 그에게서 딱 부러지는 것과 같은 느낌을 받았다고 말했다.

이런 감정적인 모험에 대한 보상은 매우 클 수 있다. 발견이 이루어지는 순간에—가장 불안정한 존재의 순간에—외부의 세계, 자연 그 자체가 과학자들의 가장 내면에 있는 확신을 깊게 확인해준다. 그들은 이와 같은 확인을 통하여, 극도의 정신적 혼란으로부터 스스로를 구하게 된다.

보어는 특별히 이 메커니즘을 이해하여, 그것을 오히려 시금석으로 사용하려는 용기를 갖고 있었다. 오토 프리슈는 누군가가 보어에게 그 과정이 자기를 현기증나게 만들었다고 말하여 그것을 비켜가게 하도록 시도하는 토론을 기억했다. 이것에 대하여 보어는 "그러나 만일 누가 현기증이 나지 않고 양자 문제에 대하여 생각할 수 있다고 말한다면 그것은 단지 그가 양자 문제의 첫 번째 것도 이해하지 못한다는 것을 보여줄 따름이다"라고 반응했다. 또 다른 경우에, 보어는 최근에 공격을 받았던 새로운 이론에 관하여 파울리가 이야기하는 것을 듣고 있었다. 마지막에 보어가 "이것이 정말로 미친 짓인가"라고 물었다. 양자역학은 정말로 미친 짓이었다. 파울리는 "그런 것 같지만 아주 미친 것 같지는 않다"라고 대답했다. 얼마나 미쳐야 발견을 이룰 수 있는가 하는 보어의 생각이 왜 오펜하이머가 때로는 혼자 스스로 밀고 나가지 못했는가 하는 것을 명백하게 해준다. 그렇게 하기 위해서는 본인의 내면에 굳센 잔인함조차도 갖추어야 된다. 오펜하이머와는 다른 사람인 닐스 보어와 로렌스는 이런 자질을 스스로 얻었던지 또는 타고났겠지만 불행하게도 오펜하이머에게는 결핍되어 있었다. 그는 다른 일을 위하여 준비되어진 것 같다. 그것은 그가 꿈꾸던 이론물리학교를 만드는 것이다.

1920년 6월 3일, 러더퍼드는 런던의 왕립학회에서 베이커 강연을 했다. 저명한 학자들을 초빙하여 듣는 강연에 그가 두 번째 초청된 것이다. 이런 공식적인 대중을 위한 행사에서는 통상 지난 연구 성과들을 되돌아보고 정리하는 것이 관례였는데, 그도 이 강연에서 핵의 구성에 대한 지금까지의 이해를 종합하고 전년도에 보고했던 질소 원자의 성공적인 변환에 관하여 토의하는 기회로 삼았다. 그리고 전자와 양자 이외의 핵을 구성하는 제3의 입자의 존재 가능성에 대하여서도 생각해 보기로 결정했다. 그는 "질량이 1이고 전하가 0인 원자의 존재 가능성"에 대하여 언급했다. 그는 이런 원자 구조가 결코 불가능한 것은 아니라고 생각했다. 이것은 새로운 기본 입자는 아니고 기존의 입자들이 결합된 것으로 전자와 양자가 밀접하게 합쳐져 하나의 중성 입자를 구성한 것이라고 가정했다. "이런 원자는 매우 특이한 성질을 갖게 될 것이다. 핵에 매우 가까운 지점을 제외하고는 외부의 전장이 실질적으로 0이 될 것이므로 결과적으로 그것은 물질 속을 자유로이 통과할 수 있다. 그것을 스펙트로스코프로 검출해 내기는 어렵고 또한 어떤 용기에 담아두는 것도 불가능할 것이다." 이런 점들이 그 원자의 특성이 될 것이다. 이 특성은 특별한 용도가 있다. "그것은 쉽게 원자의 구조 속으로 들어가 핵과 결합하든지 또는 핵의 강한 전기장에 의하여 붕괴될 것이다." 만일 이와 같은 것이 존재한다면—중성자—그것은 원자핵을 조사할 수 있는 가장 효과적인 도구가 될 수 있다.

러더퍼드의 조수 채드윅은 이 강의에 참석하여 자기 생각과 다른 점을 발견했다. 채드윅은 맨체스터에서 공부하고 러더퍼드를 따라 케임브리지로 내려왔다. 그는 29세의 젊은이로 이미 많은 업적을 이루었다. 그의 동료들은 그의 연구가 "모리의 연구에 뒤떨어지지 않는다"라고 말했다. 그러나 그는 제1차 세계대전을 독일 포로 수용소에서 보냈으므로 건강을 해쳤고, 무료함에 지쳐 핵물리학의 새로운 연구를 갈망하고 있었다. 중성 입자는 신기한 것이다. 그러나 러더퍼드가 이끌어 낸 과정은 증거가 불출분하다고 채드윅은 생각했다.

그 해 겨울, 러더퍼드가 질소 원자 변환 결과를 더 무거운 원소에 적용하여 보는 실험에 채드윅을 초청했다. 그는 집광 능력이 더 좋은 현미경을 만들고 실험 절차를 더 엄밀하게 하여 형광계수 방법을 개선했다. 그는 또한 화학을 이해하고 있었으므로, 러더퍼드는 어둠속에서 형광을 세는 지루한 시간 동안 지원해 줄 동반자와 그의 「기독교 병사여 앞으로」란 씩씩한 노래를 들어줄 사람이 필요했다.

채드윅이 인터뷰하는 기자에게 다음과 같이 말했다.

"관측 실험을 시작하기 전에 우리의 눈이 어둠에 적응하도록 실험실 내에 있는 큰 상자 속에 들어가 있었다. 우리는 어둠 속에서 30분 정도 기다리며 자연히 서로 이야기를 나누게 됐다." 여러 이야기 중에서 그들은 러더퍼드의 강연에 대하여 이야기했다. "그리고 그때 이 실험은 그의 중성자 제안과는 아무 관련이 없다는 것을 깨달았다. 그는 계속 그의 제안을 이 실험과 결부시켰다. 왜냐하면 그것은 오랫동안 그의 마음속에 자리잡고 있었기 때문이다."

많은 물리학자들은 전자와 양자, 하나는 음이고 다른 하나는 양인 겉보기에 완전한 대칭인 두 입자에 만족했다. 그러나 러더퍼드는 어떻게 각각의 원소들이 구성되어 있는가에 관심을 가지고 있었다. "그는 스스로 질문했다." 채드윅은 계속해서 말했다. "그리고 계속 의문을 던졌다. 어떻게 원자는 만들어졌는가? 어떻게 원자를 얻어낼 수 있는가? (당시에는 양자와 전자가 원자핵을 구성하는 요소라는 생각이 일반적인 것이었다.) 많은 양전하를 가지고 어떻게 큰 핵을 만들 수가 있는가? 그런데 해답은 중성 입자였다?"

주기율표에서 수소 이외의 가벼운 원소로부터 가장 무거운 원소까지의 원자 번호(핵이 가지고 있는 양자의 수)는 원자 질량과 많은 차이를 보인다. 헬륨의 원자 번호는 2이지만 원자 질량은 4, 질소의 원자 번호는 7이지만 원자 질량은 14, 그리고 원자 번호가 증가할수록 불일치도 증가되어, 은은 47이지만 107, 바륨은 56이지만 137, 라듐은 88이지만 226, 우라늄은 92이지만 235 또는 238이다. 당시의 이론에 의하면 이 차이는 핵 속에 다수의 양자와 이들을 전기적으로 중화시켜 주는 전자들이 밀접하게 결합되어 있기 때문이었다. 그러나 실험에 의하여 잘 입증됐듯이, 핵은 유한한 최대 크기를 갖고 있고 원소의 원자 번호와 원자 질량이 증가함에 따라 핵 속에 추가로 들어갈 전자를 위한 공간이 점점 더 줄어가는 듯이 보였다. 1920년대 양자 이론이 발전됨에 따라 이 문제는 더욱 악화됐다. 양자 이론에 의하면 전자와 같이 가벼운 입자들을 핵과 같이 좁은 공간 안에 넣어두기 위해서는 거대한 에너지가 필요하게 되고, 핵이 불안정하게 되면 이 에너지가 나타나야 되는데 그런 일이 결코 발생하지 않았다. 핵 속에 전자가 존재한다는 단 한 가지 증거는 핵이 때때로 베타 입자(고에너지 전자)를 방출하는 일이다. 그러나 이러한 사실은, 전자들을 핵 속에 집어 넣는 어려움이 있으므로 증거로는 충분치 못했다.

'그래서' 채드윅은 결론을 내렸다. "이 대화를 통하여 중성자가 반드시 존재하여야 된다고 나는 확신했다. 단 한 가지 문제는 어떻게 그것에 대한 증거를 얻어내는가 하는 것이었다.…… 곧바로 시간이 날 때마다 실험 준비를 하기 시작했다. 캐번디시는 바쁜 곳이어서 나는 별로 시간적 여유가 없었고 때때로 러더퍼드의 흥미가 되살아 났지만 그것은 아주 가끔뿐이었다." 채드윅은 러더퍼드의 축복을 받으며 중성자를 찾는 일을 시작했지만 실험 연구는 실망적이었다.

연구소는 한동안 비교적 조용한 시간을 보냈다. 많은 흥미 있고 중요한 일들을 했지만, 그것은 발견의 연구라기보다는 연구를 강화하는 연구였다. 많은 시도에도 불구하고 새로운 분야에서의 성취는 잘 이루어지지 않았다. 핵의 구조에 관한 새로운 문제는 다음 세대에게 넘겨주어야 되지 않을까 하는 생각이 들기 시작했다. 러더퍼드는 중요한 것을 발견한다는 것이 그토록 어렵다는 사실에 약간 실망했다. 핵 연구가 정체되어 있던 1923년에도 왕립학회의 연차회의에서 "우리는 물리학의 영웅적 시대에 살고 있다"라고 외칠 정도로 희망적으로 느꼈다. 그러나 1927년 원자 구조에 관한 한 논문에서 그는 자신감이 약간 떨어져 있었다. "우리는 아직도 가볍고 가장 단순한 원자의 구조조차도 추측 이상의 것은 할 수 없다"라고 썼다. 그는 핵 속에서 전자들이 양자의 주위를 도는, 원자 속에 원자가 있는 구조를 제안했다.

그 당시 몇 해 동안은 전쟁의 황량함에서 회복하고 생활해 나가야 되는 시기였다. 1925년, 채드윅은 리버풀에서 오랫동안 사업을 했던 집안의 딸 에일린(Aileen)과 결혼하고 곤빌에 있는 케이어스 대학에 직장을 얻어 영주할 계획을 세웠다. 1년 후 새집을 짓고 있는 중에 러더퍼드가 그의 오래된 방사능에 관한 교과서의 개편 작업에 참가해 주도록 요청했다. 그는 임시로 세든 집의 바람이 새어 들어오는 방에서 벽난로 가까이에 책상을 옮겨놓고 오버 코트를 뒤집어 쓴 채로 밤새워 원고를 정리했다. 난로불이 꺼져가면 장갑을 끼고 일을 했다.

1928년경 독일의 물리학자 발터 보테(Walther Bothe)는 알파 입자와 충돌한 가벼운 원소들의 감마선 방출에 대하여 연구하기 시작했다. 그들은 은, 마그네슘 그리고 알루미늄은 물론 가벼운 원소 리튬에서부터 산소까지 조사했다. 그들의 관심이 표적에서 여기되어 방출되는 감마선에 집중되어 있으므로 배경 감마선 방출이 적은 폴로늄 방사능원을 사용했다. "나는 그들이 어디에서 폴로늄을 구했는지 모르지만 그들은 그것을 확보했다"라고 채드윅이 말했다. 카이저 빌헬름 연구소에 있는 마이트너가 채드윅에게 폴로늄을 보내주었으나 보테가 한 것과 같은 실험을 하기에는 너무 적은 양이었다.

독일인들은 예상했던 대로 보론, 마그네슘 그리고 알루미늄 등에서 감마선 여기 현상을 발견했다. 알파 입자가 이 원소들을 붕괴시킨 것이다. 그러나 그들은 예상치 않았던 리튬과 베릴륨이 감마선을 방출하는 것을 발견했다. 이 반응에서 알파 입자는 붕괴되지 않았다. 캐번디시에 있는 채드윅의 동료 중의 한 명인 노먼 페더(Norman Feather)는 "베릴륨에서 나오는 방사선의 세기는 다른 원소들보다도 거의 열 배나 강했다"라고 했다. 그것은 매우 이상한 일이었다. 또한 똑같이 이상한 점은 베릴륨이 알파 입자의 충격을 받고 양자를 방출하지 않았다는 점이다. 1930년 8월, 보테와 베커는 그들이 얻은 결과를 간략히 보고하고 더 자세한 것은 12월에 발표했다. 그들이 베릴륨에서 방출시킨 방사선은 입사된 알파 입자보다도 더 많은 에너지를 갖고 있었다. 에너지 보존 원리는 여분의 에너지를 공급하는 소스를 필요로 한다. 그들은 양자가 방출되지 않았음에도 불구하고 그것은 핵의 붕괴에서 나왔다고 제안했다.

채드윅은 오스트리아 학생 웹스터(H. C. Webster)에게 이 이상한 결과를 연구하도록 했다. 조금 뒤에 프랑스팀도 더 좋은 연구 재료를 가지고 같은 연구를 시작했다. 마담 퀴리는 31세이며 그녀의 남편 졸리오(Frederic Joliot)는 두 살 연하이다. 졸리오는 잘 생겼으며 사교적이고 원래는 엔지니어 교육을 받았다. 그의 매력은 프랑스의 가수 모리스 슈발리에를 연상하게 한다.

마리 퀴리의 라듐 연구소는 라틴 구역에 있는 피에르 퀴리 거리의 동쪽 끝에 있으며 전쟁 전에 프랑스 정부와 파스퇴르 재단의 지원으로 건축됐다. 이곳은 폴로늄을 필요로 하는 연구에서는 매우 유리했다. 라돈 가스는 시간이 지남에 따라 약한 방사능을 가진 세 가지 동위원소로 변한다. 납 210, 비스무트 210 그리고 폴로늄 210이 그것이며 이들은 화학적으로 분리될 수 있다. 그 당시 전세계 의사들은 암 치료를 위하여 작은 유리관 속에 라돈 가스를 넣어 사용했다. 라돈은 수일 내에 붕괴되므로 더 이상 사용할 수가 없게 된다. 많은 의사들이 다 사용한 라돈 앰플을 라듐을 발견한 여인에게 감사의 표시로 파리로 보냈다. 그들은 세계에서 폴로늄 소스를 가장 많이 수집할 수 있었다.

졸리오와 퀴리는 1927년 결혼 후 2년 동안은 각각 독립적으로 일했다. 1929년 그들은 같이 일하기로 결정했다. 그들은 처음에는 폴로늄을 분리해 내는 새로운 화학적 방법을 연구했고, 1931년에는 기존의 어떤 소스보다도 열 배나 강한 것을 정제해 냈다. 그들은 새롭고 강력한 소스를 가지고 베릴륨 수수께끼에 관심을 돌렸다.

한편, 채드윅의 학생 웹스터는 연구를 계속했다. 1931년 늦은 봄에, 채드윅의 말을 빌리면 "그는 베릴륨에서 나오는 방사선이 입사하는 알파 입자와 같은 방향으로 방출되며, 후방으로 방출되는 방사선보다 투과력이 더 크다는 것을 발견했다". 감마선은 고에너지 형태의 빛이며 마치 전구의 필라멘트에서 모든 방향으로 빛이 방출되듯 핵으로부터 모든 방향으로 똑같이 방출된다. 반면, 입자는 입사되는 알파 입자에 부딪쳐 통상 전방으로 튕겨져 나간다. "이것이 바로 나를 흥분시킨 것이다. 왜냐하면 나는 여기에 중성자가 있구나 하고 생각했기 때문이다."

쌍둥이 딸을 낳은 채드윅은 규칙적인 습관을 가진 가정적인 사람으로 변했다. 그는 매년 6월에 가는 가족 휴가를 가장 소중한 것으로 여겼다. 그가 오랫동안 추구하던 중성자의 발견 가능성은 그의 계획을 바꾸기에는 충분한 이유가 되지 못했다. 그는 다음 단계 연구에 안개 상자가 필요하다고 생각했다. 캐번디시에 있는 것은 고장난 상태였다. 다른 사람이 갖고 있는 안개 상자를 찾아냈으나 그가 사용한 후에 웹스터가 그것을 사용하도록 도와주겠다는 승낙을 받았다. 아직도 중성자가 전자-양자 한 쌍으로 이루어졌다고 생각했고 충분한 잔류 전하가 남아 있으므로 약하게나마 가스원자를 이온화시킬 수 있으리라고 생각했다. 채드윅은 웹스터가 베릴륨에서 나오는 방사선을 안개 상자로 향하게 하여 이온의 궤적을 사진으로 찍기를 원했다. 그의 학생은 일을 하도록 하고 채드윅은 휴가를 떠났다.

채드윅은 중성자를 찾던 일을 회고했다. "물론 그들은 안개 상자에서 아무것도 볼 수 없어야 된다. 그들은 아무것도 발견하지 못했다고 내게 편지로 알렸다. 나는 크게 실망했었다."

웹스터가 브리스톨 대학으로 떠나자 채드윅은 알파 입자와 베릴륨 원자의 충돌 실험을 자신이 계속하기로 결정했다.

먼저 실험실을 다른 곳으로 옮겨야 했으므로 시간이 지체됐다. 그리고 강한 폴로늄 소스를 준비해야 했다. 폴로늄을 운 좋게 구하게 됐다. 페더는 1929~1930학년도를 미국의 볼티모어에 있는 존스 홉킨스 대학 물리학과에 가 있었다. 그곳에 있는 동안 볼티모어에 있는 켈리 종합병원에서 라듐 공급 책임을 맡고 있는 영국인 의사와 친구가 됐다. 이 의사는 사용된 라돈 가스 앰플을 수백 개 보관하고 있었다. 이 앰플들 속에는 파리에서 졸리오와 퀴리가 사용하고 있는 만큼의 폴로늄이 포함되어 있었다. 켈리 병원은 그것들을 캐번디시에 기증했고 페더가 귀국할 때 가지고 왔다. 그 해 가을 채드윅은 위험한 분리 작업을 무사히 끝마쳤다.

졸리오-퀴리 부부는 첫 번째 실험 결과를 1931년 12월 28일 프랑스 과학원에 보고했다. 그녀가 발견한 베릴륨 방사선은 보테와 베커가 보고한 것보다 투과력이 더 강했다. 그녀는 측정을 표준화하여 방사선의 에너지가 알파 입자 에너지의 3배가 된다고 보고했다.

한편 졸리오-퀴리팀은 베릴륨에서 나오는 방사선이 알파 입자처럼 물질로부터 양자를 때려 내는지 조사해 보기로 했다. 그들은 이온 상자에 얇은 창을 내고 여러 가지 물질을 방사선이 지나는 길목에 갖다놓았다. 파라핀 왁스와 셀로판지 같이 수소를 포함하고 있는 물질을 제외하고는 아무것도 나타나지 않았다. 이 물질들을 창에 가까이 놓아두면 이온 상자의 전류는 보통 때보다 훨씬 증가했다. 일련의 실험을 통하여 수소를 포함하고 있는 물질에서 튀어 나온 양자에 의하여 전류가 증가한다는 확증을 얻었다. 졸리오-퀴리 부부는, 그들이 당구공이나 구슬이 서로 충돌하는 것과 같이 베릴륨 방사선과 수소 원자의 탄성 충돌 현상을 관측하고 있다는 것을 알 수 있었다.

그러나 안타깝게도 그들은 아직도 베릴륨에서 나오는 투과력이 강한 방사선을 감마선이라고 믿고 있었다. 그들은 중립 입자일 가능성에 대해서는 전혀 생각하지 않았다. 그들은 러더퍼드의 베이커 강연 내용을 모르고 있었다. 왜냐하면 통상 이런 강연은 이미 발표된 연구의 회고에 지나지 않았기 때문이다. 러더퍼드와 채드윅만이 중성자에 대하여 진지하게 생각하고 있었다.

1932년 1월 18일, 졸리오-퀴리 부부는 파라핀 왁스가 베릴륨 방사선에 노출되면 고속 양자를 방출한다는 그들의 발견을 과학원에 보고했다. 그러나 그들이 쓴 논문의 제목과 내용은 달랐다. 그들은 논문의 제목을 「매우 투과력이 큰 감마선에 노출된 수소를 포함하는 물질로부터 고속 양자의 방출」이라고 했다. 이것은 마치 유리 구슬이 큰 쇠공을 튕겨내는 것과 같이 일어날 수 없는 일이었다. 미국의 물리학자 콤프턴에 의하여 발견된 콤프턴 효과에 의하면 감마선은 전자와 충돌하여 전자가 튕겨나가게 할 수는 있지만 전자보다도 1,836배나 더 무거운 양자는 쉽게 움직이게 할 수 없었다.

2월 초, 채드윅은 우편으로 배달된 프랑스 물리학회지 《*Comptes Rendus*》에서 졸리오-퀴리의 논문을 발견하고는 눈이 휘둥그레지며 읽었다.

> 수분이 지나지 않아 나만큼 놀란 페더가 뛰어왔다. 그날 아침 러더퍼드에게 그 논문에 대하여 이야기했다. 내가 오전 11시에 러더퍼드를 방문하여 흥미 있는 뉴스와 실험실에서 진행되고 있는 일에 대하여 이야기하는 것은 오래된 습관이었다. 내가 졸리오-퀴리의 관측과 그들의 의견에 대하여 이야기하자 그의 놀라움은 점차 커지기 시작했다. 마침내 그는 외쳤다. "나는 그것을 믿지 않는다!" 이와 같이 참을성 없는 논평은 전혀 그에게 걸맞지 않는 것이었다. 오랫동안 그를 알고 있었지만 이런 경우는 전혀 기억이 나지 않는다. 나는 졸리오-퀴리의 해석에 오류가 있는 것 같다고 지적했다. 러더퍼드도 관측은 믿어야 하지만 설명은 완전히 다른 문제라고 동의했다.

채드윅은 다른 일들은 모두 제쳐두고 이 일에 매달렸다. 그는 1932년 2월 7일 일요일부터 시작했다. "어쩌다 보니 내가 그 논문을 읽었을 때 나는 마침 실험을 시작할 수 있는 준비가 되어 있었다. ……자연히 나의 생각은 중성자에 있었지만 나는 선입관을 가지지 않고 시작했다. 나는 졸리오-퀴리의 관측을 일종의 콤프턴 효과에 기인한 것으로 돌릴 수 없다는 것을 확신하고 있었다. 왜냐하면 나는 한 번 이상 이 문제를 조사해 보았기 때문이다. 나는 이상하기도 하지만 무엇인가 전혀 새로운 것이 있다는 것을 확신하게 됐다."

그의 간단한 실험 장비는 방사선 소스와 이온 상자로 구성되어 있고, 상자는 진공관, 증폭기 그리고 오실로스코프에 연결되어 있었다. 방사능 소스는 공기를 빼낸 금속관 속에 들어 있다. 1cm 크기의 은동전에 폴로늄을 바르고 2cm 크기의 순수 베릴륨 원판 뒤에 붙여놓았다. 베릴륨은 은회색 금속으로 알루미늄보다 세 배나 가볍다. 폴로늄 원자가 붕괴할 때 나오는 알파 입자가 베릴륨 핵을 때리면 투과력이 강한 방사선이 나온다. 이 방사선은 2cm 두께의 납을 통과할 수 있다.

이온 상자에는 0.5인치 크기의 구멍이 뚫려 있고 알루미늄 박지로 덮여 있다. 이 창을 통하여 입사된 방사선은 내부에 있는 가스 원자를 이온화시키고 떨어져 나온 전자는 양전극에 수집된다. 이 전기 펄스가 증폭기를 거쳐 오실로스코프에 전달된다. 만일 증폭기가 잘 설계됐다면 오실로스코프에 나타나는 신호의 크기는 상자 안에서 생긴 이온의 양에 직접적으로 비례한다. 충돌에 의하여 튕겨져 나온 원자가 이온화 현상을 일으키므로 오실로스코프에 기록된 신호의 크기로부터 이 원자의 에너지를 계산할 수 있다.

채드윅이 2mm 두께의 파라핀을 알루미늄 박지 창 앞에 놓았더니 즉시 오실로스코프에 기록된 신호의 숫자가 크게 증가했다. 파라핀에서 방출된 입자가 이온 상자에 입사하고 있음을 보여준다. 그 다음에 알루미늄 박지를 오실로스코프에 신호가 나타나지 않을 때까지 파라핀과 창 사이에 끼워넣기 시작했다. 알루미늄과 공기의 흡수력을 비교하여 계산해 보니까 이 입자들은 공기 중에서 40㎝ 이상 이동할 수 있는 것이었다. 이 거리는 그들이 양자들로 구성되어 있다는 것을 명백히 보여준다.

이와 같이 졸리오-퀴리의 실험을 반복하여 채드윅은 새로운 분야를 개척했다. 그는 베릴륨 방사선에 노출된 다른 원소들은 어떤 반응을 보이는지 조사했다. 고체 상태의 원소는 상자의 창 앞에 설치하고 가스 상태의 원소는 이온 상자 속에 공기 대신 주입했다. 모든 경우에 오실로스코프에 나타나는 신호는 증가했다. 강력한 베릴륨 방사선은 채드윅이 시험한 모든 원소로부터 거의 같은 수의 양자를 방출시켰다. 그리고 그가 얻은 결론 중 가장 중요한 것은 방출되는 양자의 에너지가 만일 베릴륨 방사선이 감마선이라고 할 때 최대로 가질 수 있는 것보다 훨씬 크다는 것이다. "실험 결과는 만일 튕겨져 나오는 입자들을 감마선과의 충돌로 설명하려고 하면 표적 원자의 질량이 증가에 따라 감마선의 에너지도 증가되어야 한다는 것을 보여주었다." 그러고는 사실 졸리오-퀴리의 논제에 치명적인 비평이지만, 입력된 에너지 또는 운동량보다 더 많은 에너지 또는 운동량이 출력될 수 없다는 기본 물리적 법칙에 조용히 호소하며 "우리가 이 충돌에서 에너지와 운동량 보존 법칙을 적용하든지 또는 방사선의 본질에 대한 다른 가정을 수용하든지 선택해야 된다는 것은 명백하다"라고 채드윅은 논문에 기술했다. 졸리오-퀴리 부부가 이 문장을 읽었을 때 그들은 깊게 그러나 예의바르게 유감으로 여겼다.

채드윅이 채택하기를 제안한 가정은 놀라운 것이 아니다. "만일 우리가 그 방사선이 감마선이 아니고 질량이 거의 양자와 같은 입자라고 한다면, 충돌 문제에 관련된 모든 어려움이 사라진다. 방사선의 고투과력을 설명하기 위하여, 우리는 이 입자가 전하를 갖고 있지 않다고 추정해야 된다. …… 우리는 이것이 1920년 베이커 강연에서 러더퍼드가 논의한 중성자라고 가정할 수 있을 것이다." 그러고 나서 채드윅은 그 사실들을 설명하기 위하여 그리고 그의 가정이 옳다는 것을 보여주기 위하여 계산을 했다.

그는 나중에 "노력을 요구하는 시기"였다고 말했다. 시작에서부터 끝까지 이 일은 10년이 걸렸고 그리고 캐번디시의 다른 의무에도 충실했다. 그는 2월 7일에 시작하여 17일 수요일에 끝낼 때까지 아마 하룻밤에 평균 3시간 정도 잠을 자고 주말에도 일을 했다. 발견의 우선 순위를 확보하기 위하여 최초의 짤막한 보고서를 17일에 《네이처》로 발송했다. 그는 편집자에게 보내는 편지 형식으로 그의 보고서의 제목을 「중성자의 존재 가능성」이라고 붙였다. "그렇지만 내 생각에는 의심의 여지가 없었고, 그렇지 않다면 나는 이 편지를 쓰지 말았어야 했다."

세그레는 찬사에서 "채드윅의 훌륭한 명예가 되도록, (초기의 실험에서) 중성자가 없었을 때 그는 그것을 검출하지 못했고, 그것이 나타났을 때에는 즉시, 명백하게 그리고 확신에 차서 그것을 인식했다. 이런 것이 위대한 실험물리학자의 표본이다"라고 말했다.

젊은 러시아인 표트르 카피차는 1921년 캐번디시에서 일하기 위하여 케임브리지에 왔다. 그는 충실하고, 헌신적이고, 매력적이고 그리고 기술적인 발명 재능도 있었다. 그는 곧 러더퍼드가 가장 아끼는 사람이 됐다. 채드윅은 그를 검약한 러더퍼드를 장비에 많은 돈을 투자하도록 설득시킬 수 있는 사람이라고 했다. 1936년 러더퍼드는 채드윅이 캐번디시에서 사이클로트론을 제작하자고 주장하자 화가 나서 공격하게 되지만, 이미 1932년 카피차는 우아한 새 벽돌 건물에 강력한 자장을 사용하는 연구비가 많이 드는 실험을 위한 별도 실험실을 갖고 있었다. 카피차가 케임브리지에서 자리를 잡아가자 학생들이 선배에 대한 복종과 일종의 억압 속에서 비생산적인 생활을 하고 있다고 느꼈다. 그는 개방되고 권위주의를 배격하는 카피차 클럽을 만들었다. 회원 수가 제한됐으므로 서로 가입하려고 했다. 회원들이 강의실에서 모여 논의를 시작할 때 카피차는 짐짓 실수를 저질러 가장 어린 회원이라도 그것을 지적할 수 있도록 하여 그들의 목을 조이는 습관의 속박을 느슨하게 해주었다.

어느 수요일 날 카피차는 지친 채드윅과 저녁식사를 하며 포도주를 마시고 기분이 무르익자 그를 카피차 클럽 모임에 데리고 갔다. 채드윅의 실험 결과에 대한 소문을 들었기 때문에 캐번디시에 있는 모든 사람들이 느끼는 흥분은 이미 굉장했다. 채드윅은 확신을 가지고 명료하게 이야기했다. 보테, 베커, 웹스터와 졸리오-퀴리 부부의 공헌도 빼놓지 않고 언급했다. 키가 크고 새 같이 생긴 채드윅이 이야기를 끝내고 모든 사람들을 둘러보며 갑자기 선언했다. "이제 나는 클로로포름으로 마취되어 2주 동안 자고 싶다."

그는 마땅히 휴식을 취할 만했다. 그는 새로운 기본 입자인 제3의 물질 구성 인자를 발견했다. 원소에 전하를 더하지 않고도 무게를 증가시키는 것이 이 중성 입자이다. 2개의 양자와 2개의 중성자가 헬륨 원자핵을 만든다. 7개의 양자와 7개의 중성자가 질소를 만들고, 47개의 양자와 60개의 중성자가 은을 만들고, 92개의 양자와 146(또는 143)개의 중성자가 우라늄 원자핵을 만든다.

그리고 중성자는 양자와 질량은 거의 같으나 전하가 없으므로 핵 주위를 돌고 있는 전자에 의한 영향을 거의 받지 않는다. 또한 핵의 전기적 장벽이 진로를 막지도 않는다. 이와 같은 뛰어난 투과력은 핵을 소사하는 새로운 도구로 이용될 수 있다. 미국의 이론물리학자 필립 모리슨(Philip Morrison)은 “음속으로 운동하는 열중성자들은 40분의 1전자볼트 정도의 운동 에너지를 가지고 있지만 수백만 전자볼트의 에너지로 수천 배나 더 빠르게 운동하는 양자보다 훨씬 쉽게 많은 물질들과 핵반응을 일으킨다”라고 했다. 채드윅이 그의 운명적인 중성자를 발견한 2월에 로렌스의 사이클로트론은 처음으로 양자를 100만 볼트 에너지로 가속했다. 다른 어떤 것보다도 채드윅의 중성자는 핵을 자세하게 조사할 수 있는 길을 열어 주었다. 한스 베테는 1932년 이전의 모든 것은 “핵물리학의 유사 이전의 것이고 1932년부터는 핵물리학의 역사”라고 말했다. 이 차이는 중성자의 발견이었다.

대이동

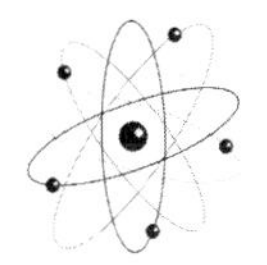

"반(反)유대주의가 강하게 일어나고 정치적으로 매우 혼란하다"고 아인슈타인은 1919년 12월 베를린에서 파울 에렌페스트에게 편지를 보냈다. 1919년은 아인슈타인이 신문 잡지를 통하여 국제적 명성을 얻기 시작한 해이다. 베를린의 한 신문은 아인슈타인의 사진과 함께 "세계사에 새로운 인물…… 그의 연구는 자연에 대한 우리의 개념을 완전히 바꾸어놓았다. 그의 통찰력은 코페르니쿠스, 케플러 그리고 뉴턴과 동등하다"라고 극찬했다. 즉시 반유대주의자들과 국수주의자들은 그를 공격하기 시작했다.

아인슈타인은 43세에 이미 이론물리학자들 중에서 일급 학자로 존경받고 있었다. 그는 1910년 이래 두 해만 빼놓고는 계속 노벨상 후보에 올랐으며, 1917년 이후에는 2위에 머무르는 횟수가 많아졌다. 막스 플랑크는 1919년 노벨 위원회에 "아인슈타인은 뉴턴 이후

첫발을 내디뎠다"라고 편지를 보냈다. 상대성 이론이 조금만 덜 상리에 어긋나는 것이었다면, 좀 더 일찍 상을 받을 수 있었을 것이다(1922년에는 보어가 노벨 물리학상을 수상했다. 아인슈타인은 상대성 이론이 아닌 광전 효과로 수상했다). 아인슈타인은 아직 미국에서 볼 수 있었던 노년기의 기분 좋은 할아버지와 같은 모습은 아니었다. 그의 콧수염은 검고, 숱이 많은 검은 머리는 회색으로 변하기 시작했다. 스노에 의하면 "육중한 신체와 매우 잘 발달된 근육을 갖고 있었다." 독일의 슈바비아에서 태어났고, 그의 친구들은 그의 큰 웃음소리를 소년 같다고 했으나 그의 적들은 무례하다고 말했다.

심리분석학자 에릭 에릭슨(Erik Erikson)의 말에 의하면 "그는 미래에 그의 사진에서 볼 수 있는, 사람의 눈과 마주치고 있듯이 카메라를 들여다 보는 것을 아직 배우지 못했다." 지난해 아인슈타인은 위궤양, 황달 그리고 쓰라린 이혼을 견디어냈다. 그의 어머니는 암으로 돌아가셨고, 그의 표정이 풍부한 얼굴에는 피로의 기색이 나타났다. 젊은 폴란드 물리학자 레오폴트 인펠트(Leopold Infeld)는 대전 후 베를린에서 아인슈타인의 추천서를 얻기 위하여 그의 집을 방문했다. 아인슈타인은 모닝 코트와 중요한 단추 한 개가 떨어져 나간 줄이 쳐진 바지를 입고 나왔다. 인펠트는 잡지와 뉴스 영화에서 본 아인슈타인의 얼굴을 알고 있었다. "그러나 어떤 사진도 빛나는 그의 눈을 보여주지 못했다. 그의 눈은 크고 검은 갈색이었다. 전후의 차가운 시절에 다른 젊은 방문객들도 그의 정직하고 따뜻한 눈에서 위안을 발견할 수 있었다."

그가 세상에 알려지게 된 계기는 태양의 일식 현상이었다. 1915년 11월 25일, 아인슈타인은 베를린에 있는 프러시아 과학원에 논문을 제출했다. 그는 「중력장 방정식」이란 논문에서 "마침내 일반 상대성 이론은 하나의 논리적 구조로 결말을 보게 됐다"라고 기술했다. 이 논문은 일반 이론에 대한 그의 최초의 완성된 표명이었다. 그것은 증명될 수 있는 것이었다. 그것은 수성 궤도의 근점이각을 설명했다. 또한, 일반 이론은 별빛이 태양과 같이 무거운 물체 주위를 통과할 때 뉴턴 이론이 예측한 것보다 두 배의 각도로 광로가 휘어진다는 것을 예측했다. 제1차 세계대전으로 인하여 아인슈타인의 예측치의 측정이 연기됐다. 1919년 5월 29일에 있었던 개기 일식이 최초의 관측 기회를 제공했다. 독일인들이 아니라 영국인들이 관측했다. 케임브리지 대학의 천문학자 아서 스탠리 에딩턴(Arthur Stanley Eddington)이 이끄는 관측팀은 서아프리카 프린시피(Principe) 섬에서 관측했다. 그리니치 천문대팀은 북부 브라질 소브랄에서 관측했다. 11월 6일, 런던의 벌링턴 하우스에서 열린 영국 왕립협회와 왕립천문학회의 공동 학술 회의는 뉴턴의 초상화 아래에서 아인슈타인의 값이 더 정확하다는 것을 확인했다. 톰슨은 그 자리에 모인 명사들에게 "인류 사고의 역사에서 가장 훌륭한 업적 중의 하나이다"라고 말했다. "이것은 외떨어진 섬이 아니라 새로운 과학적 사고의 전대륙을 발견한 것이다."

이것은 뉴스거리였다. 더 타임스는 과학의 혁명이라고 표제를 달았고 소문은 퍼져나갔다. 이날 이후 아인슈타인은 유명 인사가 됐다. 처절했던 민족주의 전쟁 동안에는 자신을 평화 애호가로 선언했고, 이제는 국제 협조주의를 주장하는 한 유대인에게 세계의 이목이 집중되고 있는 것이 우익 학생들과 몇 명의 물리학자들을 포함하는 맹목적인 독일 국수주의자들을 괴롭혔다. 아인슈타인이 베를린 대학교의 제일 큰 강당에서 일련의 대중 강의를 준비하고 있을 때(이해 겨울에는 모든 사람이 상대론에 대하여 강의하고 있었다) 학생들은 석탄과 전기료에 대하여 불평했다. 학생회 회장이 아인슈타인에게 다른 장소를 사용하도록 요구했다. 그는 이 모욕을 무시하고 예정한 대로 대학 강당에서 강연을 했으나 2월에는 그의 강연 중 적어도 한 번은 방해를 받았다. 그는 8월에 지도자의 임무가 불분명하고 돈은 많이 쓰지만 자금원이 알려지지 않은, 스스로 순수 학문의 보존을 위한 독일 과학자 위원회라고 부르는 단체로부터 심각한 도전을 받았다.

1905년도 노벨상 수상자 필립 레나르트(Philipp Lenard)는 상대론이 환호를 받고 아인슈타인이 유명하게 되는 것을 보고는 반유대주의를 옹호하며 상대성 이론을 유대인 방식의 타락이고 아인슈타인을 품위 없는 자화자찬론자라고 공격하는 한 위원회에 그의 이름을 빌려주었다. 이 조직은 8월 20일 베를린 필하모닉 홀에서 대중 집회를 열었다. 인펠트는 한 연사가 "상대성 이론에 대한 소란은 독일 정신에 적대적인 것이다"라고 공격한 것을 기억했다. 아인슈타인도 참석하여 정신 나간 소리를 웃음과 비꼬는 갈채로 공격했다.

그럼에도 불구하고 비평은 아인슈타인을 괴롭혔다. 아인슈타인은 독일 동료들 대부분이 그 비평에 찬동한다고 잘못 생각했다. 그는 경솔하게 그답지 않은 방어적인 성명을 발표했다. 그것이 3일 후 한 신문에 기사로 실렸다. '반(反)상대성 이론 주식회사에 대한 나의 대답'은 그의 친구들에게 충격을 주었으나, 위원회의 공격 의도를 선견지명을 갖고 밝혀냈다. "진실을 찾으려는 욕망과는 다른 동기가 그들 사업의 밑바닥에 깔려 있다고 믿을 수 있는 충분한 이유가 있다"라고 아인슈타인은 주장했다. 그러고는 그가 뜻하는 바는 생략하고 말하지 않았다. "내가 만일 국제적 성향을 가진 진보적인 유대인이 아니고 십자기장을 가졌든 안가졌던 독일 국민이라면……."

한 달 후 그의 유머 감각이 되돌아왔다. 그는 막스 플랑크에게 자기에게 너무 심하게 굴지 말라고 농담했다. "누구나 때때로 어리석음의 제단에 제물을 바쳐야 한다. ……그리고 나는 내 글을 바쳤다." 그러나 그 이전에 그는 이미 독일을 떠날 생각이었다.

이번이 처음이 아니었다. 아인슈타인은 16세 때 독일 시민권을 포기하고 떠났던 적이 있었다. 20년 후에 먼젓번 결정을 번복했으나, 아돌프 히틀러가 권력을 잡았을 때 마지막 출국을 위한 준비를 했다.

아인슈타인이 1879년 3월 14일 울름에서 태어났을 때는 독일이 제국으로 통일된 지 8년째 되던 해였다. 그는 뮌헨에서 성장했다. 그는 말을 늦게 했지만, 전해오는 이야기처럼 공부에 뒤떨어지지는 않았다. 그는 고등학교까지 내내 수학과 라틴어 과목에서 최고 점수 또는 다음 가는 점수를 받았다. 그는 네 살 또는 다섯 살 때 그의 아버지가 보여준 나침반의 기적에 크게 흥분하여 오한이 날 지경이었다. 그는 나침반 뒤에 무엇인가가 깊이 감추어져 있다고 생각했다. 그는 1921년 뉴욕에서 상대성 이론의 간단한 설명을 요구하는 시끄러운 기자들에게 말했다. "만일 여러분이 내 대답을 너무 진지하게 받아들이지 않고 단지 하나의 농담이라고 생각해 준다면 다음과 같이 설명할 수 있습니다. 전에는 우주에서 모든 물질이 사라져 버린다면 시간과 공간이 남을 것이라고 생각했습니다. 그러나 상대성 이론에 의하면 시간과 공간도 물질과 함께 없어져 버립니다."

이 조용한 아이가 반항적인 청년으로 자라났다. 그는 고등학교에서 주입식 암기 교육을 받는 동안 혼자서 칸트, 다윈 그리고 수학 등을 공부했다. 그는 유대교로 방향을 전환했다가 환멸을 느끼고 되돌아 왔다. "대중 과학도서들을 읽고 성경의 이야기들 중 많은 부분이 진실이 아니라는 확신을 갖게 됐다." 이러한 것들이 빚어낸 결과는 국가가 거짓으로 청년들을 속이고 있다는 인상이 결합된 열광적인 자유 사고였다. 이 경험으로 인하여 모든 종류의 권위에 대한 의심이 자라나기 시작했다.

그의 아버지가 또다시 사업에 실패하여 가족이 알프스를 넘어 밀란으로 이사했으나 아인슈타인은 고등학교를 마치기 위하여 하숙집에 남아 있었다. 그는 학교를 자퇴하기 위하여 의사로부터 신경쇠약 진단서를 받았으나, 학교에서 그전에 그를 퇴학시켜 버렸던 것 같다. 그가 경멸했던 독일 학교의 독재는 그것뿐이 아니었다. "나는 청년기부터 정치적으로 독일을 싫어했다"고 아인슈타인은 말했다. 그는 15세의 반항적인 청년으로 가족이 뮌헨에 살고 있었을 때 독일 시민권을 포기할 것을 생각했었다. 이 문제로 가족 사이에 오랜 논의가 시작됐다. 그가 나머지 학업을 마치기 위하여 취리히로 옮긴 후에 그의 주장이 받아들여져 아버지가 그를 대신하여 독일 당국에 편지를 보냈다. 아인슈타인은 1896년 1월 28일 공식적으로 독일 시민권을 포기했다. 그는 1901년 스위스 시민권을 얻었다. 그는 스위스인들의 용감한 민주주의를 좋아하여 스위스 의용군에 복무 신청을 냈으나 편평족과 정맥노장으로 부적합 판정을 받았다. 그가 독일 시민권을 포기한 것은 군대식의 복종을 요구하는 학교 생활에 싫증을 느꼈기 때문이며 또 프러시아의 징병 의무를 피하기 위한 것이었다.

소년과 젊은이는 내면에 있는 어린아이를 보호하기 위하여 반항했다. 이 어린아이는 억제되지 않은 창의성을 어른이 될 때까지 간직했다. 아인슈타인은 제임스 프랭크에게 보낸 편지에서 이 점에 대하여 슬쩍 언급했다.

> 나는 간혹 어떻게 하여 내가 상대성 이론을 발전시킨 사람이 됐는지 스스로 물어봅니다. 내가 생각하기로는, 정상적인 어른도 공간과 시간의 문제에 대한 생각을 결코 중지하지 않습니다. 이것들은 그가 어린애일 때도 생각했던 것입니다. 그러나 나의 지능 발달은 늦어져서, 이 결과로 내가 공간과 시간에 대하여 생각하기 시작했을 때는 나는 이미 성장한 뒤였습니다.

'상대성'은 잘못 붙여진 이름이다. 아인슈타인은 옛 물리학에서는 충족될 수 없었던 일관성과 더 큰 객관적 타당성을 필요로 했기 때문에 새로운 물리학을 연구했던 것이다. 만일 광속도가 일정하다면, 서로 관계를 가지고 운동중인 두 시스템 사이에서 신축성 있게 조절하는 역할을 하는 무엇(시간?)인가가 있어야 한다. 만일, 한 물체가 E만큼의 에너지를 방출한다면 그것의 질량은 줄어들게 된다. 그리고 에너지가 질량을 가졌다면 질량은 에너지를 가져야 된다. 이들 둘은 동등하다. $E=mc^2$, $E/c^2=m$(즉, 에너지 E는 질량 m 에 광속의 제곱을 곱한 것과 같다. 광속은 3×10^8 m/s이므로 1킬로그램은 9×10^{18} 또는 90,000,000,000,000,000 줄이 된다. 막대한 에너지가 작은 질량 속에 포함되어 있다는 것을 보여준다.)

아인슈타인은 1907년에 발표한 긴 논문에서 아름답지만 마음이 아픈, 에너지와 물질의 동등성에 도달했다. 그는 물질 속에 막대한 에너지가 저장되어 있다는 것은 알았지만 실험적으로라도 그것이 방출될 수 있을지는 전혀 확신하지 못했다.

아인슈타인은 취리히 대학교에서 박사 학위을 받은 후부터 막스 플랑크와 편지를 주고받기 시작했다. 1902년부터 1909년까지는 스위스 특허국에서 기술 전문가로 일하고 있었으며 이 기간 동안에 브라운 운동, 광전 효과 그리고 특수 상대성 이론 등을 포함하는 훌륭한 논문들이 쏟아져 나왔다.

그는 1908년 베를린 대학교에서 방문교수 자격을 얻었지만 생활이 확실히 안정될 때까지 특허국 일자리를 1년 더 가지고 있었다. 마침내 1909년 10월, 최초의 명예박사 학위를 받고 취리히 대학의 부교수가 됐으나 오래 지나지 않아 외떨어진 프라하에서 정교수 자리를 제안하며 그를 유혹했다. 그는 이미 결혼을 했고 아내와 두 아들을 부양해야 했다. 다행히 1년 후 취리히에 있는 공과대학에 같은 대우를 받고 돌아왔다. 그의 연구가 당시로서는 너무도 급진적이며 새로운 것이었기 때문에 유럽 대륙의 학문 중심지라고 할 수 있는 베를린에서는 그를 받아들이기를 주저했었다. 1913년, 막스 플랑크와 프리츠 하버 등 독일의 저명한 학자들이 아인슈타인을 독일로 데려오지 않은 것은 실수라고 인정하여 그에게 세 가지 직책을 제안했다. 프러시아 과학원의 후원을 받는 연구직, 대학의 연구교수직 그리고 설립 추진 중인 카이저 빌헬름 물리학 연구소의 소장직이었다. 독일인들이 방문하고 돌아간 뒤 아인슈타인은 그의 조수 오토 스턴에게 빈정대는 말투로 "그들은 희귀한 우표를 찾고 있는 사람들 같다"고 말했다.

그는 1914년 4월에 베를린에 도착했다. 제1차 세계대전 기간 중 그는 아내와 떨어져 혼자 지내면서 일반 이론을 완성했다. 막스 보른에게 이 '위대한 예술 작품'은 우리가 쉽게 경험해 볼 수 있는 것은 아닐지라도 '자연에 대한 인간 사고의 가장 위대한 공헌이며, 철학적 통찰력, 물리적 영감 그리고 수학적 기술의 가장 놀라운 조합이었다.'

아인슈타인은 팔레스타인에 헤브루 대학교를 설립하려는 유대 건국주의자들의 기금 모금 운동을 도와주기 위하여 1921년 4월과 5월에 걸쳐 바이츠만과 같이 처음으로 미국 여행을 떠났다. 그는 전쟁과 혁명의 와중에서 동구 유대인들이 베를린으로 몰려들자 독일인들이 그들에 대항하여 충동질하는 것을 보고 유대인들의 편을 들기로 마음먹었다. 대학 설립 운동의 대변인이며 조직자인 쿠르트 블루멘펠트(Kurt Blumenfeld)의 권유로 아인슈타인도 참가했다. 아인슈타인은 그와 바이츠만 사이의 관계에 대하여 에이브러햄 페이스에게 말한 적이 있다. 프로이트는 "반대 감정이 양립하는 관계"라고 말할 것이다. 그는 컬럼비아 대학교, 뉴욕 시립대학교 그리고 프린스턴에서 상대론에 관한 강의도 했고, 라 가디아(Firorello La Guardia)와 하딩(Warren G. Harding) 대통령도 만났다. 미국과학원의 연례만찬에 참석하여 공식 연설들을 들으며 '영원에 대한 새로운 이론'을 생각했다. 그리고 열광적인 유대계 미국인 군중들 앞에서 연설하기도 했다.

집에 돌아와 "미국에서 처음으로 유대인들을 발견했다"라고 일기에 적었다. "나는 많은 유대인들을 만났다. 그러나 베를린이나 혹은 독일의 어느 다른 곳에서는 결코 만나지 못했던 사람들이다. 내가 미국에서 발견한 유대인들은 러시아, 폴란드 그리고 동부 유럽에서 온 사람들이다. 이 사람들은 아직도 건전한 국가 감정을 갖고 있으며 유대인을 가루로 만드는 핍박 속에서도 파괴되지 않았다." 이 말은 독일에 있는 유대인들을 암시적으로 비평한 것이었다.

아인슈타인은 이제 세계에서 가장 유명한 과학자일 뿐만 아니라 유대인 운동의 대변자로 알려졌다. 1922년 6월 24일, 베를린에서 우익 극렬분자들이 바이마르 공화국의 초대 외무장관이었고 물리화학자이며 아인슈타인의 친구인 유대인 라테나우를 암살했다. 아인슈타인이 다음 차례인 것처럼 보였다. "그들이 암살을 계획하고 있는 대상자 중에 나도 포함되어 있는 것 같다. 나는 몇 사람들로부터 베를린에 있는 것이 위험하며 또한 독일 국내에서 대중 앞에 나타나는 것도 위험하다는 정보를 들었다"라고 막스 플랑크에게 편지했다. 그는 10월까지 공적인 생활을 중지하고 그의 두 번째 부인 엘사(Elsa)와 극동 일본으로 긴 여행을 떠났다. 그는 여행 도중 노벨상 수상 소식을 들었다. 그는 돌아오는 길에 팔레스타인에 12일 동안 머물렀고, 스페인에도 들렀다. 그가 베를린에 돌아왔을 때는 정치에 열중해 있던 독일인들이 1달러에 54,000마르크까지 올라간 환율에 잠시 정신이 빠져 있었다. 아인슈타인은 그의 일을 계속했다. 실라르드와 같이 냉장고용 펌프를 개발하는 일을 포함하여 통일장 이론 연구를 시작했고 자주 해외 여행을 했다.

1919년 12월, 베를린에서도 반유대인주의가 강했지만 뮌헨에서는 더욱 심했다. 창백하고 깡마른 30세의 아돌프 히틀러는 전에는 술집이었던 독일 노동자당의 비좁은 사무실에서 낡은 책상에 앉아 당의 정강 초안을 쓰고 있었다. 다음해 2월, 히틀러는 그의 창백하고 푸른 눈을 빛내면서 뮌헨에서 지금까지 모였던 사람들보다도 많은 약 2,000명의 군중 앞에서 25개 항에 달하는 당의 계획을 읽어 내려갔다. 그가 초안 작성을 끝마쳤던 날, 그는 이 주장들은 비텐베르크의 문에 걸렸던 루터의 방문에 맞먹는 것이라고 승리에 도취하여 외쳤다.

25개 항 중 대부분이 유대인에 대한 것이다. 유대인은 독일 피를 받은 사람들이 아니므로 독일 시민이 될 수 없다. 독일 시민만이 공직을 가질 수 있고 독일어 신문을 발간할 수 있다. 더 이상의 비독일계 사람들은 이민을 올 수 없으며 대전 후 입국한 비독일인은 모두 추방되어야 한다. 25개 항목이 독일 나치당의 강령으로 공식적으로 채택된 적은 없지만 그 힘은 대단했다.

1923년 11월 8일, 맥주홀에서 일어난 폭동으로 히틀러는 란츠베르크 형무소의 햇빛이 비치는 안락한 감방에 수감됐다. 그는 감옥에서 수줍음을 잘 타는 그의 조수 루돌프 헤스(Rudolf Hess)에게 그의 개인적인 그리고 정치적인 유언을 구술했다. 『나의 투쟁』에 유대인에 대한 이야기가 많이 포함되어 있다. 거의 700페이지에 달하는 2권으로 된 이 책에는 마르크스주의에 대한 것을 제외하면 유대인에 관한 이야기가 가장 많다. 히틀러는 마르크스주의를 유대인이 만들어 낸 것이며 유대인의 무기라고 생각했다.

미래의 독일 총통은 나의 투쟁에서 유대인은 '물을 좋아하지 않는 사람들'이라고 선언했다. 그는 "자주 그들의 냄새 때문에 비위가 상했다"고 말했다. "그들의 옷은 깨끗하지 않고, 외모는 일반적으로 훌륭하지 않다. 그들은 외국인으로 확실한 민족적 특징을 갖고 있다. 그들은 열등한 인간이며 독이빨, 노란 손 그리고 염증 나는 얼굴 생김새를 가진 흡혈 박쥐다"라고 주장했다.

유대인의 특징은 무수하다고 히틀러는 계속한다. 유대인은 그의 더러움을 인류의 얼굴에 뿌리는 쓰레기 분리자이다. 그들은 가장 나쁜 종류의 병균을 옮기는 자와 같이 인간의 영혼에 독을 옮기는 삼류작가이다. 또는 냉담하고, 염치 없고 그리고 큰 도시에 떠다니는 최하등 인간들 속에서 구역질 나는 부도덕한 거래를 일삼는 타산적인 장사꾼들이다. 히틀러는 수사적으로 묻는다. 적어도 한 명의 유대인이 관계되지 않은 음담이나 또는 품행이 나쁜 사건이 있었는가? 이런 곪아 있는 것들을 조심스럽게 파헤쳐 보면 썩는 시체

속의 구더기같이 갑작스런 불빛에 눈이 부셔 어쩔 줄 몰라 하는 유대인을 발견한다.

유대인은 독일인이 아니다. 유대인들은 논증이 교묘한 거짓말쟁이 민족이다. 현세만을 위하여 사는 사람들, 위대한 거짓말쟁이, 반역자, 모리배, 고리대금업자, 사기꾼들, 세계의 해독 그리고 이동하는 쥐떼들이다. '진실한 문화도 갖고 있지 않는' 유대인은 '다른 사람의 몸에 붙어 사는 기생충이다.'

란츠베르크 감옥의 넓은 창을 통하여 햇빛이 빛난다. 그는 이프레스에서 겨자탄 가스 때문에 눈이 보이지 않았던 것을 기억한다. 그는 좀메에서 포탄 파편으로 다리에 부상을 당하기 전에는 시도 썼었다. 히틀러의 유언은 거의 완성됐다. 그의 창백한 얼굴이 우쭐해지며 구술했다.

> 만일, 전쟁 초기에 그리고 전쟁 중에 12000명 또는 15000명 정도의 유대인들에게 수십만 명의 매우 훌륭한 독일 일꾼들에게 전장에서 일어났던 것처럼 독가스를 마시게 했다면 전선에서 수백만 명의 희생은 헛되지 않았을 것이다.

제1차 세계대전 후 독일에서 반유대주의가 일어나게 된 여러 가지 이유 중의 하나는 『이스라엘 선조들의 의정서』라고 알려진 위조된 책자 때문이었다. 아돌프 히틀러는 이것을 세계 지배를 위한 교본으로 삼았다. 히틀러는 그의 추종자 중의 한 명에게 "나는 그 책을 읽었다. 그것은 나의 간담을 서늘하게 했다. 나는 즉시 우리가 그것을 우리 식으로 모방해야 된다고 생각했다"라고 말했다. 하인리히 히믈러(Heinrich Himmler)가 이 사실을 확인했다. 그는 "우리는 통치술을 유대인에게서 배웠다"라고 말했다. 총통이 암기했던 의정서에서 배웠다는 뜻이다.

의정서는 러시아인의 작품이었다. 그것은 러시아에서 유대인의 경험과 독일에서의 경험을 연결시켰다. 1933년, 독일에 있던 유대인의 수는 약 50만 명으로 독일 전체 인구의 1퍼센트보다 적었다. 만일, 러시아의 유대인에 대한 적대적인 감정이 부분적으로는 종교적 갈등에 그 뿌리를 두었다고 한다면, 이와는 대조적으로 독일의 반유대주의에는 종교와 관계 없는 어떤 인물이 필요했다. 히틀러와 같이 교육을 받다가 만, 배교한 자는 그의 병적인 반유대주의를 표방할 어떤 핑계가 필요했다. 때마침 의정서가 적당한 장소에 나타났다. 1920년대와 1930년대에 수백만 권의 여러 가지 번역본과 편집된 책들이 전세계에서 팔렸다.

이 책은 강의 형태로 나뉘어져 있고 배경도 설정되어 있지 않으면서 문장의 중간에서 시작된다. 배경 설명을 하기 위하여 편집자가 자료를 삽입했다. 인기 있었던 것은, 독일 우체국 관리가 쓴 『프라하의 유대인 무덤에서』라는 책에서 인용한 부분이었다. 편집자는 이 무서운 꾸며낸 이야기를 마치 의정서의 이야기처럼 끼워 넣었다. 역사학자 노먼 콘(Norman Cohn)이 다음과 같이 요약했다.

> 11시에 묘지의 문이 열리며 긴 코트가 돌과 관목을 스치는 소리가 들린다. 희미하게 보이는 흰 옷을 입은 사람이 그림자처럼 묘지를 지나 어떤 묘비 앞에서 멈추어 선다. 거기에서 무릎을 꿇고 앞 이마를 묘비에 세 번 갖다 대고는 기도문을 속삭인다. 또 다른 사람의 모습이 나타난다. 늙은이의 모습이다. 구부정하고, 절룩거리며 움직일 때마다 기침과 한숨을 내쉰다. 먼저 온 사람 옆에 자리를 잡고 무릎을 꿇고 기도문을 중얼거린다. …… 이런 일이 열세 번 반복된다. 열세 번째의 마지막 모습이 자리를 잡자 시계는 자정을 알린다. 무덤으로부터 날카로운 금속성 소리가 들린다. 파란 불꽃이 나타나 열셋

의 무릎 꿇은 모습에 불을 붙인다. 열세 번째 모습은 울리는 목소리로 말한다. "나는 이스라엘의 열두 부족의 우두머리들을 환영합니다." 모습들은 대답한다. "우리는 저주 받은 아들들을 환영합니다."

의정서는 모두 24개 항목으로 약 80쪽이다. 제1항의 서두에서 연사는 "내가 발표하려고 하는 것은 두 가지 관점, 즉 우리 자신과 비유대인이 보는 우리의 체제이다"라고 설명한다. 발표된 체제의 많은 부분은 조리가 맞지 않는다. 그러나 의정서는 세 가지의 주제를 설명한다. 자유주의에 대한 신랄한 공격, 유대인의 세계 정부를 세우는 정치적 방법 그리고 선조들이 곧 세워질 것으로 기대하는 세계 정부의 윤곽 등이다.

만일 의정서가 이와 같이 나쁜 용도에 사용되지 않았다면 자유주의에 대한 공격은 익살스러웠을 것이다. 자유주의는 "합헌 정부를 만들어 냈다.……그런데 헌법이라는 것은 잘 알다시피 다른 것이 아니라 불화, 오해, 언쟁, 의견의 상치, 결론 없는 정당의 소요, 변덕……등이다. 우리의 노예인 허수아비 중에서 그리고 폭도들 중에서 뽑힌 정부의 우스갯거리인 대통령에 의하여 우리의 지배자는 교체됐다." 의정서의 곳곳에 나타나는 러시아의 구제도에 대한 감동적인 충성은 유럽의 독자들을 혼동하게 만들었을 것이다.

안정된 지배를 보장해 주는 것은 권력의 후광을 확인하는 것이다. 이런 후광은 상징적인 황제의 문장에 나타난 신의 선택과 같은 불가침성에서 얻어진다. 최근까지 교황의 통치 제도를 제외하고는 러시아의 전제 정치가 단 하나의 유일한 유대인의 적이었다.

요약하면, 선조들은 현대 세계의 현대적인 사상을 만들어 냈고 이를 전파해 왔다. 러시아의 제정 체제 몰락 이후에 일어난 일들은 모두 유대인의 악마적인 소행의 일부라고 했다. 물리학과 같이 알기 힘든 학문이 1920년대 독일에서 어떻게 하여 유대인의 불법 공모의 일부로 생각됐는가 하는 것을 설명해 주고 있다.

선조들은 아버지와 같은 지도자에 의하여 지배되는 세계 독재국을 세우기 위하여 노력한다. 자유주의는 뿌리채 뽑혀질 것이며, 대중은 정치로부터 외면당할 것이고, 검열은 엄격해지고 그리고 언론의 자유는 폐지될 것이다. 국민의 삼분의 일은 아마추어 스파이로 동원될 것이다(스파이나 정보원이 되는 것은 불명예가 아니고 공적이 될 것이다). 그리고 거대한 비밀 경찰이 질서를 유지할 것이다. 히틀러가 의정서에서 배운 사실이 『나의 투쟁』에 명확히 나타나 있으며, 또 숨김 없이 자인했다. 이 모든 것이 나치의 전략이 됐다.

유대인의 세계 국가 설립 음모에 관한 공상적인 이야기는 나치당에게는 실용적인 가치가 있는 것이었다. 1920년대 학생의 신분으로 베를린에 있었던 한나 아렌트(Hannah Arendt)는 "그것은 그들에게 유리한 입장을 제공했다. 당시 상황에서 정치적 권력을 잡기 위해서는 사회적 투쟁의 장에 참여하여야 했다. 노동자들이 부르주아 계급과 싸우는 것과 똑같이 그들은 유대인에 대항하여 싸우는 척했다. 정부의 뒷편에 숨어 있는 비밀 권력이라고 믿어지고 있는 유대인들을 공격함으로 해서 공개적으로 정부 자체를 공격할 수 있었다"라고 말했다.

그 꾸며낸 이야기는 독일 국민들을 확신시키기 위한 선전 목적으로 이용됐다. 만일 유대인이 세계를 지배할 수 있다면 아리안 민족도 할 수 있다. 아렌트는 계속하여 말했다. "이와 같이 하여 의정서는 세계 정복을 실제적인 가능성이 있는 것으로 제시했을 뿐만 아니라 이 모든 일이 단지 빈틈 없는 방법론의 문제라는 것을 암시했다. 소수의 유대인들을 제외하고는 아무도 독일의 전세계에 걸친 승리를 방해할 사람은 없었다. 유대인들은 폭력의 도구도 갖추고 있지 않는 쉬운 적이었다. 일단 유대인에 대한 조작된 비밀이 밝혀지자 나치는 대규모로 그들의 방법을 적용했다."

그러나 조리가 서지 않는 『나의 투쟁』의 내용은 계산된 조작이 아니고 격렬한 감정의 폭발이었다. 『나의 투쟁』의 상스러움은 유대인에 대한 히틀러의 병적인 두려움과 증오를 나타낸다. 흉악한 과대망상증으로 똑똑하고 부지런하며 그리고 많은 박해를 받아온 사람들을 그 자신이 두려워하는 변형된 모습으로 가장시켰다.

1933년 1월 30일 정오, 43세의 아돌프 히틀러는 독일 총통직의 임명을 수락했다. 의회가 자발적으로 권한을 히틀러 내각에게 넘겨준 날인 3월 23일에 통과된 법령에 따라 헌법에 의한 자유는 정지되고 나치당은 그들의 통제를 강화하기 시작했다. 그들은 즉시 반유대운동을 합법화시키고 독일계 유대인의 민권을 정지시켰다.

히틀러는 그의 선전상 요제프 괴벨스(Joseph Goebbels)에게 유대인 사업에 대한 불매 운동을 벌이도록 지시했고 4월 1일부터 전국적인 불매 운동이 시작됐다. 그에 앞서 프러시아와 바이에른에서 유대인 판사와 변호사들의 업무를 정지시켰다. 길거리에서 이유 없이 트집을 잡힌 유대인들은 경찰이 보고 있는 동안에 폭도들에게 폭행을 당했다. 불매 운동은 전국적인 독일 유대인의 조직적 학살과 다름이 없었다.

한 달 전쯤 국회 의사당에 화재가 난 뒤에 볼프강 파울리는 에드워드 텔러와 함께 괴팅겐 물리학자들을 만나 독일의 정치적 사태에 대하여 토의했다. 파울리는 독일의 독재 정권은 어리석은 짓이라고 단연히 선언했다. "나는 러시아에서도 독재 정권을 보았다. 그러나 독일에서는 그렇게 될 수가 없다"라고 말했다. 함부르크에서 온 오토 프리슈도 많은 독일인들이 생각하는 것처럼 낙관론을 피력했다. 프리슈는 당시의 회고에서 "나는 처음에는 히틀러를 전혀 대단치 않은 인물로 생각했다. 총통직은 누구든 됐다가 그만두고 하는 자리이다. 히틀러도 다른 총통보다 더 나쁘지는 않을 것이다. 그런데 사태는 변하기 시작했다"라고 말했다. 4월 7일, 제3제국은 최초의 반유대인 법령을 공포했다.

공직 회복을 위한 법률은 나치가 앞으로 발표하게 될 400여 가지의 반유대주의 법률과 명령의 전조였으며 텔러, 파울리, 프리슈 그리고 이들의 유대인 동료들의 생애를 영원히 바꾸어 놓았다. "비(非)아리아 계통의 공직자는 직장을 그만두어야 한다." 비아리안을 정의하는 명령은 4월 11일에 발표됐다. 누구든 부모나 조부모가 비아리아인 후손, 특히 유대인은 모두 아리아 계통이 아니다. 대학교는 국가기관이었으므로 교수들은 공직자에 속했다. 새로운 법률은 이미 노벨상을 받았거나 받게 될 11명을 포함하여 독일 물리학자들의 사분의 일의 지위와 생계를 박탈해 버렸다. 그것은 즉각적으로 총 1,600명에 달하는 학자들에게 영향을 주었다. 그들은 살아남기 위해서 이민을 떠나야 했다.

몇 명은 이미 떠났다. 아인슈타인과 더 나이가 많은 헝가리인들이었다. 아인슈타인은 사태를 정확하게 판단했다. 왜냐하면 그는 아인슈타인이었기 때문이다. 그리고 제1차 세계대전 후에 그들의 공격에 맞섰기 때문이다. 헝가리인들은 이제는 전진해 오는 파시즘을 심각하게 받아들이게 됐다.

폰 카르만이 먼저 아헨을 떠났다. 그는 항공물리학을 처음으로 연구했다. 캘텍은 미래에 얻게 될 명성을 준비해 나가며 항공물리학을 교과 과정에 포함시키기를 원했다. 항공 애호가 대니얼 구겐하임(Daniel Guggenheim)이 학교를 위하여 항공공학 실험실과 10피트 크기의 풍동 건설비를 기증했고 1930년부터 폰 카르만의 책임 아래 운영됐다. 캘텍은 아인슈타인도 접촉했다. 옥스퍼드와 컬럼비아에서도 제의가 있었지만 아인슈타인은 매사추세츠 태생이며 퀘이커 교도이고 캘텍 대학원장인 리처드 체이스 톨맨(Richard Chace Tolman)의 우주론 연구에 매력을 느꼈다. 패서디나 윗쪽에 있는 윌슨 천문대에서 진행되고 있는 관측이 일반 상대성 이론의 세 가지 예측 중 마지막 것인 고밀도 별들의 집단 중력에 의한 빛의 적색 이동을 확인해 줄지도 모른다. 톨맨은 대표자를 베를린으로 파견하여 아인슈타인이 공동 연구원 자격으로 패서디나를 방문하도록 주선했다.

아인슈타인은 그전에 남가주를 방문하여 찰리 채플린(Charlie Chaplin)과 저녁 만찬을 같이하고 영화를 같이 관람한 적이 있었다. 그의 두 번째 방문 일자가 가까워 오자 아인슈타인은 그의 미래에 대한 결정을 할 준비가 됐다. 그는 일기에 "나는 오늘 결정했다. 베를린에서 모든 나의 직위를 포기하고, 나의 나머지 일생 동안 철새가 될 것이다"라고 적었다.

철새는 패서디나에 둥지를 틀지 않았다. 미국의 교육자 에이브러햄 플렉스너(Abraham Flexner)는 캘텍을 방문하여 아인슈타인을 만났다. 플렉스너는 500만 달러의 기부금으로 설립하기로 결정됐지만 아직 명칭이나 위치도 결정되지 않은 새로운 연구소 설립을 추진중이었다. 두 사람은 아인슈타인이 머무르고 있는 교수 회관의 복도를 근 한 시간 동안이나 왔다갔다 걸으며 토의했다. 그들은 5월에 옥스퍼드에서 다시 만났고, 6월에 베를린 근교에 있는 아인슈타인의 여름 별장에서 다시 만났다. "아인슈타인이 저녁을 들고 가도록 초대하여 우리는 저녁식사 후 거의 밤 11시까지 이야기했다. 이때 아인슈타인 부부는 미국으로 떠날 마음의 준비가 되어 있는 것처럼 보였다"라고 플렉스너는 기억했다. 그들은 같이 버스 정거장까지 걸었다. 아인슈타인은 손님을 버스에 태워주며 "나는 불이며 그것을 위해 불태울 것이다"라고 말했다. 고등연구원은 뉴저지 주의 프린스턴에 세워질 것이다. 아인슈타인은 고등연구원이 뜻밖에 얻은 최초의 귀한 인물이었다. 아인슈타인은 연봉 3,000불을 요구했으나 플렉스너와 그의 부인은 훨씬 많은 15,000불로 결정했다. 이 금액은 캘텍에서도 지불할 준비가 되어있었지만 캘텍에서는 강의를 해주어야 하는 의무가 있었다. 그러나 고등연구원에서는 생각만 하면 됐다.

아인슈타인 가족은 프린스턴과 베를린에서 반반씩 시간을 보낼 계획으로 1932년 12월 베를린을 떠났으나 아인슈타인은 이미 알고 있었다. 그들은 현관 계단을 내려오며 "뒤를 돌아보시오" 하고 아인슈타인이 부인에게 말했다. "이제는 다시 볼 수 없을 것이오." 부인은 그의 비관주의가 바보스런 것이라고 생각했다.

3월 중순 나치 비밀요원들이 은닉된 무기를 찾기 위하여 빈집을 수색했다. 이때쯤 아인슈타인은 공개적으로 히틀러를 반대하는 발언을 했으며, 이사 준비를 하기 위하여 유럽에 돌아오고 있는 중이었다. 그의 부인, 두 명의 양딸, 비서 그리고 두 명의 벨기에인 경호원과 같이 벨기에의 휴양 도시에 잠시 머물렀다. 베를린에서 그의 사위가 가구를 정리하고 이사 준비를 했다. 프랑스 대사관에서 그의 개인 문서들을 외교 행낭으로 수송해 주었다. 1933년 3월 말, 20세기의 가장 창의적인 물리학자는 또다시 독일 시민권을 포기했다.

1930년, 프린스턴 대학교는 노이만과 유진 위그너를 초빙했다. 위그너의 장난기 어린 회고에 의하면 그는 한묶음으로 같이 초청됐다. 프린스턴 대학교는 과학 부문을 보강할 계획으로 파울 에렌페스트의 자문을 구했다. 에렌페스트는 아는 사람들을 같이 초청하여 낯설은 고도에서 혼자 떨어져 있는 느낌을 받지 않도록 하는 것이 좋겠다고 두 명을 추천했다. "노이만의 명성은 이미 전세계에 알려져 있어 그들은 노이만을 초청하기로 결정했다. 그들은 누가 노이만과 같이 논문을 발표했는가 찾아보았다. 그들은 나를 발견하고, 나에게도 전보를 보내왔다." 사실 위그너도 군론이라 불리는 물리학에서도 난해한 분야에서 이미 명성을 얻고 있었고 1931년에는 군론에 대한 책도 발간했다. 그는 프린스턴 대학교도 한번 살펴보고 그리고 아마도 미국을 살펴보기 위하여 초청을 수락했다. "어느 누구도, 특히 유대인 계통의 독일에 있는 외국인들은 독일에 있을 수 있는 날이 얼마 남지 않았다고 생각했다. ……그렇게 명백했기 때문에 판단을 하는 데 특히 총명할 필요도 없었다. 12월에는 사태가 더 악화될 것이다. 우리는 그것을 잘 알고 있었다"라고 위그너는 말했다.

베를린에 있던 실라르드는 1932년 10월 8일날 유진 위그너에게 보낸 그의 사려 깊은 편지에서 자신의 장래에 대하여 상의했다. 그는 아직도 세계를 구하기 위한 단체를 조직할 노력을 하고 있었다. 이 생각은 너무 뿌리 깊이 박혀 있어서 불행히도 다시 증발시켜 버릴 수가 없었다. 그는 만일 이 일로 인하여 이 세상에서 직장을 갖게 되지 못한다 해도 자신이 불평할 수 없다는 것을 잘 이해하고 있었다. 그는 인도에서 실험물리학 교수직을 구해 볼까 생각했다. 왜냐하면 이 자리는 학생을 가르치기만 하면 되기 때문에 그의 창조적인 에너지를 다른 곳에 쓸 수 있을 것이라고 생각했다. 유럽이나 보스턴과 워싱턴 사이의 미국 동해안에 그가 나타나게 되리라는 것은 신만이 알고 있었다. 사실, 그는 거의 인도로 갈 뻔했다. 어쨌든, 그가 직장을 구할 때까지는 그는 적어도 죄의식을 느끼지 않고 과학을 연구할 수 있도록 자유스러울 것이다.

실라르드는 확실한 계획이 수립되는 대로 위그너에게 다시 편지하겠다고 약속했다. 그의 실제 계획이 절망적인 구호 작업을 벌이는 것이라는 것을 그는 아직 알고 있지 못했다. 그는 달렘에 있는 연구소 기숙사에 옷가방을 맡겨놓고 마이트너와 빌헬름 연구소에서 핵물리학을 연구할 계획에 관하여 이야기하고 있었다. 그녀는 한과 같이 일하고 있었지만 한은 화학자였기 때문에 실라르드와 같은 팔방미인이 필요했다. 그러나 공동 연구는 이루어지지 못했다. 사태가 너무 급변했다. 실라르드는 베를린을 떠나는 기차를 탔다. 이 일은 실라르드가 다른 사람들보다도 더 영리하지 않다면 적어도 하루 빨리 움직인다는 것을 증명해 주었다. 이때는 1933년 4월 1일이 임박했을 때였다.

교수의 임용에 있어, 오래된 반유대주의 차별로 인하여 자연과학 분야에서 더 많은 사람들이 해직됐다. 자연과학은 인문과학에 비하여 늦게 발전된 분야이며 독일 학자들은 물질주의적인 것으로 천시했으므로 유대인들이 쉽게 파고들 수 있었다. 해직된 교수는 의학에서 423명, 물리학에서 106명, 수학 60명, 자연과학과 생물과학에서 총 406명이었다. 베를린 대학교와 프랑크푸르트 대학교는 교수의 삼분의 일을 잃었다.

텔러는 1930년 라이프치히에서 하이젠베르크 밑에서 박사 학위를 받았다. 그리고 1년 동안 연구원으로 있다가 괴팅겐의 물리화학 연구소로 옮겼다. "그의 초기 논문들은 모두 양자역학의 응용 분야를 확장하는 것이었다"라고 유진 위그너가 말했다. 텔러는 화학 및 분자물리학에서 창의적인 연구를 했으며 1930년과 1936년 사이에 약 30여 편의 논문을 발표했다. 대부분의 논문은 공동 연구자와 같이 작성했다. 텔러는 계산이 서투르며 꼼꼼하게 세부적인 것까지 따지기에는 참을성이 부족했다.

"내가 떠나야 된다는 것은 처음부터 알고 있던 결론이었다"라고 텔러는 회고했다. "결국 나는 유대인일 뿐만 아니라 독일 시민도 아니었다. 나는 과학자가 되기를 원했지만 독일에 남아 연구를 계속할 수 있는 가능성은 히틀러의 출현으로 사라졌다. 많은 사람들이 떠난 것처럼 나도 가능한 한 빨리 떠나야 했다." 그렇다면 어디로 가야 하는가? 텔러는 헝가리로 돌아오라는 부모님들의 만류를 뿌리치고 코펜하겐에서 보어와 같이 연구할 수 있도록 록펠러 재단에 연구 지원금을 신청했다.

오토 프리슈도 결국 히틀러를 심각하게 받아들여야 된다고 결정했다. 프리슈는 풍채가 훌륭한 젊은 실험물리학자로 발명에 천부적인 재능이 있었으며 함부르크에서 오토 스턴을 위하여 일하고 있었다. 스턴은 아인슈타인의 제자이며 4년 전 샌프란시스코에서 로렌스에게 사이클로트론 연구를 빨리 추진하라고 재촉했던 적이 있었다. "스턴은 자기가 유대인인 것처럼 나도 유대인이라는 사실을 알고 깜짝 놀랐다. 그리고 그의 동료 중에 유대인이 두 명이나 더 있었다. 그들은 모두 떠나야 했다. 함부르크 대학교는 마지못해 법을 따라야 했으므로 나는 몇 개월 후에 해직당했다."

나치가 법령을 공포하기 전에 프리슈는 로마에서 페르미와 같이 연구하기 위하여 록펠러 재단의 특별 지원금을 신청했었다. 이 프로그램은 유망한 젊은 과학자들이 1년 동안 해외에 나가 연구하고 다시 본래의 직장에 돌아오도록 지원하는 것이었다. 당시 어려웠던 시절에 불행히도 이 재단은 규칙을 엄격히 적용하기로 했다. 프리슈는 재단으로부터 히틀러의 법에 따라 사태가 바뀌어 되돌아 갈 직장이 없으므로 지원을 철회한다는 통보를 받고 크게 실망했다.

한편, 보어는 도움이 필요한 사람들을 알아보기 위하여 독일 각지를 여행하던 중 함부르크에 들렀다. "나(프리슈)에게는 커다란 경험이었다. 나에게는 거의 전설 속의 이름 같은 닐스 보어를 갑자기 대면하게 됐다. 그는 인자한 아버지 같은 웃음을 띠고 나의 반코트 단추를 만지며 나는 당신이 언젠가는 우리에게 와서 같이 일하기를 희망한다. 우리는 사고력으로 실험을 수행할 수 있는 사람을 좋아한다고 말했다(프리슈는 최근에 양자역학이 예측한 대로 원자가 광자를 방출할 때 그 반동으로 운동한다는 것을 증명했다. 전에는, 이 운동은 측정하기에는 너무 미미한 것이라고 생각됐었다)." "그날 밤 나는 어머니에게 편지를 썼다. 신이 나의 반코트 단추를 붙잡고 미소지었으니 걱정하지 마시라고 했다. 이것이 내가 느낀 그대로이다."

스턴은 개인적으로 재산도 갖고 있었고 국제적인 명성도 얻어서 안정되어 있었으므로 동료들의 직장을 알선해 주기 위해 여행을 떠났다. "유대인 동료들을 팔아먹을 수 있는지——직장을 구해 줄 수 있는지——알아보기 위하여 여행을 떠났다. 그는 나(프리슈)를 퀴리 부인에게 팔아보겠다고 했다. 그래서 나는 어떻게라도 도와주면 고맙겠다고 말했다. 그리고 누구든 나를 산다면 팔려가겠다고 했다. 그가 여행에서 돌아와 퀴리 부인 대신에 블래켓(Blackett)이 나를 원한다고 알려주었다." 블래켓은 런던 태생으로 키가 크고 여윈 몸매에 해군에 복무했었다. 그는 러더퍼드의 제자 중의 한 명이며 나중에 노벨상을 받게 된다. 블래켓은 캐번디시를 떠나 런던에 있는 야간대학 버크벡으로 갔다. 그는 캐번디시에서 과도한 강의 시간 때문에 크게 언쟁을 했다. "만일 물리학 실험실이 독재적으로 운영되어야 한다면 나는 내 자신의 독재자가 되겠다"라고 맹세하며 러더퍼드의 연구실에서 얼굴이 하얘지며 뛰쳐나왔다. 버크벡은 야간대학이었으므로 실험하는 사람들은 온종일 평화스럽게 연구할 수 있었다. 다만 블래켓의 자동 안개상자에 우주선이 통과할 때 대포 같은 큰소리를 내는 것 이외에는 매우 조용했다. 잠정적인 일자리였지만 프리슈는 수락했다. 다음해 임용 기간이 끝났을 때 그는 신과 같이 일하기 위하여 북해를 건너 코펜하겐으로 갔다.

프리슈는 그의 이모 마이트너가 당분간은 안전하다는 소식을 듣고 안심했다. 마이트너는 베를린 대학교에서 9월 이후에는 강의를 할 수 없도록 금지당했다. 그러나 그녀의 국적이 독일이 아니고 오스트리아이기 때문에 빌헬름 연구소에서 계속 연구할 수 있도록 허락됐다. 그러나 그녀는 고백해야 될 일이 있었다. 한이 코넬 대학에서 방사능 화학에 관한 봄 학기 강의를 마치고 연구소로 급히 돌아왔을 때 마이트너는 그를 찾아갔다. 그녀의 조카가 이 일을 설명했다.

> 마이트너는 그녀의 유대인과의 관계에 대하여서는 이제까지 한 마디도 하지 않았었다. 그녀는 자신이 어떤 식으로든 유대인의 전통과는 관련이 없다고 느꼈다. 비록 인종적으로 따지자면 그녀는 완전한 유대인이였지만 유아 세례를 받았고 단지 유대인 조상을 가진 신교도라고 생각했다. 그래서 반유대주의 소동이 벌어졌을 때 그녀는 아마도 잠자는 개는 건드리지 않는 것이 좋으며 친구들을 곤란하게 만

들어서는 안된다고 생각했던 것 같다. 그러나 히틀러가 모든 것을 강제적으로 공개하도록 했을 때 그녀는 매우 당황했다. 그녀는 한을 찾아가 말했다. "나는 정말로 유대인입니다. 나 때문에 난처하게 되셨습니다."

노벨상을 받은 물리화학자 제임스 프랭크는 괴팅겐에서 닐스 보어를 만났다. 프랭크도 유대인이었지만 제1차 세계대전에 참여했었기 때문에 공직법에는 해당되지 않았다. 그는 매우 분개했다. 문제는 자신의 거취를 어떻게 할 것인가 하는 것이었다. 그는 여러 사람들의 의견을 들었지만 자기를 설득시킨 것은 보어였다고 말했다. 보어는 개개인이 그들 사회의 정치적 상황에 대하여 책임이 있다고 주장했다. 프랭크는 괴팅겐 대학교의 제2자연과학연구소 소장이었으나 항의하기 위하여 4월 17일날 사표를 제출했고 이 사실을 신문에도 알렸다.

막스 보른도 프랭크와 같은 신념을 가지고 그의 용기를 존경했으나 공개된 대결은 싫어했다. 대학 관계자로부터 사후에 그를 복직시키기 위하여 4월 25일자로 무기한 휴직으로 처리됐다는 이야기를 듣고 그는 퉁명스럽게 자신을 특별 취급하는 것은 원치 않는다고 말했다. 본 가족은 이미 여름을 보내기 위하여 알프스의 작은 마을에 아파트를 빌려 놓았었다. 그들은 예정보다 일찍 서둘러 떠났다. "우리는 5월 초에 남 티롤로 떠났다. 아인슈타인에게 소식을 보냈다." 아인슈타인은 옥스퍼드에서 5월 30일날 회신을 보내왔다. "당신과 프랭크가 사임을 했다니 반갑습니다. 당신들한테는 위험이 없으니 신께 감사합니다. 하지만 젊은이들을 생각하면 내 가슴은 아픕니다."

젊은이들은 이제 막 자신들의 기반을 닦는 과학자들이다. 아직 논문 발표나 국제적 명성도 얻지 못했으므로 그들에게 조직적인 지원이 필요했다.

레오 실라르드는 비엔나에 도착하여 레지나 호텔에 여장을 풀고 공직법에 관한 뉴스와 1차 해직자 명단이 실린 신문을 읽었다. 분노가 복받혀 거리로 나가 걸었다. 그는 베를린에서 온 옛날 친구이며 계량경제학자인 야코브 마르샥(Jacob Marshack)을 만나 다른 사람들을 도와주기 위하여 무엇인가 해야 된다고 주장했다. 그들은 고트프리트 쿤발트(Gottfried Kuhnwald)를 만나러 같이 갔다. 쿤발트는 기독사회당의 유대인 고문이며 빈틈없이 영리한 사람이었다. 그는 대대적인 추방이 곧 있을 것이라고 예상하며 이런 일이 벌어지면 프랑스는 희생자들을 위하여 기도하고, 영국은 그들을 구출하기 위하여 활동을 조직하고 미국은 돈을 댈 것이라고 말했다.

쿤발트는 이들을 비엔나를 방문하고 있던 한 독일 경제학자에게 보냈다. 이 경제학자는 런던 경제대학교의 학장인 윌리엄 비버리지(William Berveridge) 경으로, 현재 비엔나를 방문 중이며 레지나 호텔에 묵고 있다고 알려주었다. 실라르드가 이 영국인을 만나서 이야기해 본 결과 해직된 경제학자를 자기 학교에 채용하는 정도 이상의 구조 활동은 생각하고 있지 않다는 것을 알게 됐다. 이런 정도는 실라르드의 생각과는 세 단계 정도 차이가 나는 것이었다. 실라르드는 비버리지 경을 설득할 준비를 했다.

쿤발트, 비버리지 그리고 실라르드가 다시 만났다. 비버리지는 영국에 돌아가 가장 급한 일을 처리한 후에 나치의 희생자들에게 일자리를 구해주기 위한 위원회를 조직할 것을 약속했다. 그리고 실라르드에게 런던에 와서 자주 그를 야단쳐 달라고 부탁했다.

이 바쁜 경제학자는 별로 야단맞을 필요가 없었다. 그는 런던에 돌아가 러더퍼드에게 학자 구조 협의회를 이끌어 주도록 요청했다. 5월 22일, 이 협의회는 직장 소개소와 정보 센터를 운영하고 기금을 모금하겠다고 발표했다. 실라르드도 곧 영국으로 건너갔다.

거의 같은 시기에 미국에서도 구조 활동이 시작됐다. 존 듀이(John Dewey)는 컬럼비아 대학교에 교수 특별 지원 기금을 수립하는 일을 도왔다. 코넬 대학교에서 베테를 채용한 것과 같이 즉각적이고도 개인적인 도움의 손길을 뻗치기 시작했다. 국제 교육연구원의 주관 아래 해직 독일 학자들을 돕는 비상위원회가 조직됐다.

그 해 여름, 실라르드는 적극 나서지 않고 관망하는 태도를 취했다. 그는 자기가 학자 구조 협의회를 대표하기에는 적당치 않다고 느꼈다(그렇지만 8월 한 달 동안 무보수로 사무실을 운영했다). 그래서 그는 여행을 하며 기존 조직을 조정하고 새로운 조직을 만드는 일에 주력했다. 하임 바이츠만과 만나 오랜 시간 상의한 결과 영국에 있는 유대인들의 도움을 이끌어 내는 데 성공했다. 아인슈타인은 망명 대학교를 설립할 생각을 가지고 있었다. 실라르드는 레온 로젠펠트(Leon Rosenfeld)를 통하여 아인슈타인이 그의 명성을 공동의 노력을 위하여 사용해 주도록 설득했다. 스위스에서는 국제 학생 봉사 기구가 나서도록 했고, 폴란드에서는 안절부절 못하는 에렌페스트에게 그가 갖고 있는 이론물리학자 초빙 기금을 사용하도록 했다. 실라르드는 비버리지에게 벨기에 대학들의 학장들은 동정적이기는 하지만 전쟁의 기억 때문에 벨기에 내에서 독일 과학자들을 돕는 기관을 조직하는 일은 쉽지 않다고 보고했다.

보어는 실라르드의 노력에 적극 찬동하고 코펜하겐에서 열리는 통상적인 여름 학회를 일종의 직장 알선 기회로 활용할 것을 제안했다. 그러나 짧은 시간 동안에 그렇게 많은 사람들을 도와주기란 매우 어려운 일이었다.

실라르드는 컬럼비아 대학교에 있는 미국인 물리학자 벤저민 리보위츠(Benjamin Liebowitz)로부터 도움을 받았다. 리보위츠는 새로운 종류의 셔츠 칼라를 고안하여 스스로 셔츠 제조 사업체를 운영했다. 그는 42세로 실라르드보다 일곱 살이나 위였다. 이 두 사람은 실라르드가 1932년 미국을 방문했을 때 만난 적이 있었고 그 후 베를린에서 다시 만났다. 리보위츠도 실라르드와 마찬가지로 보수도 없는 구조 활동을 자청하여 맡았다. 두 사람은 서로 협력했고, 리보위츠는 자기가 알고 있는 미국인들을 끌어들였다. 리보위츠는 5월 초 뉴욕에 보낸 그의 편지에서 독일의 형편을 생생히 기록했다.

> 독일에 있는 모든 계층의 유대인들의 절망감을 다 이야기하는 것은 불가능하다. 그들을 쫓아내고 생애를 갑자기 정지시키는 야비한 방법은 간담을 서늘하게 한다. 외부에서 도와주지 않는 한, 수천 혹은 수십만 명의 사람들에게는 굶주림 또는 자살 이외에는 별다른 전망이 없다. 그것은 대대적인 '냉혹한 조직적 학살'이며 유대인뿐만 아니라 물론 공산주의자들도 포함되어 있으나 인종에 따라 골라내지는 않는 것 같다. 사회 민주주의자와 자유주의자들 특히 나치 운동에 조금이라도 반대하는 사람들은 모두 탄압을 받는다.
>
> 레오 실라르드 박사는 내가 아는 어떤 사람보다도 앞으로 일어날 일들을 더 잘 예견할 수 있는 사람이다. 폭풍이 불어닥치기 수주 전에, 그는 독일의 과학자들과 학자들에게 도움을 제공하기 위한 계획을 수립하기 시작했다.

실라르드는 자신의 거취가 결정되지 않아 불안해지기 시작했다. 그는 8월에 친구에게 편지를 썼다. 그는 인도에 갈 생각을 버리지도 않았고 그렇다고 그 생각이 더 강렬해지지도 않았다. 그는 미국에 가는 것을 싫어하지도 않았지만, 그러나 영국에 사는 것을 더 좋아했다. 그는 비록 약간 피곤함을 느끼지만 영국에서 행복감을 맛보고 있었다. 그가 앞날에 대하여 생각해 보는 순간에 그의 행복감이 우울함으로 바뀌었다. "독일이 재무장하리라는 것은 명백한 일이다. 그리고 앞으로 수년 동안은 다른 나라들이 이것을 막지 못할 것이라고 나는 생각한다. 그러므로 몇 년 안으로 두 개의 중무장한 그룹이 유럽에 나타날 것이며, 이 결과로 우리는 자동적으로 전쟁에 휩쓸리게 될 것이다."

이것이 서늘하고 습기 찬 9월의 어느 흐린 날 그가 사우샘프턴가 보도를 내려설 때 앞으로 다가올 일들을 생각하게 했다.

아인슈타인은 9월 9일 마지막으로 해협을 건너 영국에 도착했다. 그의 부인의 고집으로 벨기에를 떠났다. 그녀는 그가 살해될 것이라는 두려움에 떨었다. 그녀가 미국에 가기 위한 이민 수속을 밟는 동안 그는 외떨어진 별장에서 풀밭을 산책하며 염소들과 대화를 나눴다. 이곳에서 그는 가장 오래된 그리고 가장 가까운 친구 폴 에렌페스트의 자살 소식을 듣게 됐다. 에렌페스트는 그의 막내 아들과 같이 동반 자살을 시도했으나 아들은 시력을, 자신은 목숨을 잃었다.

프랑스인들의 기도를 제외하고는, 구조 활동의 처음 2년 동안은 쿤발트의 빈틈없는 예측이 들어 맞았다. 영국인들이 전세계가 제공한 일시적인 직장의 반을 제공했고 미국인들은 주로 록펠러 재단 같은 곳에서 돈을 제공했다. 그 후 세계 경제가 되살아나기 시작하고 영국 학계의 형편이 어려워지자 미국으로의 이민이 증가했다. 공식적인 비상위원회 주관 아래 1933년 30명, 1934년 32명, 1935년 15명, 1938년 43명, 1939년 97명, 1940년 59명 그리고 1941년

50명이 미국에 도착했다. 물리학자들 중 많은 사람들은 국제적인 교류를 통하여 서로 아는 사람들끼리 도와주어 다른 분야의 학자들보다 형편이 나은 편이었다. 1933년부터 1941년 사이에 약 100명의 물리학자들이 미국으로 이민했다.

아인슈타인은 그의 친구인 벨기에의 엘리자베스 여왕에게 "프린스턴은 아름다운 작은 마을입니다. 색달라서 흥미도 느끼고 있지만, 몇 가지 이곳 사회 관습을 무시함으로써 내 스스로 연구에 도움이 되는 분위기를 만들었습니다"라고 보고했다.

레오폴트 인펠트(Leopold Infeld)는 뉴욕에서 프린스턴까지 기차를 타고 오며 목조 가옥이 많은 것을 보고 무척 놀랐다. 유럽에서는 목조 가옥은 벽돌과 달리 오랜 세월을 견딜 수 없는 값싼 대체품으로 생각됐다. 여행중 철로변에 폐차들과 고철 더미들이 쌓여 있는 것을 보았다. 프린스턴의 교정은 텅 비어 있었다. 그는 호텔을 정하고 학생들이 모두 어디에 갔는가 물어 보았다. "아마도 노틀담을 보러 갔을 것입니다" 하고 호텔 직원이 대답했다. 내가 미쳤나? 인펠트는 자신에게 물어 보았다. 노틀담은 파리에 있다. 여기는 거리가 텅 비어 있는 프린스턴이다. 이것들이 무슨 뜻인가? 그는 곧 이유를 알게 됐다. "갑자기 분위기가 바뀌었다. 자동차들이 달리기 시작했고 뒤이어 군중들이 거리로 몰려 나왔으며 학생들이 소리를 지르고 노래를 불렀다." 인펠트가 도착한 날은 토요일이었으며 이날 프린스턴과 노틀담의 축구 경기가 있었다.

화학자 쿠르트 멘델스존(Kurt Mendelssonhn)은 도망 나온 뒤의 아침을 생생하게 기억했다. "아침에 잠이 깨었을 때 태양이 나의 얼굴을 비치고 있었다. 여러 주일 만에 처음으로 오랜 시간 동안 깊은 잠을 잤다. (전날 밤) 나는 런던에 도착하여 비밀 경찰이 새벽 3시에 찾아와 나를 잡아 갈지도 모른다는 두려움 없이 잠자리에 들었다."
자유는 과학과 생애, 생활, 가족 혹은 사랑이기 전에 아침의 눈부신 태양을 볼 수 있는 숙면이고 안전이다.

고무적인 연구

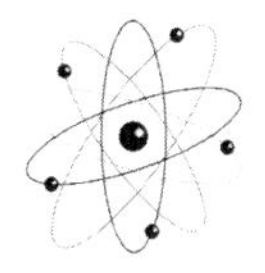

1933년 10월 브뤼셀에서 열린 제7회 솔베이 학술 회의는 소련의 이론물리학자 조지 가모브(George Gamow)에게 상황이 급박하게 악화되어 가는 소련으로부터 도망칠 수 있는 기회를 제공했다. 가모브 부부는 학술 회의가 끝난 후 미국으로 망명했다. 가모브는 미시간 대학교에서 여름 학기를 가르친 뒤 워싱턴에 있는 조지 워싱턴 대학교의 물리학 교수직을 수락했다.

솔베이 학술 회의는 처음으로 핵물리학에 관한 논문 발표 및 토론 시간을 제공하여 두 세대에 걸친 남녀 물리학자들이 참석했다. 마리 퀴리, 러더퍼드, 보어, 마이트너 등은 노년층에 속하는 물리학자들이었고 하이젠베르크, 파울리, 페르미, 채드윅, 가모브, 졸리오-퀴리 부부, 블래켓 그리고 파이얼스 등은 젊은 층에 속하는 사람들이었다. 사이클로트론을 발명한 어니스트 로렌스는 그 해 참가한 미국인의 대표격이었다.

솔베이 학술 회의가 개최되기 거의 1년 전인 1932년 8월 2일, 조심스럽게 준비된 안개상자를 가지고 실험을 하던 캘텍의 실험물리학자 칼 앤더슨(Carl Anderson)은 우주선들의 궤적 속에서 새로운 입자를 발견했다. 이 입자는 음의 전하 대신 양의 전하를 갖는 전자로 양전자이며 우주에는 물질뿐만 아니라 반물질도 있다는 최초의 증거였다(양전자의 발견으로 앤더슨은 1936년 노벨상을 받았다).

전세계의 물리학자들은 그들이 찍은 안개상자 사진을 다시 꺼내어 조사하기 시작했다(졸리오-퀴리 부부는 전에도 중성자의 발견을 놓쳤으며, 이번에도 양전자의 발견을 놓쳤다). 이 새로운 발견에 대하여, 양전하를 갖고 있는 양자가 단일 입자가 아니고 중성자와 양전자가 복합된 것일 수 있다는 가능성도 제시했다(그러나 핵 속에는 양 또는 음의 전자가 존재할 수 없다는 것이 뒤에 증명됐다).

졸리오-퀴리 부부는 양전자의 발견 역시 놓쳤다는 사실을 확인한 뒤에 다시 그들의 안개상자를 작동시켜 새로운 입자를 찾기 시작했다. 그들은 폴로늄에서 방출된 알파 입자를 중간 정도의 질량을 가진 원소의 원자핵에 충돌시키면 양자가 방출된다는 사실을 발견했다. 그들은 또한 가벼운 원소, 특히 알루미늄과 보론 등이 때때로 중성자를 방출하고 나서 양자 대신 양전자를 방출하는 것을 알아냈다. 이것은 양자가 복합물이라는 증거처럼 생각됐다. 그들은 솔베이 학술 회의에서 그들의 증거를 발표했다.

마이트너는 졸리오-퀴리의 발표 내용에 반대했다. 그녀는 카이저 빌헬름 연구소에서 유사한 실험을 했으며 그녀의 조심스럽고 정교한 실험은 높이 평가받고 있었다. 마이트너는 그녀의 실험에서 단 한 개의 중성자도 발견할 수 없었다고 강조했다. 분위기는 마이트너의 결과를 선호하는 쪽이었다. "마지막에는 참석했던 물리학자들의 대다수가 우리 실험의 정확성을 믿지 않았다"라고 졸리오가 말했다. "학술 회의가 끝난 후 우리는 사기가 떨어져 있었다. 닐스 보어 교수가 우리들을 한 옆으로 데리고 가서…… 그는 우리 실험 결과를 매우 중요하게 생각한다고 말했다. 잠시 후 파울리도 비슷한 말로 우리의 용기를 북돋아주었다." 졸리오-퀴리 부부는 이 문제를 확실히 매듭 지을 결심을 가지고 파리로 돌아왔다.

피에르 퀴리는 너무 오랫동안 방사능 물질에 노출되어 백혈병을 앓고 있었다. 1932년, 이렌 퀴리가 어머니의 뒤를 이어 라듐 연구소의 소장이 됐다.

양자 대신에 중성자와 양전자가 방출되는 것은 표적에 충돌하는 알파 입자의 에너지의 양 때문인 것처럼 보였다. 퀴리 부부는 알파 입자가 방출되는 폴로늄을 표적으로부터 멀리 떨어지게 하여 이 가능성을 시험했다. 방출된 알파 입자는 공기 중에서 더 많은 거리를 비행하여야 하므로 에너지가 감소하게 된다. 졸리오는 실험을 시작했다. 의심할 바 없이 중성자가 방출되고 있었다. 알루미늄 표적으로부터 폴로늄을 멀리 가져가서 알파 입자가 최소 속도를 갖게 되자 중성자의 방출은 중지됐다.

그러나 그때 다른 현상이 나타나 그를 놀라게 했다. 중성자의 방출이 중단된 뒤에도 양전자의 방출은 계속됐다. 양전자의 방출은 일정 시간이 지난 뒤 갑자기 중단되지 않고 마치 자연 방사능 물질에서 방출되는 방사선처럼 서서히 감소했다. 무슨 일이 벌어지고 있는 것일까? 졸리오는 안개상자 속의 과포화 상태 안개 속에서 이 입자들의 이온화 궤적을 관찰하고 있었다. 그는 가이거 계수기로 바꾸어 측정을 하면서 이렌을 불렀다. 다음날 그는 연구소 직원들에게 설명해 주었다. "내가 이 표적에 알파 입자를 충돌시키면 가이거 계수기의 찌륵거리는 소리를 들을 수 있다. 내가 알파 입자 소스(폴로늄)를 치워 버리면 이 소리는 중단되어야 하는데 실제로는 계수기가 계속 소리를 낸다." 이 이상한 현상은 처음 3분 동안에 강도가 약 반으로 줄어들었다. 그들은 아직 이 주기를 반감기라고는 생각하지 못했다. 그것은 단지 가이거 계수기의 작동 상태가 불량해지는 것이 아닌가 하고 생각했다.

가이거 계수기의 전문가인 젊은 독일인 물리학자 볼프강 겐트너가 라듐 연구소에서 일하고 있었다. 졸리오는 그에게 실험 기구의 작동 상태를 조사해 보도록 요청했다. 부부는 그날 밤 꼭 참석하지 않으면 안 될 저녁 모임이 있었다. 다음날 아침, 졸리오는 가이거 계수기가 정상적으로 작동하고 있다는 그의 책상 위에 남겨진 메모를 발견했다.

그렇다면 그들은 인공적으로 방사능 물질을 만드는 방법을 발견했다고 거의 확신했다. 그들은 가능한 핵반응에 대하여 조사하여 보았다. 13개의 양자와 14개의 중성자로 구성된 알루미늄 원자핵이 2개의 양자와 2개의 중성자로 구성된 알파 입자를 포획한 후 즉시 1개의 중성자를 방출하고 각각 15개의 양자와 중성자를 갖는 불안정한 원소 인(Phosphorus)으로 변환된다(13+2=15 양자, 14+2−1=15 중성자). 그러고 나서 인의 원자핵은 양전자를 방출하고 붕괴되어 실리콘 원자핵이 된다(14 양자, 16 중성자). 이 붕괴의 반감기가 3분이다.

그들은 극소량의 실리콘을 화학적으로 분석해 낼 수는 없었다. 이 발견으로 이들 부부가 1935년 노벨 화학상을 수상하는 자리에서 졸리오는 다음과 같이 설명했다. "이 변환에서 생성된 것은 매우 적은 양입니다. 10^{-15}그램보다도 적어서 기껏해야 수백만 개의 원자에 지나지 않습니다." 너무 적은 양이기 때문에 화학 반응으로는 검출할 수가 없었다. 대신에 그들은 인의 방사능을 가이거 계수기로 검출했다. 만일 이것이 정말로 알루미늄이 인으로 바뀌는 인공 변환이라면 그들은 두 개의 서로 다른 원소를 화학적으로 분리할 수 있어야 된다. 새로 만들어진 인에서 방사능이 방출되고 변환되지 않은 알루미늄은 그대로 남아 있을 것이다. 3분 이내에, 방사능에 의하여 생기는 가이거 계수기의 신호가 사라지기 전에 이들을 분리해야 된다.

지금까지 그런 관점에서 화학을 생각해 오지 않았기 때문에 이러한 요구는 실험실의 화학자들을 당황하게 했다. 그러나 졸리오는 적절한 실험 방법을 고안해 냈다. 알루미늄 박지 조각을 염산이 담겨 있는 용기에 집어 넣고 뚜껑을 닫았다. 염산은 박지를 용해시키며 화학 반응으로 수소 가스를 방출시킨다. 이때 인 원자도 수소 가스에 섞여 용액에서 방출된다. 시험관을 거꾸로 뒤집어 가스가 관 속에 모이게 한 다음 가이거 계수기로 가스를 조사하니 신호음이 들렸다. 방사능 물질이 가스 속에 포함되어 있다는 증거였다. 또 다른 화학적 실험으로 이 방사능 물질이 인이라는 것을 증명해 냈다. 졸리오는 어린아이처럼 펄쩍펄쩍 뛰었다.

이 발견은 오늘을 위하여 딸을 준비시켜 왔고 그리고 사위를 후원해 온 병석에 있는 이렌의 어머니에게 바쳐졌다.

> 이렌과 내가 작은 유리관 안에 담긴 최초의 인공 방사능 원소를 마리 퀴리에게 보여드렸을 때 그녀의 얼굴에 떠오른 기쁨의 표현은 잊을 수가 없다. 나는 그녀가 라듐의 방사능으로 화상을 입은 손가락으로 인공 방사능 원소가 들어있는 작은 시험관을 쥐던 모습을 아

직도 기억하고 있다. 우리의 이야기를 확인하기 위하여 시험관을 가이거 계수기에 가까이 가져가자 계수기는 찌륵찌륵거리는 소리를 냈다. 이것은 의심할 바 없이 그녀에게 생의 마지막 큰 만족을 주었을 것이다.

졸리오-퀴리 부부는 1934년 1월 15일자 《*Comptes Rendus*》와 1월 19일자 《네이처》에 그들의 연구 결과를 발표했다. 에밀리오 세그레는 그의 현대 물리학사에서 "이 실험은 원소의 인공 변환에 대한 최초의 화학적 증명이다"라고 자랑스럽게 결론지었다.

러더퍼드도 졸리오-퀴리 부부에게 편지를 보내왔다. "나는 궁극적으로 매우 중요한 것으로 판명되리라고 확신하는 두 분의 훌륭한 연구 결과를 축하합니다." 자신도 몇 번 같은 실험을 했지만 성공하지 못했다고 했다. 실험의 대가로부터 받은 높은 칭찬이었다.

그들은 러더퍼드가 했던 것처럼 핵의 조각을 떼어낼 수 있을 뿐만 아니라 인공적으로 방사능 붕괴를 통하여 핵에너지를 방출하게 할 수 있다는 가능성을 실증했다. 졸리오는 노벨상 공동 수상 연설의 후반부에서 앞으로 일어날 수 있는 일을 예측했다. 과학이 발전해 나가면 과학자들은 마음대로 원소를 만들고 부셔버림으로 폭발적인 형태의 원소 변환을 일으킬 수 있다고 생각한다. …… 만일 이런 변환이 물질 속에서 퍼져 나가게 하는 데 성공한다면 거대한 에너지의 방출을 상상할 수 있다. 그는 원자 에너지의 가능성을 예견했다.

실라르드는 솔베이 학술 회의에 초청장을 받지 못했다. 1933년 10월까지 단지 머릿속에서 생각하기만 했지 핵물리학에서 이렇다 할 연구 업적을 내지 못했다. 8월에 그는 친구에게 편지를 보냈다. "현재로는 여행하는 데 많은 돈을 쓰면서 한푼도 벌지 않으니까, 이런 식으로 오래 견딜 수는 없네." 핵 연쇄 반응에 관한 생각은 그에게 '일종의 강박관념'이 됐다. 1월에 졸리오-퀴리 부부의 발견 소식을 듣고 나서 그의 강박 관념은 더욱 커졌다. "나는 갑자기 연쇄 반응의 가능성을 조사할 수 있는 도구가 이용 가능하다는 것을 깨닫게 됐다"라고 실라르드는 당시를 회상했다.

그는 숙박비가 덜 드는 트래팔가 광장 근처의 스트랜드 팰리스 호텔로 숙소를 옮기고 생각하기 위하여 정주했다. 그는 약간의 돈이 남아 있었으므로 급히 직장을 구할 필요 없이 이런 식의 생활을 1년 정도 더 계속할 수 있었다. 욕실은 복도의 끝에 있었다. "나는 아침 9시경이면 욕실에 갔다. 생각하기 위해서는 욕조보다 더 좋은 곳은 없었다. 나는 거기서 물 속에 몸을 담그고 생각을 했다. 12시경 여자 종업원이 와서 노크를 하며 '선생님 별일 없습니까?' 하고 소리쳤다. 그러면 나는 욕실을 나와 몇 가지를 기록하고 비망록을 받아 쓰게 했다."

비망록 중의 하나는 1934년 3월 12일에 접수된 원자 에너지에 관련된 특허 출원서였다. 그것은 그 해와 다음해에 작성된 몇 개의 출원서 중 맨 처음 것이었으며, 이것들은 나중에 모두 한 개의 출원서로 묶어졌다. 같은 날 실라르드는 「화학적 원소 변환 방법의 개선 및 그에 관한 연구」라는 제목으로 특허를 출원했다. 실라르드는 이미 지난 9월에 알파 입자보다 중성자가 연쇄 반응을 일으키는 데 더 효과적이라는 생각을 하고 있었다. 그는 이 생각을 인공 방사능 물질을 만들어 내는 또 다른 방법으로 사용할 것을 제안했다.

> 방사성 원소는 중성자를 충돌시켜서 만들어낼 수 있다. …… 이런 중성 핵입자는 이온화 현상에 의한 에너지의 손실 없이 무거운 핵에도 쉽게 침투하여 방사성 물질을 만들어낼 수 있다.

그것은 첫걸음이었다. 그것은 또한 건방진 허세이기도 했다. 실라르드는 중성자가 인공적으로 방사선 붕괴를 일으킬 것이라는 이론에 근거한 믿음만 갖고 있었다. 그는 필요한 실험을 하지 못했다. 지금까지 졸리오-퀴리 부부만이 알파 입자를 이용하여 이런 실험을 했다. 실라르드는 인공 방사능 물질 이상의 것을 추구하고 있었다. 그는 연쇄 반응에 의하여 핵에너지를 방출시켜 원자탄을 만드는 방법을 생각하고 있었다. 그는 어떤 원소들이 한 개의 중성자를 포획하고 두 개 또는 그 이상의 중성자를 방출할 수 있을까 생각하기 시작했다. 그는 모든 원소들을 체계적으로 조사해 보는 것이 합리적인 방법일 것이라고 생각했다. 자연에는 92가지의 원소들이 있다. 그러므로 이 방법은 매우 싫증나는 것이다. 약간의 연구비만 있다면 장비를 만들고 그리고 누군가를 채용하여 원소를 한 가지씩 차례로 조사해 나가면 될 것이다.

그러나 실라르드는 이런 실험을 하기 위한 실험실, 헌신적인 일꾼 그리고 충분한 재정적 지원 등 모두가 결핍되어 있었다. "연쇄 반응에 흥미를 갖는 물리학자는 한 명도 없었다"라고 그는 기억했다. 러더퍼드도 이런 연구 제안을 거절했다. 블래켓은 "이런 환상적인 생각을 가지고는 영국에서 행운을 얻기는 어려울 걸세"라고 말했다. 아마도 러시아라면 물리학자가 정부에 대하여 우리는 연쇄 반응을 만들어 내야 된다고 말하면 그들은 모든 돈과 필요한 시설을 지원해 줄 것이다. 그러나 영국에서는 가능하지 않은 일이었다. 런던의 냉정함을 욕조 속에서 녹이며 실라르드는 미래를 설계하는 일로 되돌아 갔다. 각 원소에 중성자를 충돌시켜 연쇄 반응의 가능성을 체계적으로 조사해 보는 기회는 그에게는 오지 않았다.

대신에 그 기회는 로마에 있는 엔리코 페르미와 그의 젊은 동료들에게 돌아갔다. 페르미는 준비가 되어 있었다. 그는 실라르드가 갖고 있지 못한 것들을 모두 갖고 있었다. 페르미도 실라르드만큼이나 재빨리 중성자가 알파 입자보다 더 유용할 것이라는 것을 알아차렸다. 이 생각은 그렇게 자명한 것은 아니었다. 중성자를 얻기 위하여 알파 입자가 사용됐지만 모든 알파 입자가 표적과 충돌하는 것은 아니기 때문에 방출되는 중성자의 숫자는 매우 적었다. 많은 사람들이 페르미의 생각은 어이없는 것이라고 생각했다. 그러나 단순한 그들의 논리가 간과한 것은 중성자가 알파 입자보다 훨씬 더 효과적이라는 사실이었다.

페르미는 핵물리학의 중요한 연구를 수행하기 위하여 4년 이상 연구실을 꾸며왔기 때문에 충분한 준비가 되어 있었다. 만일 당시에 이탈리아가 물리학 연구의 중심지 중의 하나였다면 그도 다른 일에 바빠서 이 일을 착수하지 못했을 것이다. 그러나 이탈리아의 물리학계는 페르미가 나타났을 때 폼페이만큼이나 시들어버린 폐허였다. 그에게는 잔해를 한쪽으로 밀어버리고 새로 시작하는 이외에는 선택의 여지가 없었다.

페르미의 전기를 쓴 그의 부인 로라와 그의 제자이며 친구인 노벨상 수상자 에밀리오 세그레는 그가 물리학에 관여하기 시작한 시기를 페르미가 14세 때 그의 형 지울리오(Giulio)의 죽음 뒤에 심리적인 충격을 받은 기간인 1915년 겨울이라고 했다. 나이가 한 살 차이인 이 두 소년들은 분리할 수 없는 사이였다. 목의 농양 때문에 간단한 수술을 받다 지울리오가 죽자 엔리코는 갑자기 희망을 잃었다.

그 해 겨울 어린 엔리코는 로마의 캄포 데이 피오리 거리를 구경하러 나갔다. 이 거리에는 1600년 종교 재판에 의하여 화형을 당한 코페르니쿠스를 변호한 철학자 지오르다노 브루노(Giordano Bruno)

를 기념하는 동상이 서 있다. 페르미는 예수회 물리학자가 1840년에 라틴어로 쓴 『기초 물리수학』이라는 두 권으로 된 헌 책을 발견했다. 쓸쓸한 소년은 용돈을 털어 이 책들을 샀다. 그는 이 책들을 모두 읽고 나서 누나 마리아에게 이 책들이 라틴어로 쓰여져 있는지도 모르고 읽었다고 말했다. 나중에 세그레가 이 책들을 뒤져보았을 때 책의 여백에 쓰여진 노트, 오류의 수정 및 페르미가 직접 쓴 종이 쪽지 등을 살펴보고 페르미가 이 책들을 매우 철저하게 공부했다는 것을 알 수 있었다.

이때부터 페르미는 물리학자로 재빨리 그리고 순조롭게 발전해 나갔다. 1914년에서부터 1917년까지 그의 아버지의 친구이며 엔지니어인 아미데이(Amidei)가 페르미의 수학과 물리학 공부를 도와주었다. 아미데이는 페르미에게 대수, 삼각함수, 해석기하, 미적분학 그리고 이론역학 등의 책을 빌려주었다. 페르미가 3학년을 다니지 않고 일찍 고등학교를 졸업하자 아미데이가 수학 또는 물리학 중 어느 길을 더 좋아하느냐고 물어보았다. 젊은이는 정확하게 대답했다. "나는 열심히 수학을 공부했습니다. 왜냐하면 수학은 내가 전적으로 전념하고 싶은 물리학 공부에 필요하기 때문입니다. …… 나는 물리학에서 잘 알려진 책들은 모두 읽었습니다."

아미데이는 페르미에게 로마 대학교보다는 피사 대학교에 진학하라고 권고했다. 왜냐하면 피사에서는 국제적인 명성을 가진, 숙식을 제공하는 노르말 쉬페리에르 대학에 연구생으로 입학할 수 있기 때문이었다. 그러나 다른 이유보다도 아미데이는 지울리오의 죽음 뒤에 그의 가정에 우울한 분위기가 꽉 차 있어서 엔리코를 다른 곳으로 보내고 싶었다고 세그레에게 말했다.

1923년 겨울, 페르미가 박사 학위를 받고 나서 특별 연구생 자격으로 막스 보른 밑에서 연구하기 위하여 괴팅겐에 갔을 때 예상치 않은 일이 벌어졌다. 파울리, 하이젠베르크와 명석한 젊은 이론가 파스쿠알 요르단(Pascual Jordan) 등이 그 곳에 있었으나 어찌된 일인지 페르미의 뛰어난 능력이 인정받지 못하고 무시당하는 느낌을 받았다. 그는 수줍어 하고 자존심이 강하며 고독에 익숙해져 있기 때문에 남과 어울리지 못하는 결과를 자초했을지도 모른다고 세그레는 말했다. 혹은 독일인들이 이탈리아의 물리학 수준이 낮으므로 편견을 갖고 있었을 수도 있다. 또는, 철학에 대한 마음속에서 느끼는 혐오감 때문에 그가 입을 다물고 있었는지도 모른다. 페르미는 하이젠베르크의 양자역학에 관한 초기 논문들을 이해할 수 없었다. 수학적 어려움 때문이 아니라 물리적 개념이 그에게 생소했고 약간 애매모호한 것 같아보였다. 그는 괴팅겐에 있는 동안 논문을 썼지만 로마에서도 할 수 있는 것들이었다. 세그레는 페르미가 괴팅겐 시절을 일종의 실패로 기억한다고 말했다. 그는 괴팅겐에서 두세 달을 보냈지만 그의 책상에 따로 앉아 자기 일만 했다. 그는 배운 것도 없고 그들은 그를 인정하지도 않았다. 그 다음해에는 라이덴의 에렌페스트 밑에서 3개월 동안 연구했다. 그 이후 페르미는 자기의 가치를 확신했다.

그는 언제나 철학적인 물리학을 싫어했다. 단순하고 정확함이 그가 일하는 방식의 특징이었다. 세그레는 페르미가 직접적인 실험으로 증명할 수 있는 명확한 문제를 좋아하는 경향이 있다고 생각했다. 위그너는 페르미가 복잡한 이론을 싫어하여 가능한 한 이들을 회피한다는 것을 눈치챘다. 베테(Bethe)는 페르미의 분명하게 하는 단순성에 주목했다. 신랄하게 말하는 파울리는 그를 양자 엔지니어라고 불렀다. 빅토르 바이스코프(Victor Weisskopf)는 페르미를 존경하지만 파울리의 말에도 약간의 진실이 있다고 생각했다. 보어에게서 느낄 수 있는 철학적인 면모와는 차이가 있었다. 로버트 오펜하이머는 "철학자는 아니다"라고 그를 묘사한 적이 있었다. "명료함에 대한 열정으로 그는 단순히 일들을 불명확한 상태로 버려둘 수가 없었다. 그러나 일이라는 것이 늘 그랬으므로 그는 언제나 바빴다." 페르미와 같이 일했던 미국의 한 물리학자는 그를 냉정하고도 명백한 사람이라고 생각했다. 어떤 문제를 결정하는 데 있어서 인간 본성의 모호한 법칙들은 멸시하거나 무시하는 경향이 있고 직접적인 사실에만 입각하여 판단하므로 약간 잔인하기도 했다.

페르미의 명료함에 대한 열정은 또한 정량화에 대한 열정이기도 하다. 그는 현상들과 관계들이 분류될 수 있거나 또는 번호를 붙일 수 있을 때만 편안함을 느끼는 듯이 모든 것을 정량화하려고 노력한 것 같다. "페르미의 엄지 손가락은 언제나 사용할 수 있는 자였다"라고 그의 부인 로라는 기술했다. "왼쪽 손가락을 왼쪽 눈에 갖다대고 오른쪽 눈을 감으면 먼 산까지의 거리, 나무의 높이 그리고 날아가는 새의 속도까지도 잴 수 있다. 그의 분류에 대한 사랑은 타고난 것이었다. 나는 그가 사람들을 키, 외모, 재산 또는 성적 매력 등으로 분류하는 이야기를 들은 적이 있다."

1926년, 25세가 되던 해에 페르미는 이탈리아 로마 대학교의 이론 물리학 교수로 선임됐다. 영향력 있는 후원자인 시칠리아 사람 코르비노(Corbino)가 대학에 새로운 교수 자리를 마련했다. 1921년 페르미는 키가 작고 검은 피부에 쾌활한 코르비노를 만났다. 그는 뛰어난 물리학자이며 대학의 물리학 연구소장으로 왕국의 상원의원이기도 했다. 원로 물리학자들이 페르미의 빠른 승진을 좋지 않게 생각했으므로 페르미는 코르비노의 보호를 받을 수밖에 없었다. 코르비노는 이탈리아 물리학을 발전시키려는 페르미의 노력을 돕기 위해 무솔리니 파시스트 정부로부터 지원을 얻어냈다. 상원의원 자신은 파시스트 당원은 아니었다.

1920년대 말, 코르비노와 젊은 교수 페르미는 그들이 모아놓은 작은 그룹이 물리학의 새로운 영역에서 연구를 시작할 때가 됐다고 생각했다. 그들은 원자핵 분야를 선택했다. 당시, 양자역학적인 설명은 이루어지고 있었으나 실험적으로는 원자와 핵물리학 분야가 분리되어 있지 않았다. 1927년 초, 페르미와 같이 피사 대학교를 졸업한 라세티(Rasetti)가 코르비노의 조수가 됐다. 라세티와 페르미는 공학을 공부하고 있던 세그레를 끌어들였다. 번창하는 종이 공장 주인의 아들인 세그레는 연구팀에 두뇌는 물론 품위 있는 태도로 공헌했다.

코르비노는 파두아 대학교의 수학 교수의 아들 에두아르도 아말디(Eduardo Amaldi)도 연구팀 멤버로 받아들였다. 연구팀은 페르미가 절대로 잘못을 저지르지 않는다고 하여 '교황'이라는 별명을 붙여주었다. 코르비노는 캐번디시의 러더퍼드 같이 그들을 모두 '아이들'이라고 불렀다. 라세티는 캘텍에, 세그레는 암스테르담으로 가서 원자핵 물리학을 공부했다. 1930년대 초, 페르미는 핵물리학을 연구하기로 결정하고 나서 이들을 다시 해외로 내보냈다. 세그레는 함부르크에 가서 스턴과 일했고, 아말디는 라이프치히에서 물리화학자 페터 데베이어(Peter Debye)의 실험실에서 배웠다. 라세티는 카이저 빌헬름 연구소의 리제 마이트너에게 갔다. 1933년 로마 대학교 물리학과의 예산은 2,000달러 이상으로 다른 이탈리아 대학들의 물리학과 예산의 열 배가 됐고 실험 장비로는 안개상자, 라듐 소스 그리고 가이거 카운터 등이 있었다.

한편 솔베이 학술 회의가 끝난 지 두 달이 지나자, 페르미는 중요한 이론 연구의 하나인 베타 붕괴에 관한 논문을 완성했다. 베타 붕괴는 핵의 붕괴 과정에서 고에너지 전자가 생성되어 방출되는 현상으로 자세하고도 정량적인 이론이 필요했다. 페르미의 논문이 이론을 제공하며 새로운 종류의 힘, 약력을 도입했다. 약력이 도입되어 자연에는 네 가지의 기본적인 힘이 존재하게 됐다. 중력과 전자기력은 원거리에 걸쳐 작용하고 강력과 약력은 핵의 크기 이내에서만 작용한다. 빅터 바이스코프는 "놀라운 논문이다. 페르미의 직관적 통찰의 기념비적인 것이다"라고 칭찬했다. 런던의 《네이처》 편집자는 내용이 물리적 현실에서 너무 동떨어졌다는 이유로 논문 게재를 거절했다. 페르미는 화가 났지만, 대신 잘 알려지지 않은 이탈리아 연구협의회의 주간 학술지 《과학 연구(*Ricerca Scientifica*)》에 논문을 발표했다. 그 뒤 약간 수정된 것이 물리학 정기 간행물 《*Zeitschrift für Physik*》에 게재됐다. 그의 베타 붕괴 이론은 결정적인 것이 됐다.

페르미가 알프스에서 스키를 즐기고 돌아온 뒤 졸리오-퀴리 부부의 인공 방사능 발견을 보고한 《*Comptes Rendus*》가 로마에 도착했다. "우리는 아직 연구에 착수할 핵물리학 문제를 찾아내지 못했었다. 그때 졸리오의 논문이 도착됐고 페르미는 즉시 방사능을 찾는 일을 시작했다"라고 아말디는 회상했다. 실라르드처럼 페르미도 중성자의 장점을 이해하고 있었다. 이시더 래비는 한 강의에서 이 장점들을 열거했다.

중성자는 전하를 갖고 있지 않기 때문에 핵과 작용할 때 강한 전기적 척력의 영향을 받지 않는다. 실제로는 핵을 뭉치게 하는 인력이 중성자를 핵 속으로 끌어들일 수 있다. 중성자가 핵 속에 들어올 때, 그 영향으로 마치 달이 지구에 부딪힌 것과 같은 대격변이 일어난다. 충돌의 결과로 중성자가 핵에 포획되면, 충격에 의하여 핵은 격렬하게 뒤흔들리게 된다. 에너지가 크게 증가하게 되므로 여러 가지 방법으로 에너지가 다시 방출되어야 하며 이 과정이 매우 흥미있는 것이다.

페르미가 중성자로 핵을 부수는 실험을 시작했을 때 그는 33세의 청년이었다. 그는 이탈리아 해군 장교의 딸 라우라 카폰(Laura Capon)과 결혼했다. 그녀는 유대인이었다. 그녀는 페르미가 규율있는 습관을 갖도록 도와주었다. 그는 집에서 몇 시간 동안 개인적으로 연구하고 아침 9시에 연구소에 도착하여 12시 반까지 일한 다음 집에 와서 점심을 먹고 오후 4시에 다시 연구소에 돌아와 저녁 8시까지 연구한 뒤 저녁을 먹으러 집에 돌아갔다.

페르미는 라세티와 같이 실험을 시작했다. 폴로늄에서 방출되는 알파 입자를 베릴륨에 충돌시켜 중성자를 얻어냈다. 그러나 폴로늄에서 방출되는 알파 입자의 에너지가 적으므로 결과적으로 방출되는 중성자의 수가 적었다. 그래서 몇 개의 샘플을 조사했으나 성공하지 못했다.

이 시점에 라세티는 역사적인 실험에 열의를 잃고 모로코로 부활절 휴가를 떠나버렸다. 페르미는 좀 더 강한 중성자 소스를 얻을 방법을 강구했다. 파리, 케임브리지, 베를린 그리고 로마에서 폴로늄을 사용하는 이유는 라돈같이 강력한 알파 입자를 방출하는 원소들은 강한 베타선과 감마선도 같이 방출하여 측정에 방해가 됐기 때문이다. 페르미는 갑자기 자기가 지연된 효과를 관측하고 있다는 사실을 깨달았다. 그는 중성자원을 제거한 후에 측정을 하므로 베타선이나 감마선은 문제가 될 수 없었다. 그는 라돈을 사용할 수 있다. 트라바치는 나누어 쓸 수 있는 만큼의 라돈 가스를 갖고 있었고, 기꺼이 제공해 주었다. 라돈의 반감기는 3.82일이므로 어쨌든 곧 못쓰게 되지만 라듐은 계속 신선한 라돈 가스를 뿜어내고 있었다.

3월 중순, 페르미는 회색 실험복을 입고 새끼손가락의 첫마디보다도 작은 유리 시험관을 물리연구소의 지하실로 옮겼다. 베릴륨 가루와 라돈 가스가 채워진 시험관의 막혀진 쪽을 액화 공기 속에 집어넣으면 라돈 가스는 −200°C의 유리관 내부벽에 응축된다. 이때 아직까지 열려진 다른 한쪽을 재빨리 가열하여 밀봉시켜야 한다. 만일 유리관이 깨지면 증발된 라돈 가스는 공기 중에 흩어지게 된다. 그러고 나서 지름이 좀 더 크고 길이가 60cm 정도 되는 유리관 속에 넣고 한쪽을 막아 위험한 감마선에 노출되지 않고 조작할 수 있도록 했다. 준비 과정은 복잡하지만 그것에 비하여 사용 가능 시간은 매우 짧았다.

처음에는 페르미 혼자 일을 시작했다. 그는 주기율표에 나와 있는 대부분의 원소들을 조사할 생각으로 가장 가벼운 것부터 차례로 시작했다. 수소와 산소를 동시에 시험하기 위하여 물에 방사선을 쪼여 보았다. 그러고는 리튬, 베릴륨, 브롬 그리고 탄소에 조사했으나 유도된 방사능은 검출되지 않았다. 결과가 예측과 빗나가자 페르미는 동요하기 시작했고 약간 용기를 잃었다. 그러나 그는 의심하지 않았다. 졸리오-퀴리의 실험에서 알루미늄이 알파 입자와 반응했다는 것도 알았고 그리고 중성자는 더 효과적이라고 믿고 있었다.

그는 다음 번 불소의 실험에서 마침내 성공했다. "불화칼슘에 중성자를 2~3분 조사하고 나서 즉시 계수기를 갖다대자 처음 한순간은 펄스가 재빨리 증가했다. 효과는 즉시 감소하여 약 10초 이내에 반으로 줄어 들었다. 곧 알루미늄에서도 방사선을 발견했으나 반감기는 졸리오-퀴리가 발견했던 것과는 다른 12분이었다. 그의 연구와 졸리오-퀴리의 연구 결과를 비교하기 위하여 알루미늄에서 얻은 결과를 먼저 1934년 3월 25일 과학연구지에 서한 형식으로 보고했다.

로마 숫자 I은 『중성자 조사에 의한 방사능』의 첫 번째 보고를 뜻한다. 연구는 계속됐다. 실험을 서두르기 위해 페르미는 아말디와 세그레를 불러들였고 모로코에 있는 라세티에게는 전보를 보내 급히 돌아오도록 했다.

과학연구지에 보낸 두 번째 편지에서는 철, 실리콘, 인, 염소, 바나듐, 구리, 비소, 은, 텔루륨, 옥소, 크롬, 바륨, 나트륨, 마그네슘, 티타늄, 아연, 셀레늄, 안티몬, 브롬 그리고 란탄 등의 방사능을 보고했다. 이때쯤에는 실험이 체계적으로 진행됐다. 이층 한쪽 방에서 조사할 물질에 중성자를 쏘아주고 긴 복도 끝에 있는 다른 방에서 가이거 카운터로 측정했다. 이 방법으로 중성자 소스에서 나오는 방사선이 계수기에는 영향을 주지 않게 되지만 새로 만들어진 방사능 물질의 반감기가 짧다면 누군가는 복도를 달려와야 했다. 아말디와 페르미는 자신들이 가장 빠른 달리기 선수라고 자랑했다. 그들은 항상 경주를 했고, 페르미는 아말디보다 더 빨리 달릴 수 있다고 주장했다. 근엄해 보이는 스페인 사람 한 명이 어느 날 페르미와 상의할 일이 있어서 찾아왔을 때 로마의 젊은 이론물리학자는 더러워진 실험복을 휘날리면서 달리다가 방문객을 거의 쓰러뜨릴 뻔했다.

그들은 마침내 우라늄을 조사할 차례가 됐다. 지금까지의 실험 결과를 분류해 보면 가벼운 원소들은 양지 또는 일파 입사를 방출하고 더 가벼운 원소로 변환됐다. 그러나 핵 주위의 전기적 장벽은 핵에 침투하는 전기를 갖고 있는 입자뿐만 아니라 핵에서 방출되는 입자에게도 작용한다. 원자 번호가 증가함에 따라 장벽의 세기도 증가하게 된다. 그러므로 무거운 원소는 가벼워지지 않고 더 무거워진다. 그들은 중성자를 포획하고 감마선을 방출하여 결합에너지를 털어내 버린다. 중성자가 질량을 증가시키고 전하에는 영향을 주지 않으므로 더 무거운 동위원소가 된다. 그러고 나서 약간 시간이 지연된 뒤에 베타선을 방출하고 원자 번호가 하나 증가된 원소로 변환된다. 우라늄에도 같은 현상이 일어난다. 약간 시간이 지체된 후에 우라늄은 전자를 방출했다. 중성자로 포격된 우라늄은 처음에는 더 무거운 동위원소 우라늄 239가 됐다가 지금까지는 존재하지 않던 새로운 원자 번호 93번을 가진 원소가 된다는 것을 페르미는 깨달았다.

우라늄은 자연적인 방사능 붕괴로 베타선을 방출하고 여러 가지 원소로 변환되므로 정제할 필요성이 있었다(우라늄은 14단계의 복잡한 붕괴 과정을 거쳐 납으로 변환된다). 트라바치는 파리의 방사능 화학 연구소에서 훈련을 받고 방금 귀국한 젊은 화학자 다고스티노(D'Agostino)에게 페르미 연구팀을 도와주도록 관대한 조치를 취해주었다. 다고스티노는 5월 초에 정제 작업을 끝냈다. 우라늄 질산염에 중성자를 조사하여 반감기가 1분, 10분 그리고 아직 확실히 결정하지 못했지만 이보다 더 긴 원소로 변환시켰다. 그들은 5월 10일의 보고서에 이 내용을 포함시켰다.

이들 몇 가지 인공 방사능 물질들은 모두 베타선을 방출하고 원자 번호가 하나씩 증가했다. 그렇다면 주기율표에 나타나지 않은 새로운 인공적인 원소로 변환되고 있는 것 같았다. 화학적으로 분리하여 우라늄보다 더 무거운 원소가 생겨난다는 것을 실증하기 위하여, 다고스티노는 중성자로 조사된 질산 우라늄을 50퍼센트의 질산으로 희석시켜 소량의 망간염이 포함된 산으로 만든 다음 용액을 끓였다. 끓는 용액에 나트륨 염소산염을 첨가하여 이산화망간 결정이 침전하도록 한 후 용액을 걸러내자 방사능 물질은 망간과 같이 추출됐다. 졸리오-퀴리가 알루미늄에서 변환된 물질을 수소 가스와 같이 분리해 냈던 것과 유사한 방법이었다. 만일 방사능 물질이 우라늄 용액에서 망간과 같이 침전될 수 있다면 그것은 더 이상 우라늄이 아니다.

다고스티노는 여러 가지 체전체들을 첨가하여 다른 복합물들을 침전시키는 실험을 통하여, 반감기가 13분인 이 물질은 프로탁티늄(91), 토륨(90), 악티늄(89), 라듐(88), 비스무트(83) 그리고 납(82)과는 다른 성격의 것이라는 것을 증명했다. 성질로 보아 원소 87과 원소 86도 아니었다. 원소 85는 아직 알려지지 않은 물질이었다. 페르미는 반감기가 다르기 때문에 폴로늄(84)은 조사해 보지 않았다. 그는 충분히 검토해 보았다고 생각했다. "반감기가 13분인 방사성 물질이 다른 무거운 원소들과 같지 않다는 사실은 이 원소의 원자 번호가 92보다 클 수 있다는 가능성을 제시해 준다"라고 조심스럽게 《네이처》에 보고했다.

페르미는 '싫증 나는 일'이라고 생각한 것을 훌륭하게 수행하고 그의 부인과 어린 딸 넬라(Nella)를 데리고 이탈리아 정부가 후원하는 여름 강의를 위해 아르헨티나, 우루과이 그리고 브라질을 향해 여행을 떠났다. 코르비노는 이탈리아의 왕이 참석하는 연례 학술회의에서 분별 없이 새로운 원소의 발견을 발표했다.

1934년 봄에 레오 실라르드는 그의 욕조에서 나와 그가 좋아하는 핵에너지 방출 문제와, 세계를 구하는 일을 계속 추구했다. 4월 말경에 작성된 일본의 만주 침략을 비난하는 비망록에서 그는 먼 앞날을 내다보는 것 같았다. "우리가 전쟁을 피하는 데 성공하지 못한다면, 과학자들의 발견이 우리의 문명을 파괴할 수 있는 무기를 인류에게 제공하게 될 것이다." 그는 아마도 군용 항공기를 염두에 두었을지도 모른다. 30년대 중반에 항공기의 전략적 폭격에 대한 두려움과 상호 파괴의 두려움에서 오는 전쟁 억지력의 가능성에 대한 소문이 무성했다. 그러나 그가 원자탄에 대해서도 생각하고 있었던 것은 거의 확실하다.

그는 몇 주 전 후원자를 찾기 위하여 영국 제너럴 일렉트릭 사의 창업주인 휴고 허스트(Hugo Hirst) 경에게 『자유로워진 세계』의 제1장을 보내 주었다. 그는 허스트 경에게 러더퍼드의 말을 기억하며 시무룩하게 편지를 썼다. "물론, 모든 것이 헛소리일 수 있습니다. 그러나 나는 오늘날 물리학의 발견을 산업에 응용하는 문제에 관한 한 작가의 예측이 과학자들의 예측보다 정확하다고 믿을 수 있는 근거가 있습니다. 물리학자들은 산업에 사용할 수 있는 새로운 에너지원을 왜 만들어낼 수 없는지 결론적인 논리를 갖고 있습니다. 나는 그들이 핵심을 놓치지 않았다고 확신할 수 없습니다."

실라르드가 '산업 목적을 위한 에너지'를 넘어서서 전쟁 무기의 가능성까지 내다보았다는 사실은 1934년 6월 28일과 7월 4일에 제출한 특허 출원서의 수정안에 명백히 제시되어 있다. 먼젓번에는 '화학 원소의 변환'이라고 기술했던 것을 이번에는 '핵변환을 통한 전력 생산과 다른 목적을 위한 핵에너지의 방출'이란 표현을 추가했다.

그는 최초로 중성자에 의한 연쇄 반응을 제안했다. 그리고 '임계질량'이라고 알려지게 된 연쇄 반응이 스스로 유지되는 데 필요한 반응 물질의 체적에 관한 중요한 특성들을 기술했다. 구 모양의 연쇄 반응 물질을 무거운 금속, 예를 들면 납으로 둘러싸면 임계 질량을 줄일 수 있다는 사실도 발견했다. 이 기본 개념이 반사구라고 알려지게 된 것이다. 그는 또한 만일 임계 질량이 형성되면 무슨 일이 일어날 수 있는지 이해하고 있었다. 그는 이것을 그의 출원서 4쪽에 적어 놓고 있다.

"만일 두께가 임계치보다 크면…… 나는 폭발을 일으킬 수 있다."

마치 한 시대의 종말을 고하고 또 다른 새로운 시대를 예고하듯이 마리 퀴리는 실라르드가 특허를 출원하던 1934년 7월 4일, 사보이에서 타계했다. 아인슈타인은 "모든 유명 인사들 중에서 마리 퀴리 단 한 명만이 명성으로 인하여 타락하지 않은 인물이다"라고 극찬했다.

이때까지 실라르드가 우라늄을 연쇄 반응 물질로 생각했다는 문서 기록은 찾아볼 수 없다. 그가 6월에 작성한 수정서에는 네 번째로 가벼운 원소인 은색의 베릴륨을 사용하는 연쇄 반응이 기술되어 있다.

이 금속을 연구하기 위해서는 실험실과 방사선 소스가 필요했다. 베릴륨 원자핵은 매우 약하게 결합되어 있으므로 알파 입자나 중성자뿐만 아니라 감마선이나 고에너지 엑스선으로 중성자를 떼어 낼 수 있지 않을까 생각됐다. 라듐은 감마선을 방출하며 큰 병원에서는 모두 사용하고 있었다. 그래서 비범하고 실용적인 안목을 가진 실라르드는 세인트 바솔로뮤 병원 의과대학의 물리학과에 찾아 갔다. 마침 여름철에는 실험실에서도 별로 사용되지 않고 또한 의학에 이용될 수 있는 무엇이 발견될 수도 있다는 생각에 병원장은 자기네 직원과 같이 연구한다면 사용해도 좋다고 했다. 실라르드는 투지만만한 젊은 영국인 챌머(T. A. Chalmer)와 같이 두 달 동안 실험을 했다.

첫 번째 실험은 옥소 복합물을 중성자로 때려 옥소의 동위원소를 분리해 내는 훌륭하고도 간단한 방법을 실증하는 것이었다. 이것은 나중에 실라르드-챌머 효과라고 불리게 됐다. 두 번째 실험은 라듐에서 방출되는 감마선을 이용하여 베릴륨으로부터 중성자를 방출시키는 실험이었다. 이때 실라르드-챌머 효과를 이용하여 중성자가 방출되는지 확인할 수 있다. "이 실험들은 나를 핵물리학자로 만들었다. 케임브리지 사람들은 그렇게 생각하지 않았지만, 적어도 옥스퍼드 사람들의 견해로는 나는 핵물리학자였다(사실 실라르드는 그 해 봄에 러더퍼드에게 캐번디시에서 연구할 수 있도록 요청했으나 러더퍼드는 거절했었다). 나는 지금까지 핵물리학 실험을 해본 적이 없었다. 그들에게는 나는 갑자기 이 분야에 뛰어든 사람이었을 뿐이고 내가 한 실험이 케임브리지에서 반복되어 확인되지 않으면 새로운 발견으로 인정될 수 없었다."

실라르드의 여름 동안의 실험은 옥스퍼드에서 명성을 얻는 데는 도움이 될 수 있었지만 개인적으로는 실망스러운 것이었다. 베릴륨은 연쇄 반응에 적합하지 않은 것으로 판명됐다. 이 문제는 헬륨의 질량과 관계가 있었다. 베릴륨 동위원소는 한 개의 중성자에 의하여 약하게 결합된 두 개의 헬륨 원자핵으로 구성되어 있다. 애스턴이 측정한 헬륨의 질량을 사용하여 계산된 이 동위원소의 질량은 너무 커서 불안정한 것처럼 생각됐다. 그러나 질량 분석기는 그것의 발명자가 사용한다 해도 변동이 많은 장비였다. 베테, 러더퍼드 그리고 다른 많은 사람들이 나중에 실증했듯이 애스턴의 측정치는

▲ 영국의 소설가 H. G. 웰스. 1914년에 쓴 소설 『자유로워진 세계』에서 원자 폭탄, 원자 전쟁 그리고 세계 정부를 예측하였다.

▲ 젊은 헝가리 물리학자 레오 실라르드는 세계를 구할 꿈을 꾸었다. "만일 우리가 중성자로 깨뜨릴 수 있는 원소를 발견할 수 있다면 ……."

▼ 피에르와 마리 퀴리, 1900년 파리 실험실. 그들이 역청 우라늄광에서 최초로 분리해 낸 폴로늄과 라듐은 어떤 화학 반응으로도 설명할 수 없는 많은 에너지를 방출하였다.

▲ 뉴질랜드 출신의 어니스트 러더퍼드는 원자핵을 발견하였다. 제임스 진스는 그를 "핵물리학의 뉴턴"이라고 불렀다(1920).

▲ 오토 한과 리제 마이트너. 화학자와 물리학자로 베를린에서 팀을 이루어 연구하였다.

▼ 1912년 10월 빌헬름 황제가 베를린 교외 달렘에 있는, 그가 기증한 농장에 새로 세워진 연구소의 개관식에 참석하기 위하여 앞장 서서 걸어가고 있다.

▲ 화학자 프리츠 하버(왼쪽)와 이론물리학자 알베르트 아인슈타인, 1914년. 하버는 제1차 세계대전 중 독일의 독가스 개발을 지휘하였다. 아인슈타인은 평화주의를 주창하였고 일반 상대성 이론을 연구하고 있었다. 그는 이미 운명적인 질량-에너지 공식 $E=mc^2$을 발표하였다.

▲ 1920년대의 닐스 보어.

▲ 가스전 훈련을 받는 미국 병사, 1917년. 오토 한은 프리츠 하버가 "만일 그것이 전쟁을 좀 더 일찍 끝낼 수 있는 길이라면 가스전은 수없이 많은 생명을 구하는 길"이라고 주장하는 것을 들었다.

▲ 1927년대 초, 이탈리아의 코모에서 (왼쪽부터) 엔리코 페르미, 베르너 하이젠베르크 그리고 볼프강 파울리가 보어의 상보성에 관한 발표를 들었다.

▲ 러더퍼드의 제자 채드윅은 물질을 구성하는 세 번째 기본 입자인 중성자를 발견하였다. 1932년의 중성자 발견으로 핵을 더 세밀히 조사할 수 있게 되었다. 채드윅의 동료는 그를 "이상적인 실험가의 화신"이라고 불렀다.

◀ 1930년대 초, 페르미와 그의 그룹은 로마에서 중요한 연구를 할 준비를 했으며 여러 원소들을 중성자로 때려 알려지지 않은 인공 방사능을 발견했다. 우라늄은 매우 복잡한 수수께끼였다. 왼쪽부터 에밀리오 세그레, 엔리코 페르시코 그리고 페르미, 1927년 오스티아에서.

◀ 케임브리지 물리학자 프랜시스 애스턴의 질량분석기는 동위원소들을 질량의 차이로 분리해 냈다. 원자들의 질량은 원자의 결합 에너지를 이해하는 데 도움이 되었다. "개인적으로 원자 에너지가 이용 가능하다는 데에는 의심할 여지가 없습니다. 언젠가는 인간이 거의 무한대의 원자 에너지를 방출시키고 통제할 것입니다."라고 애스턴은 강의했다.

▲ 1933년 4월, 히틀러는 최초의 반(反)유대인 법을 반포했다. 비(非)아리안 학자들의 지위를 박탈하여 100명 이상의 물리학자들이 독일에서 해외로 도망쳤다.

▲ 유럽이 혼란에 빠지자 보어의 연례 코펜하겐 학회는 직장을 구하는 장소가 되었다(왼쪽부터 오스카 클라인, 보어, 하이젠베르크, 파울리, 가모브, 란다우, 헨드릭 크레이머).

▲ 1939년 66세의 오토 한. 그의 '바륨 환상곡'은 세계를 바꾸어 놓았다.

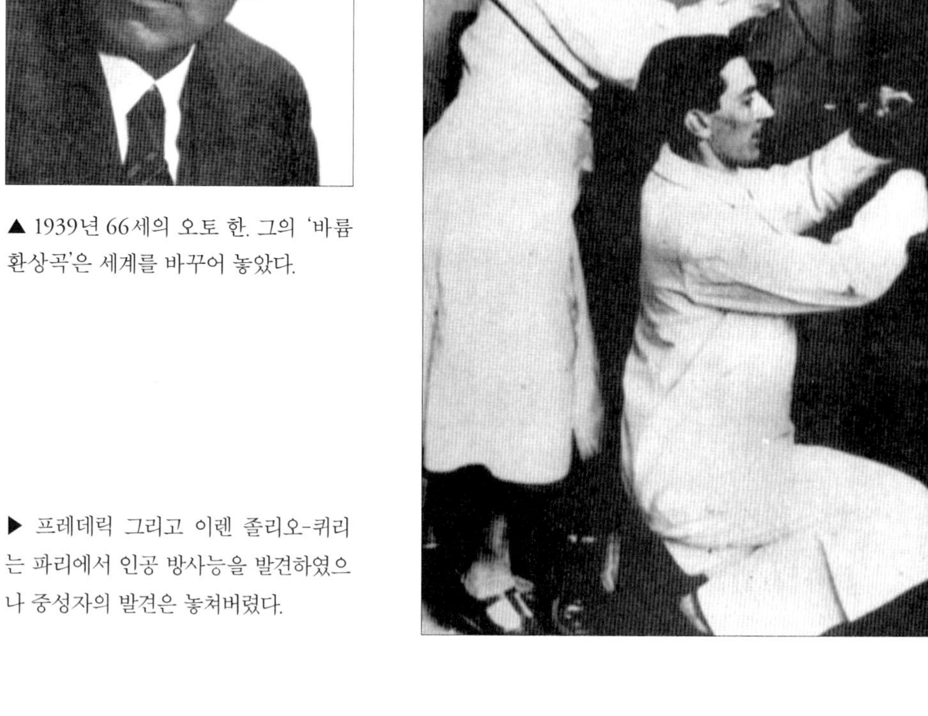

▶ 프레데릭 그리고 이렌 졸리오-퀴리는 파리에서 인공 방사능을 발견하였으나 중성자의 발견은 놓쳐버렸다.

◀ 로렌스를 노벨상 수상자로 만든 사이클로트론은 핵으로부터 수많은 비밀을 밝혀냈다. 그래서 핵 자체가 강한 중성자원의 역할을 한다는 것이 입증되었다. 로렌스가 1937년에 완성한 37인치 사이클로트론의 진공 상자를 조사하고 있다.

▲ 수학자 노이만은 일찍 유럽을 떠나 MIT 고등 연구원의 종신직 연구원이 되었다.

▲ 나치 독일을 탈출한 물리학자들은 영국으로 갔으나 차츰 더 많은 숫자가 미국을 향하였다. 장차 노벨상 수상자가 될 한스 베테는 코넬 대학 교수가 되었다.

▲ 유대인에 대한 전쟁은 이탈리아까지 확산되어 페르미를 위협했다. 1938년 노벨상의 상금은 페르미 부부가 유럽을 탈출할 수 있는 도피 자금이 되었다. 두 자녀를 데리고 스톡홀롬에서 뉴욕으로 이주한 페르미는 "우리는 페르미 가의 미국 분가를 창설했다."라고 선언했다.

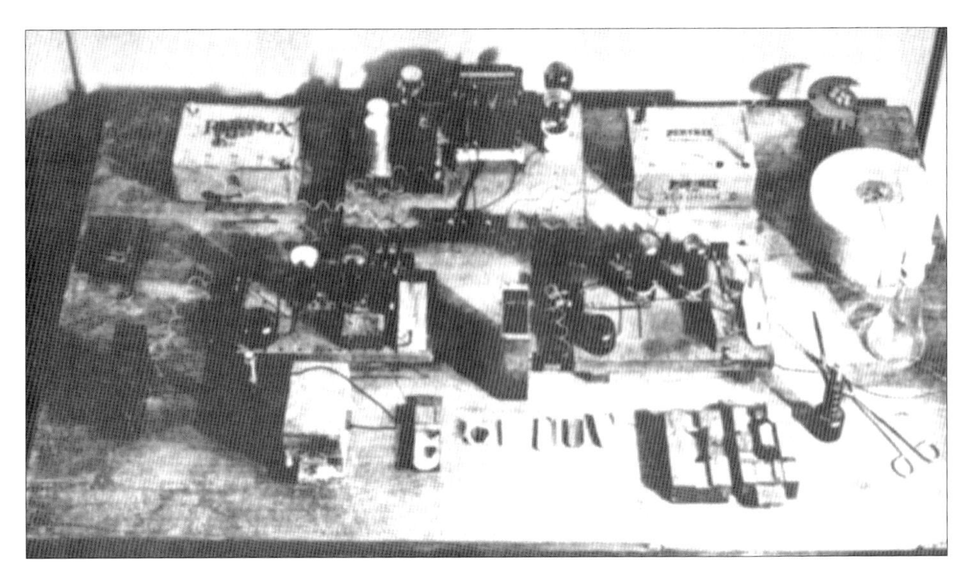

▲ 카이저 빌헬름 화학 연구소에 있는 오토 한의 방사능 화학 실험대 중의 하나.

▲ 컬럼비아 대학교의 허버트 앤더슨은 1939년 1월 미국에서 최초로 핵분열을 실험적으로 증명하였다.

▶ 바이스가 1936년 옥스퍼드에서 찍은 레오 실라르드의 사진. 연쇄 반응 특허는 당시에 이미 영국의 군사 기밀이 되었다.

너무 큰 값이었다. 이 오차로 인하여 희생된 것은 핵에너지와 원자탄을 위한 연쇄 반응 물질의 후보로 생각된 베릴륨이었다.

7월 초, 세그레와 아말디는 로마의 중성자 실험 결과의 종합 보고서를 가지고 케임브리지를 방문했다. 그들은 러더퍼드 연구팀과 실험 결과를 비교하고 토의하기 위해서 이곳에 왔다. 중성자 실험과 관련하여 기존 핵이론에는 아직도 해결되지 않은 중요한 문제가 있었다. 그들이 가지고 온 《네이처》에 발표한 논문에서 이 문제의 어려움을 솔직히 논의하고 있었다. 그것은 무거운 원소를 중성자로 포격할 때 나타나는 대표적인 반응으로, 소위 말하는 '방사성 포획'에 관계된 것이었다. 핵이 중성자를 포획하면 에너지면에서 안정해지기 위하여 감마선 광자를 방출하고 질량이 하나 더 증가된 동위원소로 변한다.

당시의 이론에서는 핵을 마치 하나의 큰 입자로 생각했다. 그래서 일정한 크기를 갖고 있는 중성자가 한쪽으로 들어가 다른 한쪽으로 빠져 나오는 데 100만의 제곱분의 1초를 다시 10억으로 나눈, 극도로 짧은 시간(10^{-21}초)밖에 걸리지 않는다. 그러므로 중성자 포획이 짧은 시간 내에 이루어지지 않으면 중성자는 그냥 통과해 버리게 된다. 중성자의 포획은 그것을 핵 내부에서 정지시키는 것을 의미한다. 그렇게 하기 위해서는 핵은 중성자의 운동에너지를 흡수해야 된다. 그 다음에 핵은 과도한 에너지를 제거하기 위하여 감마선 광자를 방출한다.

그러나 페르미 팀이 측정한 감마선 방출에 걸리는 시간은 이론치와 상이했다. 로마 연구팀이 조사한 핵들은 감마선을 방출하는 데 적어도 10^{-16}초가 걸렸다. 이 시간은 이론치보다 10만 배나 더 긴 시간이다. 이 차이를 설명할 수 없었다.

방사성 포획을 실험적으로 증명해 내면 기존 이론은 불가피하게 수정되어야 할 것이다. 이탈리아인들이 캐번디시를 방문하고 있는 동안 러더퍼드 팀은 나트륨을 사용하여 방사성 포획을 확인했다. 로마 팀들도 의심할 여지가 없도록 실험적으로 증명할 필요가 있었다. 그들은 로마에 돌아오자 곧 다고스티노의 도움을 받아 확인 실험을 했다. 로마의 8월 더위 속에서 그들은 명백한 실례를 찾기 시작했다. "우리는 증명된 방사성 포획의 두 번째 경우를 찾아냈다. 수명이 대략 3분가량 되는 알루미늄의 새로운 동위원소를 발견했다"라고 아말디가 설명했다.

페르미는 남미에서 돌아오는 길에 국제 물리학회에 참석하기 위하여 런던을 경유하기로 계획했다. 그의 동료들은 그에게 알루미늄 동위원소의 발견 소식을 전했다. 그는 학회에서 중성자 연구 결과를 발표했다(실라르드도 참석하여 그의 여름 동안의 실험 결과도 발표했다). 페르미는 그의 연구팀이 지금까지 60가지의 원소들 중에서 40개의 방사능 물질을 만들었다고 말했다. 방사성 포획 문제를 토의하며 캐번디시 결과와 아말디와 세그레의 결과 모두를 특별히 중요하게 고려해야 한다고 말했다.

세그레가 학회 발표 이후 씁쓸한 여파에 대하여 설명했다.

> 얼마 지나지 않아 나는 감기에 걸려 며칠 동안 실험실에 나갈 수가 없었다. 아말디는 우리들의 실험을 반복해 보고 소위 말하는 (n, γ) 반응(중성자가 들어오고 감마선이 방출되는 반응)은 일어나지 않고 대신 반감기가 다른 알루미늄의 반응이 일어나는 것을 발견했다. 이 소식이 페르미에게 전해지자 그는 잘못된 결과를 학회에서 발표했다고 후회했다. 그는 우리들을 신랄하게 비난하며 불쾌감을 감추지 않았다. 서로 틀린 결과를 가져왔지만 실험 자체에는 아무

잘못이 발견되지 않았기 때문에 이 일은 매우 골치 아픈 것이 됐다.

중성자에 의하여 폭격된 후 어떤 원소들은 다른 원소들보다 더 많은 방사선을 방출했다. 이미 각 원소의 방사능 활동은 강, 중, 약으로 구분됐으나 좀 더 정량적인 분류가 필요했다. 그들은 은에서 방출되는 반감기 2.3분의 방사능 활동을 기준으로 채택했다.

아말디와 새로 연구팀에 합류한 폰테코르보(Pontecorvo)가 이 일을 맡았다. 그들은 곧 은의 방사능 활동이 실험실 내에서 위치에 따라 다르다는 것을 발견했다. 특히, 나무로 된 책상 위에 놓고 중성자에 노출시켰을 때 대리석 책상 위에 놓았을 때보다 더 강한 방사능 활동을 나타냈다.

이것은 조사해 볼 가치가 있는 이상한 현상이었다. 10월 18일, 그들은 체계적인 조사를 시작했다. 10월 22일, 그들은 쐐기 모양의 납으로 중성자 소스와 표적 물질을 분리시켰을 때 어떤 효과가 일어나는지 측정할 준비는 되어 있었으나 그날 아침 시간에 학생들의 시험이 예정되어 있었으므로, 페르미가 직접 측정해 보기로 했다. 페르미는 뒷날 물리학의 발견 과정에 흥미를 갖고 있는 동료에게 역사적인 순간을 설명했다.

나는 내가 발견한 것 중에서 가장 중요하다고 생각되는 이 발견이 어떻게 이루어졌는지 이야기해 주었다. 우리는 중성자에 의하여 인공적으로 만들어지는 방사능 물질에 대하여 매우 열심히 연구하고 있었다. 그런데 우리가 얻은 결과는 이치에 맞지 않았다. 어느 날 내가 실험실에 들어갔을 때 입사하는 중성자의 길목에 한 조각의 납을 놔 두고 그 영향을 조사해 볼 필요가 있다는 생각이 떠올랐다. 보통 때와는 달리 납 조각을 정밀하게 가공하기 위하여 애를 썼다. 나는 확실히 무엇인가에 불만이 있었으므로 납을 그 자리에 놓지 않을 모든 이유를 대가며 실험을 지연시켰다. 마침내, 마음속으로는 내키지 않지만, 나는 납을 그 자리에 놓으려고 하면서 혼자말로 "나는 이 납 조각을 여기에 놓기를 원치 않아. 내가 원하는 것은 파라핀 조각이야"라고 말했다. 사전에 무슨 계획이 있었던 것도 아니고 또는 의식적으로 이유를 따져보지도 않고 그냥 그렇게 했다. 나는 즉시 파라핀 조각을 찾아내어 납을 놓을 자리에 갖다놓았다.

무거운 납 대신 파라핀을 사용한 결과 방사능 활동이 크게 증가했다. "점심 시간 무렵, 파라핀을 통과한 중성자의 믿을 수 없는 효과를 보기 위하여 많은 사람들이 몰려들었다. 처음에는 나는 계수기가 잘못되지 않았나 생각했다. 왜냐하면 이와 같이 강한 활동은 지금까지 나타난 적이 없었기 때문이다. 그러나 곧 방사능 물질의 증가는 파라핀으로 중성자를 걸러낸 결과라는 것이 입증됐다"라고 세그레가 기억했다. 로라 페르미는 "굉장하다! 믿을 수 없다! 마술이다! 감탄의 소리가 물리학과 건물에 크게 울렸다"라고 페르미의 자서전에 기록했다.

그의 가장 중요한 발견조차도 페르미가 집에 가서 점심을 먹는 것을 막지 못했다. 그의 부인과 딸이 시골에 갔다가 다음날 아침에 돌아오기 때문에 그는 혼자였다. 그는 혼자서 생각에 잠겼다. 파라핀과 납의 차이는 물론 대리석과 나무 책상의 차이에 대해서도 생각했을 것이다. 그가 오후에 연구소에 돌아왔을 때 그는 해답을 제안했다. 중성자들이 파라핀과 나무에 있는 수소 원자핵과 충돌하여 에너지를 잃고 속도가 떨어지게 된다. 모든 사람들이 속도가 빠른 중성자들이 핵에 더 잘 침투하여 포획될 것이라고 생각했다. 왜냐하면 양자와 알파 입자의 경우 더 속도가 빠른 것이 언제나 더 잘 반응했기 때문이다. 그러나 중성자가 전기적으로 중성이라는 사실은 간과했다. 하전 입자는 핵의 전기적 장벽을 뚫고 들어가기 위하여 에너지가 필요하지만 중성자의 경우에는 그렇지 않다. 중성자의 속도가 느려지면 핵 근처에서 더 많은 시간을 보내게 되므로 포획될 수 있는 시간이 더 길어진다.

페르미의 이론을 시험해 볼 수 있는 간단한 방법은 파라핀 외에 수소를 포함하는 다른 물질을 사용해 보는 것이다(다른 가벼운 핵도 중성자의 속도를 느리게 하지만 수소가 가장 효과적이다. 수소 원자핵은 크기와 질량이 중성자와 거의 같기 때문에 가장 세게 충돌하여 튕겨져 나오며 매 충돌당 가장 많은 에너지를 흡수하게 된다). 그들은 은으로 만든 원통과 중성자 소스를 가지고 코르비노의 정원에 있는 연못으로 갔다. 이 연못에서 라세티가 도롱뇽을 기르는 실험을 한 적이 있고, 어느 여름에는 그들 모두 촛불로 움직이는 장난감 뱃놀이에 몰두한 적이 있었다. 둥글고 푸른 아몬드 나뭇잎이 드리운 그늘 속에서 금붕어들이 생기 있게 놀고 있었다. 실험실에 돌아와 손에 닿는 물건은 모두 중성자로 조사했다. 실리콘, 아연, 그리고 인 등은 저에너지 중성자의 영향을 별로 받지 않았으나 구리, 옥소 그리고 알루미늄 등은 영향을 받았다. 그들은 파라핀 대신 산소 복합물을 사용해 본 결과 방사능의 증가는 훨씬 적다는 사실을 발견했다.

아말디와 세그레는 알루미늄 실험에서 오류를 범한 것이 아니었다. 그들은 단순히 실험 장소를 바꿨던 것뿐이다. 나무 책상에 포함되어 있는 수소가 중성자들 중 일부를 감속시켜 반감기가 3분인 방사능을 증가시킨 것뿐이다. 한스 베테는 익살스럽게 "만일 이탈리아에 대리석이 흔하지 않았다면 저속 중성자의 효과는 발견되지 못했을 것이다. 만일 이 실험이 미국에서 행해졌다면 모두 나무 책상에서 실험을 했을 것이고 그 효과는 결코 발견될 수 없었을 것이다"라고 말했다.

저속 중성자에 의한 방사능의 발견은 로마 연구팀들이 다른 반감기를 갖는 방사능을 발견하기 위하여 다시 원소들을 실험해 보아야 한다는 것을 의미했다.

이 일이 진행되고 있는 동안 물리학 평론지에 페르미 그룹의 우라늄에 관한 초기 연구 결과를 비평하는 논문이 실렸다. 이 논문의 주 저자는 카이저 빌헬름 연구소에서 오토 한의 조수였던 폰 그로세(von Grosse)였다. 그는 한과 마이트너가 1917년에 발견한 프로탁티늄을 정제해 냈었다. 폰 그로세는 페르미가 중성자로 우라늄을 때렸을 때 원자 번호 91번인 프로탁티늄을 만들어낸 것이지 초우라늄 원소가 만들어진 것이 아니라고 주장했다. 로마팀은 이 논문을 추가적인 실험에 대한 도전으로 받아들였다. 동시에 한과 마이트너도 우라늄에 대한 페르미의 실험을 반복해 보기로 결정했다. 한은 그의 자서전에서 "그것은 이치에 맞는 결정이었다. 프로탁티늄의 발견자로서 우리는 그것의 화학적 특성을 알고 있었다"라고 말했다. 베를린과 파리에서 우라늄을 실험했을 때 서로 다른 여러 가지 반감기들이 발견되는 일은 수수께끼와도 같았다. 한은 이 모든 것을 규명하는 데 필요한 방사능 화학에는 자기가 이 세상에서 누구보다도 적임자라고 생각했다.

아말디는 다른 연구 과제를 중단하고 1935년 1월과 2월에 우라늄이 베타선 이외에 알파선도 방출하는지 조사하기 시작했다. 만일 우라늄이 중성자를 흡수하고 알파 입자를 방출한다면 주기율표에서 더 가벼운 원자핵 쪽으로 변환되어 이 과정에서 프로탁티늄도 만들어질 수 있을 것이다.

그는 우라늄에서 자연적으로 방출되는 알파 입자를 제거하기를 원했다. 일반적으로 방사능 물질의 반감기가 짧을수록 방출되는 방사선의 에너지는 더 크다. 자연 우라늄의 반감기는 45억 년이다. 그러므로 자연적으로 방출되는 알파 입자는 에너지가 매우 적으므로 알루미늄 박판으로 쉽게 막을 수가 있다. 한편, 그의 실험에서 반감기가 매우 짧은 방사능 물질이 만들어진다면 이것으로부터 방출되는 알파 입자는 알루미늄 박지와 이온화 상자의 창을 쉽게 투과할 수 있을 것이다. 아말디는 우라늄 표적을 알루미늄 박지로 둘러쌌다. 1935년에는 알파, 베타 그리고 감마선이 알려져 있는 방사선의 전부였다. 이렇게 함으로 해서 다른 방사선을 제거하게 될지도 모른다는 생각은 하지 않았다. 실험 결과, 아말디는 인공적으로 방출되는 알파 입자를 발견하지 못했다.

이탈리아인들은 우라늄에 중성자를 충돌시켰을 때 인공적으로 새로운 원소가 만들어졌을 가능성이 더 커졌다고 생각했다. 오토 한과 마이트너도 역시 그렇게 생각했다고 보고했다. 페르미 그룹은 이 연구에 대한 개요를 러더퍼드를 통해 2월 15일 발행된 왕립협회의 논문집에 초록으로 게재했다.

> 이 실험들을 통하여 반감기 13분과 100분의 방사능 붕괴는 초우라늄 원소에 의한 것이라는 우리들의 가정을 더 확실하게 해 준다. 알려진 사실과 일치하는 가장 단순한 해석은 15초, 13분 그리고 100분의 방사능 활동은 연쇄적인 붕괴 현상으로 각각 원자 번호 92, 93 그리고 94번 물질로 변환되는 것이며 이들의 원자 질량은 239이다.

그러나 우라늄에 관한 진실은 혼동된 상태였고 아무도 모르고 있었다.

베릴륨 이외에 무엇이 가능할까? 실라르드는 런던에서 스스로 질문했다. 베릴륨은 의심스러웠다. 어떤 다른 원소가 연쇄 반응을 일으킬 수 있을까? 그는 1935년 4월 9일에 제출한 특허출원 보완 서류에 "다수의 중성자를 방출할 수 있는 다른 원소들은 우라늄과 브롬이다"라고 기술했다. 그는 연구비가 없었기 때문에 실험을 해볼 수도 없었고 단지 추측할 따름이었다. 그가 이야기를 나눠 본 물리학자들은 그의 생각에 대하여 모두 회의적이었다. "그래서 나는 '화학에는 연쇄 반응이라는 것이 있다. 그러나 그것은 핵의 연쇄 반응과는 다르다. 그렇지만, 연쇄 반응은 연쇄 반응이 아닌가'라고 생각했다. 나는 화학자와 상의해 보기로 생각했다." 그가 이야기해 보기로 생각한 화학자는 기금을 모으는 데에는 실라르드보다도 훨씬 더 유능한 사람이었다. 지금은 런던에 살고 있는 하임 바이츠만은 실라르드의 이야기를 듣고 연구비가 얼마나 필요한지 물어 보았다. 실라르드는 2,000파운드(약 10,000달러)라고 대답했다. 그 자신도 연구비가 모자라지만 바이츠만은 할 수 있는 한 노력해 보겠다고 약속했다.

실라르드와 바이츠만은 격세지감이 있는 10년 뒤에 다시 만났다. 그때 바이츠만은 실라르드가 요청한 연구비를 구하지 못했었다고 1945년 말에 사과하는 의미로 설명했다.

실라르드는 영국에서 학자들의 구호 활동을 시작한 후 옥스퍼드 대학교의 실험 철학 교수이며 클래런던 물리학 연구소 소장인 물리학자 프레더릭 린드만(Frederick A. Lindemann)을 종종 만났었다. 라이벌 관계에 있는 훌륭한 케임브리지에 대항하여 노쇠한 옥스퍼드의 과학 실험실을 재건하기 위한 그의 노력의 일부로 부유하고 아는 사람이 많은 린드만은 실라르드에게 특별 연구원 자리를 마련해

주려고 노력했다.

큰 키에 미남인 이 영국인은 1935년에 49세가 됐다. 그의 어머니가 만삭이 되어서 당시에 유행하던 광천수 온천장을 방문했기 때문에 그는 독일의 바덴바덴에서 태어났다. 그는 다름슈타트 공과대학에서 물리화학자 발터 네른스트(Walther Nernst, 1920년 노벨 화학상 수상)의 제자가 됐으며 부유한 집안 덕택에 때때로 황제와 정구도 즐겼다. 제1차 세계대전이 발발하자 린드만은 1915년 영국 육군에 장교로 지원했으나 출생지가 독일이고 독일식 이름을 갖고 있기 때문에 임관되지 못하여 원통하고 분해 했다.

육군의 결정은 그에게 깊은 상처를 주었고 그의 생애를 바꾸어 놓았다. 육군이 린드만의 애국심을 의심하자 그는 멸시와 모욕을 받지 않기 위하여 표면에 나서지 않았다. 그는 사생활을 노출시키지 않았고 남과 접촉을 꺼려 교제를 피했으므로 오만하다는 오해를 받았다. 린드만은 연구 업무를 떠나 유능한 관리자가 됐다. 교수이며 온화한 빅토리아 신사는 언제나 중산모를 쓰고, 여름에는 회색 양복, 겨울에는 검은 양복과 코트를 입고 말아올린 우산을 들고 다녀 흠잡을 데가 없었다. 군복을 입을 수 없었던 그가 자신의 제복을 입은 격이었다.

그는 전쟁 기간 동안 팬버러에 있는 영국 항공창에서 항공역학에 관한 연구를 하며 항공기의 설계에 관여했다. 비행기가 꼬리를 맴돌며 낙하하는 기술은 1916년대 공중전에서 공격자를 피하기 위한 인정받는 조종 기술이었다. 그는 직접 비행기를 조종하여 회전 운동 중 계기판을 읽어 두었다가 수평 비행으로 되돌아 올 때 기록해 두곤 했다.

전쟁이 끝난 후 린드만은 옥스퍼드 대학교의 교수로 취임했다.

그는 남들이 베푸는 과잉 친절을 피하여 주말에는 고귀한 태생이 아닌 옥스퍼드 학자에게 별로 겸손하게 대해 주지 않는 귀족들과 어울리며 생활했다. 이때에는 롤스로이스가 그의 표상의 일부였다. 1921년 6월 웨스트민스터 공작 부부의 시골 저택에서 린드만은 윈스턴 처칠을 만났다. 두 사람은 배경과 성격이 서로 달랐지만 만나자마자 즉시 가까운 친구가 됐다. 처칠은 1930년대에도 린드만을 자주 만났다. "그는 차트웰에서 나와 같이 지내기 위하여 옥스퍼드에서 자주 차를 몰고 찾아왔다. 이곳에서 우리는 다가오고 있는 위험에 대하여 새벽까지 이야기했다. 린드만은 현대전의 과학적 측면에 관한 나의 수석 고문이 됐다"라고 처칠이 말했다.

실라르드는 1935년 초여름 "핵에너지의 방출이 가까운 장래에 이루어질 수 있는가?"하는 문제를 토의하기 위하여, 매일 많은 양의 올리브 기름과 포르투갈산 붉은 포도주를 마시는 채식가이며 저명한 명사에게 편지를 보냈다. "만일 두 배의 중성자를 방출시킬 수만 있다면, 이것이 가능하다고 생각하는 것은 그렇게 주제넘은 일은 아닐 것입니다." 실라르드는 만일 독일이 먼저 연쇄 반응을 얻게 된다면 문제는 심각해질 것이라고 생각했다. 성공할 확률이 아무리 작다 해도 연쇄 반응의 개발을 가능한 한 오랫동안 지연시킬 노력이 필요하다고 주장했다. 비밀이 최상의 방법이었다. 먼저 관계되는 과학자들의 동의를 얻어 이것에 관한 출판을 제한하고 그 다음에 특허를 얻는 방법이다.

1934년 말 마이클 폴라니는 실라르드에게 특허를 신청했다는 이유로 당신에게 반대하는 사람들이 있다고 주의를 주었다. 영국의 과학적 전통은 돈을 벌기 위해 특허를 내는 것을 반대해 왔다. 실라르드는 린드만에게 결백을 주장하기 위하여 그의 특허에 대하여 설명했다.

지난해 3월 초…… 많은 양의 에너지 방출이 멀지 않았다는 가능성을 직시하는 것이 온당한 것이라 생각됐습니다. 이것(에너지의 방출)이 2배의 중성자 생성에 달려 있다는 것을 깨닫고 특허를 신청했습니다. 특허를 개인 재산으로 생각하거나, 개인 목적으로 상업적으로 이용한다는 것은 명백히 잘못된 생각입니다. 적당한 시기가 되면 그것을 정당하게 사용할 기관이 설립되어야 할 것입니다.

그때가 될 때까지, 실라르드는 옥스퍼드에서 2배의 중성자를 찾아내는 일을 할 수 있도록 지원을 부탁했다. 개인적인 후원금 1,000파운드를 기부받아 한두 명의 조수를 채용할 수 있기를 원했다. 린드만이 클래런던 연구소를 발전시키고자 하는 생각을 갖고 있다는 것을 알고 있었으므로 실라르드는 이런 일이 옥스퍼드의 핵물리학의 발전을 크게 가속시킬 수 있다는 것을 결론으로 말했다. 사실 그대로 됐다면 그렇게 됐을 것이다.

실라르드는 영국 정부 기관에 특허권을 넘겨주어야 비밀이 보장될 수 있을 것이라는 말을 듣고 육군성에 특허권을 양여하겠다고 제안했다. 그러나 육군성으로부터 특허를 비밀로 해야 될 아무런 이유를 발견할 수 없다는 이유로 거절당했다. 1936년 2월, 린드만이 실라르드를 대신하여 처칠이 옛날에 관장했던 해군성의 과학 연구 개발국장에게 편지를 보냈다.

자기의 특허가 비밀로 지켜져야 된다고 생각하는 사람에 대하여 제가 전화했던 것을 기억하실 것입니다. 물론, 내 자신은 발명한 당사자보다 그것의 전망에 대하여 그렇게 낙관적으로는 생각하지 않지만 그는 매우 훌륭한 물리학자이며 그렇게 될 가능성이 백의 하나라고 하더라도 정부에 아무런 부담을 주지 않을 것이므로 이것을 비밀로 하는 것은 해볼 만한 일이라고 생각됩니다.

해군성은 현명하게도 이 특허를 받아 안전한 금고에 보관해 주었다.

에드워드 텔러는 코펜하겐에서 8개월 동안 만족한 생활을 했다. 그는 지난 가을 솔베이 학회가 끝난 뒤 가모브를 만났다. 두 사람은 부활절 휴가 동안에 가모브의 모터 사이클을 타고 덴마크를 여행했고 양자역학 문제를 같이 연구했다. 록펠러 재단은 지원금을 받는 특별 연구생으로 있는 기간중에는 결혼을 금했으나 제임스 프랭크가 텔러를 대신하여 재단에 이야기해 주어 텔러는 그의 어린 시절부터의 애인인 미시 하카니(Mici Harkanyi)와 2월 26일에 부다페스트에서 결혼했다. 그는 또한 중요한 논문도 썼다. 1934년 여름 그는 미시와 같이 영국에 도착해서 런던에 있는 유니버시티 칼리지에서 강의했다. 그들은 영국에 정주할 생각으로 크리스마스 바로 직전에 안락한 아파트를 9년 기한으로 임대했다.

1935년 1월에 텔러에게 두 군데로부터 제안이 왔다. 그중 한 군데가 텔러의 마음을 움직였다. 한 곳은 프린스턴 대학의 강사 자리였고, 다른 곳은 조지 워싱턴 대학교의 가모브가 제안한 정교수 자리였다. 조지 워싱턴 대학교는 물리학과의 교수진을 보강하기를 원했고 가모브는 텔러의 활기를 좋아했다.

텔러는 26세의 신혼이었다. 그는 미국에 산다는 것에 크게 매료되지는 않았지만 정교수 자리는 거절하기 어려운 것이었다. 그의 아내는 아파트를 다른 사람에게 세주었다. 1935년 8월, 텔러는 가모브의 뒤를 따라 대서양을 건넜다.

보어는 그의 연구 업적으로 국가적 영예를 얻었고 피난민을 위한 헌신적 노력으로 여러 사람으로부터 감사를 받았지만 개인적으로는 고통도 맛보았다. 1932년, 덴마크 학술원은 보어 가족에게 덴마크인의 명예의 집을 일생 동안 무료로 사용할 수 있도록 제공했다. 이 명예의 집은 처음에는 칼스버그 양조회사의 설립자를 위하여 폼페이식으로 건축된 왕실 재산이었는데 이후 덴마크의 가장 뛰어난 시민에게 제공되고 있다(극지방 탐험가 아문젠이 보어가 사용하기 바로 전에 살았었다). 보어 부부는 다섯 명의 아들과 같이 양조장 옆에 있는, 덴마크에서는 왕실 다음으로 좋은 주소를 갖고 있는 저택으로 이사했다.

2년 뒤 사고로 열아홉 살 난 장남 크리스티안을 잃었다. 보어가 친구 두 명과 같이 큰 아들을 데리고 덴마크와 스웨덴 사이의 해협에서 항해하고 있을 때 돌풍에 배가 휩쓸리며 크리스티안이 바다에 빠졌다. 보어는 그를 찾기 위하여 날이 어두울 때까지 그곳을 선회했다. 바다는 매우 추웠다. 한동안 보어는 슬픔에 잠겨 있었으나 그때 독일에서 탈출해 나오는 학자들 문제가 그를 도와주었다.

연구소에 있는 모든 사람들이 페르미의 중성자 연구에 관심이 있었다. 프리슈가 이탈리아어를 알고 있었으므로 《과학 연구》가 도착하면 바로 논문을 번역했다. 코펜하겐 물리학자들은 저속 중성자가 어떤 원소에게는 다른 원소보다도 더 큰 영향을 준다는 사실에 당황했다. 핵의 단일 입자 모델에서는 저속 중성자라 할지라도 핵에 포획되지 않고 언제나 그대로 통과해야 된다.

코넬 대학교에 있는 한스 베테는 중성자 포획 확률을 계산한 논문을 발표했는데 관측 결과하고는 서로 상충됐다. 프리슈는 1935년 코펜하겐에서 누군가가 연구 발표 시간에 베테의 논문에 대하여 설명했던 것을 기억했다.

> 보어가 계속 질문을 해서 발표를 중단시켰다. 나는 왜 발표가 끝날 때까지 기다리지 못하는가 하고 이상하게 생각했다. 보어가 말하던 도중 갑자기 중단하고 자리에 앉았다. 그의 얼굴은 완전히 사색이었다. 우리는 걱정이 되어 그의 얼굴을 수초 동안 바라보았다. 어디가 아픈 것일까? 그러자 그는 갑자기 일어나 사과하는 표정으로 말했다. "아! 이제 알겠소."

보어가 이해했던 것은 1936년 1월 27일 덴마크 학술원에서 행한 역사적인 강의에서 구체적으로 설명됐고 뒤이어 《네이처》에 발표됐다. 「중성자 포획과 핵의 구조」라는 논문에서 새로운 핵 모델을 제안하기 위하여 그는 중성자 포획 현상을 이용했다. 러더퍼드의 원자 행성 모델을 활용했던 것처럼 보어는 극적인 이론적 변화를 주장하기 위하여 다시 한번 확고한 실험적 기반 위에 섰다.

그는 단일 입자가 아닌 중성자와 양자로 구성된 핵을 가시화했다(핵을 구성하는 입자들을 총체적으로 핵 입자라고 부른다). 핵 입자로 꽉찬 핵 속에 들어온 중성자는 그대로 통과하지 못하고 가장 가까운 핵 입자들과 충돌하여 운동에너지를 잃게 된다(마치 당구의 큐 볼이 모아놓은 당구공들을 흩어지게 하는 것처럼). 그러고 나서 핵을 한 덩어리로 뭉치게 하는 강력에 의하여 포획된다. 중성자에 의하여 추가된 에너지는 근처의 핵 입자들을 교란시키고 이 입자들은 다시 다른 입자들과 충돌한다. 결과적으로 전체가 불안정한 뜨거운 핵이 된다. 그러나 어떤 핵 입자도 핵의 전기적 장벽을 뚫고 도망갈 수 있는 충분한 에너지를 얻지 못하면 핵은 과다한 에너지를 감마선의 형태로 방출하게 된다. 즉 핵이 식어버리면 이미 페르미의 실험으로 확인된 바와 같이 최초의 원소보다 더 무거운 방사성 동위원소가 만들어지게 된다.

보어는 더 강력한 입자가 핵 속에 들어온다 해도 추가된 에너지는 복합적인 핵 내부에서 분산되고 뒤이어 에너지의 재집중에 의하여 핵은 몇 개의 전하를 갖고 있는 입자 또는 전하를 갖고 있지 않는 입자들을 방출할 수 있을 것이라고 생각했다. 보어는 그의 복합적 핵 모델*이 핵에너지를 이용할 수 있는 길을 보여주는 것으로는 생각하지 않았다.

> 1억 볼트의 에너지를 가진 입자에 의한 강력한 충돌은 핵 전체를 폭파해 버릴 것이다. 물론, 현재로는 이런 강력한 에너지는 실험적으로 얻을 수도 없지만, 이 방법이 지금까지 많이 논의된 핵에너지를 방출하는 문제의 해답이 될 수 없다는 것을 강조할 필요도 없다. 실제로 핵반응에 대한 우리의 지식이 진전되면 진전될수록 이 목표는 더욱더 달성할 수 없는 것처럼 보인다.

이와 같이 1930년대 중반에 가장 유명한 생존해 있는 물리학자 세 명이 핵에너지의 이용 문제에 대하여 발언했다. 러더퍼드는 그것을 '헛소리'라고 했다. 아인슈타인은 그것은 어둠 속에서 몇 마리 안 되는 새를 쏘는 것에 비유했다. 보어는 핵에 대한 이해가 깊어지면 깊어질수록 그만큼 더 가능성이 적어지는 것으로 생각했다. 그들이

---

* 1928년, 조지 가모브는 코펜하겐에서 이러한 모델을 제안했다. 보어는 1933년 10월 솔베이 학회에서 이 모델에 대한 공로를 가모브에게 돌렸다. 보어와 그의 학생 프리츠 칼카(Fritz Kalkar)가 이 모델을 발전시켰다. 물리학자들은 관습적으로 이것을 보어의 공로로 생각하고 있다.

회의론을 피력한 사실만 따진다면 실라르드만큼 뛰어난 선견지명을 가지지 못했던 것은 사실이나, 승산에 대해서는 그들이 더 잘 이해했다. 미래는 언제나 볼 수 있는 것이다. 그들은 미래를 무작정 동경하지 않도록 충분한 경험을 갖고 있었다.

보어는 그의 강의에서 일반원리에 대해서만 언급하고 다음해인 1937년에 수학적 모델에 대한 논문을 발표했다. 그는 액체의 표면장력에 관한 옛날의 연구로 되돌아가 원자핵을 액체 방울인 것처럼 취급하는 새로운 모델을 제시했다.

분자들이 서로 달라 붙으려고 하는 경향이 액체에 표면장력을 준다. 그래서 떨어지는 빗방울이 완전한 작은 공 모양을 이루게 된다. 그러나 액체 방울에 어떤 힘이 작용하면 모양이 변하게 된다(물을 넣은 풍선을 공중에 던져올리고 다시 받아낼 때 풍선이 출렁출렁 움직이는 것을 생각해 보자). 표면장력과 모양을 변하게 하는 힘은 매우 복잡한 양상으로 서로 작용한다. 액체의 분자들은 서로 부딪치고 방울은 변형되어 흔들거린다. 마침내 가해진 에너지가 열로 발산되면 방울은 다시 안정하게 된다.

보어가 제안한 핵 모델도 이와 유사한 것이다. 핵 입자들을 서로 결집시키는 힘은 강력이다. 이 강력에 대항하여 작용하는 힘은 양자들의 양전하에 의한 전기적 척력(서로 미는 힘)이다. 두 기본적인 힘 사이의 예민한 균형은 핵을 액체와 같이 만든다. 입자가 충돌하여 외부로부터 에너지가 공급되면 핵은 변형된다. 그것은 마치 액체방울처럼 흔들흔들 움직이고 복잡하게 진동하게 된다. 액체 방울 모델로 핵의 구조에 대한 문제가 완전히 해결된 것은 아니었지만, 이 모델은 많은 현상들을 설명할 수 있는 유용한 것으로 판명됐다. 코펜하겐의 프리시와 베를린에 있는 마이트너는 이 모델을 마음에 새겨 두었다.

1937년 10월, 66세의 건강한 러더퍼드는 정원에 있는 큰 나무의 가지를 다듬던 중 심하게 넘어졌다. 그날은 별일 없는 듯했으나 저녁에 어지럽고 소화가 안되고 구토 증상이 있었다. 다음날 아침 그의 의사에게 전화를 걸었다. 그는 배꼽이 약간 탈장되어 탈장대를 두르고 있었다. 의사는 압박으로 인하여 피가 잘 순환되지 않을 수도 있다고 보고 전문의와 상의한 후 긴급 수술을 받도록 에벌린 요양원에 러더퍼드를 입원시켰다. 러더퍼드는 병원으로 가는 도중에 그의 부인에게 재산과 금융 문제들은 모두 잘 정리되어 있다고 말했다. 그녀는 그의 병이 심각한 것이 아니니까 걱정하지 말라고 했다.

그날 밤 수술로 소장의 꼬인 부분을 풀어주고 혈액 순환을 회복시켰다. 토요일 러더퍼드는 회복되는 것 같았으나, 일요일에 다시 구토가 시작되고 감염 증세가 있었다. 당시는 항생제가 발견되기 전이었으므로 치명적인 것이었다. 월요일에는 더욱 악화되어 의사들은 멜버른 출신 외과의사와 상의했으나 환자의 연령과 증상 때문에 두 번째 수술은 반대했다. 정맥 염수 주사와 위에 넣은 튜브 덕분에 러더퍼드는 좀 편안해졌다.

10월 19일 화요일 아침, 상태는 약간 호전됐다. 그의 부인은 그가 불편함을 잘 참아내는 착한 환자라고 생각하며 실낱같은 희망을 발견했다고 믿었지만, 그날 오후 러더퍼드는 다시 약해지기 시작했다. 그날 늦게 결정한 그의 유언에는 그의 생명의 마지막 시간들을 돌보아 준 것에 감사하는 내용이 포함되어 있었다. "나는 100파운드를 넬슨 대학에 남기고 싶다"라고 메리 러더퍼드에게 말했다. 그리고 잠시 뒤 다시 큰소리로 "알고 있지? 넬슨 대학에 백이야." 그는 그날 저녁에 운명했다. "심한 감염으로 인한 심장과 혈액 순환의 정지"라고 의사는 기록했다. "그리고 평화스럽게 눈을 감았다."

루이지 갈바니(Luigi Galvani)의 탄생 200주년 기념 국제물리학회가 이탈리아의 볼로냐에서 열리고 있었다. 케임브리지는 10월 20일 아침, 러더퍼드의 사망 소식을 전보로 알려왔다. 보어가 마침 이 회의에 참석하고 있었으므로 이 소식을 발표했다. 그날 아침, 발표장에 사람들이 모였을 때 보어는 앞으로 나가서 머뭇거리는 목소리로 눈물을 글썽이며 무슨 일이 있었는지 발표했다. 사람들은 갑작스런 손실에 큰 충격을 받았다. 보어는 몇 주 전 캐번디시를 방문했을 때 러더퍼드를 만났었다. 캐번디시에서 온 사람들은 불과 며칠 전에 원기왕성한 그들의 지도자를 보았었다.

보어는 자신이 "스승이며 친구라고 부를 수 있는 사람에게 과학은 많은 빚을 지었다"라고 진심으로 말했다고 올리펀트는 기억했다. 올리펀트에게는 가장 감동적인 경험이었다. 보어는 러더퍼드를 기억하며 오펜하이머에게 12월 20일자로 보낸 편지에서 손실을 희망으로 바꾸어 놓았다.

"그가 없이는 생은 더욱 빈곤해질 것이다. 그러나 그에 대한 모든 생각은 오래 지속되는 격려가 될 것이다." 그리고 1958년 기념 강연에서 보어는 "나에게 그는 거의 제2의 아버지였다"라고 말했다.

웨스트민스터의 보좌신부는 즉시 웨스트민스터 사원 본당에 러더퍼드의 유해를 안장하도록 승낙했다. 뉴턴의 무덤 서쪽에 켈빈의 무덤과 나란히 묻혔다. 다음해 1월, 캘커타에서 열린 학회에서 제임스 진스(James Jeans)는 러더퍼드를 찬양하며 과학사에서 그의 위치를 밝혔다.

볼테르는 뉴턴이 어느 다른 과학자보다도 운이 좋은 사람이라고 말한 적이 있다. 왜냐하면 우주를 지배하는 법칙의 발견이 단지 한 사람에게만 주어졌기 때문이다. 만일 그가 후세에 살았었다면 그는 러더퍼드의 무한히 작은 영역에 대해서도 똑같은 말을 했을 것이다. 왜냐하면 러더퍼드는 원자물리학의 뉴턴이기 때문이다.

어니스트 러더퍼드는 마지막 10월의 첫째 날, 그의 시골 별장에서 A. S. 이브에게 보낸 편지에 자신도 모르는 사이에 자기의 특색 있는 비문을 썼다. 그는 물리학과 그의 정원을 위해 열심히 편견 없이 자기가 한 일에 대하여 이야기했다. "나는 저 멀리까지 검정딸기 관목을 다듬었습니다. 이제 전망은 아주 매력적입니다."

페르미가 「원자 번호가 92번보다 큰 원소의 생성 가능성」이란 논문을 《네이처》에 발표한 지 얼마 지나지 않은 1934년 9월, 물리학자들이 별로 읽지 않는 독일의 응용화학 학회지에 호기심 나는 논문이 발표됐다. 저자는 존경 받는 독일의 화학자 이다 노닥(Ida Noddack)이었다. 그녀는 남편과 함께 1925년, 경도가 높고 백금 색깔을 갖고 있는 원자 번호 75번인 원소 레늄(Rhenium)을 발견했다. 논문의 제목이 간단히 「원소 93에 대하여」였으며 페르미의 연구 결과를 심하게 비평했다.

노닥은 페르미의 증명 방법이 타당하지 않다고 주장했다. 페르미는 새로운 베타선 방출 물질이 프로탁티늄이 아니라고 했고 주기율표에서 납에 이르는 몇 개의 다른 원소들도 아니라고 했다. 그러나 왜 납에서 중지했는지는 이유가 명백하지 않다. 방사성 원소가 우라늄에서 시작하여 납에서 끝나는 연속적인 계열을 형성한다는 옛날의 관점은 졸리오-퀴리의 인공 방사능 물질의 발견으로 틀리다는 것이 증명됐다. 그러므로 페르미는 그의 새로운 방사성 원소를 모든 알려진 원소와 비교해야 했다.

노닥은 계속했다. 우라늄 질산염에서 망간과 같이 몇 종류의 원소가 추출될 수 있다. 이것을 새로운 초우라늄 원소가 생성된 것이라고 가정하는 대신에 중성자가 핵 붕괴를 일으킬 때 이제까지 관측되지 않은 새로운 핵반응이 일어난다고 가정할 수도 있다. 과거에는 원소들이 원자 번호가 비슷한 원소들로만 변환된다고 생각해왔다. 그러나 무거운 핵이 중성자에 의하여 포격될 때 핵이 몇 조각의 커다란 파편으로 부서진다고 생각할 수도 있다. 물론 이 파편들은 알려진 원소의 동위원소가 되지만 원자 번호가 유사한 것은 아니다. 그들은 주기율표에서 납보다 훨씬 더 가벼운 원소들일 것이다.

세그레는 자신이 베를린에 있는 오토 한과 파리에 있는 졸리오에게 그녀의 논문을 읽어보도록 요청했기 때문에 노닥의 논문을 읽었던 것을 기억했다. 그 논문은 누구에게나 별 의미 없는 것으로 받아들여졌다. 오토 프리슈는 화학자들이 무엇을 읽든지 상관없는 일이지만 이것은 아무 요점도 없이 트집을 잡는 비평이라고 생각했다. 물리학자들이 그것을 읽는다면 더더욱 그럴 것이다. 왜냐하면 아무 타당성 없이 비판하는 것은 소용이 없기 때문이다. 이제까지 아무도 핵붕괴에 의하여 훨씬 가벼운 원소가 생성되는 것을 발견한 사람은 없었다. 이 점을 노닥도 조심스럽게 언급했지만, 페르미의 논문이 이 점을 간과한 것도 사실이었다. 페르미는 그의 논문에서 "방사능 원소의 원자 번호가 포격된 원소의 원자 번호와 비슷하여야 된다는 가정은 이치에 타당한 것 같다"라고 말했다.

그러나 페르미는 아무리 이치에 타당한 것일지라도 가정으로 그대로 놔두지는 않을 것이다. 그는 훨씬 뒤에 텔러, 세그레 그리고 미국인 제자 레오나 우즈(Leona Woods)에게 자기가 계산해 본 적이 있다고 말했다. 텔러는 페르미가 무엇을 계산했었는지 알고 있다고 말했다.

> 페르미는 노닥을 믿지 않았다. ……그는 우라늄이 둘로 쪼개질 수 있는지 알아볼 수 있는 계산 방법을 알고 있었다. 그는 노닥 부인이 제안하는 것을 계산해 보고 그럴 수 있는 확률이 극히 적다는 것을 발견했다. 그는 노닥의 제안이 옳을 수 없다고 결론짓고 그것에 대하여 잊고 있었다. 그의 계산 이론은 옳았으나 틀린 실험치를 계산에 사용했다.

여기에서 텔러가 틀린 실험치라고 말하는 것은 애스턴의 헬륨 질량 측정의 오류를 지적하는 것이다. 이 차이로 인하여 핵의 질량과 에너지 계산에 오차가 발생했다.

세그레는 텔러의 설명이 가능하기도 하지만 설득력이 없다고 생각했다. 헬륨 질량의 차이가 우라늄 원자핵이 깨지는 문제를 해결할 수는 없었을 것이다.

레오나 우즈의 설명이 좀 더 신빙성이 있는 것 같다.

> 왜 노닥 박사의 제안이 무시됐는가? 이유는 그녀가 자기 시대를 앞질러 나가고 있었다는 것이다. 보어의 액체 방울 핵 모델이 아직 발표되기 전이었으므로 핵이 몇 개의 큰 파편으로 깨질 것인지 그리고 에너지 관점에서 가능한 것인지 계산해 볼 수 있는 용인된 방법이 없었다.

만일 노닥의 물리학이 전위적인 것이었다면 그녀의 화학은 기반이 튼튼한 건전한 것이었다. 1938년까지도 그녀의 논문은 책꽂이에서 먼지만 덮어쓰고 있었다. 그러나 보어는 핵의 액체 방울 모델을 발표했다. 혼동된 우라늄 화학은 마이트너와 오토 한을 바쁘게 만들었다.

우라늄의 파열

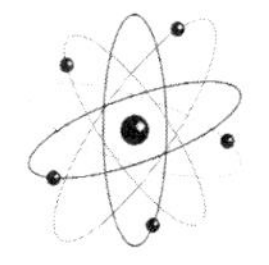

"모든 젊은이들이 그들의 인생에 대하여 생각하듯이 나도 젊은 시절에 나의 앞날에 대하여 생각했던 적이 있다. 그때 나는 인생이 텅비어 있지 않는 한 그것이 쉬워야 될 필요는 없다는 결론에 도달했다. 이런 나의 소망은 성취됐다"라고 리제 마이트너는 과거를 회상했다. 1938년, 66세가 된 그녀는 오스트리아 물리학자로서 핵물리학 연구를 통해 많은 이들로부터 존경을 받고 있었다. 볼프강 파울리가 베타 붕괴 시 사라져 버리는 에너지를 설명하기 위하여 중성 입자(뉴트리노)의 존재를 제안하기 원했을 때, 그는 그의 생각을 먼저 마이트너와 가이거에게 편지로 상의했다. 제임스 채드윅은 만일 그녀가 캐번디시에서 몇 년 동안 연구할 수 있는 기회가 있었다면 중성자에 대한 생각이 확고하게 마음에 심어졌을 것이고 또한 발견할 수도 있었을 것이라고 확신했다. 가냘픈 몸매에 수줍음을 탔지만 그녀는 결코 만만치 않았다고 그녀의 조카 프리슈는 말했다.

마이트너는 제1차 세계대전 중에 오스트리아 육군의 엑스선 기사로 자원 근무했다. 그녀는 오토 한과 같이 일하기 위하여 그가 돌아올 시기에 맞추어 군을 떠나 카이저 빌헬름 연구소로 급히 돌아왔다. 이때 그들은 우라늄보다 가벼운 원소를 발견하고 프로탁티늄이라고 불렀다. 전쟁이 끝난 후 그녀는 오토와는 별도로 물리학을 연구했으나, 1934년 페르미의 연구 결과가 발표되자 오토 한과 같이 다시 협력하기로 했다. 그때 마이트너는 물리학과의 과장이었고 한은 연구소의 소장이었다.

오토 프리슈는 그녀가 수줍음을 감출 수 있다면 발랄하고 명랑하며 훌륭한 이야기꾼이 될 수 있었을 것이라고 말했다. 그녀의 조카는 그녀가 헛된 일은 전혀 하지 않는다고 생각했다. 이제는 눈가에 주름이 지고 검고 숱이 많은 머리에 흰머리가 하나 둘 생기기 시작했지만 아직도 활동적이고 건강했다. 그녀는 소식주의자였지만 독한 커피를 많이 마셨다. 음악을 좋아하여 다른 사람들이 예술의 경향과 유행을 따르는 것처럼 그녀도 음악을 따랐다(그녀의 여동생과 어머니는 콘서트 피아니스트였다). 그녀는 음악을 좋아하는 조카를 방문하면 같이 피아노 이중주를 즐겼지만 아무도 그녀가 피아노를 칠 줄 아는지 몰랐다. 그녀는 연구소에서 제공하는 아파트에서 살았으며 한가한 때에는 하루에 10마일 이상 걸었다. 물리학은 그녀의 인생이고 모든 것이었다.

1930년대 후반에 그녀가 밝혀내려고 노력했던 진실은 우라늄의 복잡함 속에 감추어져 있었다. 1935년부터는 젊은 독일인 화학자 프리츠 슈트라스만(Fritz Strassmann)이 마이트너와 한과 같이 일하기 시작했다. 그들은 자연적으로 존재하는 가장 무거운 원소 우라늄을 중성자로 포격할 때 만들어질 수 있는 모든 원소를 찾아내는 것이 목적이었다. 1938년 초까지 그들은 10개 이상의 다른 반감기를 갖고 있는 방사능 활동을 발견했다. 이것은 페르미가 초기 개척자적인 실험에서 찾아낸 것보다 훨씬 많은 것이었다. 그들은 이 물질들이 우라늄의 동위원소이거나 또는 초우라늄 원소라고 가정했다. 오토 한에게는 나무를 흔들기만 하면 새로운 원소가 사과처럼 떨어지던 옛날과 다를 바 없었지만, 마이트너는 이러한 새로운 원소를 생성해 내는 강력한 반응은 예상치 못했던 것이므로 설명하기가 점점 어려워지고 있는 것을 느꼈다.

한편 파리의 이렌 퀴리도 유고슬라비아에서 온 사비치(Savitch)와 우라늄 연구를 하고 있었다. 그들은 독일인들이 발견하지 못한 반감기가 3.5시간 되는 방사성 물질이 원자 번호 90번인 토륨일지도 모른다고 조심스럽게 제안했다. 만일 이 제안이 사실이라면 저속 중성자는 우라늄 핵으로부터 알파 입자를 떼어내는 데 필요한 에너지를 무슨 방법으로든지 얻을 수 있다는 것을 뜻한다. 빌헬름 연구소의 트리오는 그럴 수가 없다고 생각하며 3.5시간 반감기를 다시 찾아 보았으나 발견하지 못했다. 그들은 파리에 있는 라듐 연구소로 편지를 보내 발표를 철회하도록 제안했다. 프랑스 팀은 재차 3.5시간 반감기를 확인하고 원자 번호 57번 희토류 원소 란탄(Lanthanum)을 사용하여 우라늄으로부터 분리해 낼 수 있는 방법을 발견했다. 그러므로 그들은 그것이 란탄과 화학적으로 유사한 원자 번호 89번 악티늄(Actinium)이든지 또는 새로운 어떤 원소일 것이라고 제안했다.

어떻든 이렌 퀴리가 발견한 것은 빌헬름 연구소의 연구 결과를 의심케 하는 결과가 됐다. 한은 로마에서 5월에 열린 화학학회에 참석했다가 졸리오를 만나 예의 바르지만 솔직하게 퀴리의 발견은 미심쩍은 데가 있으므로 그녀의 실험을 반복해 보고 오류를 찾아내겠다고 말했다. 이때 졸리오는 이미 그의 부인이 악티늄을 란탄 체전체에서 분리해 내려고 했으나 그렇게 하지 못한 것을 알고 있었다. 아무도 새로운 물질이 란탄일 것이라고는 상상하지 못했다. 어떻게 중성자가 우라늄을 주기율표에서 34자리나 아래인 훨씬 가벼운 희토류 원소로 변환시킬 수 있는가? 퀴리와 사비치는 이 물질이 지금까지 생각되고 있는 초우라늄 원소와도 다른 성질을 갖고 있는 초우라늄 원소일 수밖에 없다는 가정을 5월에 《*Comptes Rendus*》에 발표했다.

초우라늄에 관한 논쟁이 벌어지고 있던 때에 마이트너의 신분에 변화가 생겼다. 히틀러는 바바리아에 있는 별장에서 2월 중순 오스트리아의 젊은 총통을 만나 협박했다. 히틀러는 "누가 아는가? 내가 갑자기 밤사이에 봄철의 폭풍우처럼 비엔나에 나타날지……."하며 오스트리아 총통을 위협했다. 3월 13일, 오스트리아는 스스로 제3제국의 한 주가 되기로 선언했고, 다음날 히틀러는 의기 양양하게 비엔나에 나타났다. 합병은 마이트너를 독일 시민으로 만들었으므로 1933년부터 나치 국가가 실시해온 추악한 반유대법의 적용을 받게 됐다. "히틀러 독재정권 시대는 매우 우울한 기간이었다. 그러나 일은 좋은 친구였다. 그래서 일을 함으로써 숨막히는 정치적 상황으로부터 긴 망각의 휴식을 얻을 수 있다는 것이 얼마나 좋은 일인가 하고 가끔 생각했다"라고 마이트너는 먼 훗날 그때를 회상했다. 그녀가 외국인이었기 때문에 그녀에게 주어졌던 것들이 합방의 폭풍 뒤에 갑자기 취소됐다.

막스 폰 라우에는 그녀를 외국으로 보내려고 했다. 그러나 나치 친위대 두목이며 독일 경찰총장인 하인리히 히믈러가 학자들의 국외 이민을 금지시켰다는 소문이 들려왔다. 마이트너는 빌헬름 연구소에서 쫓겨나 실직하고 아무 보호도 받지 못하게 될 것을 걱정했다. 그녀는 더크 코스터(Dirk Coster)를 포함하는 몇 명의 덴마크 물리학자들에게 도움을 요청했다. 코스터는 코펜하겐에서 헤베시와 같이 연구했었고, 1922년에 하프늄을 발견한 물리학자이다. 덴마크인들은 그들의 정부를 설득하여 마이트너가 비자 없이 네덜란드에 입국할 수 있도록 주선해 주었다.

코스터는 7월 16일 금요일 저녁 베를린에 도착하여 곧바로 달렘에 있는 빌헬름 연구소로 마이트너를 찾아왔다. 자연과학회지의 편집자이며 오랜 친구인 파울 로스바우트(Paul Rosbaud)와 오토 한도 밤늦도록 마이트너의 짐 정리를 도와주었다. 한은 어머니로부터 물려받아 간직해 오고 있는 아름다운 다이아몬드 반지를 마이트너에게 주며 긴급 사태에 그녀가 사용할 수 있기를 바란다고 말했다.

마이트너는 코스터와 함께 토요일 아침 기차로 떠났다. 9년 뒤 그녀는 외롭고 쓸쓸한 여로를 기억했다.

> 나는 일주일 간의 휴가를 보낸다는 핑계로 네덜란드로 가는 기차를 탔다. 덴마크 국경에서 객실을 조사하는 나치 경비병 다섯 명이 오래 전에 기한이 넘은 나의 오스트리아 여권을 조사한다고 갖고 갔을 때, 나는 내 생애 중 최고의 두려움에 떨었다. 나는 나치들이 유대인들을 잡아들이기 시작했다는 것을 알고 있었으므로 너무 놀라서 심장이 멎는 것 같았다. 10분 동안 그대로 앉아서 기다렸지만 마치 몇 시간이나 되는 듯했다. 그때 나치 병사 한 명이 다시 돌아와 아무 말 없이 여권을 돌려주었다. 2분 후 나는 덴마크 땅에서 기차를 내려 네

덜란드 동료들을 만났다.

그녀는 안전했다. 코펜하겐으로 가서 보어의 가족과 함께 칼스버그 명예의 집에서 쉬었다. 보어는 스톡홀름 교외에 있는 스웨덴 과학원의 자연과학연구소에 일자리를 얻어 주었다. 그녀는 말도 모르고 친구도 없는, 마치 감옥 같은 먼 북쪽의 망명지로 떠났다.

레오 실라르드는 후원자를 찾고 있었다. 린드만이 1935년 특별연구비를 주선해 주어 잠시 동안 옥스퍼드에서 연구했으나 유럽의 전쟁 가능성이 그를 안절부절 못하게 했다. 그는 비엔나에 있는 바이스(Gertrud Weiss)에게 미국으로 이민갈 것을 권고하는 편지를 1936년 3월에 보냈다. 실라르드는 베를린에 있었을 때 바이스를 만나 그녀와 사귀었다. 그녀는 의과대학을 졸업하고 실라르드의 초청으로 옥스퍼드를 방문했다. 그들은 같이 시골길을 걷고 낡은 통나무 울타리 앞에서 실라르드의 사진도 찍었다. 38세가 다 됐지만 아직 살이 찌지 않은 그의 뒤로 새싹이 돋는 어린 나무가 배경이 됐다. "그는 나에게 2년 동안은 비엔나에서 일할 수 없게 될 것이라고 말했다. 히틀러가 비엔나에 올 것이라고 했다. 거의 그가 예측했던 때에 오스트리아는 독일에 합병됐다"라고 바이스가 회고했다.

실라르드는 그녀에게 보낸 편지에서 영국은 매우 마음에 드는 곳이지만 미국으로 가는 것이 더 현명한 일이라고 말했다. 미국에서 당신은 한 자유로운 인간이 되고 곧 그곳에 익숙하게 될 것이다(바이스는 미국으로 가서 유명한 공중 보건 전문가가 됐으며 방랑 시대 말기에는 실라르드의 부인이 됐다). 같은 시기에 실라르드는 마이클 폴라니에게도 편지를 보냈다. 자기는 전쟁이 일어나기 1년 전까지는 영국에 있다가 미국으로 거처를 옮길 생각이라고 했다. 이 편지가 말꼬리가 됐다. "전쟁이 일어나기 1년 전에 무엇을 하고 있을 것이라고 미리 말할 수 있는 사람이 있는가?" 실라르드는 폴라니의 이 말을 즐겨 되풀이하곤 했다. 그의 예언은 단 4개월 빗나간 것으로 판명됐다. 1938년 1월 2일, 그는 미국에 도착했다.

실라르드는 후원자가 될 수 있는 사람을 이미 물색해 두고 있었다. 버지니아 출신 유대인 금융업자 레비스 리히텐슈타인 슈트라우스(Lewis Lichtenstein Strauss)의 성과 가운데 이름은 그의 동 프러시아계 할아버지를 기념하여 따른 것이다. 그의 성은 남부 사투리로는 스트로스(Straws)가 된다. 1938년에 42세가 된 레비스 슈트라우스는 뉴욕의 쿤(Kuhn) 투자회사를 경영하는 자수성가한 백만장자였다.

슈트라우스는 소년 시절 물리학자가 되는 것이 꿈이었으나 1913-1914년의 공황으로 집안에서 하는 구두 도매업이 휘청거리게 되자 그의 아버지는 열일곱 살 먹은 아들에게 4개 주의 영업 구역에서 단골 손님을 확보하는 일을 맡겼다. 사업이 잘되어 1917년에는 2만 달러의 돈을 모아 다시 한번 물리학의 꿈을 키울 준비를 했다. 이번에는 제1차 세계대전이 그의 길을 가로막았다. 어릴 때 사고로 한쪽 눈의 시력을 거의 잃었다. 그의 어머니는 그를 무척 사랑했다. 우드로 윌슨(Woodrow Wilson) 대통령은 유명한 광산기사이며 벨기에 구호활동 책임자인 허버트 후버(Herbert Hoover)를 전쟁 중에 미국의 식품공급 관리책임자로 임명했다. 부유한 후버는 워싱턴에서 무급으로 봉사하며 젊은 자원봉사자들을 끌어모았다. 그는 특별히 세실 로드 장학금을 받는 학생들을 좋아했으나 슈트라우스도 어머니의 주선으로 봉사자로 일하게 됐다.

슈트라우스는 21세의 청년으로 남의 환심을 사는 방법과 일하는 방법을 알고 있었다. 장학생들 틈에서 있음직하지 않은 일이지만

한 달이 채 지나기 전에 후버는 고교를 졸업한 구두 도매상인을 그의 개인 비서로 채용했다. 전쟁이 끝난 후 젊은 슈트라우스는 후버를 따라 파리로 갔다. 점심을 먹는 동안에도 과외 지도를 받아 성급히 불어를 익히며 2,700만 톤의 식품과 구호물자를 23개국에 분배하는 업무를 도왔다. 한편으로는 전쟁의 물결 속에서 동구로부터 피난 나온 수백만 명의 유대인들의 고통을 덜어주는 구호 활동도 도와주었다.

슈트라우스는 신이 그의 생애를 계획하고 있다고 믿었다. 이 생각으로 그는 모든 일에 자신감이 충만했다. 신은 1919년, 그가 23세가 되던 해 주요 철도회사들을 고객으로 갖고 있는 쿤 투자회사에 그의 일자리를 마련해 주었다. 4년 후 그는 공동 투자자 중의 한 사람의 딸 앨리스 하나워(Alice Hanauer)와 결혼했다. 그의 급여와 배당은 1926년에 75,000달러였고 다음해에는 12만 달러가 됐다. 1926년, 자신이 공동 투자자가 되어 번창하는 상류사회에 자리를 잡았다.

1930년대는 그에게 고통과 슬픔을 가져왔다. 하임 바이츠만이 1933년 런던에서 열린 유대인 대회에서 그를 유대주의자로 개종시키려 했으나 그는 거부했다. 바이츠만은 그에게 "당신은 참 곤란하구만. 우리는 당신을 가루로 만들고 말겠네"하고 말했다. 그가 미국에 돌아오니 어머니는 암으로 회생 불능이었다. 그의 어머니는 1935년 초에 돌아가셨고, 아버지 또한 1937년 더운 여름날 암으로 돌아가셨다. 슈트라우스는 적당한 기념 사업을 찾고 있었다. 그는 회고록에서 "나는 미국의 병원에 암 치료용 라듐이 원활히 공급되지 못한다는 사실을 알게 됐다"라고 말했다. 그는 레비스와 로사 슈트라우스 기념 재단을 설립하고 베를린에서 피난온 젊은 물리학자 아르노 브라슈(Arno Brasch)를 채용했다. 브라슈는 고에너지 엑스선을 방출하는 방전관을 설계했다.

레오 실라르드가 1934년 여름 챌머와 같이 런던의 세인트 바솔로뮤 병원에서 연구할 때 베를린에 있는 브라슈에게 고에너지 엑스선으로 베릴륨 원자핵을 때려 조각을 낼 수 있는지 시험해 보도록 권고했다. 그래서 그들은 같이 《네이처》에 논문을 발표한 적이 있었다. 만일 엑스선이 베릴륨을 깰 수 있다면 다른 원소들을 방사성 물질로 만들 수가 있을 것이다.

이와 같이 하여 "코발트의 방사성 동위원소가 만들어졌다. 이 동위원소는 라듐에서 방출되는 것과 유사한 감마선을 방출한다.…… 방사성 코발트는 1그램당 수 달러의 비용으로 만들 수 있지만 라듐은 1그램에 5만 달러였다.……나는 대량으로 동위원소를 만들어 낼 수 있는 가능성을 보았고, 나의 부모를 기념하여 병원에 나누어 줄 수 있을 것이다"라고 슈트라우스는 회고록에서 말했다.

레오 실라르드는 아직 영국에 있는 동안에 그에게 편지를 보냈다.

친애하는 슈트라우스 씨

나는 당신이 인공 방사능 원소를 만드는 데 사용할 생각으로 엑스선 발생장치의 개발에 관심이 있다고 알고 있습니다.…… 현재로는 나는 이 특허를 제공할 수 있는 위치에 있지 않습니다. 그러나 곧 이 특허의 확보가 가능하리라 생각하고 있습니다. 만일 그렇게 될 경우 사용료를 받지 않고 고전압 발생기를 방사선 동위원소 생산에만 한정적으로 사용할 수 있는 면허를 당신께 드리겠습니다.

1937. 8. 30

레오 실라르드

브라슈와 실라르드는 문제의 특허를 공동으로 보유하게 됐다. 그의 몫을 슈트라우스에게 무료로 비독점적인 사용 권리를 주겠다는 실라르드의 편지는 부유한 사람에게 보낸 정치적인 몸짓이었다. 레오 실라르드라 할지라도 공기만으로는 살아갈 수 없을 것이다. 슈트라우스는 그의 회고록에서 이 점을 명백히 했다. "뒤에 두 젊은 물리학자는 나에게 고전압 발생기의 제작비를 도와줄 것을 요청했다"라고 기록했다. 그러나 실라르드는 이 프로젝트를 통하여 개인적인 이득은 추구하지 않은 것 같다. 그는 유럽의 재앙이 진전돼 나가는 상황을 주시하면서 틈틈이 시간을 내어 연쇄 반응 가능성을 조사할 수 있는 장비를 개발하고 있었던 것이다.

9월 말경, 그는 유럽의 상황을 살펴보기 위하여 다시 대서양을 건넜다. 한 친구가 이 방문 기간 중 실라르드와 원자 폭탄의 가능성에 대하여 토의했던 것을 기억했다.

고전압 방전관 개발 계획은 그해 내내 계속됐고 우연히 슈트라우스가 로렌스를 만날 수 있는 기회를 제공했다. 로렌스는 새로운 60인치 사이클로트론을 만들고 있었다. 로렌스와 의사인 그의 동생 존은 가속기에서 나오는 방사선으로 그들 어머니의 암이 더 이상 크지 못하게 치료했던 적이 있었다. 로렌스는 새로운 사이클로트론을 암치료 연구에 사용할 계획이었다. 슈트라우스는 고전압 방전관 개발에 계속 관심을 갖게 됐다.

이탈리아에 인종 차별주의 장막이 쳐졌다. 로마의 연구소에 있는 직원들은 적어도 1930년대 중반부터 어두워지는 이탈리아의 전망에 대하여 경계해 오고 있었다. 1935년 봄, 세그레는 페르미에게 왜 연구팀의 분위기가 전과 같지 않은지 이유를 물어보았다. 페르미는 연구소 독서실에 있는 큰 테이블 위에서 그 이유를 찾아보라고 말했다. 세그레가 세계지도책을 발견하고 펼치자 이탈리아가 파시스트의 허장성세를 보여주기 위하여 침입하려고 준비하는 에티오피아의 지도가 우연히 펼쳐졌다. 침략이 시작됐을 때 아말디를 제외한 모든 사람들이 각자의 선택을 생각하고 있었다.

페르미는 미시간 대학교에서 여름 학기 동안 강의하기 위하여 미국으로 떠났다. 그는 미국을 좋아했다. 잘 갖추어진 실험실, 신세대 미국 물리학자들의 열의 그리고 진심에서 우러나오는 학계의 환대를 좋아했다. 익숙한 기계들과 실용적인 면들이 어느 정도는 이탈리아의 아름다움에 대한 부족함을 메꾸어 주었다. 미국의 정치생활과 이상은 자로 잴 수 없을 만큼 파시즘에 비하여 훌륭한 것이었다. 페르미는 미시간의 서늘한 호수에서 수영도 하고 미국식 요리법도 배웠다. 그러나 이탈리아의 상황은 아직 그렇게 극단적인 것은 아니었다. 그리고 로라는 골수 로마인으로 플라타너스와 고적이 많은, 그녀가 태어난 로마를 떠나기 싫어했다. 이탈리아에서는 아직 반유대주의가 고개를 들지 않았고 무솔리니도 그것을 문제삼지는 않겠다고 공언했다.

다른 사람들을 붙잡아 놓을 이유는 없었다. 라세티는 1935년 컬럼비아 대학교에서 여름을 보내고 그대로 미국에 남아 있기로 결정했다. 세그레는 팔레르모로 일단 돌아왔지만 버클리로 갈 생각이었다. 폰테코르보는 파리로 떠났다. 다고스티노는 이탈리아 국가 연구협의회에서 일하기 위하여 떠났다. 아말디와 페르미는 모두 떠난 연구소에서 외롭게 연구를 계속했다. 페르미는 실험에 집중하기 위하여 일상 생활 습관까지도 벗어던졌다.

3년 동안 계속된 스페인 내전으로 100만 명 이상이 목숨을 잃었고, 무솔리니는 결정적으로 히틀러의 편으로 기울기 시작했다. 1937

년 1월 코르비노가 예기치 않게 61세의 나이로 폐렴에 걸려 타계하자 불편한 관계에 있던 파시스트 로 소르도(Lo Sordo)가 그의 후임자로 임명됐다. "이것이 이탈리아에서 페르미의 행운이 기울고 있다는 징조였다"라고 세그레는 생각했다. "미국은 이 우울한 시대에 유럽의 불운, 추태 그리고 범죄들로부터 대양에 의하여 격리된 미래의 땅처럼 생각됐다"라고 세그레는 결론지었다.

오스트리아의 합병은 히틀러가 힘을 시험해 본 것이었다면, 이것은 자진하여 범죄에 가담하겠다는 무솔리니를 시험해 본 것이었다. 히틀러는 오스트리아의 보호자로 자처했다. 1938년 3월 오스트리아를 침입하던 날 밤, 히틀러는 그의 행동을 정당화하기 위한 편지를 로마에 보내고 베를린에 있는 총통 관저에서 무솔리니의 반응을 거의 히스테리에 가까운 초조함 속에서 기다렸다. 밤 10시 25분에 전화가 걸려왔다. 총통은 전화기를 나꾸어 채듯 전화를 받았다. "저는 방금 베네치아로부터 돌아왔습니다." 그가 보낸 대표가 보고했다. "두체(Duce, 총통)는 매우 우호적인 태도로 모든 일을 수락했습니다. 그는 안부를 전하며 오스트리아는 아무 상관도 되지 않는다고 말했습니다." 히틀러가 대답했다. "그렇다면 무솔리니에게 말하시오. 이렇게 해준 것에 대하여 나는 그를 결코 잊지 않을 것이오! 결코! 결코! 결코! 무슨 일이 일어나든지…… 오스트리아 일이 안정되는 대로 나는 그와 같이 나아갈 준비가 될 것이오…… 어떤 일이라도!" 5월이 되자 총통은 승리에 도취하여 로마를 방문하고 거리를 행진했다.

페르미는 세그레에게 무솔리니가 미쳐서 네 발로 기어다녀야만 이탈리아를 구할 수 있을 것이라고 말했다.

1938년 7월 14일, 반유대주의 포고문이 발표됐다. 유대인은 이탈리아 인종에 속하지 않는다. 독일에서는 이 온당치 않은 구별이 상투어가 되어 있었다. 이탈리아에서는 충격적인 것이었다. 놀랄 만한 일이었다. 천 명의 한 명 꼴인 이탈리아 유대인들은 이미 대부분 동화되어 있었다. 페르미의 두 아이들은 가톨릭 교도인 아버지에게서 태어난 가톨릭 교인이므로 해당되지 않았다. 그러나 그의 아내 로라는 유대인이었다. 그녀는 아이들과 같이 이탈리아 남부 티롤 지방에서 여름을 보내고 있었다. 엔리코가 8월 말경 소식을 전하러 왔다. 무솔리니가 9월 초 최초의 반유대법을 통과시키자 그들은 준비가 되는 대로 곧 외국으로 떠나기로 했다. 페르미는 미국에 있는 대학교 네 곳에 편지를 보내며 의심을 받지 않도록 각각 다른 마을에서 우송했다. 즉각 회신이 도착했다. 은밀히 컬럼비아 대학교의 교수직을 내락하고 보어가 주최하는 연례 형제들의 모임에 참석하기 위하여 코펜하겐으로 떠났다.

보어는 환영 파티 도중에 페르미를 한편으로 불러내 페르미의 반코트 단추를 만지면서 전통적으로 사전에 절대 누설되지 않았던 비밀을 속삭이듯 털어놓았다. 페르미의 이름이 노벨상 후보로 올라 있다는 것을 슬쩍 흘린 것은 보어다운 일이었다. 이것은 페르미가 1938년에 노벨상을 받을 수 있고 원한다면 조국을 떠나기 위하여 상금을 쓸 수도 있을 것이라고 이야기하는 것과 같은 의미였다.

1938년에 9월 29일 저녁 영국 수상 체임벌린, 프랑스 수상 달라디어, 이탈리아 총통 무솔리니 그리고 히틀러가 뮌헨에서 만나 체코슬로바키아의 분할에 합의했다. 처칠은 이 합의를 나치의 군사적 위협에 대한 서방 민주주의의 완전한 항복이라고 말했다.

전보 한 장이 즉시 린드만에게 날아왔다.

국제적 상황 때문에 유감스럽게도 나의 귀환을 무기한 연기합니다. 무보수 휴직으로 처리해 주시면 감사하겠습니다. 중대한 결정의 시기에 모든 사람에게 진실로 안녕을 기원합니다.

레오 실라르드

1937년, 실라르드는 영국에서 했던 인듐(Indium)에 대한 일련의 실험결과를 정리했다. 실라르드는 인듐을 연쇄 반응 물질로 사용할 수 있을 것이라고 생각했다. 그러나 실험 결과는 인듐의 방사능 활동은 중성자를 흡수하기 때문에 생기는 것이 아니고 비탄성 충돌에 의하여 생기는 것이라고 판명됐다.

실라르드는 실망했다. "나의 핵물리학에 대한 지식이 증가할수록 연쇄 반응에 대한 나의 믿음은 점점 감소됐다." 만일 다른 종류의 방사선이 중성자를 생성시키지 않고 인듐을 방사능 물질로 변환시킨다면, 그는 중성자를 증식시킬 것으로 예상되는 후보 원소를 더 이상 갖고 있지 않았다. 그는 아직도 헛소리라는 별명이 붙은 연쇄 반응에 대한 믿음을 포기해야 된다. 마지막 실험은 뉴욕 주에 있는 로체스터 대학교에 있는 그의 친구가 수행할 예정이며 그는 12월에 그곳을 방문하기로 했다.

오토 한은 1938년 9월호 《*Comptes Rendus*》를 펼쳐보고 깜짝 놀랐다. 퀴리-사비치의 우라늄의 반감기 3.5시간에 대한 연구 논문 제2편이 발표됐다. 이 논문은 "모든 것을 종합해 볼 때 $R_{3.5h}$(반감기가 3.5 시간인 방사능 물질)는 란탄과 같은 성질을 갖고 있다. 이것은 부분결정(부분결정 방법은 마리 퀴리가 폴로늄과 라듐을 정제하면서 처음으로 사용한 화학분석 기술이다. 대부분의 물질들은 저온에서보다 고온에서 더 잘 녹는다. 예를 들어, 물에 설탕을 넣고 끓는 용액을 만든 다음 식히면 물질(설탕)은 용액에서 결정이 되어 나온다. 부분결정은 몇 가지 화학적으로 유사한 물질들이 용액 속에 포함되어 있는 경우 원자 질량에 따라 그리고 온도에 따라 이들이 결정화하는 시기가 다른 점을 이용하는 분리방법이다. 가벼운 원소가 먼저 결정으로 되어 분리된다) 방법 이외의 다른 방법으로는 란탄으로부터 분리해 낼 수 없다"고 결론지었다.

일주일 동안 열심히 일한 결과 한과 슈트라스만은 열여섯 가지 이상의 서로 다른 활동(반감기)을 규명해 내는 데 성공했다. 바륨을 이용한 분리방법에서 가장 놀라운 결과를 가져왔다. 그들이 라듐이라고 생각해 왔던, 지금까지 알려지지 않은 세 가지의 동위원소가 발견됐다. 그들은 11월호 자연과학 학회지에 이 결과를 발표했다. 우라늄으로부터 원소번호 88번인 라듐이 만들어지려면 두 개의 알파입자가 연속해서 방출되어야 한다. 만일 물리학자들이 저에너지 중성자 포격으로 토륨이나 악티늄이 만들어진다는 것을 인정하지 못한다면 라듐을 생성한다는 것은 더 받아들이기 어려울 것이다. 마이트너는 스톡홀름에서 두 화학자에게 그들의 결과를 검정하고 재검정해야 될 것이라고 경고의 편지를 보냈다.

퀴리와 사비치는 $R_{3.5h}$ 활동이 적어도 부분적으로는 란탄으로부터 분리될 수 있다고 믿었다. 그들은 용액에서 결정화되어 추출되는 것이 $R_{3.5h}$와 비슷한 다른 것일 수도 있으며 $R_{3.5h}$는 그대로 란탄과 함께 남아 있을 수도 있다는 생각은 하지 못했다. 그들뿐만 아니라 어느 누구도 우라늄으로부터 주기율표에서 35단계 아래에 있는 원소를 쪼개낼 수 있다는 것을 믿는 사람은 아무도 없었다.

한은 5월에 졸리오에게 위협하듯이 말했지만 아직도 퀴리-사비치의 실험을 반복해 보지 못했다. 그는 《*Comptes Rendus*》를 슈트라스만에게 넘겨주었다. 슈트라스만은 그 논문을 읽고 혼란은 물리적 원인 때문이 아닌가 생각했다. 두 가지 서로 유사한 방사능 물질이 같은 용액 속에 혼합되어 있을 수도 있다. 그는 한에게 이 생각을 이야기했으나 한은 웃어버렸다. 결론은 바꿀 수 없는 것 같았다. 그러나 가만히 다시 생각해 보니 한번 조사해 볼 만했다. 그들은 즉시 중성자로 우라늄을 때리는 실험을 시작했다. 그들은 악티늄과 같은 희토류 원소(만일 존재한다면)를 추출해 내기 위하여 체전체로 란탄을 사용했다. 라듐과 같은 알칼리성 희토류 원소(만일 존재한다면)를 추출해 내기 위해서는 바륨을 사용했다(체전체는 중성자 폭격에 의하여 생성된 수천 개 정도의 방사능 물질의 원자를 분리해 내기 위하여 사용하는 물질을 뜻한다. 고유한 반감기로 식별해 낼 수 있는 새로 만들어진 방사능 물질은 용액 속에서 결정으로 변하는 체전체와 결합하여 용액에서 분리되어 나온다. 그 다음에 체전체와 방사능 물질은 부분결정 방법으로 다시 분리할 수 있다. 오늘날의 사용한 핵연료의 재처리 과정과 비슷하다).

한은 보어의 초청을 받고 코펜하겐에 가서 그들이 발견한 것에 대하여 설명했다.

> 보어는 회의적이었으며 나에게 극히 불가능한 일이 아닌가 하고 물었다. ……나는 달리 설명할 길이 없다고 대답했다. 왜냐하면 인공 라듐은 체전체로 사용한 바륨을 무게를 잴 수 있을 정도의 양을 사용하여야만 분리될 수 있었기 때문이다. 그렇게 하면 라듐과 분리되어 바륨만 존재했으므로 그것이 다른 것이 아니고 라듐이라는 것은 의문의 여지가 없었다. 보어는 우리의 새로운 라듐 동위원소가 결국에는 생소한 초우라늄 원소로 판명될지도 모른다는 의견을 제시했다.

한과 슈트라스만은 그들이 찾아낸 16개의 방사능 활동 중에서 바륨을 사용하여 추출한 논쟁거리가 되고 있는 3개의 활동에 그들의 모든 관심을 기울였다.

11월 10일 이른 아침, 로라 페르미는 전화 소리에 잠이 깨었다. 교환원은 스톡홀름과 국제 전화가 곧 연결될 것이라고 알려주었다. 그의 부인의 말에 순간적으로 잠을 깬 페르미는 그 전화가 노벨상 수상을 알릴 확률이 90퍼센트쯤 되리라고 어림셈을 했다. 언제나 하는 것과 같이 수상 소식만 기다리지 않고 그는 계획을 세웠다. 페르미는 신년 초에 미국으로 떠날 준비를 했다. 표면상으로 컬럼비아 대학교에서 7개월 동안 강의하고 돌아오는 것으로 되어있었다. 6개월 이상 체류하는 경우에 대하여 미국 정부는 관광 비자 대신에 이민 비자를 요구했다. 페르미는 학자였기 때문에 이탈리아의 이민 쿼터와는 별도로 이민 비자를 받을 수 있었다. 이탈리아를 영구히 떠나는 시민은 미화 50불 상당액만 국외로 가지고 나갈 수 있었다. 페르미 가족은 발각될 것이 두려워 가재도구를 팔거나 예금을 모두 인출할 수는 없었다. 그래서 노벨상금으로 받게될 돈은 신이 보내준 것이나 마찬가지였다.

그는 새로운 방사능 물질의 발견과 이 과정에서 밝혀낸 저에너지 중성자의 효과적인 핵변환 능력에 대한 연구 성과를 인정받아 단독으로 노벨상을 수상했다. 페르미의 가족은 모든 미치광이짓을 뒤로하고 안전한 곳으로 떠날 수 있게 됐다.

리제 마이트너는 페르미의 가족이 스웨덴에 도착하기 며칠 전 오토 한에게 편지로 자기의 걱정을 털어놓았다. "대부분의 시간에 나는 태엽을 감아주면 자동으로 걸어다니는, 행복하게 웃지만 실생활은 텅 비어 있는 인형 같은 기분이 듭니다. 이것으로 나의 연구 노력이 별 결실을 얻고 있지 못하다는 것을 아실 수 있을 것입니다.

그렇지만 결실을 얻고 있지 못하다는 사실이 나로 하여금 한 가지만 생각하게 하므로 오히려 고마운 생각도 듭니다." 그녀는 한의 관절염이 재발하여 안됐다고 하며 조심하도록 당부했다. 그녀는 막스 플랑크와 막스 폰 라우에의 안부를 물으며 한과 같이 붙여주었던 아버지 막스와 아들 막스이라는 별명으로 불렀다. 한의 부인 에디스(Edith)에게도 인사를 전하며 아들을 위한 크리스마스 계획이 무엇이냐고 물었다. 한의 우라늄 연구는 매우 흥미 있는 일이라고 하며 곧 다시 편지를 쓰겠다고 약속하며 끝을 맺었다.

마이트너는 작은 호텔방에서 생활하고 있었다. 짐을 풀어놓을 자리도 없고 잠도 잘 이루지 못했다. 사람들은 그녀가 너무 야윈 것 같아 보인다고 말했다. 더 나쁜 것은 연구소의 여건이 그녀가 예상했던 것과는 많이 달랐다는 점이다. 그녀가 베를린에서 만나 알게 됐던 스웨덴 물리학자 에바 폰 바르-베르기우스(Eva von Bahr-Bergius)는 웁살라 대학에 강사로 있었으며 마이트너가 스웨덴으로 올 때 여러 가지로 도와주었다. 에바는 서서히 나쁜 소식을 털어놓았다. 연구소 소장 만네 시그반(Manne Siegbahn)은 마이트너를 받아들이기를 원치 않았으며 그녀에게 지급할 수 있는 연구비도 없었다. 그는 그녀에게 일할 장소 이외에는 더 이상 아무것도 제공할 수 없었다. 폰 바르-베르기우스는 노벨 재단의 지원금을 얻을 수 있도록 애써 주었으나 재단은 연구장비나 조수를 위한 지원금은 제공하지 않았다. 마이트너는 자신을 탓했다. "물론 그것은 내 잘못이었다. 나는 좀 더 일찍 그리고 좀 더 철저히 떠날 준비를 해야 했다. 적어도 가장 중요한 장비의 설계도는 그려 가지고 와야 했다."

그녀는 강한 여성이지만 현재는 외롭고 비참했다. 한은 동정심을 가지고 편지 답장을 썼다. 그달 중순쯤 그녀는 편지에 대하여 감사하며 한편으로 한의 무관심을 나무랐다. "나는 때때로 당신이 나의 사고방식을 이해하지 못한다고 생각합니다. …… 현재로서는 나는 어느 누가 나의 일에 대하여 걱정하는지 정말 모르겠습니다."

한은 자신의 일은 물론 마이트너의 일도 돌보고 있었다. 그녀의 편지를 한 손에 들고 그녀의 가구와 다른 재산의 양도를 허가하기 위하여 명세서를 작성할 책임이 있는 세무서에 달려가 일을 빨리 처리해 주도록 강력히 요구했다. 그 뒤 이 일은 빠르게 진전됐다. 12월 19일 월요일 저녁, 이 소식을 그녀에게 보내는 편지에 적었다.

> 나는 최선을 다해 이 일을 열심히 하고 있습니다. 슈트라스만도 지칠 줄 모르고 우라늄 활동에 대한 연구를 하고 있습니다. …… 이제 거의 밤 11시가 됐습니다. 슈트라스만이 밤 11시 30분에 돌아오면 내가 집으로 돌아갈 수 있습니다. 당분간은 이 이야기는 당신한테만 하는 것이지만 라듐 동위원소에 대하여 좀 이상한 일이 있습니다. 세 개의 동위원소들의 반감기는 아주 정확하게 측정됐고 이들은 바륨을 제외한 모든 다른 원소로부터 분리해 낼 수 있습니다. 모든 처리 과정에는 잘못이 없습니다. 매우 드문 우연의 일치가 아닌 한, 단 한 가지 동위원소는 부분 결정 방법으로 분리되지 않습니다. 이 라듐 동위원소는 바륨과 똑같은 성질을 갖고 있습니다.

59세의 한은 약간 구부정해 보였지만 그의 나이보다는 젊어 보였다. 약간 대머리가 벗겨지기 시작했으며 눈썹은 길게 자랐고 젊어서부터 기른 프러시아 스타일 콧수염은 윗입술 가장자리에서 가지런히 다듬어져 있었다. 이제 그는 두말할 나위 없이 세계에서 가장 유능한 방사화학자였다. 우라늄의 비밀을 알아내는 데에, 그의 지난 40년 동안의 경험이 매우 절실했다.

한과 슈트라스만은 12월 초부터 우라늄에서 더 순수한 동위원소를 분리해 내기 위한 작업을 다시 시작했다. 슈트라스만은 체전체로 유산바륨 대신 염화바륨을 사용할 것을 제안했다. 왜냐하면 염화물은 매우 순수하고 아름다운 결정체를 이루기 때문이다. 그들은 중성자 폭격으로 만들어진 반감기가 비슷한 다른 방사능 물질이 섞여 나오지 않게 했다. 그들이 Ra-III라고 부른 반감기가 86분인 방사능 물질을 얻어내기 위하여 15그램의 순수 우라늄을 12시간 동안 중성자에 노출시킨 뒤 반감기가 14분인 Ra-II가 붕괴하여 없어질 때까지 기다린 다음 염화바륨을 혼합한 후 분리해 냈다. 바륨과 같이 우라늄 용액에서 Ra-III가 분리됐으나 바륨이 결정으로 변할 때 Ra-III는 그대로 남아 있지 않고 바륨과 같이 결정으로 변해버렸다.

이런 방법으로 인공 라듐 동위원소를 바륨으로부터 분리해 내려는 시도는 실패했다. 한은 노벨상 수상 강연에서 농축 라듐을 얻을 수 없었다고 말했다. 이 원인을 샘플이 극히 소량이라는 이유로 설명할 수도 있었다. 수천 개 정도의 원자들은 언제나 가이거-뮬러 계수기에 한 개의 입자로 검출되곤 한다. 이런 정도의 숫자는 비활성 바륨 원자들 속에 그대로 묻혀버리고 감지되지 않을 수도 있다. 이런 가능성을 조사하기 위하여 그들이 메조토륨(Mesothorium)이라고 부르는 라듐 동위원소를 저장고에서 꺼내왔다. 그들은 Ra-III의 아주 약한 방사능에 필적할 수 있을 정도로 메조토륨을 희석한 후 바륨을 사용해서 추출했더니 메조토륨은 깨끗이 분리됐다. 그들의 분석 방법에는 아무 하자가 없었다.

12월 17일 토요일, 한이 마이트너의 가구 문제로 세무서에 달려갔던 다음날, 그와 슈트라스만은 역사적인 실험을 했다. 그들은 Ra-III를 희석된 메조토륨과 혼합하여 두 물질을 추출해 보았다. 그러나 물리학적으로 무엇을 뜻하든지 간에 화학적인 증거는 명백히 드러났다. 바륨이 결정화되어 추출될 때 Ra-III는 바륨의 작은 결정에 균일하게 분포되어 같이 추출됐으나 메조토륨은 용액에 그대로 남아 있었다.

그들이 라듐 동위원소라고 생각했던 것이 질량은 우라늄의 절반이며 원자 번호 56번인 바륨임에 틀림없어 보였다. 한과 슈트라스만은 거의 믿을 수가 없었다. 그들은 더 확신이 갈 수 있는 실험을 생각해냈다. 만일 그들의 라듐이 정말 라듐이라면 베타 붕괴에 의하여 변환되어 주기율표에서 한 자리 위에 있는 악티늄(89)으로 바뀌어야 된다. 반면에 그것이 바륨(56)이라면 베타 붕괴에 의하여 란탄(57)으로 변환되어야 한다. 그리고 란탄은 악티늄으로부터 부분결정에 의하여 분리될 수 있다. 12월 19일, 한이 마이트너에게 편지를 쓸 때, 그들은 이 실험을 진행하고 있었다. "아마도 당신은 어떤 훌륭한 설명을 제안할 수 있을 것입니다. 우리는 그것이 정말로 바륨으로 쪼개질 수 없다고 알고 있습니다.……그러므로 다른 어떤 가능성에 대하여 생각해 보기 바랍니다. 원자 질량이 137보다 훨씬 큰 바륨의 동위원소. 만일 당신이 발표할 수 있는 어떤 것이라도 생각해 낸다면, 이 실험은 결국 우리 셋이 같이 한 것이 됩니다. 우리는 이것이 바보 같은 짓이라거나 또는 오염 문제가 아니라고 믿고 있습니다."

그는 그의 친구에게 좀 견딜 만한 크리스마스가 되기를 기원하며 편지를 끝맺었다. 슈트라스만의 따뜻한 인사와 기원도 함께 전했다. 한은 밤늦게 집에 돌아가는 길에 이 편지를 편지통에 넣었다.

다음날, 두 사람은 실험을 중단하고 빌헬름 연구소의 연례 크리스마스 파티에 참석했다. 한은 마이트너가 떠나고 없어서 별로 즐거운 기분이 들지 않았다. 그들은 악티늄-란탄 실험을 계속했다. 파티가 끝나면 연구소는 크리스마스 때까지 문을 닫는다. 타자수가 마지막까지 열심히 타자를 쳤지만 논문을 완성할 수 없었으므로 한은 자연과학회지의 파울 로스바우트에게 전화를 걸어 이 소식을 전하고 다음 호에 논문을 실을 수 있는 여백을 남겨주도록 부탁했다. 로스바우트는 학회지에서 시간을 다투지 않는 덜 급한 논문을 빼주겠다고 기꺼이 약속했으나 원고가 12월 23일 금요일까지는 도착해야 된다고 말했다. 한은 실험실 조수에게 타자를 도와주도록 부탁했다. 한편 그와 슈트라스만은 실험을 계속해 나갔다.

마이트너는 스톡홀름에서 12월 21일 수요일, 한이 월요일 저녁에 보낸 편지를 받았다. 놀라운 일이었다. 만일 실험 결과가 사실이라면 우라늄 원자핵은 부서져야 된다는 것을 뜻한다. 그녀는 즉시 답장을 썼다.

> 당신의 라듐 실험 결과는 매우 놀랄 만합니다. 저에너지 중성자로 바륨을 방출시키는 핵반응!…… 당분간은 이런 광범위한 파열을 받아들이기에 매우 어렵겠지만 우리는 핵물리학에서 주저없이 불가능이라고 말할 수 없는 여러 가지 놀라움을 경험해 왔습니다.

그녀는 금요일에 스웨덴의 서부에 있는 쿵엘브라는 마을로 일주일 동안 휴가를 떠난다고 했다. 그 사이에 답장을 한다면 그곳으로 보내달라고 부탁하며 한과 그의 가족에게 가장 따뜻한 인사와 사랑이 담긴 신년축하 편지를 보냈다.

그날 한과 슈트라스만은 악티늄-란탄 실험을 끝내고 란탄은 바륨이 붕괴한 것이라고 확인했다. 밤늦게 계수기의 스위치를 끄고 한은 망명중인 친구에게 다시 편지를 썼다. 발표 논문은 아직 완성되지 못했다. 최종 원고에는 좀 더 조심스런 표현들이 사용됐다. "우리들의 실험 결과, 세 종류의 조심스럽게 조사된 동위원소들은 라듐이 아니고, 화학자의 관점에서 볼 때, 바륨이라는 결론을 내릴 수 있습니다."

한은 그의 전례가 없던 실험 결과에 마이트너가 어떤 물리적 설명을 재빨리 발견해 주기를 희망했다. 그것이 그의 결론을 보강해 주고 마이트너의 이름도 논문에 포함시킬 수 있으므로 최상의 크리스마스 선물이 될 수 있을 것이다. 란탄의 확인 결과가 나왔으므로 더이상 기다릴 수만은 없었다. 그는 이 소식을 그가 데리고 일하는 물리학자들과 근처에 있는 새로 생긴 물리학 연구소에는 알리지 않았다. 다른 사람들, 예를 들면 퀴리와 사비치 같은 사람들도 똑같은 발견을 했을 수도 있다. 그리고 어떻게 설명될 수 있든지 간에, 이 발견은 굉장한 반응을 일으킬 매우 중요한 것이었다. 한은 편지에 다음과 같이 썼다. "이 결과가 물리학적으로는 이치에 닿지 않을지라도, 우리는 발표를 하지 않을 수 없습니다. 만일 당신이 다른 설명을 찾아낼 수 있다면 훌륭한 일을 하는 것이 될 것입니다. 논문이 완성되면 내일이나 모레 1부를 보내겠습니다. ……자연과학회지에 게재하기에는 적합치 않지만, 그들은 빨리 출판을 할 것입니다." 한은 이 편지를 스톡홀름으로 우송했다. 그는 마이트너가 쿵엘브로 휴가를 떠난 것을 아직 모르고 있었다.

실라르드가 로체스터 대학교에서 실험한 결과, 인듐에서 중성자가 방출되지 않았다. 한과 마이트너가 서로 편지를 주고 받는 사이에 실라르드는 12월 21일 영국 해군성에 편지를 보냈다.

> 추가적인 실험은…… 내가 1936년에 관측한 이상한 현상들을 정리하여 주었습니다. …… 새로운 실험결과의 관점에서 특허는 더 이상

필요 없는 것 같아 보이며…… 비밀로 해야 될 필요도 없는 것 같습니다. 그러므로 특허 철회 신청을 해주실 것을 제안하는 바입니다.

연쇄 반응의 가능성에 대한 실라르드의 믿음은 거의 사라지는 지경에 이르렀다.

한과 슈트라스만은 처음에 그들의 논문 제목을 「우라늄의 중성자 포격으로 생성된 라듐 동위원소와 그들의 활동에 대하여」라고 붙였다. 그러나 그들의 새로운 결과에 의하면 '라듐'이란 용어는 더 이상 필요 없는 것이 됐다. 그들은 논문에서 '라듐'을 '바륨'으로 바꿀 것을 생각했으나 란탄 실험 결과가 나오기 전에 대부분의 논문이 작성됐으므로 논문을 처음부터 끝까지 다시 써야 되며, 이미 논문의 상당 부분은 흥미 없는 것이 되어버렸다. 또한 크리스마스 휴가가 눈앞에 다가왔고 원고의 마감 기일도 촉박하여 더 이상 시간이 없었다. 그들은 그대로 제출하기로 했다. 논문은 잘 가다듬어지지 않았지만 결과에는 하등의 영향을 주지 못할 것이다. 그들은 제목에서 '라듐 동위원소' 대신에 '알칼리성 희토류 금속'을 사용했다. 베릴륨, 마그네슘, 칼슘, 스트론튬과 같이 바륨과 라듐도 알칼리성 희토류 금속에 속한다. 그들은 논문의 마지막 부분에 7개의 조심스런 구절을 추가했다.

"이제 우리는 이상한 결과 때문에 성급히 발표하는 새로운 실험 결과에 대하여 논의하고자 합니다." 그들은 실험 결과를 다음과 같이 요약했다.

우리는 바륨과 같이 분리되어 나와, 라듐 동위원소라고 이름을 붙인 방사능 물질의 화학적 성질을 의문의 여지없이 규명하기를 원했다. 우리는 바륨염 용액에 포함되어 있는 라듐을 농축하거나 희석시키는 방법인 부분결정과 부분추출 방법을 사용했다.……

방사능 바륨 표본을 가지고 적절한 시험을 해보면, 결과는 언제나 예상한 것과 반대였다. 방사능 활동은 모든 바륨에 균일하게 분포되어 있었다. …… 우리의 '라듐 동위원소'는 바륨의 성질을 갖고 있다고 결론을 얻었다. 화학자로서 우리는 새로운 생성물은 라듐이 아니고 '바륨, 그 자체'라고 말해야 하겠다.

그리고서 그들은 그들의 연구를 퀴리와 사비치의 연구와 구분하여 악티늄에 관해 논했다. 그들은 소위 말하는 초우라늄 물질들은 모두 재조사되어야 한다고 지적하면서, 잠정적인 결론을 마감했다.

우리는 화학자의 입장에서, 앞에서 언급한 붕괴 과정을 수정하여 Ra(라듐), Ac(악티늄), Th(토륨) 대신 Ba(바륨), La(란탄), Ce(세륨)을 사용해야 된다고 생각한다. 그러나 물리학 분야와 매우 밀접하게 관계되는 핵화학자로서 지금까지의 모든 핵물리학 법칙에 반하는 이런 급격한 변화를 우리들 스스로 가져올 수는 없다. 아마도 우리에게 잘못된 결과를 가져다 준 일련의 우연의 일치일지도 모르겠다.

추가적인 실험을 수행할 것을 약속하며 그들은 이 소식을 세상에 알릴 준비를 했다. 한은 논문을 우송하고 나서 이 모든 일이 사실 같지 않은 느낌이 들어 우편함에서 논문을 다시 꺼내고 싶은 생각이 들었다. 파울 로스바우트는 같은 날 저녁 카이저 빌헬름 연구소에 들러 논문을 가져갔다. 로스바우트는 논문의 중요성을 알고 있었으므로 수령일자가 1938년 12월 22일자로 된 영수증을 만들었다. 한은 스톡홀름에 있는 마이트너에게 논문의 복사본을 보내기 위하여 그날 밤 다시 우편함이 있는 곳에 왔었다. 그녀의 이름이 빠진 채 발표하는 것에 대한 그의 걱정 혹은 그의 발견 뒤에 올 운명적인 결과들에 대한 생각이 그날 밤의 불안감을 설명해 줄 수 있을 것이다.

쿵엘브라는 스웨덴 마을은 '왕의 강'이라는 뜻을 가진 곳으로, 해변에서 6마일 떨어져 있고 괴테보르그 항구에서 윗쪽으로 10마일 되는 곳에 위치해 있다. 지금은 노스 리버라고 불리는 이 강은 서유럽에서 가장 큰 담수호 밴네른 호에서 흘러나온다. 이 강은 쿵엘브에서 남쪽을 향한 깍아지른듯한 화강암 절벽을 만들어 냈다. 폰틴 절벽은 높이가 335피트나 된다. 강과 절벽 사이의 좁은 애추에 난 자갈길을 따라 마을이 이루어졌다. 쿵엘브는 평화스러우며, 특히 겨울에는 강은 얼어붙고 땅에는 깨끗한 눈이 두껍게 덮인다. 아담한 목조가옥에는 페인트가 칠해져 있고, 아늑한 방에는 정리장과 도자기 접시들을 넣는 찬장이 있으며 레이스가 달린 커텐이 쳐져 있다. 장식용 타일을 붙인 벽난로로 난방을 하며 커피와 빵 굽는 냄새가 가득 차 있다. 1927년, 바르-베르기우스와 그녀의 남편 니클라스(Niklas)는 다른 집들보다는 조금 더 크지만 같은 양식으로 집을 지었다. 1938년, 마이트너는 스톡홀름에 혼자 있었다. 프리슈도 코펜하겐에서 혼자 살았고 마이트너의 언니인 프리슈의 어머니는 멀리 비엔나에 있었고 그의 아버지는 '깨진 유리의 밤'의 희생자로 감옥에 감금되어 있었다. 베르기우스 가족은 사려 깊게 아주머니와 조카를 쿵엘브에서의 크리스마스 만찬에 초대했다.

크리스마스 이틀 전인 금요일 아침, 마이트너는 스톡홀름을 떠났다. 프리슈는 덴마크에서 배를 타고 건너왔다. 그의 이모가 먼저 도착하여 그들이 묵기로 한 조용한 여관에 먼저 들었다. 여관은 연한 초록색 건물로 1층에는 카페가 있었다. 베르기우스의 집은 동쪽으로 시장과 흰 교회를 약간 지난 곳에 있었다. 여행의 피로 때문에 프리슈가 도착한 저녁에 그들은 잠시 만났다.

그해 겨울, 그는 코펜하겐에서 중성자의 자기적 성질에 대하여 연구하고 있었다. 그의 연구를 진척시키기 위하여서는 균일하게 강한 자장이 필요했다. 쿵엘브에 오는 길에 그가 설계하여 제작할 생각인 커다란 자석의 개략도를 그렸다. 그는 크리스마스 전날 아침, 그의 계획에 대하여 이모한테 이야기하려고 아래층으로 내려왔다. 그녀는 이미 아침을 들고 있었으며 자석에 대하여 이야기하고 싶은 의사가 없었다. 그녀는 12월 19일자 한의 편지를 갖고와 프리슈에게 읽어보도록 했다. 프리슈는 편지를 읽어보았다. "바륨!"그는 그녀에게 말했다. "믿을 수 없는데요. 잘못된 것일 겁니다." 그는 화제를 그의 자석에 대한 것으로 바꾸려고 했다. 그녀는 다시 화제를 바륨에 대한 것으로 바꾸었다. "마침내 우리 둘은 나의 문제에 대하여 흥미를 갖게 됐다"라고 마이트너는 기억했다. 그들은 더 생각해 보기 위해서 산책을 나가기로 했다.

프리슈는 크로스 컨트리 스키를 가져왔으므로 그것을 신었으나, 이모가 따라오지 못할 것을 걱정했다. 그녀는 평지에서는 충분히 걸어서 따라갈 수 있다고 말했다. 그들은 쿵엘브의 저잣거리를 향해 동쪽으로 가서 얼어붙은 강을 건너 숲속을 향했다. 그녀는 걸어서 잘 따라왔다.

그들은 협력하여 그 문제를 이해하려고 노력하던 중에 "그러나 그것은 불가능해"라고 말한 것을 기억했다. "핵을 한 번 때려서 백여 개의 입자를 만들어낼 수는 없어. 그것을 반동강 낼 수도 없다. 핵력에 대항하여 그것들을 조각내는 데 필요한 힘을 계산한다면 너무 어마어마하다. 한 개의 입자(중성자)가 그렇게 한다는 것은 불가능하다." 30년 후, 프리슈는 그들의 생각을 좀 더 조리 있게 정리했다.

그러나 어떻게 우라늄으로부터 바륨이 나올 수 있을까? 양자나 혹은 헬륨 원자핵(알파 입자)보다 큰 파편은 핵으로부터 떨어져 나온 적이 없었다. 그래서 한 번에 많은 수의 파편들이 떨어져 나온다는 생각은 포기했다. 그렇게 하기 위한 충분한 에너지도 갖고 있지 않았다. 또한 우라늄 원자핵이 두 조각으로 쪼개질 수도 없다. 실제로 원자핵은 갈라지거나 부스러지는 고체가 아니다. 보어는 원자핵이 액체 방울 같다고 강조했다.

액체 방울 모델이 핵의 갈라짐을 가능하게 할 것 같은 생각이 들기 시작했다. 그들은 통나무에 걸터앉았다. 마이트너가 한 조각의 종이와 연필을 지갑에서 꺼냈다. 그녀는 원들을 몇 개 그렸다. "이런 모양을 가졌겠지?" 그녀는 언제나 형상을 입체화하는 데 서툴렀지만, 프리슈는 꽤 잘할 수 있었다. 프리슈도 같은 생각이 떠올라 구를 양쪽에서 눌러 찌그러트린 것과 같은 모양을 그렸다.

"그래, 이것이 내가 말하는 거야." 그녀는 프리슈가 그린 아령과 같이 생긴 물방울 모양을 보고 말했다. 그 순간 프리슈는 전하가 표면장력을 감소시킨다는 것을 생각해 냈다. 물방울은 표면장력에 의하여 구의 모양을 갖는다. 핵에는 강력이 있다. 그러나 핵 속에 있는 양자들에 의한 전기적 척력은 강력에 반대하는 힘이며, 핵의 질량이 클수록 척력은 더 강해진다.

그래서 나는 곧 표면장력이 얼마나 감소될 것인지 계산하기 시작했다. 나는 어디에서 계산에 필요한 모든 숫자들을 얻었는지 모르겠지만, 내가 핵의 결합에너지에 대한 감을 갖고 있었고 표면장력을 어림셈할 수 있었다고 생각한다. 물론 우리는 전하와 핵의 크기는 잘 알고 있었다. 그래서, 어림셈으로 계산해 보니 전하가 약 100이면(원자 번호100) 핵의 표면장력이 거의 사라지게 된다. 그러므로 원자 번

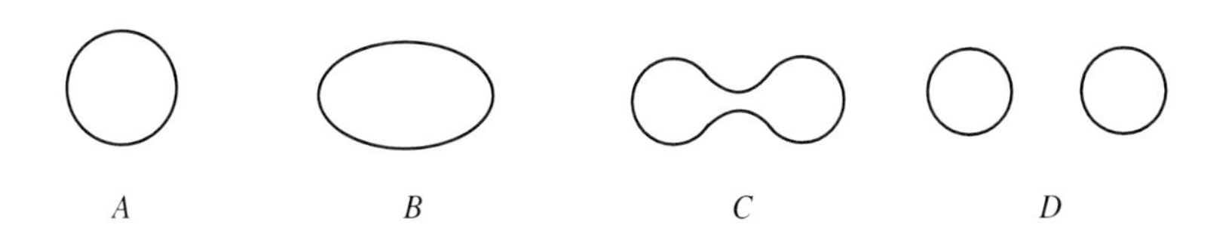

호 92인 우라늄 원자핵은 매우 불안정하다.

그들은 우라늄보다 더 무거운 원자핵이 자연적으로 존재하지 않는 이유를 발견했다. 핵 속에서 서로 반대로 작용하는 두 힘이 결국에는 서로 상쇄된다.

그들은 액체 방울같이 헐렁하게 결합되어 흔들흔들 출렁거리는 우라늄 원자핵이 약하긴 하지만 우라늄 원자핵을 교란시키는 데에는 충분한 에너지를 가지고 있는 저속 중성자와 충돌하는 그림을 얻게 됐다. 중성자는 우라늄 원자핵에 에너지를 전해 준다. 핵은 진동하기 시작한다. 그러면서 어느 한 방향으로 길쭉이 늘어나기 시작한다. 강력은 극히 짧은 거리 내에서만 작용하므로 한쪽으로 길쭉이 늘어난 핵에는 전기적 척력이 우세해지게 된다. 양쪽으로 불룩하게 된 부분은 서로 더 멀리 밀어내고, 그 사이에는 허리 부분이 생기게 된다. 양 끝쪽의 각각의 구내에서는 강력이 다시 우세해진다. 마치 표면장력이 액체 방울을 구형으로 만드는 것과 같은 원리이다. 동시에 전기적 척력은 두 개의 구를 더 멀리 떼어놓도록 작용한다.

마침내 허리 부분이 잘라진다. 두 개의 작은 핵, 예를 들면, 바륨과 크립톤이 나타난다. 마이트너는 두 개의 파편이 형성된다면 그들은 큰 에너지로 서로 밀어낼 것이라고 했다. 각각의 구 속에 있는 양자들의 양전하가 이 구들을 빛의 속도의 삼십분의 일의 속도로 서로 밀어낸다. 이 에너지가 약 200MeV(2억 전자볼트)가 된다고 계산했다. 1전자볼트는 전자가 1볼트의 전위차 사이에서 가속될 때 얻는 에너지이다. 2억 전자볼트는 많은 에너지는 아니지만, 한 개의 원자에서 나오는 에너지로는 매우 큰 양이다. 가장 강력한 화학 반응은 원자당 5eV의 에너지를 방출한다. 이 해에 로렌스는 25MeV로 가속된 입자를 얻기 위해 거의 200톤이나 되는 자석을 사용하여 사이클로트론을 제작하고 있었다. 프리슈는 나중에 우라늄 원자핵이 부서질 때 나오는 에너지가 눈에 보일 수 있는 모래알이 식별할 수 있게 튀어오르게 하는 데 충분한 에너지라고 계산했다. 우라늄 1그램에는 약 2.5×10^{21}개의 원자가 있다. 25 뒤에 0이 20개 붙은, 2,500,000,000,000,000,000,000! 어마어마한 수이다.

그들은 이 에너지원이 무엇인지 스스로 자문했다. 이것이 이 문제의 핵심이었으며, 지금까지 이 가능성을 아무도 인정하지 않았던 이유였다. 지금까지 관측된 중성자 포획은 훨씬 적은 에너지를 방출했을 뿐이다.

1909년, 그녀가 서른한 살 때, 마이트너는 잘츠부르크에서 열린 과학 학술 회의에서 처음으로 아인슈타인을 만났다. 그는 복사의 본질에 대한 우리의 관점의 발전에 대한 강연을 했다. "그 당시 나는 그의 상대성 이론의 전반적인 의미를 확실히 이해하지 못했다"라고 마이트너는 기억했다. 강의 중 아인슈타인은 질량을 에너지로 환산하는 방법을 보여주었다. 이 두 가지 사실이 전적으로 새롭고 놀라운 것이어서 오늘까지도 그 강의를 똑똑히 기억한다고 그녀는 1964년에 당시를 회상했다.

그녀는 그것을 1938년 크리스마스 전날에도 기억하고 있었다. 그녀는 머릿속에 채우기 비율(packing fraction)의 개념을 갖고 있었다고 프리슈는 말했다. 그녀는 핵의 질량 결손에 대한 애스턴의 숫자를 기억하고 있었다. 만일 커다란 우라늄 원자핵이 두 개의 작은 원자핵으로 쪼개진다면 두 개의 작은 원자핵들의 질량의 합은 우라늄 원자핵의 질량보다 적다. 얼마나 적은가? 그녀는 쉽게 이 계산을 해낼 수 있었다. 양자 질량의 5분의 1정도가 적었다. $E=mc^2$을 이용하여 계산하면 양자 질량의 5분의 1은 약 200MeV이다. 이것이 에너지의 공급원이다. 모든 것이 들어맞았다.

그들이 이렇게 재빨리 모든 것을 계산해 낸 것은 아니었다. 그들은 틀림없이 흥분해 있었지만, 마이트너는 매우 주의 깊게 생각할 수 있었다. 이 새로운 사실이 한 그리고 슈트라스만과 같이 지난 4년 동안 수행한 연구에 의문을 가져왔다. 만일 그녀가 한 가지에서 옳다면 다른 것에서는 틀리게 된다. 지금 그녀는 독일을 빠져나와 다른 세계로 망명을 했으며 그녀의 명성을 확인하는 것이 가장 필요한 때이다. 마이트너는 계속해서 말했다. "우리는 그것을 볼 수 없었는데, 이것은 전적으로 예기치 못한 것인데, 한은 훌륭한 화학자이고 나는 그를 믿는다. 그가 어떤 원소라고 하면 그것은 그 원소였다. 그것이 그렇게 가벼운 원소라고 누가 생각할 수 있었는가?"

베르기우스 집에서의 크리스마스 만찬은 끝났다. 프리슈는 스키를 타고 마이트너는 걸었다. 1938년은 거의 지나가고 있었다. 작은 마을에서 일주일 정도의 시간이 더 남아 있었으므로 그들은 성벽에도 올라가 눈이 덮인 골짜기도 바라보았을 것이다. 이제 에너지 문제는 이해했지만, 그들에게 이 발견은 아직도 물리학의 문제로 남아 있을 뿐이고, 연쇄 반응에 대한 것으로까지는 발전해 가지 못했다.

란탄을 확인한 12월 21일자 한의 편지와 자연과학회지에 제출한 논문의 복사본은 아직도 스톡홀름에서 이곳으로 배달되지 않았다.

한은 마이트너의 지지를 학수고대했다. 크리스마스가 지난 뒤 수요일에 그녀에게 쿵엘브프로 직접 편지를 보냈다. 그녀의 자리를 빼앗는 것같이 보이지 않도록 조심하면서, 그는 그의 발견을 '바륨 판타지'라고 부르며 바륨의 존재와 악티늄의 부재를 제외한 모든 것을 겸손한 화학자의 자세로 질문했다. "당신의 솔직한 의견을 듣고 싶습니다. 아마도 당신이 무엇인가 계산하여 발표할 수 있을 것입니다." 그는 그의 화학에 대한 물리적 확인을 얻기 위해 안절부절못했지만 여전히 다른 물리학자들에게는 사실을 말하지 않았다. 그것은 마치 마법사가 어떻게 번개를 붙잡아 사용할 수 있을까 하고 생각하는 동안 손도끼를 만드는 사람이 부싯돌을 쳐서 불을 발견한 것과 같다. 그는 그의 행운을 믿을 수 없었고, 그의 손에 입은 화상이 진짜라는 것을 알고 있었지만 급하게 확증을 찾고 있었다.

편지는 목요일에 쿵엘브에 도착했다. 마이트너는 그날 회신에서 바륨의 발견은 매우 흥미 있는 것이라고 답했다. "프리슈와 나는 이미 그것에 대하여 생각해 보았다." 그러나 그녀는 수수께끼에 대한 대답은 하지 않고 란탄의 결과에 대하여 물었다.

금요일에 그녀는 한에게 엽서를 보냈다. "오늘 원고가 도착했습니다. 중요한 페이지가 한 장 빠져 있었지만 모든 것이 매우 놀랍습니다." 더 이상 쓰지 않았다. 한은 그의 입술을 깨물었음에 틀림없다.

달렘에서 로스바우트는 교정본을 보내왔다. 한은 그의 발견에 대해 좀 더 확신을 가질 수 있었다. 그는 원고에 "핵물리학의 모든 이전의 법칙에 반하여"라는 구절을 좀 더 부드럽게 "모든 과거의 경험에 반하여"라고 고쳤다. 마침내 복사본 원고와 빠진 쪽 그리고 12월 21일자 편지 등을 쿵엘브에서 모두 받았지만 마이트너는 제안에 응하는 것을 주저했다. 1월 1일, 한에게 새해 인사를 쓰고 나서 그녀는 "우리는 당신의 논문을 샅샅이 읽었고, 이렇게 무거운 핵이 터져 부서진다는 것이 에너지 측면에서 가능하다는 생각에 도달했습니다." 그녀는 방향을 바꾸어 그들의 잘못으로 생긴 초우라늄 물질에 대하여 걱정했다. "나의 새로운 출발에 좋은 참고 사항이 되지 못할 것이다." 프리슈는 자신의 새해인사를 덧붙이고 "만일 당신의 새로운 발견이 정말로 사실이라면 그것은 확실히 최고로 흥미 있는 것이 될 것입니다. 나는 추가적인 결과에 대하여 매우 궁금해 하고 있습니다"라고 썼다.

그날 오후 마이트너는 스톡홀름으로 돌아왔고 프리슈는 코펜하겐으로 돌아갔다. 그는 마이트너와 같이 고찰한 결과를 보어에게 이야기하고 싶었다. 한에게 보낸 편지에서 머뭇거렸던 것도 어떤 입장을 취하기 전에 보어에게 확인을 받고 싶었기 때문이었다. 1월 3일, 프리슈는 보어를 만났다. "내가 이야기를 시작하자마자 그는 그의 손으로 이마를 치며 외쳤다. '오! 우리가 모두 얼마나 바보였나! 와! 이것은 굉장해! 이것은 그렇게 되어야 되는거야'" 프리슈는 그날로 이모에게 편지를 보냈다. "보어는 즉시 그리고 모든 면에서 우리와 생각이 같았습니다.……그는 오늘 밤 이것을 좀 더 정량적으로 생각해 보고 내일 나와 다시 이야기하기로 했습니다."

그날 마이트너는 스톡홀름에서 한의 수정된 원고를 받았다. 그들은 각각 별도로 그녀의 의문을 잠재웠다. 그녀는 한에게 강한 어조로 편지를 썼다. "나는 이제 당신이 정말로 바륨을 쪼개 냈다고 거의 확신합니다. 나는 그것을 훌륭한 결과라고 생각하며 당신과 슈트라스만에게 따뜻한 축하를 드립니다.……이제 당신 앞에는 아름다운 연구분야가 활짝 열려 있습니다. 나는 지금 이곳에서 맨손으로 서 있지만, 이 발견들의 훌륭함에 나는 여전히 행복합니다."

이제 이 발견에는 해석이 필요하다. 이모와 조카는 장거리 통화로 이론 논문의 윤곽을 잡았다.

1월 6일 금요일, 프리슈는 초안을 작성하여 보어와 상의하기 위하여 명예의 집으로 가는 전차를 탔다. 보어는 프린스턴 고등연구원을 방문하기 위하여 다음날 아침 미국으로 출발하기로 되어 있었다. 다음날 아침, 초안의 일부를 타자로 작성할 수 있는 시간이 있었다. 프리슈는 보어가 19세 난 아들 에릭과 같이 괴테보르그 항구로 떠나는 기차역에서 두 쪽의 타자로 친 초안을 전달했다. 프리슈가 바로 논문을《네이처》에 보낸다는 가정 하에 보어는 프리슈로부터 논문이 제출되어 인쇄 중이라는 이야기를 들을 때까지는 미국 물리학자들한테는 이야기하지 않겠다고 약속했다. 마지막 토의를 위해 프리슈가 가지고 온 노트 중에는 달렘에서의 화학적 성과를 물리적 방법으로 확인할 실험에 대하여 언급되어 있었다.

1월 6일, 한과 슈트라스만의 논문이 베를린에서 발간됐다. 다음날 코펜하겐에 논문이 도착하자 프리슈는 그것을 플라첵(Placzek)에게 가지고 가 모든 것을 다시 살펴보기로 생각했다. 플라첵은 회의적이었으며 그것에 대하여 익살을 부렸다. 우라늄은 이미 알파 붕괴로 고통을 당했다. 프리슈는 그가 우라늄이 터지게 할 수 있다고 생각하는 것은 떨어지는 벽돌에 맞아 죽은 사람을 해부하여 암으로 죽었을 수 있다고 하는 것과 같다고 비웃은 것을 기억하고 있다. 플라첵은 핵이 쪼개졌다는 것을 증명할 수 있도록 안개상자를 사용하여 고에너지 파편을 찾아보는 것이 좋겠다고 제안해 주었다. 연구소에 있는, 라듐을 사용하는 중성자원은 감마선을 방출하기 때문에 안개상자 사진을 뿌옇게 만들어버릴 것이다. 그러나 간단한 이온 상자는 괜찮을 것이다.

"우리는 원자 번호가 40-50이고 원자 질량이 100~150이며 100 MeV 정도의 에너지를 갖고 있으며 빠르게 운동하는 핵이 중성자로 포격된 우라늄에서 튀어나오는 것을 예상할 수 있다." 그는 다음 보고서에서 그의 실험을 설명했다. "높은 에너지에도 불구하고, 이 핵들은 공기 중에서 수 밀리미터밖에 비행하지 못한다. 전하를 많이 갖고 있으므로……즉, 매우 밀도 높은 이온화 현상을 의미한다." 전하를 많이 갖고 있는 핵파편은 짧은 거리를 비행하는 사이에 공기의 원자로부터 약 300만 개의 전자들을 분리해 내게 된다. 이것들은 쉽게 발견될 수 있다.

그의 이온 상자에는 두 개의 금속판 사이에 높이가 1cm 되는 유리 원통이 끼워져 있다. 공기 중의 이온을 수집하는 대전된 금속판은 간단한 증폭기를 거쳐 오실로스코프에 연결됐다. 아래쪽 판에는 우라늄을 입힌 박지를 붙여놓았다. 그는 장비를 연구소의 지하실에 설치하고 뚜껑이 덮힌 우물에서 중성자원을 꺼내어 박지에 가깝게 놓아두고, 예상되는 핵파편이 튀어나오기를 기다렸다. 이 파편들은 높은 에너지를 가졌고 공기 중의 원자들을 강력하게 이온화시키므로 오실로스코프에 빠르고 뾰족하며 수직인 펄스가 나타나게 된다.

1월 13일 금요일 오후, 프리슈는 실험을 시작했다. 2~3시간 뒤에 예측된 크기의 펄스가 분당 1~2회 나타났다. 그는 중성자원을 치워버리거나 또는 우라늄 시편을 제거하고 결과를 확인했다. 그는 중성자원을 파라핀으로 싸서 저속 중성자를 얻어 실험을 계속했다. 저속 중성자의 효과는 2배로 나타났다. 그는 실험 장비가 일관성 있게 작동한다는 것을 확인하기 위하여 새벽 여섯 시까지 측정을 계속했다. 하이젠베르크가 했던 것처럼 그는 연구소의 위층에 살고 있었다. 기진맥진하여 계단을 올라가 침대에 쓰러졌다. 그는 13이란 숫자가 그에게는 또다시 행운의 숫자가 됐다고 생각한 것을 기억했다.

이 숫자는 이보다 더한 행운을 가져왔다. "아침 7시, 우편배달부가 잠을 깨워 일어나보니 나의 아버지가 강제 수용소에서 풀려났다는 전보가 와 있었다." 그의 부모는 스톡홀름으로 이사하여 이모와 같이 살기로 했다. 한의 수고 덕택으로 그의 이모의 가구는 결국 스톡홀름에 도착했다.

다음날, 약간 혼란스런 상태였지만, 프리슈는 누구든 보고 싶어하는 사람들을 위하여 실험을 반복했다. 아침에 지하 실험실에 내려온 사람은 검은 머리에 푸른 눈을 가진 아일랜드계 미국인 생물학자 윌리엄 아널드(William A. Arnold)였다. 그는 록펠러 지원금으로 헤베시와 같이 연구하고 있었다. 나이는 34세로 프리슈와 같으며 캘리포니아 퍼시픽 그로브에 있는 홉킨스 해양연구소에 근무하고 있었다. 그는 작년 9월 그의 부인과 어린 딸을 데리고 샌프란시스코에서 유럽으로 건너왔다. 그는 방사성 동위원소 기술을 배우기 위해 버클리에 갈 수도 있었지만 그렇게 했으면 코펜하겐의 생활과 헤베시에게서 배우는 기회를 놓쳤을 뿐 아니라 역사적인 도박에 새로운 용어를 공헌하는 기회도 갖지 못했을 것이다. 프리슈는 미국인 생물학자에게 실험을 보여주고 오실로스코프에 나타난 펄스도 보여주었다.

그날 오후 프리슈가 나를 찾아와 말했다. "미생물학 실험실에서 일하지요? 하나의 박테리아가 두 개로 갈라지는 과정을 무엇이라고 부릅니까?" 그래서 나는 '이진분열'이라고 대답했다. 그는 '분열'이라고만 부를 수 있는지 알고 싶어했다. 그래서 나는 그럴 수 있다고 대답했다.

스케치를 잘하고 가시화를 잘하는 프리슈는 그의 액체 방울을 분열하는 살아 있는 세포로 형상화했다. 이렇게 하여 생명을 증식시키는 이름이 격렬한 파괴 과정의 이름으로 사용되게 됐다. "나는 어머니에게 편지를 썼다. 나는 코끼리의 꼬리를 잡은 사람같이 느껴졌다"고 프리슈는 말했다.

이모와 조카는 주말에도 전화로 상의하며 한 편이 아니라 두 편의 논문을 작성했다. 반응에 대한 공동명의의 설명과 프리슈의 확인 실험 보고였다. 두 개의 보고서에서 분열(fission)이라는 새로운 용어가 처음으로 사용됐다(Disintegration of uranium by neutrons : a new type of nuclear reaction, Physical evidence for the division of heavy nuclei under neutron bombardment).

프리슈는 1월 16일 월요일 저녁 두 편의 논문을 완성하고 다음날 아침 항공우편으로 런던에 우송했다. 그는 보어와 이론 논문에 대하여서는 이미 토의했고 실험은 단지 한-슈트라스만의 발견을 확인한 것이므로 보어에게 알리려고 서두르지 않았다.

보어와 그의 아들 에릭은 벨기에 이론물리학자 로젠펠트와 함께 여객선 드로트닝홀름 호를 타고 항해하고 있었다. "우리가 배에 타자마자 보어는 프리슈와 마이트너가 도출한 결과에 대한 노트를 받았다고 말했다. 그러고는 우리가 이것을 이해해 보자고 말했다"라고 로젠펠트가 기억했다. 보어의 일등선실에 칠판을 갖다놓았다. 이 계절의 북대서양은 파도가 거칠어 보어는 뱃멀미 일보 직전이었으나 토론을 계속했다. 그가 해답을 얻고자 하는 첫째 질문은 왜 핵이 중성자와 충돌한 후 닥치는 대로 멋대로 진동한다면 여러 조각으로 나뉘지 않고 두 조각으로 갈라지는가 하는 것이었다. 그는 가장 무거운 핵이 불안정하기 때문에 갈라질 때 많은 에너지를 필요로 하지 않는다는 것을 이해하고 만족해 했다. 핵이 여러 조각으로 갈라지지 않고 두 조각으로 갈라지는 경우가 더 많은 것은 확률적인 문제였다.

페르미의 가족은 1월 2일 뉴욕에 도착했다. 로라에게는 상당히 낯선 곳이었지만, 페르미는 장엄한 말씨를 흉내내 "우리는 페르미가의 미국 분가를 설립했다"라고 발표했다. 그들은 임시로 실라르드가 묵고 있던 컬럼비아 대학 건너편에 있는 킹스 크라운 호텔에 투숙했다. 컬럼비아 대학의 대학원 원장이자 물리학과 과장이며 키가 크고 조용한 목소리로 말하는 버지니아 출신의 조지 페그램(George Pegram)이 마중나왔다. 이제 그들은 다 같이 부두에서 보어의 도착을 기다렸다. 1930년대 중반에 코펜하겐에서 보어와 같이 일했던 미국의 이론물리학자 윌러(John Archibald Wheeler)도 서 57번가 부두에 나와 그를 기다렸다. 그는 당시에 29세였으며 프린스턴에서 보어와 다시 함께 연구하기로 되어있었다. 그는 월요일 아침 강의를 마치고 기차를 타고 달려왔다.

1월 16일 오후 1시, 드로토닝홀름 호가 정박하자 로라 페르미는 보어가 2층 갑판에 나와 두리번거리며 사람들을 찾는 모습을 보았다. 그녀는 보어를 만났을 때 그가 지쳐 보인다고 생각했다. "우리가 그의 집을 방문한 지 얼마 되지 않는 때인데 보어 교수는 더 늙어보였다. 지난 수개월 간, 그는 유럽의 정치적 상황 때문에 매우 바빴다. 그의 근심이 얼굴에 역력히 나타났다. 그는 무거운 짐을 진 사람처럼 구부정해 보였다. 그의 시선은 아무에게도 머무르지 않고 이 사람 저 사람을 쳐다보았으며 고통과 불안감이 엿보였다." 의심할 바 없이 보어는 유럽에 대하여 걱정하고 있었다. 또한 그는 뱃멀미도 했다.

그는 뉴욕에 볼 일이 있어서 에릭을 데리고 페르미 가족과 함께 여행했다. 윌러는 로젠펠트와 같이 프린스턴으로 돌아갔다. 보어는 프리슈에게 한 약속을 지키기 위하여 한-슈트라스만의 발견과 프리슈-마이트너의 해석을 페르미나 윌러에게 이야기하지 않았지만 로젠펠트에게 그의 약속을 이야기하는 것을 깜박 잊어버렸다. 로젠펠트는 프리슈와 마이트너가 이미 논문을 발송했을 것으로 생각했다. 그는 보어에게서 들은 이야기를 윌러에게 전했다. "당시 나는 매주 월요일 저녁 프린스턴의 물리학자들이 모여 물리학술지에서 각자가 발견한 최신 연구 논문에 대하여 토의하는 모임을 주도하고 있었다. 대개 세 편의 논문이 토의되곤 했는데, 내가 기차에서 로젠펠트에게서 들은 소식이 가장 최근의 것이었다"라고 윌러는 기억했다. 1939년 1월 16일 서늘한 월요일 저녁, 프린스턴 대학의 물리학자 저널 클럽 모임에서 미국은 우라늄이 갈라진다는 소식을 처음 듣게 됐지만 '분열'이라는 용어는 아직 대서양을 건너오지 않았다.

"미국 물리학자들에게 나의 이야기가 미친 영향은 분열 현상 그 자체보다도 훨씬 더 굉장했다"라고 로젠펠트는 말했다. 그들은 달려나가 모든 방향으로 이 소식을 전파했다.

보어는 다음날 프린스턴에 도착하여 숙소를 정했다. 로젠펠트는 월요 클럽의 이야기를 보어한테 했다. 보어는 그날 밤 자기 아내에게 편지를 썼다. "내가 프리슈에게 한의 논문이 발표되고 그의 논문이 발송될 때까지 아무 이야기도 하지 않기로 약속했으므로, 나는 덜컥 겁이 났다." 그것은 명예보다도 더 소중한 것이었으며, 보어는 양심의 가책을 받기까지 했다. 프리슈와 마이트너는 피난민이었으므로, 그 논문의 발표로 망명지에서 안정된 직장을 갖는 데 크게 도움이 될 수도 있었다. 보어는 다음 3일 동안 드로토닝홀름 호에서 로젠펠트와 같이 토의한 것을《네이처》에 서한 형식으로 보내기 위한 작업을 시작했다. 편지는 이론적 해석을 프리슈와 마이트너의 공적으로 돌리는 이야기로 시작했다. 700단어의 논문을 3일 만에 작성한다는 것은 보어에게는 매우 촉박한 시간이었다.

"내가 어디서 보어의 소식을 들었는지 아십니까?"하고 유진 위그너는 물었다. "프린스턴 부속병원에서입니다. 나는 황달에 걸려 6주 동안 입원했었습니다." 위그너는 프린스턴에 바로 적응하지 못했다. 1936년에 그들은 나에게 다른 직장을 찾아보는 것이 좋겠다고 했다. 그 당시의 프린스턴은 "하나의 상아탑으로, 사람들은 인생에 대하여 정상적인 생각을 갖고 있지 않았고 그들은 나를 내려다 보았다"라고 위그너는 말했다. 그는 매디슨에 있는 위스콘신 대학교에서 교수 자리를 구했다. "다음날부터 나는 편안함을 느꼈다. 누군가가 운동장에 나가자고 하여 우리는 운동장을 몇 바퀴 돌고 나서 친구가 됐다. 우리들은 어려운 문제뿐만 아니라 일상적인 일에 대해서도 서로 이야기했다. 우리는 거의 현실로 돌아와 있었다." 그는 위스콘신에서 젊은 미국 여인을 만나 서둘러 결혼했으나 그녀는 젊은 나이에 암에 걸려 요절했다.

그는 1938년에 다시 프린스턴으로 돌아왔다. 이때에는 프린스턴은 좀 더 현명하게 그의 가치를 평가했다(세련되고 높이 존경받는 이론물리학자로 위그너는 1963년 핵의 구조에 대한 그의 연구 업적으로 공동으로 노벨상을 수상했다).

보어가 도착한 뒤에 실라르드는 그의 아픈 친구를 보기 위하여 뉴욕에서 프린스턴으로 내려와 오랫동안 기다리던 놀랄 만한 소식을 들었다.

위그너는 나에게 한의 발견에 대하여 이야기했다. 한은 우라늄이 중성자를 흡수하면 두 조각으로 갈라지는 것을 발견했다. …… 내가 이 소식을 들었을 때, 이 파편들이 갖고 있는 전하에 비하여 질량이 크므로 이들은 중성자를 방출해야 된다고 생각했다. …… 그리고 만일 충분한 수의 중성자가 방출된다면 연쇄 반응을 유지할 수 있게 된다. H. G. 웰스가 예측한 모든 일들이 갑자기 나에게 현실로 다가왔다.

프린스턴 병원의 위그너의 병상 옆에서 두 명의 헝가리인들은 무엇을 할 것인가에 대하여 토론했다.

한편, 보어는 《네이처》에 보낼 편지를 코펜하겐에 있는 프리슈에게 보내고 대신 전해줄 것을 부탁하면서 한의 논문이 이미 발표되고, 당신과 당신의 이모의 것이 이미 제출됐기를 희망한다고 말했다. 추신에 자연과학회지에 실린 한-슈트라스만의 논문을 방금 받아보았다고 했다.

생각은 바이러스처럼 번져간다. 분열의 기원지는 베를린 근교 달렘이었다. 거기서부터 스톡홀름, 쿵엘브 그리고 코펜하겐으로 퍼져갔다. 그리고 다시 보어와 로젠펠트를 따라 대서양을 건넜다. 이시더 래비와 젊은 캘리포니아 출신 이론물리학자 윌리스 램 2세(Willis Lamb Jr.)는 프린스턴을 방문하던 중 이 소식을 들었다. 램은 아마도 윌러에게서 그리고 래비는 보어로부터 직접 알게 됐다. 이들은 금요일 저녁 뉴욕으로 돌아왔다. 래비는 자기가 페르미에게 이 소식을 이야기했다고 말했지만, 1954년 페르미는 램한테서 들었다고 했다. "나는 어느 날 오후, 램이 매우 흥분하여 돌아와 보어가 큰 뉴스를 발설했다고 말한 것을 기억한다." 램은 그 소식을 여기저기에 이야기했지만 페르미에게도 말했는지 꼬집어서 기억하지는 못하겠다고 했다. 어떻게 됐든 두 명이 모두 이탈리아의 노벨상 수상자에게 몇 시간의 간격을 두고 이야기했던 것 같다. 그것은 물리학자들 중에서도 특히 페르미에게 가장 필요한 정보였다. 단지 한 달 전에 그가 스톡홀름에서 한 노벨상 수상 기념 강연 내용은 아직 출판되지 않았으나 이제는 부분적으로 쓸모없는 것이 되어버렸기 때문이다(페르미는 정정한 내용을 추가했다. 초우라늄이라고 생각됐던 것들 중 대부분은 우라늄이 부서진 파편들일 것이다. 그러나 그와 그의 연구팀이 규명한 많은 방사능 활동과 그의 저속 중성자 효과의 발견은 아무 영향을 받지 않는다).

실라르드는 이 소식을 듣고 페르미와 의논하기를 원했다. "만일 중성자들이 실제로 분열시 방출된다면 이 사실은 독일인들에게는 비밀로 해야 된다고 생각했다. 그래서 나는 이 가능성을 생각할 수 있는 졸리오와 페르미를 만나기를 간절히 원했다." 실라르드는 위그너의 아파트를 빌려쓰면서 아직 프린스턴에 머물고 있었다. "나는 어느 날 아침 외출하려고 준비했으나 밖에는 비가 억수 같이 내리고 있었다. 나는 '감기 걸리겠네' 라고 중얼거렸다. 왜냐하면 미국에 온 첫해에 나는 비에 젖을 때마다 지독한 감기에 걸렸었기 때문이다." 어찌됐든 그는 외출해야만 했다. "나는 비에 젖었고 고열이 나기 시작해 집으로 돌아왔다. 이렇게 되어서 나는 페르미를 만날 수 없었다."

감기에 몸이 불편하지만 실라르드는 1월 25일 수요일 뉴욕으로 돌아와 한-슈트라스만의 논문을 읽고 레비스 슈트라스에게 편지를 썼다. 이제 그의 후원이 어느 때보다 필요한 때이다.

나는 당신에게 핵물리학의 매우 눈부신 새로운 발전에 대하여 알려드려야 한다고 생각했습니다. 한 논문에서 오토 한은 우라늄을 중성자로 때리면 우라늄이 부서진다는 것을 발견하고 보고했습니다. ······이것은 전적으로 예상치 못했던 것이며, 물리학자들에게 매우 흥미 있는 뉴스입니다. 지난 며칠 동안 내가 있던 프린스턴의 물리학과는 들쑤셔놓은 개미집 같습니다. 이 발견은 순수한 과학적 흥미 이외에도, 지금까지 내가 이야기해 보았던 사람들이 관심을 기울이지 않았던, 또 다른 측면이 있습니다. 무엇보다도 이 반응에서 방출된 에너지는 지금까지 알려진 어떠한 경우보다도 훨씬 더 큰 것입니다. 이것은 핵에너지로 전력의 생산을 가능하게 해줄 수 있지만, 이것을 가치 있는 것으로 하기 위한 투자 비용이 너무 많기 때문에 이 가능성은 별로 흥미 없는 것이라고 생각합니다.

나는 다른 방향에서 가능성을 봅니다. 이것은 대규모의 에너지와 방사능 동위원소 생산을 가능하게 하며, 불행히도 원자 폭탄도 만들 수 있게 할 것입니다. 이 새로운 발견은 내가 1934년과 1935년에 가졌던 그리고 지난 두 해 동안 거의 버렸던 모든 희망과 두려움을 다시 살아나게 합니다. 현재 나는 고열이 있어 내 방에 갇혀있지만, 다른 기회에 이 새로운 발견에 대하여 좀 더 자세히 이야기드릴 수 있을 것으로 생각합니다.

같은 날 페르미는 컬럼비아 대학에서 중성자를 연구하는 실험 물리학자 존 더닝(John R. Dunning)과 새로운 실험 계획에 관하여 토의하기 위하여 그의 연구실을 방문했다. 더닝과 그의 대학원 학생 하버트 앤더슨(Herbert Anderson)은 컬럼비아에서 작은 사이클로트론을 제작했다. 이것은 맨해튼 시내가 내려다보이는 13층 높이의 현대식 물리학 건물의 지하실에 설치됐다. 사이클로트론은 강력한 중성자 방출 장치로 사용된다. 두 사람은 프리슈가 코펜하겐에서 했던 실험과 유사한 실험에 대하여 이야기했다. 이때 이들은 프리슈의 실험에 대해서는 모르고 있었다. 그들은 교수회관에서 점심을 먹으며 토의한 뒤 실험실로 돌아왔다.

페르미가 방을 비운 사이에 보어는 자기가 알고 있는 것을 이야기해 주기 위하여 그를 찾아왔다. 연구실이 비어 있으므로 보어는 엘리베이터를 타고 지하실로 내려와 앤더슨과 마주쳤다.

> 그는 나에게 곧바로 다가와 나의 어깨를 붙잡았다. 보어는 큰 소리로 말하지 않는다. 그는 귀에 대고 소곤소곤 말한다. "젊은이, 내가 물리학의 새롭고 흥미 있는 것에 대하여 설명해 줄게." 그러고는 그는 우라늄 핵의 갈라짐에 대하여 이야기했고 또 어떻게 액체 방울 모델과 들어맞는지 이야기했다. 나는 완전히 매료됐다. 인상적인 큰 몸집을 가진 훌륭한 사람이 그가 말하는 것이 내가 알아야 되는 가장 중요한 것인 것처럼 그의 감동을 나와 나누고 있었다.

보어는 다음날 오후에 워싱턴에서 열리는 이론물리학 학술 회의에 가던 길이었다. 그는 페르미를 만나지 못한 채 기차를 타고 떠났다. 보어가 떠나자 앤더슨은 방금 사무실로 돌아온 이탈리아인을 찾아냈다. "내가 말할 기회도 갖기 전에 그는 우정 어린 미소를 지으며 말했다. '네가 말하려는 것이 무엇인지 알겠다. 내가 설명해 줄께.……'" 페르미의 설명이 보어의 그것보다 훨씬 더 극적이었다.

페르미는 그날 일찍 더닝과 토의했던 실험을 준비하도록 앤더슨과 더닝을 도와주었다. 앤더슨은 불과 얼마 전에 이온 상자와 선형 증폭기를 만들어 두었었다. "우리가 해야 할 일은 전극의 한 쪽에 우라늄을 바르고 상자 속에 넣는 일이었다. 그날 오후 우리는 모든 장비를 사이클로트론 옆에 설치했다. 그러나 그날 사이클로트론은 잘 작동되지 않았다. 그때 나는 전에 실험할 때 중성자원으로 사용했던 라돈과 베릴륨을 기억했다. 그것은 행운의 기억이었다." 그날은 너무 늦어졌다. 페르미도 워싱턴 회의 참석차 떠나야 했다. 앤더슨과 더닝은 실험실 문을 닫았다.

1939년에 열린 제 5회 워싱턴 이론물리학 학술 회의는 조지 가모브가 처음 시작한 것이다. 그가 조지 워싱턴 대학교에 오는 조건으로 학술 회의를 개최해 줄 것을 요구했던 것은 1934년이었다. 당시에 미국에는 이런 모임이 없었으므로, 그는 보어의 연례 코펜하겐 모임을 모델로 했다. 워싱턴 학술 회의는 즉각적인 성공을 거두었다. 로렌스의 어릴적 친구이며 워싱턴의 카네기 연구소 지구자기 연구부서(DTM)를 이끌어가는 멀 튜브(Merle Tuve)의 노력으로 카네기 연구소도 조지 워싱턴 대학교와 같이 이 회의를 공동후원하게 됐다. 참가자들의 여비만 보조하기 때문에 1년에 총 5-6백 달러 정도의 비용이 소요됐다.

사람들은 흥미를 가지고 회의에 참석했다. 에드워드 텔러는 회의의 규모는 작았지만 흥미 있었고, 사람들은 열중했지만 약간 피곤하기도 했다고 회고했다. 어찌된 일인지 가모브는 회의 진행 대부분을 텔러에게 맡겼다. 회의의 주제 선정과 초청자들의 명단 작성은 두 사람이 함께 했다. 대학원 학생들이 발표를 들으러 몰려들었다. 금년의 주제는 저온 물리학이었다.

보어는 워싱턴에 도착하자마자 그날 저녁으로 가모브를 만났다. 가모브는 텔러에게 전화하고 "보어가 방금 도착했다. 그는 미쳤다. 그는 중성자가 우라늄을 깨뜨릴 수 있다고 말한다"라고 알려주었다. 텔러는 로마에서 페르미가 했던 실험과 그들이 만들어낸 방사능 물질의 혼란을 생각했다. 그러고는 갑자기 명백한 사실을 이해했다. 페르미는 워싱턴에서 보어로부터 프리슈가 이미 확인 실험을 끝마쳤을 것이라는 이야기를 듣고 실망했다. "페르미는 프리슈가 그 실험을 했는지 모르고 있었습니다. 나는 다른 사람들이 실험을 하는 것을 막을 권리는 없습니다. 그러나 나는 프리슈가 그의 노트에서 그 실험에 관하여 말했다는 것을 강조했습니다. 나는 모든 사람들이 프리슈와 마이트너의 설명을 미리 알게된 것은 내 불찰이라고 말했습니다. 그래서 나는 솔직하게 프리슈가 《네이처》에 발표하는 논문의 사본이 내게 도착할 때까지 일반에게 발표하지 말고 기다려 달라고 요청했습니다"라고 보어는 며칠 뒤 그의 부인 마가레스에게 편지를 보냈다. 페르미는 더 이상 지연시킬 수 없다고 반대했던 것 같다.

그날 저녁 앤더슨은 푸핀 홀(Pupin Hall)의 지하실에 있는 실험실에 다시 나왔다. 그는 이온 상자 속에 들어 있는 산화우라늄이 자연적인 방사능 붕괴 과정에서 얼마나 많은 알파 입자를 방출하는지 계산해 보았다. 그리고 열 개의 알파 입자가 동시에 나타나 오실로스코프에 고에너지 펄스를 형성할 확률을 계산해 보았으나 "실제로는 결코 나타날 수 없다"라고 그의 실험 노트에 기록했다.

그는 저녁 9시가 조금 지나 이온 상자 옆에 중성자원을 갖다놓고 그 영향을 오실로스코프로 관찰하기 시작했다. 대부분의 신호는 비행거리가 0.4cm 정도이고 에너지가 0.65MeV인 알파 입자에 의한 것이었다. 대략 2분마다 1개가 나타났다. 시계를 가지고 재 보니 60분에 33개가 나타났다. 그는 중성자원을 제거했다. 20분쯤 지나자 큰 펄스는 나타나지 않았다. 이것이 코펜하겐의 서쪽에서 의도적으로 관측된 최초의 우라늄의 분열이었다.

그날 저녁 늦게 더닝도 연락을 받고 실험실에 나와 앤더슨이 얻은 결과에 매우 흥분했다. 앤더슨은 더닝이 즉시 페르미에게 전보로 알릴 것이라고 생각했으나 더닝은 그렇게 하지 않았다. 프리슈가 나중에 보어에게 말한 바에 의하면 "코펜하겐에서의 실험은 이미 발견된 것에 대한 추가적인 증거로" 생각됐으므로 전보를 친다는 것은 겸손하지 못한 것같이 생각됐다. 더닝도 새로운 현상을 자신이 직접 보고 흥분했음에도 불구하고 프리슈와 같은 감정을 가졌을 수도 있다.

보어는 그의 딜레마를 깨달았다. 회의는 2시에 시작된다. 3일 전에 프리슈에게 다시 논문의 복사본을 보내지 않는다고 꾸짖는 편지를 보냈다. 그러나 이제는 이 문제보다 프리슈의 실험의 우선권을 보호하는 문제가 더 급했다. 마음에 내키지 않지만 할 수 없이 일반에 공개하는 것을 승낙했으나 발표에는 한의 결과에 대한 프리슈와 마이트너의 독창적인 해석이 언급되어야 한다고 강조했다.

가모브는 보어를 소개하는 것으로 회의를 시작했다. 그가 전하는 소식은 갑자기 방안에 활기를 띄게 했다. 뒤에서 앉아 있던 한 젊은 물리학자에게 즉시 응용 가능성에 대한 생각이 머리에 떠올랐다. 리처드 로버츠(Richard B. Roberts)는 프린스턴에서 교육을 받고 워싱턴의 체비 체이스 지역의 공원 같이 아름답게 꾸며진 곳에 위치하는 카네기 연구소 지구자기 연구부서의 튜브 밑에서 일하고 있었다. 로버츠는 1979년 그의 자서전 초고에서 당시를 생생하게 기억하고 있었다.

> 1939년 이론물리학 학술 회의의 주제는 저온 물리학이었다. 그래서 나는 별로 참석할 생각이 없었으나, 어쨌든 참석하여 뒷줄에 앉아 있었다. 보어와 페르미가 도착했고, 보어가 한과 슈트라스만의 실험에 관한 소식을 이야기하기 시작했다. …… 그는 우라늄이 쪼개진다는 마이트너의 설명도 이야기했다. 늘 하던 대로 중얼중얼 장광설을 늘어놓았다. 그래서 실험 결과를 빼고 나면 그가 말한 내용은

별로 없었다. 페르미가 이어받아 모든 함축된 의미를 포함하는 세련된 발표를 했다.

로버츠는 학술 회의가 끝난 후 자기 아버지에게 "주목할 만한 일은 이 반응에서 2억 전자볼트의 에너지가 방출된다는 사실이며 원자력의 가능성을 다시 불러왔습니다"라고 편지로 알려드렸다.

보어는 분열 파편을 '가르는 물건'이라고 불렀다. 한동안 모든 사람들이 이 웃기는 표현을 그대로 빌려 사용했다. 튜브와 오랫동안 같이 일한 로렌스 하프스태드(Lawrence R. Hafstad)는 로버츠와 나란히 앉아 있었다. 페르미의 발표가 끝나자 두 사람은 서로 쳐다보고 일어서서 회의장을 빠져나왔다. 만일 '가르는 물건'이 우라늄에서 튀어나온다면 그것을 맨 처음 보는 사람이 되고 싶었다.

그날 실라르드는 뉴욕에서 아픈 몸을 이끌고 가까운 웨스턴 유니언 사무실을 찾아가 영국 해군성으로 전보를 보냈다.

> 나의 최근 편지를 무시하시기 바람. ── 레오 실라르드.

비밀특허는 취소되지 않았다.

독일의 자연과학회지는 1월 16일 파리에 도착했다. 졸리오와 같이 일했던 사람 중의 한 명이 그때를 기억했다. "졸리오는 이 결과를 그의 부인과 나에게 이야기하고 나서 방문을 걸어잠그고 며칠 동안 아무하고도 이야기하지 않았다." 졸리오-퀴리 부부는 다시 한 번 그들이 해낼 수 있었던 주요 발견을 놓쳤다는 것을 알고는 낙심천만이었다. 다음 며칠 동안 졸리오는 중성자를 이용해서 많은 양의 에너지를 얻어낼 수 있다는 것을 생각해 내고 실라르드가 추측한 대로 연쇄 반응의 가능성에 대하여 숙고했다. 그는 분열시 방출되는 중성자를 추적했으나 이 접근 방법이 어렵다는 것을 알고나서 프리슈의 실험과 같은 유사한 실험을 준비했다. 그는 1월 26일 분열 파편을 확인했다.

카네기 연구소의 운동장에 있는 가장 최신 건물은 원자물리 천문대이다. 이 건물에 2주 전에 새로운 연구 장비가 설치됐다. 튜브, 로버츠 그리고 다른 동료들이 핵의 구조에 대한 연구를 강화하기 위하여 51,000 달러의 예산으로 500만 볼트 반 디 그라프(Van de Graaff) 가속기를 제작했다. 이 장치는 발명자인 앨라배마 태생 물리학자의 이름을 따온 것으로 1932년 튜브가 처음으로 이 장치를 실제적인 실험에 사용했다. 그것은 본질적으로 정전기 발생 장치이다. 모터로 움직이는 절연된 피댓줄이 방전 바늘에서 형성된 이온들을 금속구로 옮겨주는 장치이다. 이온들이 금속구에 축적됨에 따라 구의 전압은 증가한다. 이 전압은 스파크로 방전시킬 수도 있고 가속 튜브의 고전압으로 사용될 수도 있다. 공상과학 영화에서 번갯불 같은 스파크를 만드는 데 자주 사용된다. 이 새 장비는 방전 사고를 줄이기 위하여 물 탱크만큼 큰, 배 모양의 압력 탱크 속에 설치됐다.

튜브가 반 디 그라프 실험동의 건설계획을 부유한 체비 체이스 지역의 도시계획 위원회에 제출했을 때 위원회는 원자를 부수는 일은 산업적인 공장 같은 냄새를 풍기기 때문에 집값이 떨어질 것을 걱정하고 허가를 내주지 않았다. 튜브는 코네티컷 가를 건너 2-3마일 서쪽에 있는 해군 천문대가 인기를 끌고 있는 것에 착안하여 프로젝트의 명칭을 원자물리 천문대라고 바꾸고 위원회의 승인을 얻었다.

로버츠와 하프스태드는 핵분열 실험을 하기 위한 중성자를 만들기 위하여 옆 건물에 있는 낡은 100만 볼트 반 디 그라프를 사용할 생각이었으나 이 기계의 이온 소스 필라멘트가 끊어져 있었다. 원자물리 천문대의 진공 가속기는 공기가 새고 있었으나 필라멘트를 교체하는 것보다 쉽게 고칠 수 있을 것 같았다. 사실 이 작업은 이틀이나 걸렸다. 하프스태드는 금요일 저녁에 스키 여행을 떠났으므로 튜브의 제자 마이어(R. C. Meyer)가 도와주었다.

로버츠는 토요일의 실험을 노트에 기록했다.

토요일 오후 4:30

검출하기 위하여 이온 상자를 설치하다.

$U^{238} + n \rightarrow U^{239} \rightarrow Ba^{?} + Kr^{?}$

Li + D로부터 중성자 방출(가속된 듀트륨 핵으로 리튬 포격)

. . .

우라늄 이온 상자로 관측

알파(신호약 함) 1−2mm 그리고 때때로 35mm 펄스 (Ba+Kr ?)

원자물리 천문대의 실험 관측실은 작고 둥그런 지하실이므로 철제 사다리를 타고 내려가야 된다. 로버츠가 큰 에너지의 방출을 뜻하는 신호를 확인하자마자 마이어와 함께 그들이 생각할 수 있는 모든 시험을 해보았다. "우리는 즉시 파라핀과 중성자를 흡수하는 카드뮴의 효과를 시험해 보았다. 또한 우리는 사용 가능한 다른 무거운 원소들도 시험해 보았다. 토륨도 분열하는 것을 확인했다."실험을 중단하고 저녁식사를 했다. 그리고 튜브에게 알렸다. 그는 즉시 보어와 페르미에게 전화했고 그들은 모두 토요일 밤에 실험실로 나왔다.

그 밖에도 로젠펠트, 텔러, 에릭 보어 그리고 그레고리 브라이트(Gregory Breit)도 축하하러 왔다. 보수적인 지구자기 연구부장 존 플레밍(John A. Fleming)이 사진사도 데리고 와서 모두 함께 관측실에서 기념 사진을 찍었다. 보어는 저녁식사 후의 여송연을 들고 있고, 페르미의 웃는 얼굴은 앞니 사이의 틈새를 드러냈다. 로버츠는 피곤하지만 만족한 표정을 지었다. 페르미는 이온 상자의 펄스에 놀라며 장비가 정상적으로 작동하는지 점검해 보라고 고집했다. 그는 이렇게 큰 펄스를 로마에서는 보지 못했었다. 아말디가 알파 입자를 제거하기 위하여 우라늄을 둘러싼 알루미늄 박지가 분열된 파편을 흡수해 버렸기 때문이다. 보어는 여전히 안달이 났다. "나는 프리슈가 같은 실험을 했는지 그리고 논문을 《네이처》에 발송했는지도 모르면서 이 실험을 지켜봤다"고 보어는 말했다. 다음날 프린스턴으로 돌아와 집에서 온 편지를 받아보고 프리슈가 실험도 하고 논문도 제출한 것을 알게 됐다. 로버츠는 "며칠 동안의 흥분, 신문 발표 그리고 전화가 계속됐다"라고 말했다.

과학기자 토머스 헨리(Thomas Henry)가 학술 회의를 취재했다. 그의 기사가 《워싱턴 이브닝 스타》에 실렸고, 이것을 AP 통신이 타전했다. 《뉴욕 타임스》 일요판에 요약된 기사가 실렸다. 더닝이 이것을 읽었는지는 알 수 없지만, 마침내 컬럼비아의 실험에 대하여 페르미에게 그날 아침 전보를 보냈다. 페르미는 급히 컬럼비아로 돌아와 앤더슨을 그의 사무실로 불렀다. 앤더슨의 실험 노트에는 페르미가 즉시 해보려고 생각했던 실험 목록들이 적혀있었다. 이날이 1939년 1월 29일이었다. 앤더슨은 페르미에게 미국에 관한 것을 가르치고, 페르미는 앤더슨에게 물리학을 가르치기로 그들은 이미 합의했었다. 이 수업은 진지하게 시작됐다.

《샌프란시스코 크로니클》은 AP통신 기사를 게재했다. 큰 키에 금발머리를 가진, 로렌스의 제자이며 후에 노벨상을 받을 루이스 앨버레즈는 버클리에서 이발을 하다가 이 기사를 읽었다. 그는 이발을 중단하고 그의 학생 에이블슨(Phil Abelson)이 우라늄을 중성자로 때렸을 때 생기는 초우라늄 원소들을 규명하기 위한 실험을 하고 있는 방사선 실험실로 달려갔다. 에이블슨은 거의 핵분열을 발견할 수 있는 단계에 와 있었다. 에이블슨은 아직도 고통스러웠던 순간을 기억하고 있다. "아침 9시 30분쯤 나는 달려오는 발자국 소리를 들었다. 곧바로 앨버레즈가 실험실로 달려들어왔다. …… 그가 그 소식을 이야기했을 때, 나도 이 훌륭한 발견을 해낼 수 있게 거의 접근했다는 사실을 깨닫고 무감각 상태가 되어 버렸다. …… 거의 24시간 동안 무감각 상태가 계속되어 아무것도 할 수 없었다. 다음날 아침 나는 정상으로 되돌아와 앞으로 할 일을 계획했다." 이날 늦게 에이블슨은 우라늄이 부서져 만들어진 텔루륨(Tellurium)이 붕괴되어 나오는 요오드(Iodine)를 찾아냈다. 이것은 핵이 갈라질 수 있는 또 다른 방법이다(즉, 텔루륨 52+지르코늄 40=우라늄 92).

앨버레즈는 자세한 내용을 전보로 가모브에게 알렸다. 또한 프리슈의 실험에 대한 소식을 듣고 오펜하이머를 찾았다.

> 나는 로버트 오펜하이머에게 분열에서 나오는 펄스를 찾아보겠다고 이야기했던 것을 기억한다. 그는 "그것은 불가능하다"라고 말했다. 그러고는 왜 분열이 일어날 수 없는가 하는 이론적인 이유들을 설명했었다.
>
> 우리가 큰 펄스를 확인하고 그에게 보여주기 위하여 그를 실험실

로 초청했다. 15분도 채 안 되어 그는 이것이 실제로 일어나고 있는 현상이라고 인정했다. …… 그는 핵반응에서 아마도 중성자가 방출될 것이라고 말했다. 그리고 폭탄을 만들고 전력을 생산하는 일이 가능하다고 몇 분도 안 되어 예측했다. …… 그의 생각이 얼마나 빨리 움직이는가를 보는 일은 매우 놀라운 것이었다. 그리고 그의 결론은 모두 옳았다.

다음 토요일, 오펜하이머는 캘텍에 있는 친구에게 보내는 편지에 앨버레즈와 다른 사람들의 실험에 대하여 설명하고 응용 가능성을 예측했다.

우라늄에 관한 일은 믿을 수 없는 정도이다. 우리는 처음에 신문을 보고 알았고 더 많은 정보를 얻기 위하여 전보를 쳤다. 그 이후 많은 보고서가 입수됐다. …… 얼마나 많은 방식으로 우라늄은 부서지는가? 무작위이거나 또는 어떤 특정한 방식이라고 추측할 수 있다. 그리고 무엇보다도 쪼개질 때 많은 중성자들이 나오는지 또는 부서진 파편에서 나오는지? 만일 한 변이 10 cm인 우라늄 듀트라이드(듀트륨은 중성자를 포획하지 않고 감속시키기 위하여 필요함)를 갖고 있다면 그것은 정말 굉장한 것이다. 어떻게 생각하는가? 나는 솔직하고 실용적인 측면에서 굉장하다고 생각한다.

다음날 컬럼비아 대학교에 있는 조지 울렌벡(George Uhlenbeck)에게 보낸 편지에서는 "아주 굉장한 것이 터져버릴 수도 있다"라고 썼다. "분열이 발견되고 채 일주일도 지나기 전에 오펜하이머의 사무실에 있는 칠판에는 잘 그리지는 못했지만 저주할 폭탄의 그림이 그려져 있었다"고 그의 제자 필립 모리슨(Philip Morrison)이 기억했다.

엔리코 페르미도 비슷한 생각을 했다. 푸핀 홀에서 그와 같은 사무실을 쓰고 있던 울렌벡은 어느 날 그가 이야기하는 소리를 들었다. 페르미는 높은 물리학과 건물의 창문을 통해 맨해튼 섬을 내려다 보고 있었다. 거리에는 상인, 택시 그리고 군중들로 꽉 차 있었다. 그는 마치 공을 들고 있는 것과 같이 그의 손바닥을 오므렸다. 그리고 "이것 만한 작은 폭탄이면 모든 것이 사라져 버릴 것이다"라고 중얼거렸다.

중성자를 쫓아서

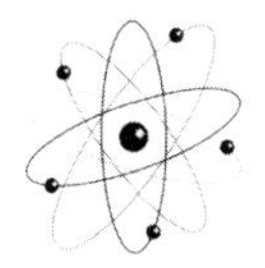

1939년 1월 말경 고열 감기로 일주일 이상 누워 있었고 아직도 완쾌되지 않은 상태인 실라르드는 우라늄의 연쇄 반응 가능성에 관한 정보가 나치 독일의 물리학자들에게 전해지는 것을 방지하기 위하여 그의 친구 이시더 래비와 협의하기 위하여 맨해튼에 있는 킹스 크라운 호텔을 나와 뉴욕의 겨울 거리를 걸었다.

래비는 언제나 단정하고 침착한 사람이며 1944년 노벨 물리학상을 받게 된다. 그는 1898년 갈리시아에서 태어나 어릴 때 가족과 같이 미국으로 이민했다. 그의 아버지는 여성용 블라우스를 만드는 공장에서 일을 하여 돈을 모은 다음, 작은 식료품 가게를 열었다. 그의 가족은 정통파 유대교도였으므로 래비는 도서관에서 빌린 책을 읽고 나서야 지구가 태양 주위를 돌고 있다는 사실을 알게 됐다. 어린 시절 뉴욕의 거리에서 보았던 떠오르는 달의 노란 얼굴과 어릴 때 읽은 창세기의 첫 구절이 그를 과학의 길로 접어들게 했다. 그는 어리석음을 관대하게 보아 넘기지 못하는, 무뚝뚝하지만 솔직한 사람이었다. 그는 물리학을 '무한한 것'이라고 생각한다고 그의 전기 작가에게 말했다. 그는 기교에 열중해 있는 젊은 물리학자들이 그들이 발견한 것의 신비함, 그냥 볼 수 있는 것보다 얼마나 다른지, 자연이 얼마나 심오한지 등을 놓쳐 버리는 것 같다고 생각했다.

실라르드는 래비로부터 지난주에 열렸던 제5회 워싱턴 이론물리학회에서 페르미가 연쇄 반응의 가능성에 대하여 토의했다는 이야기를 들었다. 실라르드는 페르미를 그의 사무실로 찾아갔으나 만나지 못하고 래비한테 돌아와 이 일들은 비밀에 부쳐져야 한다고 페르미에게 전해 달라고 부탁했다. 래비는 그렇게 하겠다고 약속했고 실라르드는 숙소로 돌아왔다. 그는 감기가 차도를 보이자 이틀 후에 다시 래비를 찾아 갔다.

> 나는 그에게 물었다. "페르미와 이야기해 보셨습니까?" 래비가 대답했다. "예, 이야기해 봤습니다." "페르미가 무엇이라고 하던가요?" 래비가 말했다. "페르미가 바보들이라고 했습니다." 그래서 내가 말했다. "왜 그가 바보라고 말했나요?" 그러자 래비가 말했다. "모르겠는데, 그가 사무실에 있으니 가서 물어 봅시다." 그래서 우리는 페르미의 사무실로 갔다. 래비가 페르미에게 말했다. "여보시오 페르미, 내가 실라르드가 생각한 바를 이야기하니까 당신이 바보라고 했는데 실라르드가 왜 당신이 그런 말을 했는지 알고 싶어합니다." 그러자 페르미가 말했다. "음…… 우라늄이 분열할 때 중성자가 방출될 수 있는 약간의 희박한 가능성이 있고, 그렇다면 연쇄 반응이 일어날 수도 있지요." 래비가 말했다. "희박한 가능성이란 무슨 뜻입니까?" 페르미가 말했다. "10퍼센트쯤." 래비가 말했다. "우리가 그것

때문에 죽을 수도 있다면 10퍼센트는 희박한 가능성이 아니오. 만일 내가 폐렴에 걸렸는데 의사가 내가 죽을 가능성이 10퍼센트라고 말한다면 나는 크게 걱정할 것이오."

그러나 페르미의 능숙한 미국 속어 구사와 래비의 확률론에도 불구하고 페르미와 실라르드는 서로 의견이 일치되지 않았다. 잠정적으로 토론은 여기에서 멈추었다. 페르미가 실라르드에게 잘못 이야기한 것은 아니었다. 만일 핵분열이 단지 물질을 한군데 모아 놓은 것에서 자동적으로 일어난다면 페르미가 그의 사무실 창가에서 맨해튼을 내려다 보며 계산했던 것처럼 우라늄의 폭발력을 추산해 보는 일은 쉬운 일이다. 신문기자라 할지라도 이 쉬운 계산은 해낼 수 있을 것이다. 그러나 자연 우라늄의 경우에는 그렇게 간단한 것이 아니다. 만일 그렇다면 이 물질은 오래전에 모두 없어지고 더 이상 존재하지 않을 것이다.

아무리 에너지의 관점에서 흥미 있는 반응이라고 하더라도, 분열 그 자체만으로는 단지 실험실적인 호기심일 뿐이다. 이차 중성자들을 연쇄 반응이 지속될 수 있도록 충분히 방출하기만 한다면 의미가 있을 것이다. "그때는 아무것도 알려지지 않았다"라고 페르미의 젊은 실험 파트너였던 앤더슨이 말했다. "중성자 방출은 실험적으로 관측되어야 하며 그리고 양적으로 측정되어야 한다." 지금까지 이런 일이 수행되지 않았다. 페르미가 워싱턴에서 돌아오자마자 제안한 새로운 일이 사실 이런 것이었다. 분열을 전쟁의 무기로 개발하겠다는 이야기는 페르미에게는 아직도 시기 상조인 것이었다.

수년 후, 실라르드는 페르미와 의견 차이를 간명하게 요약했다. "최초부터 선이 그어져 있었다. …… 페르미는 연쇄 반응이 일어날지도 모른다는 가능성을 먼저 조사하여야 된다고 생각했고, 나는 그것이 일어난다고 가정하고 사전에 필요한 조치를 취해야 된다고 생각했다."

실라르드는 건강이 회복되자 밀린 일들을 서두르기 시작했다. 그는 미국으로 올 때 크라런던에 남겨 두었던 베릴륨을 보내 달라고 옥스퍼드에 전보를 쳤다. 슈트라우스의 요청으로 분열이 가져올 수 있는 결과를 설명해 주는 데 하루를 소비했다. 슈트라우스는 그의 회고록에 "패서디나에 있는 우리들의 고전압 발생기를 무의미하게 만들 것이다. 이 장치는 이제 방금 완성됐다"라고 기록했다. 그가 수만 달러를 투자한 고전압 발생기는 제대로 평가됐다. 슈트라우스 가족은 그날 밤 휴가차 팜비치로 떠날 계획이었다. 실라르드는 토의를 계속하기 위하여 워싱턴까지 같이 기차를 타고 갔다. 그는 그의 후원자를 구슬렀다. 그는 중성자원을 만들기 위하여 그의 베릴륨과 같이 사용할 라듐을 빌릴 돈이 필요했으므로 슈트라우스가 그 비용을 지원해 주기를 원했다.

밤 늦게 워싱턴의 유니언 정거장에 도착한 실라르드는 에드워드 텔러에게 전화를 걸었다. 텔러 부부는 워싱턴 학회에 참석했던 손님 접대의 피로에서 채 회복되기 전이었다. 미시 텔러는 갑작스런 방문에 놀라며 "너무 피곤해요. 그 분은 호텔로 가셔야 합니다"라고 말했다. 그들은 실라르드를 마중나갔고 놀랍게도 미시는 동포를 자기 집에 머물도록 초청했다.

우리는 집에 도착하여 내가 실라르드를 방으로 안내했다. 그는 침대를 슬슬 만져보더니 갑자기 내 쪽으로 돌아서며 "이 근처에 호텔이 있나?"하며 물었다. 호텔은 있었다. "좋아! 방금 이 침대에서 잤던 기억이 나네. 이 침대는 너무 딱딱했어"라고 실라르드가 말했다. 그러나 그는 호텔로 떠나기 전에 침대에 걸터앉아 흥분해서 말하기 시작했다. "분열에 관한 보어의 이야기를 들었지?" 실라르드는 계속해서 "무슨 뜻인지 알고 있지?"

그것이 실라르드에게 의미하는 바는 히틀러의 성공이 그것에 달려 있다는 것이다. 다음날 실라르드는 텔러와 같이 그의 자발적인 비밀 보안 계획에 대하여 토의했다. 그러고는 그는 아직도 황달 때문에 병원에 입원 중인 유진 위그너와 이 문제를 토의하기 위하여 프린스턴으로 찾아갔다.

보어와 로젠펠트는 프린스턴 대학의 교수회관 낫소 클럽에 머무르고 있었다. 2월 5일 일요일, 조지 플라첵(George Placzek)이 클럽 식당에서 그들과 같이 아침식사를 했다. 나치 박해로 인한 또 한 명의 피난민인 보헤미아 이론물리학자는 전날 밤 코펜하겐으로부터 프린스턴에 도착했다. 화제는 분열에 관한 것이었다. 로젠펠트는 1930년대 후반에 한, 마이트너 그리고 슈트라스만이 발견한 불명확했던 방사능들이 이제는 가벼운 원소들(바륨, 란탄)과 학자들이 규명하기 시작한 다른 많은 분열 생성물들이라는 것을 언급하면서 보어가 "이제 초우라늄 원소들을 제거해 버릴 수 있게 된 것이 다행이다"라고 말한 것을 기억했다.

플라첵은 회의적이었다. "상황은 전보다 더 혼란스럽습니다"라고 보어에게 말했다. 그러고는 혼동의 원인들을 꼬집어 이야기하기 시작했다. 그는 직접적으로 보어의 액체 방울 핵 모델에 대하여 도전하고 있었다. 보어는 주의를 집중하며 듣고 있었다.

물리학자들은 특정한 핵반응이 일어날 것인가 또는 일어나지 않을 것인가를 표시하기 위하여, 그들이 '단면적'이라고 부르는 편리한 측정치를 사용한다. 이론물리학자 루돌프 파이얼스(Rudolf Peierls)는 이 측정치를 다음과 같이 설명한 적이 있다.

> 예를 들어, 내가 면적이 1평방피트인 유리창에 공을 던진다고 하자. 열 번에 한 번은 유리창이 부서지고, 그리고 열 번에 아홉 번은 공이 그대로 튕겨져 나올 수 있다. 물리학자들의 언어로는 특정한 방법으로 던져진 공에 대하여, 이 특정한 유리창은 '붕괴 단면적'이 1/10평방피트이고, '탄성 충돌 단면적'은 9/10평방피트가 된다.

서로 다른 핵반응들의 단면적들은 실험적으로 측정될 수 있다. 그리고 평방피트 대신 평방센티미터로 표시된다. 관습적으로 $10^{-24}cm^{2}$의 단위를 사용한다. 왜냐하면 파이얼스의 예시에서 표적 창문은 아주 작은 핵이기 때문이다. 플라첵이 보어와 토론한 단면적은 포획 단면적이었다. 즉, 핵이 접근해 오는 중성자를 포획할 확률이다. 파이얼스의 이야기에서 보면, 포획 단면적은 창문이 깨지는 대신에 열리고 공이 거실 안으로 들어올 수 있는 경우를 나타내는 것이다.

핵은 특정 에너지를 갖고 있는 중성자들을 다른 에너지를 가진 중성자들보다 더 많이 포획하게 된다. 말하자면 특정한 에너지 준위에 자연적으로 조정되어 있다. 파이얼스의 방식으로 설명하면, 창문이 어떤 특정 속도를 갖는 공에 더 쉽게 열리게 되어 있는 것이다. 이 현상은 '공명'이라고 알려져 있다. 플라첵이 이야기한 것은 우라늄과 토륨의 포획 단면적의 공명에 관한 것이었다.

플라첵은 우라늄과 토륨이 모두 25eV의 중성자에 대하여 포획 공명 현상을 나타낸다는 것을 지적했다. 무엇보다도 이것은 우라늄이 중성자에 의하여 분열되는 것은 여러 현상 중 한 가지일 뿐 중성자를 포획하여 다른 원소로 변환되는 또 다른 현상도 나타날 수 있다는 것을 의미한다. 보어는 불편한 초우라늄들을 털어내 버릴 수가 없게 됐다. 이들은 실제로 나타나는 것이다.

만일 예를 들어, 중성자 하나가 우라늄의 핵을 관통하면 그 결과로 분열이 일어날 수 있게 된다. 그러나 만일 중성자가 관통할 때 적당한 에너지(약 25 eV 정도)로 운동하고 있다면 핵은 분열되는 대신에 중성자를 포획해 버릴 수도 있다. 베타 붕괴가 뒤따라 일어나 핵의 전하는 +1이 증가하게 되고 결과는 새로운 원자 번호 93의 초우라늄 원소가 될 것이다. 이것이 플라첵이 이야기한 요점이었다. 나중에 이것이 매우 중요한 것으로 판명된다.

또 다른 혼동의 원인은 이보다 훨씬 단순한 것이었다. 그것은 어떻게 핵에너지를 끄집어 내느냐 하는 문제와 연관된 것이었다. 그것은 우라늄과 토륨의 차이에 관계된다.

부드럽고 무겁고 그리고 광택이 나는 은백색 금속 토륨(원소90)은 1828년 스웨덴 화학자 엔스 야코브 베르셀리우스(Jons Jakob Berzelius)에 의하여 처음으로 분리됐다. 베르젤리우스는 새로운 원소를 북유럽의 천둥의 신 토르(Thor)의 이름을 따서 명명했다. 산화토륨은 19세기 말부터 가스등 맨틀의 주요 성분으로 사용됐다. 맨틀은 고열에 의하여 백열광을 낸다. 약한 방사능을 갖고 있고 그리고 방사능 물질이 강장제라고 생각된 적이 있었으므로 독일의 유명한 치약 도라마드(Doramad)에 사용됐다. 독일의 가스 맨틀을 제조한 아우어(Auer) 사가 치약도 만들었다. 한, 마이트너, 슈트라스만, 졸리오-퀴리 그리고 다른 사람들은 우라늄과 같이 토륨도 연구했다. 토륨은 성질이 우라늄과 비슷하다. 오토 프리슈가 처음으로 토륨이 분열한다는 사실을 발견했다. 그는 스웨덴의 쿵엘브에서 돌아온 뒤 코펜하겐에서 실험을 하던중 우라늄 다음에 토륨을 중성자로 때려 보았다.

그는 토륨의 분열 특성이 우라늄의 그것과는 다르다는 것을 처음으로 밝혀냈다. 토륨은 파라핀의 요술에 반응을 보이지 않았다. 그것은 저속 중성자와 반응하지 않았다. 워싱턴의 카네기 연구소의 로버트와 그의 동료는 독립적으로 프리슈의 발견을 재확인하고 더욱 확장시켰다. 그들의 500만 볼트 반 디 그라프는 몇 가지의 알려진 에너지의 중성자를 발생시킬 수 있었다. 토요일 밤 워싱턴 학술회의에 참가했던 사람들에게 실험 결과를 보여준 뒤, 그들은 여러 에너지의 중성자에 대한 우라늄과 토륨의 분열 반응을 비교했다. 그들은 우라늄과 토륨이 고속 중성자에 모두 분열 반응을 나타낸 반면, 우라늄만이 저속 중성자에 의하여 분열하는 것을 확인했다. 두 원소의 고속 중성자에 의한 분열의 문지방 에너지(분열에 필요한 최소 에너지)는 대략 0.5 MeV 내지 2.5 MeV이었다. 우라늄을 분열시킨 저속 중성자는 훨씬 낮은 에너지에서 매우 효과적이었다. 원자 천문대 연구팀은 2월에 발표한 논문에서 "이 비교로부터 우라늄은 고속과 저속 중성자에 대하여 서로 다른 작용에 의하여 분열하는 것 같아 보인다"라고 결론지었다.

왜 우라늄과 토륨은 유사한 포획 공명과 고속 중성자에 대한 유사한 문지방 에너지를 갖고 있으면서 저속 중성자에 대하여서는 다른 반응을 보이는가? 만일 보어의 액체 방울 모델이 성립한다면, 이 차이는 이치에 맞지 않는다.

보어는 갑자기 그 이유를 알게 됐고 아연해졌다. 가까스로 떠오른 생각을 잊지 않기 위해 예의도 잊고 그의 의자를 뒤로 밀치고 걸어 나갔다. 로젠펠트가 급히 뒤를 따랐다. "급히 자리를 떠나 아무 말 없이 깊은 생각에 잠겨 걷고 있는 보어를 따라갔다. 나는 방해되지 않도록 조심했다." 두 사람은 아무 말 없이 눈이 내리는 프린스턴 교정을 가로질러 고등연구원이 있는 벽돌 건물로 걸어갔다. 그들은 아인슈타인이 빌려준 보어의 사무실로 들어갔다. 사무실은 넓었다. 납으로 테를 두른 창문, 벽난로, 큰 칠판이 있고 마루의 냉기를 막기 위하여 양탄자가 깔려 있었다. 아인슈타인은 보어처럼 이리저리 걸어 다니지 않았으므로 방이 너무 크다고 생각하고 옆에 붙어 있는 비서용 부속실로 옮겼다.

"사무실로 들아가자마자, 보어는 칠판으로 다가가 '자 들어 봐. 이제 알겠어' 라고 말하면서 칠판에 그래프를 그리기 시작했다."

보어가 그린 첫 번째 그래프는 이렇게 생겼다.

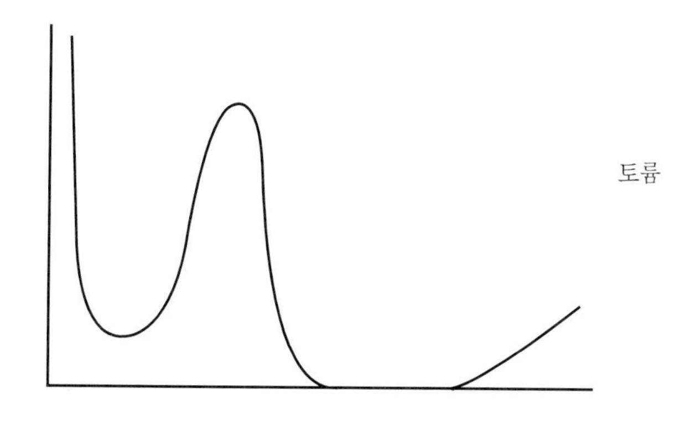

수평축은 왼쪽으로부터 오른쪽으로 증가하는 중성자의 에너지를 표시한다. 수직축은 단면적(특정한 핵반응이 일어날 확률)을 표시한다. S자 모양의 곡선은 토륨의 중성자 포획 단면적을 나타내는 것으

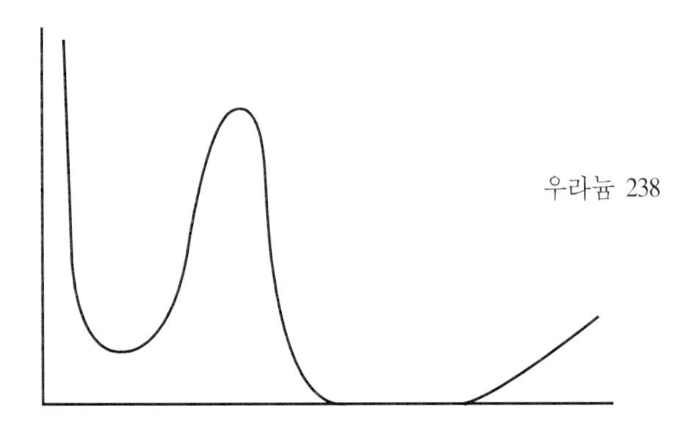

로, 중간에 있는 뾰족한 봉우리는 25 eV에서 공명을 표시한다. 수평축의 오른쪽에 있는 꼬리 부분은 1 MeV 정도의 높은 에너지에서 시작되는 분열 단면적이다. 보어가 그린 것은 서로 다른 중성자의 에너지에 대한 토륨 원자핵의 반응을 가시화한 것이다.

보어는 칠판의 다른 쪽으로 옮겨 두 번째 그래프를 그렸다. 그는 우라늄 동위원소 중에서 가장 많이 존재하는 성분의 질량 번호를 적어 넣었다. "그는 큰 글씨로 질량수 238을 썼다. 분필이 몇 개 부러졌다. 보어의 서두름은 그의 통찰력의 예리함을 표시하는 것 같았다." 두 번째 그래프는 첫 번째 것과 동일했다.

프랜시스 애스턴은 캐번디시에서 그의 질량 분석기에 우라늄을 처음으로 통과시켰을 때 우라늄 238만을 발견했다. 1935년 시카고 대학교에서 뎀스터(Arthur Dempster)가 더 강력한 질량 분석기를 사용하여 두 번째 동위원소를 검출했다. 뎀스터는 그의 강의에서 "애스턴 박사가 보고한 우라늄 238은 몇 초 동안 작동시킨 후 나타났다. 그러나 우라늄 235는 오랫동안 작동시킨 후 희미하게 나타났

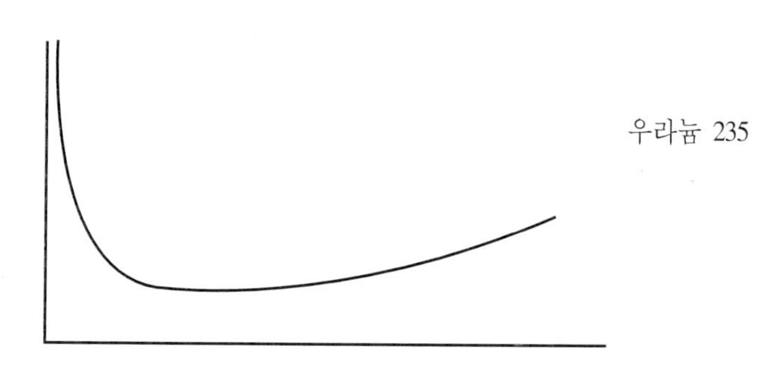

다"라고 말했다. 3년 후, 독일에서 미네소타로 이민온 독일 중산계층의 아들 알프레트 오토 카를 니어(Alfred Otto Carl Nier)가 하버드에서 자연 우라늄 속에 함유된 우라늄 235의 우라늄 238에 대한 성분비(1:139)를 측정했다. 이 비율은 우라늄 235가 약 0.7퍼센트 포함되어 있다는 것을 의미한다. 이와는 대조적으로 토륨은 단 한 개의 동위원소 토륨 232뿐이다. 두 원소의 조성상 차이를 보어가 재빨리 알아차린 것이다. 그는 세 번째 그래프를 그렸다. 그것은 둘이 아닌 하나의 단면적으로 표시됐다.

그의 갑작스런 생각을 가시화한 뒤에 보어는 마침내 자신에게 설명할 준비가 되어 있었다.

이론적 관점에서는 토륨과 우라늄은 유사하게 행동할 것으로 기대된다고 로젠펠트에게 지적했다. 즉 1 MeV 이상의 고속 중성자에 의해서만 분열된다. 실제로 그런 것 같아 보였다. 우라늄 235가 남았다. 그것은 논리의 문제였다. 보어는 의기양양하게 우라늄 235가 저속 중성자에 의하여 분열된다고 말했다. 이와 같은 것이 그의 본질적 통찰력이었다.

그는 계속하여 몇 가지 반응의 난해한 에너지 관계를 이해하려고 노력했다. 토륨 232는 우라늄 235보다 가볍고, 우라늄 235는 우라늄 238보다 가볍다. 그러나 우라늄 235는 또 다른 중요한 점에서 상당히 다르다. 토륨 232가 한 개의 중성자를 흡수하면 질량 번호가 기수인 원자핵 토륨 233이 된다. 우라늄 238이 한 개의 중성자를 흡수하면 역시 질량 번호가 기수인 우라늄 239 핵이 된다. 그러나 우라늄 235가 한 개의 중성자를 흡수하면 질량 번호가 우수인 우라늄 236이 된다. 페르미가 어느 날 강의에서 설명하게 되지만, 핵의 재조정에 의한 변화는 기수의 중성자들이 우수의 중성자들로 바뀔 때 1 내지 2 Me의 에너지를 방출한다. 이것은 우라늄 235가 다른 두 경쟁자보다 에너지 측면에서 내재적인 유리함을 갖고 있다는 것을 의미한다. 그것은 단순히 질량의 변화만으로도 분열에 가용한 에너지를 얻게 된다. 다른 두 원소는 그렇지 못하다.

마이트너와 프리슈는 쿵엘브에서 핵이 분열하도록 뒤흔들어 놓는 데에는 어느 정도 양의 에너지가 필요하다는 것은 이해했지만, 필요한 에너지가 정확하게 얼마인지는 자세히 생각해 보지 않았었다. 그들은 200 MeV의 거대한 에너지의 방출에 정신이 팔려 있었다. 실제적으로 우라늄 핵은 분열하기 위하여 6 MeV의 에너지가 투입되어야 한다. 핵이 길쭉이 늘어나 분리되도록 휘젓기 위해서는 이 정도의 에너지가 필요하다. 중성자의 속도에 상관 없이 흡수하는 것만으로도 가용한 결합 에너지는 약 5.3 MeV가 된다. 그러나 우라늄 238의 경우에는 약 1 MeV가 모자라게 된다. 이 이유로 우라늄 238은 최소 1 MeV 이상의 문지방 에너지를 갖는 고속 중성자가 필요하게 된다.

우라늄 235도 한 개의 중성자를 흡수하면 5.3 MeV의 에너지를 얻게 된다. 그러나 우라늄 235는 단순히 기수에서 우수 질량으로 변하는 것만으로도 페르미가 설명한 1 내지 2 MeV를 추가로 얻게 되므로 총 가용 에너지가 6 MeV 이상이 된다. 그러므로 어떤 중성자든지—고속, 저속 또는 중속—우라늄 235를 분열시킬 수 있게 된다. 이것이 보어의 세 번째 그래프가 보여 주는 것이다. 우라늄 235의 분열 단면적은 연속적인 곡선으로 표시됐다. 자연 우라늄은 우라늄 235의 연속적인 분열을 방해한다. 훨씬 많은 양의 우라늄 238이 대부분의 중성자를 포획해 버린다. 그러므로 중성자들을 파라핀을 사용하여 우라늄 238 포획 공명 에너지 25 eV 이하로 감속시킨 후에, 한 슈트라만 그리고 프리슈와 같은 실험가들이 우라늄 235의 분열을 이끌어낼 수 있었던 것이다. 통찰력의 폭발로, 보어는 플라첵의 이의에 답하고 그의 액체 방울을 재충전했다.

보어는 1월에 유럽에 있는 동료들의 우선권을 보호하기 위하여 700 단어의 논문을 3일 만에 작성한 적이 있었다. 이제 핵분열에서 우라늄 235의 특별한 역할을 전파하기 위하여 1,800 단어의 논문을 이틀 만에 작성하여 2월 7일 《*Physical Review*》로 우송했다. '우라늄과 토륨 붕괴의 공명과 핵분열 현상'에 대해 모든 사람들이 기본적인 가정, 즉 우라늄 235가 저속 중성자 분열을 일으킨다는 사실을 인정했지만, 몇 사람은 실험적인 확인 없이는 믿으려 하지 않았다. 페르미가 회상했듯이 당시에는 동위원소들의 분리는 거의 가능하지 않은 것으로 생각됐기 때문에 모든 사람들이 그것의 더 깊은 의미를 그냥 지나쳐 버렸다.

실라르드는 슈트라우스에게 설명했다. "저속 중성자는 우라늄 속에 약 1퍼센트 정도 포함되어 있는 우라늄 동위원소를 분열시키는 것 같습니다." DTM에 있는 로버트는 1940년에 작성한 상당히 중요한 보고서의 초안에서 "보어는 저속 중성자 반응은 우라늄235 그리고 고속 중성자 반응은 우라늄238에 기인하는 것으로……"라고 주장했다. 로버트의 잘못된 생각은 탈고 과정에서 수정됐을 것이다. 실라르드와 로버트의 언급은 처음에 물리학자들이 우라늄235의 저속 중성자 분열에만 정신이 팔려 좀 더 불길한 잠재력을 잊어버리고 있다는 것을 보여주는 것이다.

보어는 그것을 《*Physical Review*》에 게재한 그의 논문에서 간접적으로 시인했다. 우라늄 235의 저속 중성자 분열이 그의 토론의 전반부를 차지했다. 왜냐하면 그것이 우라늄과 토륨 사이의 수수께끼 같은 차이를 설명했기 때문이다. 그러나 보어는 우라늄 235에 고속 중성자를 포격하는 경우도 생각했다. 그는 논문의 거의 마지막 부분에서 "고속 중성자에 대해서는…… 우라늄235가 매우 소량이기 때문에 분열로 얻어지는 것은 다량의 동위원소에서 얻는 것보다 매우 적다." 이 말은 내재된 의문을 넌지시 암시하기는 하지만 직접 제기하지는 않는다. 만일 우라늄 235가 우라늄 238으로부터 분리될 수 있다면, 고속 중성자에 대한 반응 결과는 무엇일까?

페르미와 앤더슨은 푸핀 홀의 지하실에 3피트 폭에 3피트 깊이의 물탱크를 만들었다. 그들은 라돈-베릴륨 중성자원을 5인치 크기의 둥근 전등에 넣어 탱크 중간 부분에 집어넣을 계획이었다. 베릴륨에서 방출된 중성자는 주위의 물 속으로 확산되고 감속될 것이다.

중성자들은 로듐(Rhodium) 박지와 작용하여 반감기가 44초인 방사능 활동을 유발할 것이다. 페르미가 가장 신뢰하는 종류의 중성자 검출장치가 전구로부터 서로 다른 거리에 몇 군데 설치됐다. Rn+Be 소스만 사용하여 로듐의 방사능 활동 수준을 측정한 뒤에,

페르미는 산화우라늄을 전구 속에 채우고 두 번째 측정을 할 생각이었다. 만일 우라늄을 넣었을 때, 더 많은 중성자가 물탱크 속에 나타난다면, 그는 우라늄이 분열할 때 방출된 이차 중성자의 수를 어림셈할 수 있을 것이다. 투입된 한 개의 중성자에 대하여 단 한 개의 이차 중성자가 방출된다면 연쇄 반응을 유지시킬 수 없게 된다. 왜냐하면 중성자 중에는 포획되거나 유출되는 것이 있기 때문이다. 한 개의 투입 중성자가 한 개 이상 적어도 2개의 이차 중성자를 발생시켜야만 연쇄 반응을 유지시킬 수 있다.

실라르드는 7층에서 진행중인 또 다른 실험을 발견했다. 금발에 키가 큰 캐나다 출신 월터 진(Walter Zinn)은 작은 가속기를 이용하여 2.5 MeV 중성자로 우라늄을 때리는 실험을 하고 있었다. 그는 공급된 2.5 MeV 중성자보다 더 큰 에너지를 갖고 있는 이차 중성자 방출을 실증하려고 애쓰고 있었으나 지금까지의 결과로는 결론을 얻지 못하고 있었다. "실라르드는 나의 실험을 큰 흥미를 가지고 관찰했다. 그러고는 더 에너지가 낮은 중성자를 사용하면 좋은 것이라고 충고해 주었다. 나는 말했다. '좋습니다. 그러나 어디서 구하지요?' 실라르드가 대답했다. '내게 맡겨 둬, 내가 구해보지.'"

실라르드는 진을 도와줄 생각이었다. 그러나 그 역시도 진의 이온 상자를 탐냈다. "우리가 해야 될 일은 라듐 1그램과 베릴륨 한 덩어리를 구하여 베릴륨에서 나오는 중성자로 우라늄을 때린 다음 진이 만든 이온 상자로 고속 중성자가 방출되는지 확인하면 되는 것이었다. 이런 실험은 장비와 중성자 소스만 있다면 한두 시간내에 끝낼 수 있는 것이다. 그러나 물론 우리는 라듐을 갖고 있지 않았다"라고 실라르드는 뒤에 설명했다.

문제는 여전히 돈이었다. 뉴욕과 시카고의 라듐 화학회사는 최소

3개월의 기간 동안 1그램의 라듐을 월 125달러에 빌려주고 있었다. 2월 13일, 실라르드는 버지니아에 있는 슈트라우스의 농장으로 비용을 지원해 줄 것을 요청하는 묻는 편지를 보냈다. 그리고 최근 진행되고 있는 일의 의미에 대하여 설명해 주었다. 이 편지의 주요 부분은 자연 우라늄의 저속 중성자에 대한 분열은 우라늄 235 때문이라는 보어의 가정에 대한 것이었다.

> 만일 이 동위원소가 연쇄 반응을 유지하는 데 사용될 수 있다면, 그것은 우라늄에서 분리되어야 합니다. 필요하다면 분리될 수 있다는 것은 의심할 바 없겠지만, 5년 내지 10년은 걸릴 것입니다. 소규모의 실험으로 토륨과 자연 우라늄은 분열하지 않으나, 희귀한 동위원소는 분열 가능하다고 판명되면 우리는 즉시 희귀한 우라늄의 동위원소를 농축시키는 문제를 공략해야 합니다.*

---

* 우라늄 235와 우라늄 238의 차이는 이미 쟁점이 됐다. "페르미와 몇 명의 다른 사람들은 우라늄 235에 대하여 상당한 의문을 가졌거나 혹은 반대 의견까지도 갖고 있었다. 그들은 저속 중성자에 의하여 분열되는 것은 우라늄 238이라고 생각했다"라고 더닝은 말했다. 의견의 상치는 보어를 격노케 했다. 보어는 로젠펠트에게 토륨과 우라늄 238은 우라늄 235와 다르게 작용한다는 그의 논리에 대하여 페르미는 의문을 제기했어야 한다고 말했다. "그것이 페르미의 장점이며 약점"이라고 로젠펠트는 기록했다. "자신의 생각에만 너무 몰두해 있어서 그는 외부의 어떤 영향도 느끼지 못한다." 그는 보어가 토의한 증거에 다른 해석도 가능하다고 보고 실험만이 결정할 수 있다고 생각했다. 반면, 더닝은 즉시 보어의 논의를 수용했다. 이 결과, 더닝은 동위원소의 분리에 대하여 생각하기 시작했으나 페르미는 계속하여 자연 우라늄의 연쇄 반응 가능성을 조사했다. 페르미다운 보수주의이다. 실라르드도 그랬다.

슈트라우스는 고압 발생기에 대한 투자로 손실을 입었으므로 더 이상 핵 사업에 투자할 생각이 없었다. 그는 실라르드가 얼마만큼 확신하는지 알고 싶었으나, 실라르드가 보장을 할 수 없었으므로 더 이상의 지원을 하지 않았다. 실라르드는 벤자민 리보위츠에게 지원을 요청했다. "그는 가난하지도 않았지만 그렇다고 부자도 아니었다. ……나는 무엇에 관한 것인지 모두 설명하여 주었다. 그러자 그가 말했다. '얼마나 필요합니까?' 나는 대답했다. '2,000달러쯤 빌리고 싶습니다.' 그는 수표책을 꺼내 수표를 써 주었다. 나는 수표를 현금으로 바꾸어 라듐을 대여했다. 그러는 사이에 영국으로부터 베릴륨도 도착했다."

월터 진이 이상하고도 독특한 물건이라고 생각한 베릴륨 원통이 2월 18일 영국에서 도착하자 진은 실라르드의 요술을 증명하기 위하여 실험실로 가지고 갔다. 같은 날 실라르드는 텔러로부터 워싱턴에 있는 DTM에서 수행한 중요한 실험에 대한 이야기를 들었다. 로버트와 마이어는 분열에서 방출되는 지연 중성자(delayed neutron)에 관한 논문을 《*Physical Review*》에 제출하기 위하여 준비중이었다. 이 지연 중성자들은 컬럼비아 연구팀들이 찾고 있는 순간적으로 방출되는 이차 중성자가 아니었다. 그들은 분열 파편이 중성자를 자연적으로 방출하는 것을 확인했다.

카네기 연구소의 소장은 뉴잉글랜드 출신의 양키 전기공학자이며 발명가이고 MIT 대학의 공과대학 전임 학장이었던 배너바 부시(Vannevar Bush)였다. 부시는 처음에는 연쇄 반응 연구에 투자를 많이 하지 않았지만 계속 관심을 갖고 있었다. 버클리의 로렌스, 달렘의 한 그리고 프리슈와 같이 연구하기 위하여 코펜하겐을 방문 중인 리제 마이트너는 헛소리를 추구하지 않았다. 컬럼비아와 파리에서는 실험을 준비하는 단계였고, DTM이 곧 컬럼비아의 뒤를 따랐다.

페르미는 중성자 소스로 라듐보다는 라돈에 의존했기 때문에 실라르드가 페르미에게 주의를 환기시킨 바와 같이 실험상의 모호한 점이 있을 수 있었다. 라돈은 라듐을 사용했을 때보다 훨씬 에너지가 더 큰 중성자를 베릴륨에서 방출시키기 때문에, 페르미가 그의 탱크에서 발견한 중성자 수의 증가는 분열의 결과가 아니라 또 다른 베릴륨에서 일어나는 반응 때문일 수도 있다. 이 모호함은 사소한 것이라고 생각했지만 라듐-베릴륨 소스를 사용하여 다시 실험을 하는 것에 동의했다. 그러나 실라르드가 공식 직함이 없기 때문에 아직도 라듐의 대여에 관한 협상이 진행 중이었다.

3월 초, 실라르드는 3개월 동안 방문 연구자로 컬럼비아에서 일하기로 하고 작은 놋쇠 캡슐에 들어 있는 2그램의 라듐을 빌릴 수 있었다. 그는 진과 같이 즉시 실험 준비를 했다.

> 모든 것이 준비됐다. 우리가 해야 할 일은 스위치를 켜고, 뒤로 물러나 텔레비전의 스크린을 쳐다보는 것이었다. 만일 번쩍이는 불빛이 스크린에 나타나면 우라늄의 분열 과정에서 중성자가 방출된다는 것을 뜻한다. 그리고 이것은 대규모의 원자 에너지 방출이 멀지 않았다는 것을 뜻한다. 우리는 스위치를 켜고 번쩍거리는 불빛을 보았다. 우리는 잠시 동안 바라본 뒤 스위치를 끄고 집으로 돌아갔다.

그들은 생성된 중성자의 수를 측정해 보았다. 실라르드는 분열당 2개의 중성자를 발견했다. 프랑스팀은 일주일 전쯤 각각의 흡수된 중성자에 대하여 하나 이상의 중성자를 발견했다. 페르미와 앤더슨은 포획된 중성자당 2개의 중성자가 나온다고 추산했다. 실라르드는 즉시 위그너와 텔러에게 이 사실을 알렸다.

텔러는 그 순간을 잘 기억하고 있었다.

전화벨이 울렸을 때 나는 피아노에 앉아 있었다. 친구의 바이올린에 맞추어 모차르트가 모차르트 같은 소리가 나도록 노력하고 있었다. 실라르드가 뉴욕에서 전화를 걸었다. 그는 헝가리어로 한 가지만을 이야기했다. "나는 중성자들을 발견했다."

실라르드는 슈트라우스에게도 전보를 보냈다.

오늘 베릴륨을 가지고 제안된 실험을 하여 굉장한 결과를 얻었음. 많은 중성자의 방출 발견. 반응이 일어날 확률은 50퍼센트 이상으로 추산됨.

실라르드는 런던의 블룸즈버리 구의 횡단 보도를 건너면서 중성자가 무엇을 뜻하는지에 대해 깊이 생각했다. "그날 밤, 내 생각으로는 세계가 큰 슬픔에 직면하고 있다는 데에 조금도 의심의 여지가 없었다"라고 회상했다.

아직도 황달에서 완전히 회복하지 못한 유진 위그너는 중부 유럽에서 배반의 폭풍이 불어 닥치고 있는 사이에 실라르드로부터 놀라운 소식을 듣고 강렬하게 반응했다. 3월 14일, 히틀러는 체코슬로바키아의 대통령과 외무장관을 베를린으로 오라고 명령하고 그들이 항복하지 않는 한 프라하를 폭탄으로 폐허를 만들겠다고 위협했다. 나치 지도자의 격려로 슬로바키아는 그날로 공식적으로 공화국에서 탈퇴했다. 카르파티안 산맥을 따라 체코슬로바키아의 동쪽에 뻗어 있는 루테니아는 카르파소 우크레인(Carpatho-Ukraine)이란 이름으로 독립을 선언했다. 다음날 아침 헝가리의 호시 제독의 파시스트 정권은 독일의 승인 아래 새로운 국가를 침입하여 갑자기 종지부를 찍게 했다.

히틀러는 승리에 도취하여 프라하로 날아갔다. 3월 16일, 히틀러는 체코슬로바키아의 나머지 영토인 보헤미아와 모라비아를 독일의 보호국으로 선언했고 체코슬로바키아는 별다른 저항 없이 분할됐다.

위그너는 3월 16일 아침 기차를 타고 뉴욕으로 왔다. 그는 실라르드와 페르미를 페그램의 사무실에서 만났다. 1월 말 이후 실라르드는 그의 단체의 새로운 형태(그는 '과학적 협력을 위한 협회' 라고 불렀다)를 추진해 왔다. 이 협회는 연구 상황을 파악하고, 기금을 모으고, 분배하고 그리고 비밀을 유지하는 민간 단체로서 원자 에너지의 개발을 이끌어 나가는 것이 목적이다. 그는 이것에 대하여 슈트라우스와 워싱턴으로 가는 기차에서, 텔러와는 딱딱한 침대에서 이야기했던 날과 그 다음날에, 그리고 위그너와는 프린스턴에서 보어가 그의 그래프를 그렸던 바로 그 주말에 상의했었다. 위그너가 보기에는 이런 아마추어적인 방법으로 대처해도 될 시기는 이미 지나갔다. 그는 이 발견들을 즉시 미국 정부에 알려야 한다고 강력하게 주장했다. 그것은 매우 심각한 문제이므로 우리가 그것을 취급하는 책임을 맡을 수가 없다고 주장했다.

조지 페그램은 63세로 그날 아침 자기 사무실에서 만난 두 명의 헝가리인과 한 명의 이탈리아인보다는 한 세대 이전의 사람이었다. 페그램은 사우스 캐롤라이나 출신으로 1903년 컬럼비아에서 토륨 연구로 박사 학위를 받고 베를린 대학교에서 막스 플랑크 밑에서 공부했으며, 러더퍼드가 맥길 대학에서 수확이 많은 망명 생활을 할 때 서로 교신을 한 바 있다. 페그램은 키가 크고 운동을 잘했다.

그는 워싱턴에 있는 해군성 차관 에디슨(Edison)을 알고 있다고 위그너에게 말했다. 위그너는 페그램에게 즉시 그에게 전화하도록 고집했다. 페그램은 기꺼이 그렇게 할 생각이지만, 먼저 작전을 토의하기로 했다. 누가 소식을 전할 것인가? 페르미는 그날 저녁 일단의 물리학자들에게 강의하기 위하여 오후에 워싱턴으로 떠나야 했다. 그는 다음날 해군 관계자들을 만나볼 수 있을 것이다. 노벨상 수상 경력이 그의 신용도를 높여줄 것이다. 페그램은 워싱턴에 전화를 걸었다. 해군성 차관은 자리에 없었다. 그의 사무실은 페그램을 해군 작전사령관의 기술 보좌관 스탠퍼드 후퍼(Stanford Hooper) 제독에게 연결시켜 주었다. 페그램의 전화가 핵분열 물리학자들과 미국 정부와의 최초의 직접적인 접촉이었다.

이날 아침, 두 번째 화제는 비밀에 대한 것이었다. 페르미와 실라르드는 모두 그들의 이차 중성자 실험에 대하여 작성된 보고서를 갖고 있었고 《*Physical Review*》에 보낼 준비가 되어 있었다. 페그램의 의견에 따라 그들은 논문 제출의 우선 순위를 확보하기 위해 우송은 하되 편집자에게 부탁하여 비밀 문제가 해결될 때까지 발표는 보류하기로 했다.

페그램은 페르미가 가지고 갈 소개장을 써주었다. 그것은 주저하는 내용을 담고 있었다.

컬럼비아 대학교의 물리학 실험실에서 몇 가지 실험을 해 본 결과, 화학 원소 우라늄으로부터 많은 양의 원자 에너지를 방출시킬 수 있는 가능성을 발견했습니다. 이것은 우라늄이 폭약으로 사용된다면 지금까지 알려진 가장 강력한 폭약의 100만 배 이상의 에너지를 방출할 수 있다는 것을 뜻합니다. 나 스스로는 이러한 가능성은 아주 희박하다고 생각하지만, 나의 동료들과 나는 단순한 가능성이라도 무시해서는 안 된다고 생각합니다.

이와 같이 가볍게 무장한 페르미는 해군과 접전을 벌이기 위하여 떠났다. 토론은 끝이 없었다. 위그너도 매우 긴 하루를 보내고 있었다. 그는 닐스 보어와 만나기로 한 중요한 모임 때문에 실라르드와 같이 프린스턴으로 돌아왔다. 그것은 미리 계획된 것이었다. 월러와 로젠펠트도 참석하기로 했고 텔러도 특별히 워싱턴에서 오기로 되어 있었다. 만일 보어만 설득할 수 있다면, 독일 핵물리 연구를 고립시키려는 움직임은 성사될 수도 있을 것이다.

그들은 저녁에 위그너의 사무실에서 만났다. 실라르드가 컬럼비아의 실험 자료를 간단히 설명하고 중성자로 유도된 분열에서 적어도 두 개의 이차 중성자가 나온다고 보고했다. 이것이 핵폭발의 확실한 가능성을 뜻하는 것은 아닌지? 보어는 반드시 그렇지는 않다고 반대했다. 우리는 보어를 확신시키려고 노력했다. "분열 연구는 계속하되, 실험 결과는 발표하지 않고 비밀로 해야 된다. 우리는 나치가 먼저 핵폭발을 일으키지 못하게 해야 된다"라고 주장했다. 보어는 핵에너지를 결코 얻지 못할 것이며 또한 물리학에 비밀은 결코 도입되어서는 안된다고 주장했다.

보어의 회의론은 '필요한 양의 우라늄 235를 분리해 내는 어마어마한 어려움'과 관계되는 것이었다고 월러는 기억했다. 페르미는 전쟁이 끝난 뒤 그의 강의에서 '1939년 당시에는 많은 양의 우라늄 235를 분리하는 작업을 심각하게 고려해야 되는지 명백하지 않았다" 라고 말했다. 보어는 프린스턴 모임에서 "미국을 하나의 거대한 공장으로 바꾸지 않는 한 그것은 결코 완수될 수 없다"라고 주장했다.

보어에게 더 중요한 것은 비밀 문제였다. 그는 수십 년 동안 물리학을 하나의 국제적인 공동 사회의 것으로 만드는 데 노력을 경주해 왔다. 민주주의에 언론의 자유가 필수적인 것처럼, 본질적 특권인 공개성이 과학자의 사회를 운용해 나가는 데 필요한 것이다. 완전한 공개는 절대적 정직성을 요구한다. 과학자들은 그들의 모든 결과를 발표하여 모든 사람들이 그것을 읽고 오류를 즉시 수정할 수 있게 한다. 비밀로 유지하는 것은 이런 특권을 모두 빼앗아 버릴 것이다. 나치 독일의 협박으로 보어보다 더 괴로운 사람은 없었다. 로라 페르미는 이 시대를 기억했다. "그가 미국에 상륙한 지 두 달 후, 그는 유럽의 파멸에 대하여 계시록적인 표현으로 이야기했다. 그리고 그의 얼굴은 한 가지 생각이 계속 떠올라 괴로움을 당하는 사람의 그것이었다." 만일 우라늄 235가 우라늄 238로부터 쉽게 분리될 수 있다면, 보어라고 할지라도 생존을 위하여 원칙과 잠정적으로 타협해야 할 것이다. 그러나 보어는 분리 기술이 거의 가능하지 않을 것으로 생각했다. 모임은 결론을 이끌어 내지 못한 채 자정이 지나도록 계속됐다.

다음날 오후 페르미는 후퍼 제독과 만날 약속 때문에 컨스티튜션가에 있는 해군성에 나타났다. 그는 아마도 보수적인 설명을 계획했던 것 같다. 제독에게 그의 도착을 알리려 들어간 장교의 멸시하는 말투가 그렇게 생각하도록 했는지도 모른다. "밖에 이민자들이 왔습니다." 페르미는 장교가 말하는 것을 들었다. 노벨상 수상자의 권위는 이런 정도였다.

지금은 자원하여 해군에 입대한 루이스 슈트라우스가 '무너져내릴 듯한 낡은 판자방'이라고 부르는 곳에 후퍼는 해군 장교들, 육군의 병기부 장교들 그리고 해군 연구소에 있는 두 명의 민간인 과학자들을 집합시켜 놓았다. 민간인 중의 한 명은 퉁명스러운 물리학자 로스 건(Ross Gunn)으로 DTM의 5MeV 반 디 그라프에서 분열을 실증하는 것을 참관했었다. 로스 건은 잠수함의 추진 기관에 관한 일을 하고 있었으므로 산소가 필요 없는 에너지 원에 대하여 더 많이 배우기를 원했다.

페르미는 참석자들에게 한 시간가량 중성자 물리학을 이야기했다. 만일 참석자 중의 한 사람이었던 해군 장교의 노트가 정확하다면, 페르미는 실라르드의 좀 더 직접적인 이온 상자에 의한 실험보다 자기의 물탱크 측정을 강조했던 것이 틀림없다. 준비 중인 새로운 실험이 연쇄 반응을 확인할 수 있을 것이라고 페르미는 설명했다. 그 다음에 할 일은 이차 중성자가 물질의 표면을 통하여 도망가기 전에 포획하여 사용할 수 있도록 많은 양의 우라늄을 쌓아 올리는 것이다. 한 장교가 질문했다. 크기는 얼마나 됩니까? 대포의 포미에 들어갈 수 있습니까? 페르미는 포신 문제를 생각하는 대신에 현실세계 밖으로 물러나 버렸다. 그는 더 잘 알면서도 웃으며 작은 별만한 크기로 판명될 수도 있다고 말했다.

탱크에 있는 물 속으로 확산되는 중성자들, 모든 것이 너무 모호했다. 로스 건을 제외하고는 모두에게 이 모임은 별 의미가 없었다. "페르미 자신도 군사적인 관련성을 의문시하고 있었다"라고 로라 페르미가 말했다. 해군은 계속 접촉이 필요하다고 보고했다. 해군 대표가 컬럼비아를 방문하기로 했다. 페르미는 해군이 마지못해 겸손해 하는 감을 느끼고 냉담해졌다.

3월 17일은 금요일이었다. 실라르드는 텔러와 같이 워싱턴으로 갔다. 페르미도 주말에 워싱턴에 있었다. 그들은 같이 만나 논문의 발표 문제를 토의했다. 실라르드와 텔러는 논문을 발표하지 말아야 된다고 생각했고, 페르미는 발표해야 된다고 생각했다. 오랜 토의

끝에 페르미는 결국 민주주의 원칙에 따라 다수가 원한다면 자기도 따르겠다는 입장을 취했다. 이틀 후에 이 문제는 논의할 여지가 없는 것이 되어버렸다. 졸리오, 할반 그리고 코왈스키의 논문이 3월 18일자 《네이처》에 발표됐다. 그 순간 이후 발표를 자제하는 것은 의미가 없다는 페르미의 태도는 확고부동해졌다.

다음 달인 4월 22일, 졸리오, 할반 그리고 코왈스키는 이차 중성자에 대한 두 번째 논문을 《네이처》에 발표했다. 이 논문의 제목은 「우라늄의 핵분열에서 방출된 중성자의 수」였다. 먼저 발표된 실험을 근거로 계산한 바에 의하면 프랑스팀은 평균 3.5개의 이차 중성자들을 발견했다. "연쇄 핵반응을 일으키는 수단으로 여기에서 토의한 현상에 대한 관심은 이미 우리의 지난번 논문에서 언급됐다"라고 썼다. 이제 그들은 충분한 양의 우라늄을 적절한 감속제 속에 넣는다면 "연쇄 분열은 스스로 계속되어 물질이 모두 소진된 뒤에나 끝나게 될 것이다. 우리들의 실험 결과는 이러한 것이 가능하다는 것을 보여준다"라고 결론지었다. 우라늄이 연쇄 반응할 수 있는 가능성이 높아졌다.

졸리오는 이 분야에 권위가 있었다. 톰슨의 아들이며 임페리얼 대학에 물리학 교수로 있던 G.P. 톰슨은 이 소식을 듣고 "나는 우라늄을 가지고 어떤 실험을 할 생각을 했다. 내가 생각하고 있던 것은 순수 연구가 아니고 내 생각의 뒤에는 무기의 가능성이 자리잡고 있었다." 그는 영국 공군성에 1톤의 산화우라늄 지원 요청을 하면서 너무도 어이없는 제안에 스스로 부끄러운 감을 느꼈다.

프랑스팀의 연구 결과 보고가 있은 뒤 독일에서는 두 가지 일이 동시에 벌어졌다. 괴팅겐에 있는 한 물리학자가 제국의 교육성에 경고를 보냈다. 4월 29일, 베를린에서 비밀 회의가 열렸다. 연구 계획이 시작되고 우라늄의 수출이 금지됐으며 체코슬로바키아에 있는 요아킴스탈 광산으로부터 라듐을 공급할 준비가 취해졌다(오토 한도 이 회의에 초청됐으나 다른 일로 참석치 못했다). 같은 주에 함부르크에 있는 젊은 물리학자 파울 하르텍(Paul Harteck)은 그의 조수와 공동으로 독일 육군성에 편지를 보냈다.

> 우리는 핵 물리학의 최신 발전 내용에 대하여 말씀 드리고자 합니다. 우리는 재래식 폭약보다 수백, 수천 배 이상 강력한 폭약을 만드는 것이 가능하리라 생각합니다. ……그것을 처음으로 사용할 수 있는 국가는 다른 국가보다 상상할 수 없을 만큼의 유리한 고지를 차지하게 될 것입니다.

하르텍의 편지는 디프너(Kurt Diebner)에게 전해졌다. 유능한 핵물리학자인 디프너는 불행히도 육군의 병기부에서 고폭약에 대한 연구를 하고 있었다. 디프너는 이 편지를 한스 가이거에게 가지고 갔고 가이거는 연구할 가치가 있다고 독일 육군성에 의견을 제시했다.

베를린에서 비밀 회의가 열렸던 4월 29일, 워싱턴에서는 공개 토론이 있었다. 《뉴욕 타임스》는 미국 물리학계의 서로 다른 의견을 정확하게 요약하여 설명했다.

> 오늘, 미국 물리학회의 춘계학술 회의에서 소량의 우라늄(라듐을 만들어 내는 원소)으로 지구의 상당한 부분을 폭파해 버릴 수 있는 가능성에 관한 토론이 있었는데, 회원들 사이에 열기가 눈에 띄게 달아올랐다. 코펜하겐의 닐스 보어 박사, 프린스턴 고등연구원의 알베르트 아인슈타인 박사와 그의 동료들은 소량의 우라늄 동위원소 우라늄 235를 저속 중성자로 포격하면 연쇄 반응 또는 실험실과 주변 수 마일의 지역을 날려 버리기에 충분한 원자 폭발이 일어날 수 있

다고 선언했다.

그러나 많은 물리학자들은 동위원소 235를, 주종을 이루는 동위원소 238로부터 분리하는 것은 불가능하지는 않다고 하더라도, 매우 어려운 것이라고 발표했다. 동위원소 235는 우라늄 원소의 1퍼센트에 지나지 않는다.

예일 대학교의 온사거(Onsager) 박사는 한 쪽은 차고 다른 한 쪽은 높은 온도로 가열된 관 안에서 가스 형태로 동위원소들을 분리해 낼 수 있는 새로운 장치에 대하여 설명했다.

다른 물리학자들은 이런 공정은 비용이 매우 많이 들며 동위원소 235의 분리량은 극히 소량일 것이라고 논박했다. 그럼에도 불구하고 그들은 만일 온사거 박사의 분리 공정이 성공한다면, 뉴욕시만큼 큰 지역을 파괴할 수 있는 핵폭발을 만드는 일은 비교적 쉬울 것이라고 지적했다. 그들은 단 한 개의 중성자가 우라늄 원자의 핵을 때리면, 그것은 수백만 개의 다른 원자들의 연쇄 반응을 불러일으키기에 충분할 것이라고 말했다.

보어조차도 아직도 저속 중성자 반응만 강조하고 있지만, 《뉴욕 타임스》의 기사는 우라늄 235가 연쇄 반응을 일으킬 수 있다는 보어의 논리를 진실로 받아들이고 있다. 페르미와 다른 사람들은 아직도 우라늄 235의 역할에 대하여 확신을 갖고 있지 않았다. 더닝은 두 우라늄 동위원소가 대량으로 쉽게 분리될 수는 없을지라도 니어의 질량 분석기를 이용하면 극소량은 분리할 수 있을 것이라고 생각했다. 더닝은 보어와 페르미 사이의 논쟁을 해결하고 연쇄 반응 연구를 극적으로 진전시키기 위하여 니어에게 길고도 열정이 끓어 넘치는 편지를 보냈었다. 더닝 그리고 페르미가 미국 물리학회에 참석했다. 더닝은 그가 편지로 요청한 대로 동위원소를 분리해 달라고 니어에게 재차 직접 요구했다.

> 노력할 가치가 있는 일을 착수하려 합니다. 이 일에 당신의 협조가 필요합니다. …… 실제 시험을 위하여 충분한 양의 우라늄 동위원소를 분리해 내는 것이 매우 중요합니다. 만일 당신이 극소량이라도 두 가지 주된 동위원소(세 번째 동위원소, 우라늄 234는 자연 우라늄에 10,000분의 1이 포함되어 있다)를 효과적으로 분리해낼 수 있다면 부스(Eugene T. Booth)와 내가 사이클로트론으로 포격하여 어떤 동위원소가 분열되는지 실증할 수 있을 것입니다. 이 문제를 해결할 수 있는 다른 방법은 없습니다. 만일 우리 모두가 협력하고 당신이 약간의 샘플을 분리하여 우리를 도와줄 수 있다면 우리는 모든 문제를 해결할 수 있을 것입니다.

더닝에게 이 문제가 그렇게 중요했던 이유는 만일 우라늄 235가 저속 중성자에 의하여 분열된다면 분열 단면적이 자연 우라늄의 저속 중성자에 의한 분열 단면적의 139배가 된다는 점이다. 왜냐하면, 그것은 자연 우라늄 속에 140분의 1의 비율로 포함되어 있기 때문이다. 허버트 앤더슨은 그의 회고록에서 "연쇄 반응을 얻기가 훨씬 쉬워질 것이다. 이보다도, 분리된 동위원소로 미증유의 폭발력을 가진 폭탄을 만들 수 있는 가능성이 매우 커질 것이다"라고 강조했다.

페르미도 니어에게 재촉했다. 니어는 돌아가서 장비의 출력을 증가시키기 위해 개선 방안을 연구하고 분리 작업을 했으나, 처음에는 이것이 무리한 일인 것같이 생각되어 그가 할 수 있는 만큼 열심히 하지 않았다. 그것은 단지 그가 하고자 하는 몇 가지 일 중의 하나였을 뿐이었다.

어찌됐든, 페르미는 동위원소를 분리하는 것보다는 연쇄 반응을 일으키는 일에 더 흥미가 있었다. "그는 자연 우라늄의 작은 분열 단면적에 실망하지 않았다"라고 앤더슨은 말했다. 페르미는 앤더슨에게 충고했다. "나와 같이 일하세! 우리는 자연 우라늄을 가지고 일할 것이네! 두고 보게. 우리가 최초로 연쇄 반응을 만들 것이네." 앤더슨은 페르미와 같이 계속 연구했다.

4월 중순쯤 실라르드는 러시아 태생 보리스(Boris)와 알렉산더(Alexander) 형제가 소유하고 있는 엘도라도 라듐 회사로부터 약 5백 파운드의 검고 우중충한 산화우라늄을 무상으로 빌릴 수 있었다. 보리스는 파리에 있는 라듐 연구소에서 공부한 적이 있었다. 엘도라도 사는 희귀 광물에 장래성이 있을 것으로 보고 투자했으며, 캐나다의 서북지역에 있는 그레이트 베어 호수에 매장되어 있는 우라늄광을 소유하고 있었다.

새로운 프로젝트는 전에 했던 실험과 같이 액체 탱크 안에서 중성자의 방출을 측정하는 것이었다. 그러나 좀 더 정확한 측정을 위하여 페르미는 로듐 박지의 반감기인 44초보다는 긴 노출 시간이 필요했다. 그래서 탱크를 10퍼센트의 망간 용액으로 채울 계획을 했다. 망간은 철과 같은 금속으로 자수정에 포함되어 자주빛이 나게 하는 물질이다. 그리고 중성자로 포격하면 반감기가 거의 3시간인 방사능 물질로 변한다. 망간에 유발된 방사능 활동은 탱크 속에 있는 저속 중성자의 수에 비례하게 된다. 그러므로 물속에 있는 수소는 중성자원에서 방출된 중성자와 분열에서 방출된 이차 중성자를 감속시키고, 망간은 이들을 검출하는 수단이 되어준다. 아주 경제적인 설계이다.

우라늄 덩어리의 표면에 있는 원자는 속에 있는 것보다 더 효과적으로 중성자에 노출된다. 그러므로 페르미와 실라르드는 5백 파운드의 산화우라늄을 한 개의 커다란 용기에 넣는 대신 지름이

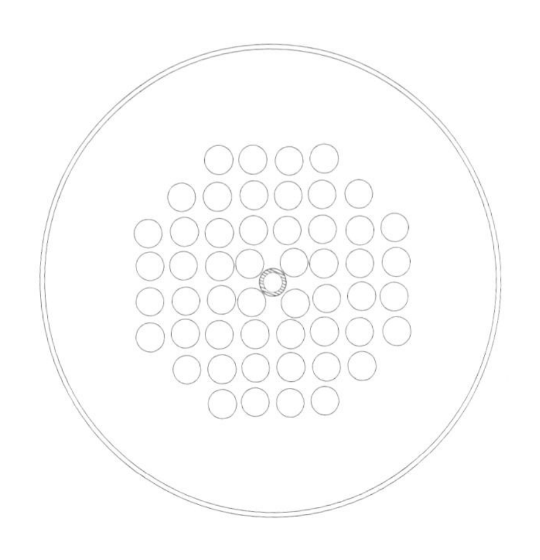

2인치이고 길이가 2피트 되는 52개의 통 속에 넣어 탱크 속에 고르게 분포시켰다.

깡통에 우라늄을 채워넣고, 망간 용액을 혼합하고, 한번 실험이 끝난 후 망간 용액을 바꾸고, 사용된 용액은 농축시키는 등 일거리가 많았다. 또한 밤 늦도록 망간의 방사능 활동을 측정하는 것도 어려운 일이었다. 페르미는 이런 일들을 기꺼운 마음으로 했다. "모든 사람들이 열심히 일했지만, 페르미는 누구보다도 더 열심히 하기를 좋아했다"라고 앤더슨은 회상했다. 실라르드는 예외였다. "실라르드는 자기의 시간을 생각하는 데 사용해야 된다고 말했다." 페르미는 모욕을 당했다. "실라르드는 치명적인 잘못을 저질렀다"라고 세그레는 페르미한테서 들은 것을 기억했다. 실라르드는 "나는 페인트공의 조수같이 내 손을 더럽히고 싶지 않다"라고 말했다. 실라르드가 대신 일할 젊은이를 구했다고 했을 때 페르미는 아무 말 없이 동의했다. 그리고 그는 결코 다시 실라르드와 공동으로 실험을 하지 않았다.

마침내 완성된 것은 그림과 같았다.

실라르드의 Ra+Be 중성자원은 143갤런의 망간 용액이 들어 있는 탱크의 가운데 있고 산화우라늄(UO_2)이 들어 있는 52개의 깡통은 그 주변에 세워 놓았다.

세 명의 물리학자들은 산화우라늄을 넣었을 때 약 10퍼센트 정도 중성자의 활동이 증가되는 것을 볼 수 있었다. 이 결과는 우라늄이 흡수하는 중성자보다 더 많은 중성자를 방출한다는 것을 보여 준다. 그러나 실험은 수수께끼 같은 의문을 불러 일으켰다. 예를 들면, 연쇄 반응을 일으킬 수 있는 중성자들의 공명 흡수는 확실히 문제가 됐다. 한 개의 열중성자당 평균 1.2개의 이차 중성자가 방출됐는데 이 수는 1.5정도까지 증가되어야 한다. 왜냐하면 분열을 일으키지 못하고 흡수되는 중성자들이 있기 때문이다. 보어가 우라늄 238 그래프의 25 eV 근방에 그린 커다란 포획 공명을 실증하는 것이다.

또 다른 문제점은 물을 감속재로 썼다는 점이다. 페르미의 연구팀이 1934년 로마에서 발견했던 것처럼 수소는 어떤 다른 원소보다 중성자의 속도를 줄이는 데 가장 효과적이다. 그래서 저속 중성자들은 우라늄 238의 포획 공명을 피할 수 있다(중성자의 에너지가 25 eV 이하로 감소된다). 그러나 수소 자신이 저속 중성자를 흡수하여 분열에 이용될 수 있는 수를 감소시키므로 자연 우라늄에 연쇄 반응을 일으키려면 가능한 한 모든 이차 중성자들을 활용해야 한다는 것이 명확해졌다.

6월에 컬럼비아팀은 「우라늄에서 중성자의 생산과 흡수」라는 논문을 작성하여 《*Physical Review*》에 보냈다. 논문은 7월 3일에 도착했다. 페르미는 앤 아버에서 열리는 이론물리학 여름학교에서 강의하기 위하여 떠났다. 페르미는 우주선의 새로운 흥미 있는 문제로 관심을 돌렸다. 페르미가 실라르드의 생각과는 달리 연쇄 반응 연구를 급한 일이라고 생각하지 않았든지 또는 해군의 무관심과 플라첵의 설득력 있는 비평 때문에 당분간 물러서는 것이든지 둘 중의 하나이다. 아마도 두 가지 이유 모두 때문일 것이다. 앤더슨은 뉴욕에서 그의 박사논문 내용이 될 우라늄의 공명 흡수에 대한 연구를 계속했다.

실라르드는 습기 찬 도시에 남아 있었다. "나는 뉴욕에 혼자 남았다. 나는 아직도 컬럼비아에 직위를 갖지 않았고, 실험할 수 있는 3개월도 지나갔다. 진행되고 있는 실험이 하나도 없었으므로 내가 할 수 있는 일이라고는 생각하는 것뿐이었다."

실라르드는 먼저 물 대용품에 대하여 생각했다. 포획 단면적이 수소보다 훨씬 작고, 값이 싸고, 열적으로 그리고 화학적으로 안정한 물질은 탄소였다. 화학적으로 다이아몬드와 동일한 그라파이트는 탄소의 광물질 형태로 검고, 미끄럽고, 불투명하고 광택이 있는 물질이며 연필심의 주성분으로도 사용된다. 탄소는 중성자를 감속시키지만 수소보다는 훨씬 많은 시간이 걸린다. 이 차이는 잘 설계하면 장점이 될 수도 있다.

7월 둘째 주에 루이스 슈트라우스는 유럽으로 떠나게 되어 있었다. 그가 벨기에의 유니언 광산 회사로부터 우라늄 연구비의 지원을 얻어낼 수 있기를 희망하며 실라르드는 슈트라우스에게 편지를 보냈다. 우라늄의 연쇄 반응은 멀지 않아 가능하다고 설명했으나 그의 새로운 우라늄-그라파이트 개념에 대해서는 언급하지 않았다. 그는 그것을 페르미와 먼저 상의하고 싶었다. 7월 3일, 그는 페르미에게 긴 편지를 보냈다. "탄소가 수소를 훌륭히 대체할 수 있을 것으로 보입니다. 나는 이것에 도박을 하고 싶은 큰 유혹을 느끼고 있습니다. 충분한 물질을 확보하는 대로 탄소와 산화우라늄 혼합물을 사용하는 대규모 실험을 할 수 있기를 원합니다." 그 사이에 탄소의 흡수 단면적을 좀 더 정확히 측정하기 위하여 작은 실험을 해볼 계획을 했다. 당시에는 단지 단면적의 상한값만 알려져 있었다. 만일 탄소가 부적합한 것으로 판명된다면 다음에 시도해 볼 수 있는 것은 중수였다. 중수에는 이중수소가 많이 포함되어 있지만 이 귀하고 비싼 액체가 수 톤 정도 필요하게 될 것이다(이중수소(Deuterium), H_2는 보통 수소보다 훨씬 작은 중성자 포획 단면적을 갖고 있다).

독립선언 163주년이 되는 날, 실라르드의 생각은 재빨리 회전했다. 7월 5일, 그는 고순도 그라파이트 벽돌을 살 수 있는가 알아보기 위하여 뉴욕에 있는 내셔널 카본 회사를 방문했다(보론과 같은 불순물이 섞여 있으면 너무 많은 중성자를 흡수해 버린다). 실라르드는 같은 날 고순도 그라파이트를 적당한 값에 충분히 구매할 수 있을 것이라고 페르미에게 편지로 알렸다. 또한, 그는 우라늄과 탄소를 층으로 설치하는 방법에 대해서도 이야기했다.

페르미는 앤 아버에서 주말에 실라르드의 첫 번째 편지에 대한 답장을 썼다. 그도 실라르드와는 별도로 비슷한 계획을 생각하고 있었다.

보내 준 편지는 잘 받았습니다. 나도 또한 중성자를 감속시키기 위하여 탄소를 사용하는 가능성에 대하여 생각하고 있었습니다. …… 내 계산에 의하면 39,000 kg의 탄소와 600 kg의 우라늄이 필요합니다. 만일 연쇄 반응이 일어난다면, 이 소요량은 그렇게 많은 것은 아닙니다.

그러나 반응에 사용되는 우라늄의 양은, 특히 균일하게 혼합된 경우에는 매우 적을 것이므로 아마도 탄소의 두꺼운 층 사이에 우라늄을 넣는 것이 좀 더 많은 양을 반응하게 할 것입니다.

층을 만들거나 또는 다른 방법으로 우라늄과 그라파이트를 분리하는 아이디어는 페르미가 6월에 망간 실험을 위하여 계산해 본 결과에서 유래됐다. 이 계산 결과를 참고하여 두 사람은 우라늄과 그라파이트가 분리된 형태의 새로운 설계를 독자적으로 발전시켰다. 이러한 분리는 고속 이차 중성자들이 우라늄 238 핵을 만나기 전에 감속재 내에서 이리저리 충돌하여 감속될 수 있는 기회를 만들어 줄 것이다. 7월 8일자 실라르드의 편지는 탄소와 우라늄을 혼합하는 대신 시루떡 같이 층층이 쌓거나 또는 다른 통 속에 넣는 방법에 대하여 언급했다. 5일과 8일자 편지는 페르미의 답장과 오고가며 서로 엇갈렸다.

페르미의 답장을 받았을 때쯤 실라르드의 생각은 더 발전하여 우라늄을 작은 공 모양으로 만들어 그라파이트 벽돌 속에 넣는 방법이 연쇄 반응의 관점에서 처음에 생각했던 판자와 같이 층층이 쌓는 것보다 훨씬 더 효과적이라는 것을 깨달았다. 실라르드가 생각했던 모양을 그는 '격자'라고 불렀다. 그의 계산은 페르미의 계산보다 좀 더 많은 양의 물질을 필요로 했다. 약 50톤의 탄소와 5톤의 우라늄이 필요했고 실험 연구비는 총 35,000달러가 소요됐다. 만일 그라파이트와 우라늄으로 연쇄 반응이 일어난다면, 실라르드는 폭탄도 가능할 것이라고 가정했다. 그리고 자기가 이런 결론에 도달할 수 있으면 나치 독일에 있는 다른 사람들도 그럴 수 있으리라고 생각됐다. 그는 문제를 해결하기 위하여서는 대규모의 실험이 화급하다는 것을 설득하기 위해 페그램을 찾아갔다. 학장은 쉽게 설득되지 않았다. "이것은 급한 문제인 것 같아 보이지만, 지금은 여름이고 페르미도 없으므로 가을까지는 아무것도 할 수 없다"라는 입장을 취했다.

몇 주일 동안 실라르드는 혼자서 미국 군 계통에서 연구비를 얻으려고 노력했다. 지난 5월, 그는 위그너에게 메릴랜드에 있는 육군의 병기 연구소를 접촉해 보라고 요청했다. 그는 우라늄 그라파이트 시스템을 생각하고 있는 동안 해군의 지원에 관해서 로스 건과 이야기를 나눴다. 그는 7월 9일자 페르미의 편지와 7월 10일자 로스 건의 편지를 보고는 실망할 수밖에 없었다. 페르미는 탄소와 우라늄을 층으로 쌓는 방법에 대하여 언급했지만, 계산은 그라파이트와 산화우라늄을 같이 혼합한 경우에 대한 것이었다. 실라르드는 자기가 조롱당했다고 결론지었다. "나는 페르미가 계산하기에 가장 쉽기 때문에 균일한 혼합물에 대하여 계산했다는 것을 잘 알고 있다. 이것이 페르미가 진지하게 생각하고 있지 않다는 것을 보여주었다." 로스 건은 "당신에게 도움이 될 어떤 종류의 지원도 해군으로부터 얻어 내는 것이 거의 불가능한 것 같습니다. 유감스럽게도 아무 해결책이 없습니다"라고 답장을 보내 왔다.

당당한 자신감에 가득 차 있던 레오 실라르드도 혼자 힘만으로는 세계를 구할 수 없다는 것을 실감했다. 그는 정신적 지원을 얻기 위해 그의 헝가리인 친구들에게 전화를 걸었다. 에드워드 텔러는 컬럼비아에서 여름 학기 동안 물리학 강의를 하기 위하여 이미 뉴욕에 와 있었고 유진 위그너는 그들과 협의하기 위하여 프린스턴에서 내려왔다. 후에 실라르드는 이 모임의 대화 내용에 대하여 몇 가지 다른 이야기를 했지만 1939년 8월 15일자 그의 편지를 통해서 당시의 상황을 가장 정확하게 알 수 있을 것이다. "위그너 박사는, 우리가 할 일은 루스벨트 정부의 협력을 얻는 것이라는 입장을 취했다. 몇 주일 전에 그는 텔러 박사 그리고 나와 이 문제를 토의하기 위하여 뉴욕에 왔었다." 실라르드는 위그너에게 그의 우라늄 그라파이트 계산 결과를 보여 주었다. 그는 그 결과에 대하여 인상을 받았고 또 걱정스러워했다. 실라르드는 1941년에 쓴 비망록에 "텔러와 위그너는 시간을 지체하지 말고 이 연구를 추진해야 된다는 데에 의견을 같이 했다. 그리고 계속된 토의에서 사기업보다는 정부로부터 협력을 얻어야 된다는 데 동의했다. 특히, 위그너 박사는 미국 정부에 조언을 해주어야 된다고 강력히 주장했다"라고 기록했다.

그러나 토의는 연구 과제로부터 다른 방향으로 전개됐다. "만일 벨기에가 콩고에서 채광하고 있는 우라늄을 독일 정부가 대량으로 확보한다면 무슨 일이 벌어질까 하는 걱정이었다." 아마도 실라르드는 그와 페르미가 이미 추진했던 정부와의 접촉의 무용론을 강조했던 것 같다. "그래서 우리는 어떻게 벨기에 정부와 접촉을 하여 우라늄을 독일에 팔지 말도록 경고할 수 있을까 하는 문제를 생각하기 시작했다."

그때 실라르드에게 그의 옛친구 아인슈타인이 벨기에의 여왕을 잘 알고 있다는 생각이 떠올랐다. 아인슈타인은 1929년 그의 숙부를 만나기 위하여 앤트워프에 갔을 때 엘리자베스 여왕을 만난 적이 있었다. 그 이후 물리학자와 여왕은 정기적으로 서신을 교환했으며 아인슈타인은 사적으로 털어놓고 말하는 편지에서 그녀를 단순히 '여왕'이라고 호칭할 정도였다.

그때 아인슈타인은 롱아일랜드에서 여름을 보내고 있었다. 실라르드는 아인슈타인에게 벨기에의 엘리자베스 여왕에게 알리도록 도움을 요청하자고 제안했다. 실라르드는 차도 없고 운전을 배운 적도 없으므로 위그너가 같이 갔다. 그들은 고등연구원의 아인슈타인 사무실에 전화를 걸어 그가 있는 곳을 알아냈다.

그들은 아인슈타인에게 전화를 하여 방문 날자를 약속했다. 또한 실라르드는 위그너가 제안한 대로 미국 정부와 접촉하기 위하여 경제학자 구스타브 스톨퍼(Gustav Stolper)에게 조언을 구했다. 스톨퍼는 베를린 사람으로 미국에 이민하여 뉴욕에 자리를 잡았다. 그는 한때 독일 국회의원이었다. 스톨퍼는 그들의 뜻을 전달할 수 있는 영향력 있는 사람을 찾아 보겠다고 약속했다.

7월 16일 일요일 아침, 위그너는 실라르드를 차에 태우고 롱아일랜드 주 피코닉으로 떠났다. 그들은 오후 일찍 도착했으나 아인슈타인이 묵고 있는 집을 찾을 수가 없었다. 실라르드가 아인슈타인의 이름을 아는 사람이 있는지 물어 보기로 했다. "우리는 거의 포기하고 뉴욕으로 돌아가려고 했다(두 명의 세계적인 헝가리인 학자들이 더운 여름에 시골에서 길을 잃었다). 내가 7, 8세쯤 되어 보이는 소년이 길가에 서 있는 것을 보고 차창 밖으로 몸을 내밀며 물었다. '얘야, 혹시 아인슈타인 교수가 살고 있는 데를 알고 있니?' 그 소년은 우리를 그 곳으로 안내해 주었다."

실라르드는 아인슈타인에게 컬럼비아의 이차 중성자 실험과 우라늄과 그라파이트의 연쇄 반응에 대한 그의 계산에 관하여 이야기했다. 아인슈타인은 아직 연쇄 반응의 가능성에 대하여 모르고 있었다. 실라르드가 그것을 언급했을 때 아인슈타인은 "Daran habe ich gar nicht gedacht! (나는 그것에 대하여 생각해 보지 않았다!)"라고 말했다. 그는 그것의 의미를 매우 빨리 깨달았으며, 자신이 해야 될 일은 기꺼이 할 생각이었다. 그는 비록 경보가 가짜로 판명날 가능성이 있지만 기꺼이 그것을 발하는 책임을 맡기로 했다. 과학자들이 가장 두려워하는 것 중의 하나가 스스로를 바보로 만드는 것이다. 아인슈타인은 이런 두려움으로부터 자유스러웠고 그리고 바로 이 점이 이와 같은 경우에 그를 더욱 돋보이게 하는 것이었다.

아인슈타인은 엘리자베스 여왕에게 편지를 쓰는 것에 대해 주저했으나 대신 그가 알고 있는 벨기에 내각의 한 사람을 접촉하기로 했다. 위그너는 다시 미국 정부에 알려야 한다고 주장했다. "우리는 국무성에 반대할 수 있는 기회를 주지 않고 외국 정부를 먼저 접촉해서는 안 된다." 위그너는 벨기에에 보내는 편지를 국무성을 통하여 보내자고 제안했다. 모두들 찬성했다.

아인슈타인은 벨기에 대사에게 보내는 편지를 구술했고 위그너가 독일어로 받아 적었다. 위그너는 아인슈타인 편지의 초안을 프린스턴으로 가지고 가서 영어로 번역한 다음 월요일에 그의 비서에게 타자로 치도록 지시했다. 위그너는 실라르드에게 편지를 우송한 뒤 캘리포니아로 휴가를 떠났다.

실라르드가 킹스 크라운 호텔에 돌아오니 스톨퍼의 메시지가 와 있었다. 7월 19일, 실라르드는 아인슈타인에게 편지를 보냈다. "그는 우리가 제시한 문제에 대하여 생물학자이며 경제학자인, 리만사의 부사장으로 있는 알렉산더 작스(Alexander Sachs) 박사와 상의했다고 알려 왔습니다. 그리고 작스 박사는 이 문제에 대하여 저와 이야기하고 싶어 합니다." 실라르드는 만날 약속을 했다.

작스는 러시아 태생으로 그때 46세였다. 그는 열한 살에 미국으로 와서, 컬럼비아 대학교 생물학과를 열아홉 살에 졸업했다. 월스트리트에서 서기로 일한 후 철학을 공부하기 위하여 컬럼비아 대학에 진학했다가 하버드에 가서 법률학과 사회학을 공부했다. 그는 1932년 프랭클린 루스벨트의 선거운동 기간에는 경제에 관련된 연설문들을 작성하기도 했다. 1933년부터 3년 동안 국가경제 회복 관리청에서 일한 후 1936년 리만 사로 옮겨왔다. 그는 곱슬머리에 턱이 뒤로 빠져 있어 말하는 것과 외모가 희극배우인 에드 윈(Ed Wynn)을 닮았다. 작스는 실라르드의 이야기를 모두 들었다. 그러고는 이 문제는 백악관과 관계되는 것이므로 루스벨트에게 알려야 한다고 말했다. 그는 자기가 직접 대통령에게 서한을 전달하겠다고 말했다.

작스의 의견을 듣고 또한 때때로 만나서 이야기를 나누는 사람 중에는 미국의 대통령도 포함되어 있는 것 같았다.

실라르드는 깜짝 놀랐다. 지난 수개월 동안 실라르드가 직면했던 것은 조심성과 회의론뿐이므로 대담한 작스의 제안은 예상 밖의 일이었다. 실라르드는 아인슈타인에게 말했다. "작스 박사를 한 번밖에 만나지 못해 그에 대해 정확히 판단할 수 없지만, 이렇게 해보는 것이 별로 해로울 것도 없고, 또한 그가 자기 약속을 지킬 수 있는 위치에 있다고 생각됩니다."

실라르드가 작스를 만난 것은 피코닉에서 돌아온 주의 일요일에서 수요일 사이였다. 주중에 캘리포니아로 가고 있는 위그너와는 연락이 되지 않으므로 그는 텔러를 만났다. 텔러는 작스의 제안에 찬성했다. 아인슈타인의 편지 초안에 근거하여 실라르드는 루스벨트에게 보낼 편지의 초안을 작성했다. 그는 이 편지를 독일어로 썼다. 왜냐하면 아인슈타인의 영어가 서툴렀기 때문이다. 그는 편지 초안과 설명하는 글을 동봉하여 피코닉으로 우송했다. "동봉한 초안에 의견을 달아 우편으로 보내 주실 것인지 또는 제가 다시 가서 말씀을 나누는 것이 좋을지 전화로 이야기해 주시면 고맙겠습니다"라고 설명서에 썼다. 만일 그가 피코닉에 다시 가야 한다면, 텔러에게 부탁하겠다고 편지에 썼다. "그의 조언이 가치가 있다고 믿을 뿐만 아니라 그를 만나 보시면 좋아하실 것이라고 생각하기 때문입니다. 그는 특별히 좋은 사람입니다."

아인슈타인은 대통령에게 보내는 편지를 직접 검토하기를 원했다. 그러므로 텔러는 7월 30일 일요일, 그의 1935년형 플리머스 자동차를 타고 실라르드와 같이 피코닉을 방문했다. 그는 "나는 실라르드의 운전 기사로 역사에 등장했다"라고 농담하곤 했다. 그들은 헌 옷을 입고 슬리퍼를 신은 프린스턴의 영웅을 만났다. 엘자 아인슈타인(Elsa Einstein)이 차를 내왔다. 실라르드와 아인슈타인이 세 번째 편지를 구성하고 텔러가 받아 적었다. "이것이 인간이 핵에너지를 간접적 형태가 아닌 직접적인 형태로 방출하는 최초의 일이 될 것입니다." 그것은 분열로부터 직접 에너지가 방출됨을 의미하는 것이다. 태양에서 일어나는 핵반응으로부터 지구로 전달되는 에너지는 간접적인 것이다.

아인슈타인은 작스가 루스벨트에게 이 소식을 전하는 데 가장 적합한 사람인가에 의구심을 갖고 있었다. 8월 2일, 실라르드는 아인슈타인에게 편지를 전달하는 일을 누구에게 맡길 것인지 결정하기를 요청하는 편지를 보냈다. 실라르드는 그 전에 작스를 만났다. 작스는 자기가 아인슈타인을 대신하여 대통령에게 편지를 전달하게 되기를 갈망했지만, 관대하게도 금융인 버룩(Bernard Baruch)과 MIT 총장 콤프턴(Karl T. Compton)을 추천했다. 다른 한편으로는 찰스 린드버그를 강력히 추천했는데 이 유명한 비행가는 그의 친독일 중립주의 발언 때문에 루스벨트가 경멸하고 있다는 사실을 모르고 있었다. 실라르드는 작스가 토의하여 아인슈타인과 두 번째 만나서 쓴 편지를 '좀 더 길고 광범위한 내용'으로 고쳤다는 것을 아인슈타인에게 보내는 편지에 밝혔다. 그는 긴 편지와 짧은 편지를 동봉하여 보내며 어느 것이 좋겠는가 결정해 주기를 요청했으며 린드버그에게 보낼 소개장도 함께 보내달라고 부탁했다.

아인슈타인은 긴 편지를 선택했다. 긴 편지에는 짧은 편지의 내용과 실라르드가 작스와 상의하여 추가한 구절이 모두 포함되어 있다. 그는 서명한 편지와 일의 앞뒤를 너무 따지지 말고 뱃장을 가지고 밀고 나가기 바란다는 노트를 2주가 지나기 전에 실라르드에게 보내왔다. 실라르드는 8월 9일, "우리는 당신의 조언을 따르기 위해 노력할 것입니다. 우리는 너무 영리하게 하려고 하지 않습니다. 단지 우리가 바보같이 보이지만 않는다면 만족할 것입니다"라고 다시 답장을 보냈다.

8월 15일, 실라르드는 분열 가능성과 위험에 대하여 보충 설명하는 메모와 함께 편지를 작스에게 전달했다. 다음날 그는 린드버그에게 보낼 편지의 초안을 작성했지만, 우선 작스에게 일을 맡겨보기로 생각했던 것 같다. 그 후 실라르드는 작스에게 편지를 루스벨트 대통령에게 전달하든지 여의치 않으면 돌려 달라고 여러 차례 재촉했다.

실라르드가 긴 편지에 추가한 내용 중의 하나는 '미국에서 연쇄 반응에 관하여 연구하는 일단의 물리학자들과 미국 정부 사이에서 누가 연락 업무를 맡느냐'하는 것이었다. 작스에게 건네준 그의 편지에서 실라르드는 무언 중에 그 업무에 자신이 적합하다는 내용을 포함시켰다. "만일 용기와 상상력이 있는 사람이 발견된다면 그리고—아인슈타인 박사의 제안에 따라—그런 사람이 이 문제에 대하여 권위를 가지고 행동하도록 그 자리에 임명된다면, 이것은 중요한 전진의 첫걸음이 될 것입니다. 이런 사람이 우리의 일에 어떤 도움을 줄 수 있는지 알 수 있도록 이 일의 지난 역사에 대하여 간단히 설명하고자 합니다." 실라르드의 설명은, 요약되고 함축된 자신의 이력서로 7개월 전 보어가 핵분열의 발견을 발표한 이래 자신이 해왔던 역할에 대한 개요였다. 실라르드의 제안은 용기 있는 것이었지만 미국의 관료 정치에 대해서는 아무것도 모르는 천진난만한 것이었다. 그것은 또한 세계를 구하려는 자신의 노력에 대한 더없는 숭배였다. 이 무렵 헝가리인들은 유진 위그너가 그의 회고에서 '무서운 군사적 무기'라고 설명한 것 속에는 중요한 인도주의적 소득이 있다는 것을 그들이 깨달았다고 믿고 있었다.

> 비록 우리들 중 아무도 처음부터 그것에 대하여 당국에 이야기한 사람은 없지만(그들은 우리를 꿈꾸는 자들로 생각했다), 우리들은 원자 무기의 개발이 당장의 절박한 재앙을 막아 내는 것 이외에 또 다른 영향을 가져올 것으로 생각했다. 우리는 원자무기가 개발된다면 각국의 군사력이 범세계적이고 더 높은 권위를 지닌 통제에 의해 제어되지 않는 한, 어떤 나라도 평화를 유지할 수 없다는 것을 깨달았다. 우리는 이 공동의 통제가 원자 전쟁을 막을 수 있을 정도로 효과적이라면 다른 형태의 전쟁도 충분히 막을 수 있을 것이라고 기대했다. 이 희망은 적의 원자 폭탄의 희생물이 되리라는 두려움만큼이나 강한 자극제가 됐다.

실라르드, 텔러 그리고 위그너는(멀 튜브는 이들을 헝가리 공모자들이라고 불렀다) 미국 정부에 무서운 무기의 개발을 주장했고, 이 무기가 독일 공격을 저지하는 것 이상의 영향을 발휘하게 되기를 희망했다. 우라늄 폭탄이 가져다 줄 전쟁억지력의 파급효과로 말미암아 그들이 상상하는 세계정부와 세계평화가 이루어지길 희망했던 것이다.

알렉산더 작스는 대통령을 만나면 큰소리로 읽어줄 생각이었다. 그는 바쁜 사람들은 많은 서류를 대하기 때문에 인쇄된 말은 대강 읽어 치우는 경향이 있다고 믿었다. 그는 1945년 상원 위원회에서 "우리의 사회제도 하에서는 어떤 공공인사라도 모두 인쇄 잉크에 곤드레만드레 취해……이것은 통수권자와 국가의 우두머리가 반드시 알아야 될 문제이다. 만일 내가 긴 시간 동안 그를 만날 수 있고 그리고 자료를 읽어 귀로 들려줄 수 있다면 나는 그 일을 해낼 수 있다"라고 말했다. 그는 FDR(Franklin D. Roosevelt)의 시간 중 한 시간이 필요했다.

역사는 급변했다. 라인란트, 오스트리아 그리고 체코슬로바키아를 간단히 얻고나서, 5월 22일 이탈리아와 동맹을 체결하고, 8월 23일 소련과 10년 동안의 불가침과 중립 조약을 체결한 아돌프 히틀러는 1939년 9월 1일 오전 4시 45분, 폴란드 침공을 명령했고 이로부터 제2차 세계대전이 촉발됐다. 독일은 긴 폴란드 국경에 얇게 쭉 늘어서 있는 30개 사단의 폴란드군을 공격하기 위해 56개 사단을 투입했다. 히틀러는 스투카 폭격기를 포함하여 폴란드보다 열 배나 많은 항공기를 갖고 있었고, 폴란드의 기병대가 여전히 창과 칼로 무장하고 있는 것에 비해 잘 무장된 9개 사단의 기갑탱크 부대를 갖고 있었다. 독일의 공격은 '육군과 공군의 밀접한 상호작전, 모든 통신 시설과 주요 표적이라고 간주되는 도시에 대한 격렬한 폭격, 무장한 제5열의 활동, 스파이와 낙하산 부대의 활용 그리고 무엇보다도 저항할 수 없는 많은 장갑부대의 진격' 등 현대 전격전의 완벽한 표본이었다고 윈스턴 처칠은 말했다.

루스벨트가 즉각적으로 취한 조치 중의 하나는 교전국들에 대하여 민간인들에 대한 폭격을 자제하라고 요구하는 것이었다. 1937

년, 일본의 상해 폭격 이후 미국에서는 도시 폭격에 대한 반감이 일고 있었다. 스페인의 국수주의자들이 1938년 3월 바르셀로나를 폭격했을 때 국무장관 코델 헐(Cordell Hull)은 잔악 행위를 공개적으로 비난했다. "어떤 전쟁 이론도 이런 행위를 정당화할 수 없다. …… 나는 전 미국인을 대신하여 말하고 있다고 생각한다"라고 기자들에게 말했다. 6월에 상원은 '민간인들에 대한 비인도적 폭격'을 비난하는 결의안을 채택했다. 전쟁이 다가오자 반감은 복수의 충동으로 바뀌기 시작했다. 1939년 여름, 허버트 후버(Herbert Hoover)는 도시 폭격에 대한 국제적인 금지를 주장하며 미국이 끊임없이 폭격기 제작을 추진하는 이유는 보복을 준비하는 것이 아니냐고 따졌다. 미국의 한 과학잡지 《사이언티픽 아메리카》는 "오늘날 일어나고 있는 도덕적으로 옳지 못한 잔학 행위는 앞으로 다가올 미친 연극의 서막을 올리는 것이라는 것을 확신할 수 있다"라고 했다.

1939년 9월 1일, 국회에 장거리 폭격기 제작을 위한 예산 증액을 요청했던 루스벨트가 9월에는 교전국에 호소하며 수백만 미국인들의 도덕적 분노를 다음과 같이 표현했다.

> 지난 수년 동안에 걸쳐 요새화되지 않은 인구 밀집 지역에 있는 민간인들에 대한 공중으로부터의 무자비한 폭격은 지구의 여러 주거 지역을 파괴했고 수천 명의 무방비 상태의 민간인들을 불구로 만들거나 죽게 한 결과를 초래했습니다. 이러한 비극은 모든 문명인들의 가슴을 아프게 했고 인류의 양심에 깊은 충격을 주었습니다. 지금 세계가 직면한 비극적 전란 기간중에 책임이 없고 참여도 하지 않은 수십만 명의 죄 없는 사람들이 생명을 잃게 될 것입니다. 그러므로 나는 전쟁 중인 모든 정부에게 그들의 군대가 어떤 경우에도, 그리고 어떤 상황 아래서도 무방비 상태의 민간인들과

도시를 공중에서 폭격하지 않는다는 결의를, 그들의 적국들도 똑같은 전쟁 규칙을 엄정하게 지킨다는 이해 아래, 공개적으로 확인할 것을 긴급히 호소합니다. 나는 즉각적인 답변을 요구합니다.

영국 정부는 같은 날 루스벨트 대통령의 호소에 동의했다. 바르샤바의 폭격에 바빴던 독일도 9월 18일에 의견을 같이했다.

독일이 폴란드를 침공하자 영국과 프랑스는 9월 3일자로 전쟁에 참여하게 됐다. 갑자기 루스벨트의 일정이 폭주했다. 특히 9월 초에 중립에 대한 법령을 영국에 유리한 방향으로 개정하도록 국회를 설득하는 일은 매우 긴급한 것이었다. 작스는 9월의 둘째 주가 되어서야 겨우 대통령을 만나는 일을 보좌관들과 상의할 수 있었다.

9월에 독일 육군성은 핵분열에 관한 연구를 자기들 관할 아래로 통합시켰다. 디프너는 젊은 라이프치히 이론물리학자 에릭 바게(Erich Bagge)와 함께 무기 개발의 가능성을 토의하기 위한 비밀회의 소집 계획을 작성했다. 그들은 어떤 독일 시민도 동원할 수 있는 권력을 갖고 있었고 또한 그것을 사용했다. 통지문을 받고나서 한스 가이거, 발터 보테, 오토 한 그리고 다른 몇 명의 저명한 원로 과학자들은 자기들이 자문을 위하여 베를린으로 초청된 것인지 아니면 현역 군복무를 명령받은 것인지가 불확실하여 매우 초조해 했다.

9월 16일에 열린 베를린 회의에서 물리학자들은 독일 정보기관에서 외국의 우라늄 연구 활동(아마도 미국과 영국)을 탐지했다는 사실을 알게 됐다. 그들은 보어와 윌러가 9월에 《*Physical Review*》에 발표한 논문「핵 분열의 메커니즘」에 대하여 토의했다. 특히 보어와 윌러가 설명한 보어의 그래프, 즉 저속 중성자 분열이 우라늄 235에서 일어날 수 있다는 결론에 대하여 토의했다. 보어와 마찬가지로 한도 동위원소의 분리는 불가능할 정도로 어렵다고 지적했다. 바게는 라이프치히에 있는 그의 스승 베르너 하이젠베르크의 의견을 들어 보자고 제안했다.

하이젠베르크는 9월 26일에 열린 두 번째 베를린 회의에 참석하여 분열로부터 에너지를 끌어내는 두 가지 방법에 대하여 토론했다. 하나는 감속재를 사용하여 이차 중성자를 감속시켜 우라늄을 분열시키는 방법이고 다른 하나는 우라늄 235를 분리하여 폭약을 만드는 방법이다. 지난 4월 육군성에 편지를 보냈던 함부르크 물리학자 파울 하르텍도 방금 완성된 중요한 논문을 가지고 2차 회의에 참석했다. 이 논문은 7월에 실라르드와 페르미가 우라늄 238의 포획 공명을 피하기 위하여 우라늄과 감속재를 서로 다른 층으로 배치해야 된다고 각각 독립적으로 제안한 생각과 같은 내용이었다. 하르텍은 캐번디시에서 러더퍼드와 같이 일했던 경험으로 중수의 생산비가 엄청나게 필요하다는 것을 알고 있었음에도 불구하고 감속재로 중수를 사용할 계획이었다.

디프너와 바게는 2차 회의기간 동안에 핵분열 이용을 위한 준비 실험 계획을 작성했다. 하이젠베르크가 이론연구의 책임을 맡고, 바게는 중수가 얼마나 효과적으로 중성자를 감속시키는지 알아내기 위해 이중수소의 충돌 단면적을 측정하기로 했다. 하르텍은 동위원소의 분리 방법에 대하여 연구하고 다른 사람들은 기타 중요한 핵 상수의 결정에 관한 실험을 하기로 했다. 독일 육군성은 1937년에 완성되어 연구 장비가 잘 갖추어진 카이저 빌헬름 물리학 연구소를 접수했다. 충분한 연구 예산이 지원될 것이다.

독일의 원자 폭탄 개발 계획의 시작은 좋은 편이었다. 그러나 그렇게 순탄하지만은 않았던 것 같다. 독일 국무성 차관의 아들인 폰 바이츠재커(Carl Friedrich Von Weizsäcker)는 젊고 존경받는 물리학자로 이 일에 거의 처음부터 관여했다. 그는 1978년에 쓴 회고록에서, 1938년 봄에 한과 폭탄의 가능성에 대하여 토론했음을 밝히고 있다. 한은 과학적 윤리를 근거로 비밀을 반대했고, 또한 히틀러 혼자만 원자 폭탄을 갖게 된다면 독일을 포함하는 전세계에 최악의 불행한 일이 될 것이라고 생각했다. 실라르드, 텔러 그리고 위그너와 마찬가지로 바이츠재커도 친구와의 토론에서 원자 폭탄은 세계의 정치적 구조를 근본적으로 바꾸어 놓을 것이라는 의견을 밝혔다.

> 자신이 한 시대가 시작되는 시점에 서 있음을 깨달은 사람에게는, 마치 한번 번쩍하는 번개에 먼 경치가 보이듯이 그것의 단순한 구조가 보일 것이다. 그러나 어둠 속에서 그것을 향하는 길은 멀고 구별하기 어렵다. 그때(1939년) 우리는 매우 단순한 논리에 직면해 있었다. 전쟁이 정기적으로 일어나는 사건으로 원자 폭탄을 가지고 수행된다면, 즉 관습으로서의 핵전쟁은 참가국들의 생존을 보장할 수 없는 것같이 보였다. 그러나 원자 폭탄은 존재한다. 그것은 어떤 사람들의 마음에 존재한다. 역사적으로 알려진 군비와 힘의 논리에 의하면 그것은 곧 실제로 나타나게 될 것이다. 만일 그렇게 된다면 그때는 참가하는 국가들과 그리고 궁극적으로 인류 자신은 관습적인 전쟁이 없어져야만 살아남을 수 있을 것이다.

양쪽은 서로를 두려워하기 때문에 일을 했다. 그러나 양쪽에 있는 사람들 중에서 일부는 궁극적으로 세계에 평화를 가져올 새로운 힘을 준비하고 있다고 역설적으로 믿으며 일을 하고 있었다.

9월의 유럽 사태가 격렬해지자 실라르드는 조바심이 나기 시작했다. 그는 작스로부터 아직 아무 소식도 듣지 못했다. 신문에서 린드버그의 연설문을 읽고 아인슈타인에게 비행사는 우리에게 힘을 줄 수 있는 사람이 아니라고 보고했다. 마침내 9월 마지막 주에 위그너와 같이 작스를 방문했는데 그가 아직도 아인슈타인의 편지를 갖고 있는 것을 보고 몹시 실망했다. "그는 루스벨트의 비서와 몇 번 이야기했다고 합니다. 루스벨트가 너무 바빠서 나중에 그를 만나는 것이 더 현명할 것이라는 인상을 받았습니다. 그는 이번 주에 워싱턴에 갈 계획입니다"라고 실라르드는 아인슈타인에게 10월 9일 편지로 알렸다.

그 다음 주인 10월 11일 수요일 오후 늦게, 알렉산더 작스는 백악관을 방문했다.

"알렉스, 무슨 일인가?" 루스벨트는 그를 반갑게 맞이했다. 작스는 재치 있는 농담으로 대통령의 기분을 부추기고 싶었다. 그의 유머 감각은 적절한 비유를 자유자재로 사용하는 경지에 이르고 있었다. 그는 대통령에게 한 미국의 젊은 발명가가 나폴레옹에게 편지를 보냈던 일에 대하여 이야기해 주었다. 발명가는 나폴레옹에게 어떤 날씨에서도 영국을 공격할 수 있는 돛 없는 배를 건조하겠다고 제안했다. 그는 나폴레옹의 육군을 몇 시간 안에 바람이나 폭풍의 걱정 없이 영국에 실어 나를 수 있다고 설명하고 계획서를 제출할 준비가 되어 있다고 했다. 나폴레옹은 비웃었다. "돛이 없는 배? 몽상가는 물러가라!"

젊은 발명가는 로버트 풀턴(Robert Fulton)이었다고 작스는 이야기를 끝맺었다. 루스벨트는 웃었다. 아마도 그는 나폴레옹을 조소했던 것 같다.

작스는 대통령에게 조심스럽게 들어줄 것을 부탁했다. 그가 이제 전하려고 하는 것은 증기선 발명자가 나폴레옹에게 제안했던 것과 거의 같은 것이다. 아직 이야기를 들을 준비가 안된 루스벨트는 전언문을 몇 자 적고는 보좌관을 불렀다. 잠시 후 보좌관은 루스벨트가 수년 동안 보관해 온 나폴레옹 브랜디 한 병을 조심스럽게 싸갖고 왔다. 대통령은 두 잔을 따라 한 잔을 방문자에게 건네주고 건배를 한 뒤 이야기를 들을 준비를 했다.

작스는 아인슈타인의 편지와 실라르드의 메모를 루스벨트가 읽을 수 있도록 서류철로 만들었다. 그러나 그의 생각에는 두 가지 모두 바쁜 대통령에게 정보를 제시하는 방법으로 적합치 못한 것으로 여겨졌다. "나는 경제학자이지 과학자는 아니다. 그러나 나는 대통령과 전에 관계가 있었고 실라르드와 아인슈타인은 관계되는 상세한 과학적 자료를 루스벨트가 이해할 수 있도록 만드는 데 내가 적합한 사람이라고 동의해 주었다. 과학자는 그것을 제대로 전할 수가 없다"라고 알렉스는 친구들에게 말하곤 했다. 그러므로 작스는 자기의 방식대로 아인슈타인과 실라르드의 편지 내용을 가지고 분열 이야기를 재구성했다. 그는 서류철은 대통령에게 건넸지만 그것을 큰 소리로 읽지는 않았다. 그는 뒤에 유명해진 아인슈타인 편지 대신 자신이 800단어로 요약한 내용을 읽었다. 한 국가의 우두머리에게 핵에너지를 전쟁 무기로 사용할 수 있는 가능성을 전달한 최초의 권위 있는 보고였다. 이 보고는 처음에 전력 생산을 강조하고, 두 번째는 방사능 물질의 의학에의 응용 그리고 마지막으로 '지금까지 보지 못했던 위력을 가진 폭탄'에 대하여 설명했다. 또한 벨기에의 우라늄 공급 문제에 대한 조치를 취할 것과 실험을 확대하고 가속시킬 것을 권고하면서, 미국의 산업계와 사설 재단들이 기꺼이 지원할 것이라고 덧붙였다. 이런 목적을 달성하기 위하여 과학자들과 정부 사이에 연락 업무를 담당할 '개인과 위원회를 지명할 것'을 건의했다.

작스는 의도적으로 먼저 핵분열이 세계 평화에 기여할 수 있는 잠재력과 전망을 열거했다. 이 발견의 양립하는 반대 감정을 강조하기 위하여 선과 악의 양극을 구체적으로 표현했다고 그는 후에 말했다. 토론의 마지막 부분에 이르러 그는 프랜시스 애스턴의 1936년 강의 '40년 동안의 원자 이론'을 인용했다. 이 강의 내용은 『현대 과학의 배경』이란 책의 일부로 1938년에 출판됐다. 작스는 이 책을 백악관에 일부러 가지고 왔다. 이 강의에서 분광학자는 "우리의 선사시대에 선조들은 나이 먹은 원숭이 같은 늙은이들을 비웃었다. 이 늙은이들은 음식물을 불로 조리하는 (기술적) 혁신을 반대했고 새로 발견된 불의 지대한 위험성을 지적했다"라고 말했다. 작스는 이 강의의 마지막 부분을 강조하며 구절 전체를 대통령에게 읽어 드렸다.

> 개인적으로 나는 핵에너지가 우리 주위에서 이용 가능하다는 사실은 의심할 바가 없다고 생각합니다. 그리고 어느 날 인간은 거의 무한한 에너지를 방출시키고 통제할 수 있게 될 것입니다. 우리는 이러한 흐름을 막을 수 없으며, 단지 이웃을 폭파해 버리는 데 전적으로 사용되지 않기를 희망할 뿐입니다.

재빨리 이해한 루스벨트는 말했다. "당신이 말하려는 것은 나치가 우리를 폭파하지 못하게 하라는 것 아닌가?"

"정확합니다." 작스가 대답했다.

루스벨트는 보좌관 왓슨(Watson)을 불렀다. "이것은 조치가 필요하네." 그는 보좌관에게 말했다. 왓슨은 그 뒤에 작스와 상의한 후 통상적인 방법에 따라 일을 처리했다. 그는 표준국 국장, 육군 대표 그리고 해군 대표로 위원회를 구성할 것을 제안했다. 표준국은

1901년 법령에 의하여 설립된 국가의 물리학 연구 기관으로 과학과 기술을 국가와 국민의 복지를 위하여 응용하는 책임을 맡고 있다. 표준국장 브리그(Briggs)는 존스 홉킨스 대학에서 박사 학위를 받고 43년 동안 정부 과학자로 일했으며 허버트 후버의 지명으로 루스벨트가 국장으로 임명했다. 군측의 대표는 애덤슨(Keith F. Adamson) 중령과 길버트 후버(Gilbert C. Hoover) 사령관으로 둘 다 병기 전문가였다.

"알렉스가 떠나기 전에 나를 만나볼 수 있도록 준비하게"라고 루스벨트는 왓슨에게 지시했다. 작스는 그날 밤 브리그와 만나 현재의 상황에 대하여 설명을 해준 뒤 위원회가 핵분열에 관계되는 물리학자들과 만날 것을 제안했다. 작스는 다시 대통령을 만나 만족할 만한 결과를 얻었다고 말했다. 루스벨트도 좋아했다.

브리그는 우라늄에 관한 자문 위원회의 첫 회의를 토요일인 10월 21일 워싱턴에서 열기로 결정했다. 작스는 망명자들을 초청할 것을 제안했고 균형을 이루도록 브리그는 DTM의 튜브를 초청했다. 튜브는 선약이 있었으므로 리처드 로버트를 대리로 참석시켰다. 페르미는 아직도 해군과 만났던 기억으로 참석을 거부하고 텔러에게 자기 대신 참석하도록 부탁했다. 회의 당일 헝가리 공모자들은 작스와 같이 칼튼 호텔에서 아침식사를 한 후 곧바로 상무성으로 갔다. 브리그와 그의 보좌관, 작스, 실라르드, 위그너, 텔러, 로버츠, 육군의 애덤슨 그리고 해군의 후버 등 아홉 명이 회의에 참석했다.

실라르드가 우라늄-그라파이트 시스템의 연쇄 반응 가능성을 강조하는 것으로 회의가 시작됐다. 이것의 성공 여부는 탄소의 중성자 포획 단면적에 달려 있으며 아직 충분히 확인되지 못하고 있다고 설명했다. 만일 이 단면적이 너무 크면 실험은 실패할 것이고 매우 적다면 실험의 성공 가능성은 있어 보인다. 만일 단면적이 중간 값을 갖는다면 대규모 실험에 의하여 가능성이 판단되어야 할 것이다. 그는 우라늄 폭탄의 파괴력을 2만 톤의 고폭약과 동등하다고 보았다. 이런 폭탄은 작스가 루스벨트에게 전달한 메모에도 썼지만, 고속 중성자에 의존해야 되며 항공기로 운반하기에는 너무 무거울 것이다. 이것은 실라르드가 우라늄 235의 분리보다는 자연 우라늄의 폭발을 생각하고 있다는 것을 의미한다.

로버츠가 중요한 반대 의견을 이야기했다. 그는 실라르드의 연쇄 반응에 대한 낙관론은 시기 상조이며 고속 중성자에 의한 자연 우라늄 무기에 대한 생각은 잘못된 것이라고 확신한다고 말했다. 로버트는 이것에 관한 검토 논문을 한달 전에 다른 사람과 공동으로 발표한 적이 있었다. 그는 "우라늄 발전소가 가능한지 어떤지에 대한 확실히 이야기할 수 있는 충분한 자료가 없다는 데에는 실라르드와 의견을 같이 한다"라고 말했다. 그러나 자연 우라늄의 고속 중성자에 의한 분열 문제는 공명 포획 현상과 고속 중성자의 광범위한 충돌 현상 때문에 연쇄 반응을 유지시킬 수 있는 충분한 수의 분열이 일어날 것 같지는 않다고 평가했다.

그리고 DTM의 물리학자는 저속 중성자에 의한 자연 우라늄의 연쇄 반응보다는 더 가망이 있어 보이는 연구 분야가 있다고 지적했다. 그것은 동위원소의 분리를 의미했다. 전에 예일 대학교에서 로렌스와 같이 근무했던 버지니아 대학에 있는 제시 빔스(Jesse Beams)는 그가 개발하고 있는 고속 원심 분리기를 사용하여 동위원소를 분리할 계획을 갖고 있었다. 로버츠는 이 문제들에 대한 해답을 위해서는 수년의 연구와 작업이 필요하므로 대학에 맡기는 것이 좋겠다는 의견을 제시했다.

브리그는 그의 위원회를 방어하기 위하여 발언했다. 그는 유럽이 전쟁에 휩쓸리고 있는 때에 분열 가능성의 평가에는 물리학 이상의 것이 포함되어야 한다고 강력히 주장했다. 그것은 핵 개발이 국가 방위에 미칠 수 있는 강력한 영향이 포함되어야 한다는 것을 의미하는 것이다.

실라르드는 다음날 페그램에게 작스가 회의에서 보여 준 활동적이며 열정적인 모습에 놀랐다고 말했다. 작스는 브리그와 마찬가지로 헝가리인들의 의견을 지지하는 발언을 했다. 작스는 "이 문제는 기다리기에는 너무 중요합니다. 그리고 중요한 일은 우리가 폭파당할 위험이 있기 때문에 우리가 협력해야 하는 것입니다. 우리가 기회를 놓치지 말아야 되며 앞서 나가야 됩니다"라고 말했다.

그러고 나서 텔러의 차례가 됐다. 그는 깊고 액센트가 심한 목소리로 강력하게 실라르드를 지지했다. 그러나 그는 또 페르미와 튜브의 전언자로서의 임무도 가지고 있었다. "나는 약간의 지원이 필요하다고 봅니다. 특히 우리는 중성자를 감속시키기 위하여 순수 그라파이트가 필요하고 그리고 이것은 고가입니다." 제시 빔의 원심 분리기도 지원이 필요하다고 부언했다.

"얼마나 필요합니까?" 후버 사령관이 알고 싶어했다. 실라르드는 예산을 요청할 계획은 없었다. "정부 예산을 이런 목적으로 쓰는 것은 가능하지 않은 것 같아 보였다." 그는 다음날 페그램에게 설명했다. "그래서 나는 예산을 요청하는 것을 피했습니다." 그러나 텔러가 후버의 질문에 재빨리 대답했다. 아마도 페르미를 대신하여 말한 것 같다. "첫해의 연구를 위해서는 6,000달러가 필요합니다. 대부분 그라파이트를 구입하는 데 사용될 것입니다."("나의 친구들은 거대한 핵에너지 계획을 이런 푼돈으로 시작하려 하느냐고 나를 나무랐다"

라고 텔러는 회고했다. "그들은 나를 용서하지 않았다." 10월 26일, 브리그에게 그라파이트 구입에만 33,000달러가 필요하다고 편지를 낸 실라르드는 깜짝 놀랐음에 틀림없다.)

이때 육군의 대표가 격렬하고 긴 비난 연설을 늘어놓았다.

> 그는 우리가 새로운 무기를 만들어 국방에 중요한 기여를 할 수 있으리라고 믿는 것은 천진스런 생각이라고 말했다. 그는 새로운 무기가 개발되면 통상 두 번의 전쟁을 거친 뒤에나 그것이 좋은지 또는 나쁜지 알 수 있다고 말했다. 그러고는 최후에 전쟁을 이기는 것은 무기가 아니라 군대의 사기라고 설명했다. 그는 우리들 중에서 가장 예의 바른 위그너가 갑자기 끼어들 때까지 이런 이야기를 오랫동안 늘어 놓았다. 위그너는 그의 높은 목소리로 이런 이야기를 듣는 것은 그에게 매우 흥미 있는 일이라고 말했다. 그는 언제나 무기가 매우 중요하고 돈이 많이 드는 것이며 그래서 육군이 많은 예산이 필요하다고 생각해 왔다고 말했다. 그러나 이제 자기가 틀렸다는 이야기를 듣고 보니 매우 흥미로워진다고 말했다. 그리고 만일 이것이 사실이라면 아마도 우리는 육군의 예산을 다시 살펴볼 필요가 있고 삭감해야 될 것이라고 말했다.

"알았어요." 애덤슨이 위그너의 발언을 막으며 "당신들은 돈을 받게 될 것이오"라고 말했다.

11월 9일, 우라늄 위원회는 대통령에게 보고할 보고서를 작성했다. 보고서는 통제된 연쇄 반응을 잠수함의 계속적인 동력 공급원으로 사용할 수 있는가 조사하여 볼 것을 강조했다. 그리고 만일 반응의 특성이 폭발적인 것으로 판명된다면 지금까지 알려진 어떤 것보다도 파괴력이 큰 폭탄을 제공할 수 있을 것이라고 부가했다. 위원회는 철저한 조사를 위한 적절한 지원을 건의했다. 처음에는 순수한 그라파이트 4톤(페르미와 실라르드의 탄소 포획 단면적 측정용)을 지원하고 그 후에 필요하다고 판명되면 50톤의 산화우라늄을 제공한다는 내용이었다.

브리그는 11월 17일 왓슨으로부터 연락을 받았다. 대통령은 보고서를 읽고는 서류철에 보관했다. 그것은 1940년까지 서류철에 보관됐고 더 이상의 조치는 취해지지 않았다.

실라르드와 페르미는 별 진전을 보지 못했지만 분열 연구는 많은 실험실에서 계속 수행됐다. 마침내 미네소타 대학교에 있는 알프레드 니어는 어떤 동위원소가 저속 중성자에 의하여 분열되는지 실험으로 결정하기 위하여 그의 질량 분석기를 이용하여 우라늄 235와 우라늄 238을 분리하기 시작했다. 그러나 미국의 물리학자들과 관리에게는 우라늄 폭탄은 별로 가능성이 없는 것으로 생각됐다. 그들의 동정심이 아무리 많다 해도 전쟁은 아직 유럽의 전쟁이었다.

플루토늄의 등장

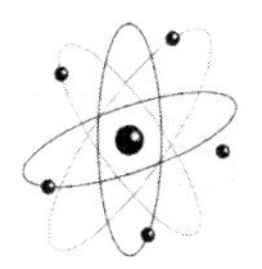

오토 프리슈는 전쟁 전에 함부르크에서 오토 스턴과 함께 낮에는 열심히 실험하고 저녁에는 밤늦게까지 집중적으로 물리학을 공부했던 지난 날들을 기억했다. "나는 규칙적으로 집에 돌아와 7시에 저녁을 먹고 15분쯤 휴식을 취한 후 행복하게 책상에 앉아 새벽 한 시경 환각에 빠질 때까지 일했다. 나는 이상한 모양의 동물들이 보이기 시작하면 자리에 들 시간이라고 생각했다." 젊은 오스트리아인에게 나타나는 환상은 '불쾌한 감정'이었으나 그것 이외에는 이상적인 생활이었다. "나는 그 후로 이렇게 즐거운 생활—매일 밤 집중적인 다섯 시간의 연구—은 가져보지 못했다."

이와는 대조적으로 그는 코펜하겐에서의 분열 시험 뒤 1939년 봄까지 완전히 침울한 상태에 빠져 있었다. "나는 전쟁이 다가오고 있다는 느낌을 받고 있었다. 연구를 하는 것이 무슨 소용이 있겠는가?

나는 일의 의욕을 잃고 꽤 나쁜 상태에 빠져 있었다." 그의 이모 마이트너가 스톡홀름에서 고립을 걱정했던 것처럼 프리슈도 코펜하겐에서 그의 앞날에 대하여 걱정했다. 영국인 동료들이 방문하면 프리슈는 그답지 않게 그들에게 부탁하곤 했다.

> 나는 처음에 블래킷과 이야기하고, 다음에 올리펀트와 상의했다. 그들이 코펜하겐을 들렀을 때 나는 덴마크가 곧 히틀러의 침공을 받을 것이라고 말했다. 그리고 영국으로 갈 수 있는 기회가 있는지 알아봐 달라고 부탁했다. 나치 점령 하에서는 아무 할 일이 없게 되든지, 히틀러를 위하여 일하도록 강요받든지 또는 강제 수용소에 보내질 것이다. 나는 차라리 영국을 위하여 일하고 싶었다.

마크 올리펀트(Mark Oliphant)는 버밍엄 대학교의 물리학과 과장이었다. 그는 이 문제를 상의하기 위하여 여름에 영국을 방문해 달라고 프리슈를 초청했다. "그래서 나는 두 개의 작은 여행가방을 가지고 다른 여행자들처럼 기차와 배를 타고 여행했다." 그가 영국에 있는 동안 전쟁이 시작됐다. 코펜하겐에 있는 그의 친구들이 그의 물건들을 보관해 주었고 그가 사려고 했던 피아노는 상점에 되돌려 주었다.

올리펀트는 그에게 보조강사로 일할 수 있게 주선해 주었다. 비교적 안전한 상황에서 그는 다시 물리학을 생각하기 시작했다. 아직도 분열에 관심이 있었지만 필요한 중성자 소스가 없었다. 그래서 그는 보어의 이론 연구에 대하여 공부하기 시작했다. 2월에는 우라늄 235와 우라늄 238의 분열 특성의 차이에 대하여 공부했고, 독일이 폴란드를 침공하여 전쟁이 발발했던 9월에는 보어-윌러의 논문을 읽었다. 그는 우라늄 235가 저속 중성자에 의하여 분열한다는 보어의 생각이 옳은지에 대해 생각하기 시작했다. 그는 우라늄235의 함량을 증가시켜 이것을 밝혀낼 방법에 대하여 생각했다. 이것은 적어도 부분적으로 동위원소를 분리하는 것을 의미한다. 페르미와 더닝이 니어에게 분리하도록 요청했던 것과 같은 이유로 프리슈도 분리하는 방법을 찾기 시작했다. 가장 간단한 방법은 독일의 물리화학자 클라우스 클루시우스(Klaus Clusius)에 의하여 개발된 가스열 확산 방법이었다. 긴 관 중앙에 가열된 막대를 넣은 다음 가스상태의 분리할 물질을 넣고 관의 외부를 물로 냉각시키면 가벼운 가스는 윗부분에, 무거운 가스는 아랫부분에 모이는 경향이 있다.

프리슈는 클루시우스 관을 만들기 시작했다. 실험실의 유리 세공기술자의 우선적인 업무는 올리펀트의 비밀무기 연구를 돕는 것이었으므로 그의 조력을 얻기 힘들어 별로 진척되지 못했다. 프리슈는 법적으로 적국인이었으므로 비밀무기 연구에 대해서는 모르는 척 했다. 두 명의 물리학자, 제임스 랜덜(James Randall)과 부트(H. A. H. Boot)가 올리펀트와 같이 지상과 항공기에서 사용될 레이더의 마그네트론(강력한 마이크로 웨이브 전파를 발생시키는 진공관)을 개발하고 있었다. C. P. 스노는 이것을 히틀러와의 전쟁에서 영국이 이룩한 가장 값진 과학적 혁신이라고 평가했다.

한편 영국의 화학회는 연례보고서에 게재할 실험 핵물리학의 발전에 관한 평론을 써 달라고 프리슈에게 요청했다. "나는 이 평론을 추운 침실 및 거실 겸용 방에서 겨울코트를 입고 썼다. 침대 옆에 있는 물병 속의 물이 밤 사이에 얼었다. 가스 불의 온기로 몸을 녹이며 기일내에 완성했다."

프리슈는 평론기사에서 연쇄 반응의 가능성이 없는 것으로 판단했다. 그는 이 결론을 보어의 논리에 근거했다. 자연 우라늄의 우라늄 238은 고속 중성자들과 충돌하여 이들을 포획 공명 에너지까지 감속시키지만, 포획되지 않은 몇 개의 중성자들은 우라늄 235에 분열을 일으키기에는 수적으로 너무 모자란다. 저속 중성자들은 어떤 경우든지 약한 폭발 이상의 것은 만들어 내지 못할 것이다. 프리슈는 저속 중성자들이 감속되고 분열시킬 핵을 찾아내는 데 너무 시간이 많이 걸린다고 지적했다.

> 그 과정은 1밀리초(1000분의 1초) 정도 걸리게 된다. 그리고 전 연쇄 반응이 모두 진행되는 데에는 수 밀리초가 걸린다. 물질이 기화할 수 있을 만큼 뜨거워지기 시작하면, 곧 팽창하기 시작하여 반응은 더 진전되지 못하고 중단될 것이다. 그래서 한 뭉치의 폭약처럼 터져버릴 것이다. 더 이상은 아니다. 그러므로 수고할 가치가 없다.

프리슈는 버밍엄에 이민온 사람들 중에서 친구를 한 명 사귀었다. 이론가 루돌프 파이얼스는 부유한 베를린 출신으로 날씬한 몸매와 소년 같은 얼굴에 수학적인 엄격한 마음을 갖고 있었다. 그는 1933년 록펠러 재단의 지원을 받고 케임브리지에서 연구하고 있었으나 히틀러가 정권을 잡자 영국에 그대로 머무르기로 했다. 그는 1940년 2월에 영국시민이 된다. 그러나 그때까지는 독일인이었다. 올리펀트와 때때로 공명 공동(고주파 레이더에 중요함)에 관한 수학 문제를 토의하게 되면 두 사람은 조심스럽게 그 문제가 순수한 학문적인 것처럼 가장했다.

파이얼스는 이미 분열의 폭발현상에 대하여 상당한 공헌을 했다. 지난 5월, 프레데릭 졸리오의 동료 중 한 명인 프랑시스 페랭(Francis Perrin)이 파리에서 우라늄의 임계 질량(연쇄 반응을 지속하는 데 필요한 우라늄의 질량)을 계산하는 공식을 발표했다. 임계 질량보다 작은 덩어리는 폭발하지 않지만, 두 덩어리가 합쳐져 임계 질량이 되면 자연적으로 폭발하게 된다.

임계 질량은 구의 반경이 증가할 때 표면적의 증가 비율이 체적의 증가 비율보다 작다는 사실과 연관이 된다(r^2 대 r^3). 어떤 특정한 부피와 밀도에서 표면을 통하여 탈출하는 중성자들의 수보다 분열을 일으키는 중성자들의 수가 더 많게 되면 이 부피는 임계 질량이 된다. 페랭은 자연 우라늄의 충돌, 포획 그리고 분열 단면적을 추산하여 임계 질량을 44톤이라고 결정했다. 우라늄 주위를 철 또는 납으로 막아 중성자들을 도망가지 못하게 반사시키면 임계 질량은 13톤으로 감소됐다.

파이얼스는 저속 중성자 분열에 근거한 임계 질량 계산은 사용된 감속재의 특성을 고려해야 되기 때문에 수학적으로 복잡해지므로 고속 중성자를 사용하는 단순화된 경우를 생각했다. 자연 우라늄 U238의 단면적을 대입하여 계산해 본 결과 임계 질량은 수 톤 단위로 판명됐다. 물론 이런 물건은 어떤 비행기에도 실을 수 없으므로 어쨌든 실제적인 중요성이 없는 것처럼 생각됐다. 파이얼스는 이 문제를 영국과 미국이 비밀로 하고 있다고 생각했으나 이 경우에는 발표하지 않아야 하는 이유를 찾지 못했다.

11월 말, 소련은 핀란드를 침공했다. 다른 유럽 국가들이 이상하리만치 모두 무관심했기 때문에 미국도 유럽 문제에 관여하지 않아야 된다고 주장하는 고립주의자인 아이다호 주의 상원의원 윌리엄 보라(William Borah)는 '가짜 전쟁'이라는 이름을 붙였다. 파이얼스 가족은 새해 초에 더 큰 집으로 이사하고 프리슈도 같이 살도록 했다. 러시아 출신의 제니아 파이얼스(Genia Peierls)는 오스트리아 독신을 반갑게 맞이했다. 그녀는 명랑하고도 지적으로 살림을 꾸려갔고, 종소리 같은 목소리로 정관사는 모두 생략하고 말했다. "그녀는 나에게 매일 아침 면도하도록 가르쳤고, 그녀가 접시를 닦는 것 만큼이나 재빨리 물기를 닦도록 요구했다. 이 솜씨는 그후 여러 번 유용하게 써먹을 수 있었다." 파이얼스 집에서의 생활은 즐거웠다. 프리슈는 등화관제 때문에 어둠 속에서 집으로 걸어왔으므로 때로는 길가의 벤치에 걸려 넘어졌고, 보행자들은 그들의 모자 테두리에 꽂은 발광 카드의 불빛으로 겨우 식별할 수 있었다. 이런 일들은 그에게 계속적으로 독일 폭격의 위협을 상기시켰다. 프리슈는 자신이 화학회의 연례보고서에 쓴 글에 대하여 의문을 갖기 시작했다. "내가 쓴 것이 정말로 진실인가?"

1940년 2월 어느날, 그는 연쇄 반응에 대하여 다시 생각하기 시작했다.

우라늄의 폭발적인 연쇄 반응에는 언제나 네 가지 가능한 방법이 있다.

(1) 우라늄 238의 저속 중성자에 의한 분열
(2) 우라늄 238의 고속 중성자에 의한 분열
(3) 우라늄 235의 저속 중성자에 의한 분열
(4) 우라늄 235의 고속 중성자에 의한 분열

우라늄 238과 토륨을 한편으로 그리고 우라늄 235를 또 다른 편으로 나눈 보어의 논리적 구분에 의하여 (1)은 제외된다. 우라늄 238은 저속 중성자에 의하여 분열되지 않는다. (2)는 우라늄 238에 의한 중성자들의 산란과 포획공명 효과 때문에 비효율적이다. (3)은 전력생산 방법으로는 적합하나 실제적인 무기가 되기 위해서는 반응 속도가 너무 느리다. (4)번은 어떤가? 명백히 영국, 프랑스 또는 미국에서 아무도 이런 식으로 질문해 보지 않았다.

프리슈가 깊은 곳으로 통하는 열린 창을 어렴풋이 볼 수 있었던 것은, 그가 동위원소 분리 문제를 조심스럽게 살펴보고 우라늄 235를 분리할 수 있다고 생각했기 때문이었다. 그러므로, 그는 우라늄 238이 섞여 있지 않은 순수한 물질의 성질을 생각해 볼 준비가 되어 있었다. 보어, 페르미 그리고 실라르드까지도 아직까지 생각해 보지 않은 것이다. "나는 클루시우스 분리관이 작동한다고 가정하고 이런 관을 여러 개 사용하면 폭발적인 연쇄 반응이 일어날 수 있는 충분한 양의 우라늄 235를 얻어낼 수 있을 것이라고 생각했다." 동위원소가 얼마나 필요할 것인가?

그는 이 문제를 파이얼스와 상의했다. 파이얼스는 임계 질량 공식을 갖고 있었다. 이 경우에 우라늄 235의 고속 중성자에 대한 단면적이 필요했다. 아무도 실험적으로 단면적을 결정하기에 충분한 양의 동위원소를 분리해 내지 못했기 때문에 이 숫자는 알려져 있지 않았다. "우리는 보어와 윌러의 논문을 읽고 그것을 이해할 수 있었다. 그리고 이런 경우에는 단면적은 분열에 의하여 좌우될 것이라는 확신이 생겼다." 파이얼스는 무슨 일이 일어나게 되는지 간단히 예측할 수 있었다. "만일 중성자가 우라늄 235의 핵을 때리면 어떤 일이든지 일어나게 되어 있었다." 뒤이어 진행되는 과정을 추측함으로써 단면적을 직관적으로 알아 냈는데, 그것은 우라늄 핵의 크기의 표적을 중성자라는 공으로 맞추는 기하학적인 단면적 $10^{-23}cm^2$를 사용해도 큰 무리가 없다는 것이었다. 이것은 자연우라늄의 분열 단면적보다 거의 열 배나 더 큰 값이다.

프리슈는 장난하는 셈 치고 $10^{-23}cm^2$를 파이얼스의 공식에 대입했다. "놀랍게도 결과는 내가 예상했던 것보다 훨씬 더 적었다. 그것은 톤 단위가 아니라 1~2파운드 정도였다." 우라늄 같이 무거운 물질은 골프공보다도 작은 부피이다.

그러나 이 1~2파운드가 폭발할 것인지 또는 타다 말 것인지? 파이얼스가 쉽게 계산해 냈다. 연쇄 반응은 금속구가 기화하거나 열에 의하여 팽창하는 것보다 더 빠르게 진행되어야 한다. 파이얼스는 중성자 방출 시간을 계산했다. 약 100만분의 4초 정도로, 저속 중성자 분열의 경우 프리슈가 계산했던 1000분의 몇 초보다는 훨씬 빨랐다.

폭발은 얼마나 파괴적일까? 팽창으로 인하여 우라늄 235 원자들의 간격이 반응이 지속될 수 없는 정도까지 떨어지기 전에 약 80세대의 이차 중성자들이 방출될 것이다. 즉 2^{80}개의 중성자들이 방출된다. 100만분의 1초 이내에 온도는 태양의 내부 온도보다 높아지고, 압력은 쇠가 녹아 액체같이 흐르는 지구 중심의 압력보다도 더 크게 될 것이다. "이런 핵폭발의 결과를 계산하여 보고, 프리슈와 나는 깜짝 놀랐다"라고 파이얼스가 말했다.

그리고 마지막으로, 몇 파운드만이라도 우라늄 235를 우라늄 238로부터 분리해 낼 수 있을까? 프리슈가 이 문제를 생각했다.

> 나는 클루시우스 공식을 사용하여 분리효율을 계산해 보았다. 그러고는 10만 개의 분리관을 사용한다면 1파운드의 비교적 순수한 우라늄 235를 수주일 안에 분리할 수 있다는 결론에 도달했다. 그 순간 우리는 서로 쳐다보며 결국은 원자 폭탄이 가능하다는 것을 깨달았다.

"이런 공장의 비용은 전쟁의 비용에 비하면 아무것도 아니다"라고 프리슈는 말했다. "누군가 이것에 대해서 알아야 하지 않겠어?" 프리슈는 파이얼스에게 물었다. 그들은 급히 마크 올리펀트에게 갔다. "나는 그들을 확신할 수 있었다"라고 올리펀트는 증언했다. 그는 그들에게 계산을 모두 정리하여 기록하라고 말했다.

그들은 간단하게 두 부분으로 나누어 정리했다. 제1부의 제목은 「슈퍼 폭탄의 제작에 관하여—우라늄의 연쇄 반응에 근거하여」였다. 이것은 지금까지 토의됐던 것에서 간과됐다고 생각되는 것을 지적하고 가능성을 토론하는 내용이다. 그들은 5kg의 폭탄이 수천 톤의 다이나마이트와 동등한 에너지를 방출할 수 있다고 말했다. 그들은 우라늄 구를 두 부분으로 나누어 놓았다가, 폭발을 원할 때 이들을 합쳐버리는 단순한 메커니즘을 설명했다. 일단 다시 합쳐지면 1초 또는 2초 이내에 폭탄은 터지게 된다. 두 개의 반구를 서로 끌어 당기도록 스프링을 사용하는 방법을 생각했다. 이 조립 과정은 재빨리 수행되어야 하며 그렇지 않으면 연쇄 반응이 제대로 일어나지 않아 폭탄 자체를 파괴하는 정도에 그치고 말 것이다. 폭발에 의하여 생성되는 에너지의 약 20퍼센트는 방사선이며 수백 톤의 라듐과 동등한 양이다. 이것은 폭발이 끝난 후 오랜 기간 동안 생물체에 치명적인 영향을 줄 수 있다. 이 무기에 대한 효과적인 방호는 거의 불가능하다.

제2부는 「방사성 슈퍼 폭탄의 성질에 관한 비망록」이며 비과학자에게 제시할 목적으로 쓰여진 비기술적 문건이다. 이것은 설계와 제작에 관한 기술적 문제를 뛰어 넘어 보유와 사용에 대한 전략적 문제들을 토의한 것이다. 여기에는 천진스러움과 비범한 예지가 함께 엿보인다.

(1) 무기로써, 슈퍼 폭탄은 실제적으로 매혹적인 것이다. 이 폭탄의 폭발력에 저항할 수 있다고 예상되는 물질이나 구조는 찾아 볼 수 없다.
(2) 바람에 의한 방사능 물질의 확산 때문에 이 폭탄의 사용은 수많은 민간인들의 살상을 피할 수 없다. 그래서 이것은 미국이 무기로 사용하기에는 적합치 않다.
(3) 독일도 이 무기를 개발하고 있다고 생각된다.
(4) 독일이 이 무기를 보유했든지 또는 보유하게 될 것이라는 가정 하에, 이것에 대하여 효과적인 그리고 대규모로 이용 가능한 방호물이 없다는 것을 인식해야 한다. 가장 효과적인 대응은 유사한 무기로 위협에 대응하는 것이다.

이와 같이 1940년 첫달에 이미 두 명의 지적인 관측자에 의하여 핵무기는 대량 살상무기이며 단 한 가지 명백한 방어는 상호 보유에 의한 억지효과뿐이라는 것이 명백해졌다.

프리슈와 파이얼스는 그들의 보고서를 완성하여 올리펀트에게 가지고 갔다. 그는 여러 가지를 상세하게 질문한 후 그들의 보고서에 설명문을 첨부했다("나는 이 보고서의 세부사항을 고찰했고 그리고 저자들과 상당한 토의를 거친 후 이 문제는 상대방이 현재 이런 폭탄의 제작에 몰두해 있지 않다는 것을 확신하기 위해서라도 심각하게 처리되어야 한다고 생각했다"). 그러고는 보고서와 편지를 헨리 티저드(Henry Thomas Tizard)에게 보냈다. 티저드는 옥스퍼드의 화학자로 레이더 개발 책임자이며 방공 문제 연구위원회의 민간인 위원장이었다. 이 위원회는 '티저드 위원회'로 더 잘 알려져 있으며 당시 과학을 전쟁에 응용하는 문제에 관한 한 영국에서 가장 중요한 위원회였다.

프리슈는 결국 폭탄이 가능하다는 것을 알았을 때 그리고 그 소식을 파이얼스와 같이 올리펀트에게 알리기 전에, 왜 그는 입을 다

묻어 버리지 않았는가 하는 질문을 전쟁 뒤에 자주 받았다. 왜 지금까지 세계가 알지 못했던 대량 살상 무기의 생산으로 이어질 아이디어를 제공했는가? 대답은 극히 간단했다. 우리는 전쟁중이었고, 아이디어는 충분히 명백했으며, 독일 과학자들도 같은 생각으로 연구하고 있었을 가능성이 매우 높았다.

전쟁 중인 국가의 과학자들이 생각할 수 있는 것은 또 다른 전쟁 중인 국가의 과학자들도 생각할 수 있다. 그리고 비밀에 부칠 것이다. 1939년과 1940년 초에 핵무장 경쟁은 이미 시작됐다.

위험한 적을 옳게 이해하고 두려워하는 책임 있는 사람들은 그들 자신의 아이디어가 악의를 가지고 왜곡되어 그들에게 되돌아오는 것을 보았다. 우군의 손에 있으면 방어적이라고 보이는 아이디어도 입장을 바꿔놓고 보면 침략적인 것이 된다. 그러나 그것들은 똑같은 아이디어이다.

한편 독일의 하이젠베르크는 그가 검토한 결과를 1939년 12월 6일 육군성에 제출했다. 페르미와 실라르드는 브리그 위원회가 그라파이트 연구를 위하여 지원할 6,000달러를 기다리고 있었다. 그리고 프리슈는 화학 학회지에 제출할 평론을 준비하고 있었다. 하이젠베르크는 만일 적당한 감속재만 발견된다면 보통 우라늄을 가지고도 에너지를 생산할 수 있다고 생각했다. 물은 사용할 수 없지만 중수 또는 순도가 높은 그라파이트는 현재의 증거로 보아 충분히 사용할 수 있다고 생각했다. 반응로를 만드는 확실한 방법은 '우라늄 235 동위원소를 농축하는 것'이다. 농축—우라늄 235의 우라늄 238에 대한 성분 비율을 높이는 것—은 지금까지 알려진 가장 강한 폭약보다 수천 배나 강력한 폭약을 만드는 단 한 가지 방법이라고 생각했다(이것은 하이젠베르크가 프리슈나 파이얼스보다도 먼저 고속 중성자 분열의 가능성을 이해하고 있었다는 것을 의미한다).

같은 기간에 하르텍은 함부르크에서 클루시우스 분리관을 만들고 있었는데 12월에 제논 가스의 동위원소를 분리하는 데 성공했다. 그는 크리스마스 때 뮌헨을 방문하여 화학 교수로 있는 클루시우스와 설계 개선 방안에 대하여 토의했다. 토륨 전문가이며 가스등 맨틀과 방사성 치약 생산업자 아우어는 요아킴스탈 광석에서 가공된 순수한 산화우라늄 1톤을 1940년 1월 육군성에 공급했다. 독일의 우라늄 연구는 잘 진행되어 가고 있었다.

적당한 감속재를 구하는 것이 더 어려운 일 같아 보였다. 독일의 과학자들은 중수를 선호했다. 그러나 독일은 자체 추출 공장을 갖고 있지 않았다. 하르텍이 연초에 계산해 본 바로는 1톤의 중수를 얻기 위하여 10만 톤의 석탄이 필요했다. 전시에는 도저히 공급하기 힘든 양이었다. 상당량의 중수를 공급할 수 있는 곳은 노르웨이 남부에 있는 오슬로로부터 서쪽으로 90마일 되는 곳에 있는, 류칸 근처의 베모르크에 있는 전기화학공장뿐이었다. 이 공장은 큰 폭포가 있는 깎아지른 듯한 500m 높이의 화강암 절벽 옆에 있었다. 노르스크 수력발전 회사는 인조 암모니아를 생산하기 위한 수소 전기분해 과정의 부산물로 희귀한 액체를 얻고 있었다.

파벤(I. G. Farben)은 1920년대 독일 바이엘 사의 카를 듀스베르크(Carl Duisberg)에 의하여 설립된 독일 화학 카르텔이다. 파벤 사는 노르스크 수력발전 회사의 주식을 일부 소유하고 있었다. 육군성에서 중수가 필요하다는 것을 알고 모든 재고 중수(약 50갤런, 12만 달러 상당)와 앞으로 매달 적어도 30갤런씩 사겠다고 제안했다. 당시 노르스크는 한 달에 3갤런 정도 생산하여 작은 물리학 실험실들의 소요를 충당하고 있었다. 노르스크는 왜 독일이 갑자기 그렇게 많은 양이 필요한지 이유를 알고 싶어했다. I.G. 파벤 사는 이유를 설명하지 않기로 했다. 2월에 노르웨이 회사는 기존 재고품의 판매는 물론 앞으로의 추가 생산도 거절했다.

프랑스 연구팀도 중수에 관심을 갖고 있었다. 졸리오가 프랑스 무장부의 라울 도트뤼(Raoul Dautry)에게 이 사실을 알렸다. 도트뤼는 독일이 노르스크에게 구매하겠다고 제안했었다는 소식을 듣고 프랑스가 사들이기로 결정했다. 파리은행이 노르웨이 회사의 대주주였으며, 전 파리은행 간부 쟈크 알리에(Jacques Allier)가 지금은 도트뤼 밑에서 근무하고 있었다. 2월 20일, 도트뤼는 알리에에게 중수에 관하여 설명해 주고 프랑스 비밀정보원들을 인솔하여 노르웨이의 중수를 확보하도록 지시했다.

알리에는 가명으로 오슬로에 잠입하여 3월 초 노르스크 사의 전무와 만났다. 프랑스는 150만 크로네를 지불하고 절반은 독일인에게 팔아도 좋다고 제안했다. 그러나 노르웨이인은 군사적 이용 가능성에 대한 이야기를 듣고는 재고 전부를 자발적으로 제공하며 돈도 받지 않았다. 중수를 22개의 통에 나누어 넣고 자정이 넘은 깜깜한 밤중에 자동차로 베모르크를 떠났다. 알리에 팀은 짐을 둘로 나누어 오슬로에서 에든버러까지 비행기로 운반했다. 알리에가 탄 것처럼 가장한 첫 번째 비행기는 독일 전투기에 의하여 강제 착륙당한 후 검사를 받았다. 에든버러에서는 기차로 운반한 후 도버 해협을 페리로 건너 파리에 도착했다. 졸리오는 대전이 발발할 때까지 중수를 이용하여 산화우라늄 실험을 할 수 있었다.

이 기간 동안 소련의 핵 연구는 실험실 연구 정도로 제한되어 있었다. 소련의 원로 물리학자 이고르 쿠르차토프(Igor Kurchatov) 밑에서 일하는 두 명의 젊은이가 1940년 6월 우라늄의 자연 방사능 붕괴를 관측하고 논문을 발표했다. "이 발표에 대하여 미국 측에서 아무 반응을 보이지 않았으므로, 소련인들은 미국에서 무슨 일이 진행되고 있다고 의심하기 시작했다"라고 미국의 물리학자 허버트 요크(Herbert F. York)가 설명했다. 그것은 아직 그렇게 본격적인 단계는 아니었지만 이때부터 비밀로 취급되기 시작했다.

일본의 원자 폭탄 연구는 처음에 군 내부에서 시작됐다. 일본 제국 육군의 항공기술 연구소의 야스다 다케오 중장은 전기공학 엔지니어로 이 분야에 관련된 국제과학 문헌들을 고지식하게 살펴보고 있었다. 1938년과 1939년에 걸쳐 핵분열 현상이 발견된 것을 알게 됐고, 1940년 4월 분열의 가능한 결과를 예견하고 과학교육을 받은 보좌관 스즈키 중령에게 전반적인 보고서를 작성할 것을 지시했다. 스즈키는 사명감을 가지고 일을 시작했다.

닐스 보어는 1939년 5월 초 프린스턴에서 코펜하겐으로 돌아왔다. 그의 친구들은 미국에 그대로 남아 있으면서 가족들을 데려 올 것을 강력히 권했으나 그에게는 그럴 생각이 없었다. 여전히 독일에서 탈출해 나오는 피난민들과 중부 유럽에서 도망쳐 나오는 사람들이 그를 필요로 했다. 그의 연구소도 그를 기다리고 있었다. 덴마크도 그가 필요했다. 5월 31일, 히틀러는 스칸디나비아 국가들과 타협하기 위하여 불가침 조약을 제안했다. 실용적인 덴마크인들은 그 조약이 아무 가치 없고 자기들의 품격만 떨어뜨리는 것이라는 것을 알면서도 수용했다.

덴마크의 재앙은 1940년 4월까지 기다려 주었다가 야비하리만큼 기세좋게 덮쳐왔다. 보어는 노르웨이에서 강의하고 있었다. 영국은 노르웨이의 철광석을 나치 독일로 수송하지 못하도록 노르웨이 해안에 기뢰를 설치해야 한다는 의견를 발표했다. 보어는 강연 여행

마지막 날인 4월 8일 저녁에 노르웨이 국왕 야콘(Jaakon) 7세와 만찬을 같이 했다. 국왕과 정부의 각료들은 임박한 독일의 침공을 앞두고 우울한 분위기에 빠져 있었다. 저녁 만찬 후 그는 코펜하겐행 야간열차를 탔다. 기차 페리는 승객들이 잠든 사이에 바다를 건너 헬신고르로 객차들을 수송한다. 덴마크 경찰들이 한밤중에 객실의 문을 두드리고 소식을 전해주었다. 독일은 노르웨이뿐만 아니라 덴마크도 침입했다. 이천 명의 독일 군인들이 석탄 운반선에 숨어 한스 크리스티안 안데르센의 작은 인어동상이 서 있는 코펜하겐 항구 근처에 정박해 있다가 이른 아침에 폭풍같이 상륙했다. 예기치 않던 일이라 자전거를 타고 집에 가던 야간 근로자들은 영화를 촬영하고 있다고 착각했다. 독일군의 주력은 슐레스비히 홀스타인 지방을 거쳐 덴마크 반도로 행군했다. 검은 십자가 표식이 있는 독일 항공기들이 하늘을 장악했다. 독일 군함들이 남부 노르웨이에서 북해로 통하는 해협을 봉쇄했다.

노르웨이인들은 그들의 왕과 국회가 해외로 망명할 수 있도록 독일군과 싸웠으나 덴마크인들은 저항하지 않았다. 이른 새벽, 코펜하겐 거리에서 소총 소리가 들렸으나 덴마크 국왕 크리스티안 10세는 새벽 6시 25분을 기하여 즉각적인 사격중지를 명령했다. 보어의 기차가 수도에 도착했을 쯤에는 처칠이 이름 지은 '무자비한 일격'은 완료됐다. 길거리에는 초록색 항복 전단으로 어질러져 있었고 왕은 독일 참모총장을 맞이 할 준비를 하고 있었다.

미국대사관은 재빨리 보어에게 미국으로의 안전한 탈출을 보증할 수 있다는 말을 전달했지만, 보어는 또다시 자신이 해야 할 의무를 다하는 길을 선택했다. 그가 즉각적으로 해야될 일은 수백 명의 이민자들이 망명할 수 있도록 도와준 난민위원회의 서류를 태워버리는 것이었다. "그것이 닐스 보어의 특징이었다"라고 그의 협력자 스테판 로젠탈이 회고했다. "그가 맨 처음 한 일들 중의 하나는 독일군들이 처형할 것으로 예상되는 연구소 직원들을 보호하기 위하여 대학의 총장과 다른 덴마크 당국자들을 만나는 일이었다."보어는 또한 정부 지도자들을 만나 덴마크에서 반유대인 법률을 제정하려는 독일의 기도에 저항할 계획을 토의했다.

노르스크 수력발전소가 독일의 주요 목표였다. 그래서 류칸 근처에서 전투가 치열했고 5월 3일까지 계속됐다. 류칸은 남부 노르웨이에서 마지막으로 항복한 도시였다. 항복 후 독일의 관리를 받게 된 회사의 관리자는 파울 하르텍에게 중수 생산시설은 이상적인 중성자 감속재의 생산량을 연간 1.5톤까지 증가시킬 수 있다고 보고했다.

"내가 하고 싶은 것은," 헨리 티저드는 프리슈와 파이얼스의 보고서를 읽고 마크 올리펀트에게 편지를 보냈다. "아주 작은 위원회를 소집하여 무엇을 해야 하는지, 누가 해야 하는지 그리고 어디에서 해야 하는지에 관하여 토의하는 것입니다. 그리고 당신에게 제안하는데 톰슨과 블래켓이 이 위원회의 핵심 멤버가 될 수 있을 것입니다." 톰슨은 G.P. 톰슨으로 톰슨의 아들이며 지난해에 연구하기 위하여 1톤의 산화우라늄을 요구했다가, 자신의 제안이 어이없음에 스스로 부끄러워했던 임페리얼 컬리지의 물리학 교수이다. 그는 중성자 포격실험 후 자연우라늄의 연쇄 반응은 일어날 것 같지 않으므로 전쟁 프로젝트로는 실용적이지 않다고 결론지었다. 티저드는 처음부터 회의적이었으며 톰슨의 결론은 그의 회의론에 대한 지지로 받아들여졌다. 톰슨을 소위원회의 의장으로 임명하고 리버풀에 있는 제임스 채드윅, 그의 제자 P.B. 문 그리고 러더퍼드의 제자 존 코크로프트(John Cockcroft)를 위원으로 참여시켰다. 블래켓은 다른 일에 바빴지만, 나중에 위원회에 합류하게 됐다. 4월 10일, 이 그룹은 빌링턴 하우스에 있는 왕립학회 사무실에서 비공식적인 첫 모임을 가졌다.

이들은 프리슈와 파이얼스의 연구 내용을 토의하기보다는 파리은행과 프랑스 무장부에서 일하는 자크 알리에의 이야기를 듣기 위하여 모였다. 알리에는 독일이 중수생산에 관심이 높다고 경고하며 프랑스와 영국이 핵 연구에 협력할 것을 요청했다. 그때서야 그들은 동위원소 분리 가능성에 대하여 생각하고, 우라늄 6이 불화물(Hexa Fluoride, 가스 상태의 우라늄 복합물)에 관한 실험이 필요하다는 데에 동의했다. 그들은 독일인들에게 이 소식이 새나가지 않도록 프리슈에게 주의를 주기로 했다. 그들은 프리슈에게 그의 보고서는 검토됐다는 내용만 통보하고 자세한 것은 알리지 않기로 했다(파이얼스는 아직까지 톰슨에게 별로 깊은 인상을 주지 못했고, 프리슈와 파이얼스의 보고서는 티저드의 서류철에 그냥 보관되어 있는 상태였다). "우리는 이 프로젝트를 시작할 때 믿음보다는 회의적인 생각이 강했다. 그렇지만 이것은 조사해 보아야 할 문제라고 느꼈다." 티저드는 프랑스 주재 영국대사관에 과학관으로 근무하고 있는 린드만의 동생에게 보낸 편지에서 프랑스 사람들이 독일 핵연구의 위험에 대하여 필요 없이 흥분하고 있다고 생각한다고 말했다. 그리고 "나는 여전히……실제적으로 군사적 중요성을 갖게 될 가능성은 매우 낮다고 생각한다"고 영국의 전시 내각 참모에게도 통보했다.

이 회의도 브리그의 우라늄 위원회의 첫 회의처럼 별로 희망이 없어 보이는 출발이었지만 톰슨 위원회는 병기전문가가 아닌 활동적이고 유능한 물리학자들로 구성되어 있었다. 그들의 초기 회의론이 무엇이든지 간에 프리슈와 파이얼스가 사용한 숫자들이 어디에서 나왔고 무엇을 뜻하는지 이해하고 있었다. 4월 24일에 열린 두 번째 회의 내용을 톰슨은 간단하게 기록했다. "프리슈 박사가 우라늄 폭탄이 가능하다는 것을 보여주기 위하여 노트를 제출했다."

수년 후 올리펀트는 좀 더 상세한 내용을 회고했다. "위원회는 가능성에 의하여 감전된 것 같았다." 채드윅의 좋은 의견이 도움이 됐다. 그가 리버풀에서 영국 최초의 사이클로트론을 이용하여 고속 중성자 분열을 조사하기 시작했을 때 프리슈와 파이얼스의 보고서를 보았다. 4월 24일 회의에서 그는 이민자들의 연구를 확인해 주었다. 그 자신도 유사한 결론에 도달했으나 실험적으로 중성자의 단면적이 알려질 때까지 기다리기로 했다. 이에 비해 프리슈와 파이얼스는 계산된 값을 사용한 것이다. 어찌됐건 이 확인 증거로 인하여 위원회는 동위원소 분리기술 개발에 더 많은 관심을 갖게 됐다.

채드윅은 필요한 연구를 담당하기로 동의했다. 몇 주 동안, 그들이 올리펀트를 통해 톰슨에게 항의를 전달할 때까지, 프리슈와 파이얼스는 그들 자신이 제출한 비밀로부터 차단되어 있었다. 그러나 연쇄 반응 우라늄 폭탄을 향한 일은 이제 제대로 시작됐고 그리고 이번에는 옳고 빠른 궤도를 발견했다.

실라르드는 안달이 났다. "최초의 우라늄 위원회 회의 이후 몇 달이 내 생애에서 가장 조바심 나던 기간이었다. 아무도 연락이 없었다. 우리는 워싱턴으로부터 아무것도 듣지 못했다. …… 나는 우라늄의 분열에서 중성자가 방출된다는 것만 실증하면, 관심 있는 사람들을 모으는 것은 어려움이 없으리라고 생각했다. 그러나 내가 틀렸었다." 11월 1일 우라늄 위원회의 보고서는 사실 루스벨트의 서류철에서 낮잠을 자고 있었다. 1940년 2월 초, 마침내 왓슨은 그 문제를 다시 끄집어내기로 했다. 그는 브리그에게 더 추가할 사항이 없는지 물어 보았다. 브리그는 페르미의 그라파이트 중성자 흡수 실험을 위하여 6,000달러를 지원했다고 보고했다. 브리그는 이 일의 착수가 매우 중요하다고 생각했다. 이것이 그 사업이 실용적 응용 가치가 있는지 없는지 곧 결정하게 될 것이므로 그 결과를 기다려 보자고 제안했다.

브리그의 인색한 방법론보다는 다른 일이 실라르드를 바쁘게 했다. 그는 철저한 이론적 연구를 준비하며 겨울을 보냈다. 「우라늄과 카본으로 구성된 시스템의 발산 연쇄 반응」—이 경우에 발산은 연쇄 반응이 일단 시작되면 계속해서 폭파되는 것을 뜻한다(이 논문의 첫 번째 각주는 H. G. 웰스의 『자유로워진 세계』를 인용했다). 새해 초 졸리오의 그룹은 우라늄과 물을 이용한 실험에서 "연쇄 반응에 매우 근접한 것 같이 보였다"라고 보고했다. 실라르드는 "만일 우리가 물을 그라파이트로 대체하고 시스템을 약간 개선시키면, 나의 의견으로는, 잘 되어 나갈 수 있을 것 같다"라고 말했다. 그는 프랑스팀의 논문에 대하여 토의하기 위하여 페르미와 점심 약속을 했다. 그는 페르미에게 물었다. "졸리오의 논문을 읽었습니까?" 그는 읽었다고 대답했다. 실라르드는 다시 물었다. "어떻게 생각합니까?" 그러자 페르미가 대답했다. "별 것 아닙니다." 실라르드는 분통이 터졌다. "나는 그와 대화를 더 이상 계속할 이유가 없으므로 집으로 돌아왔다."

실라르드는 아인슈타인을 만나기 위하여 프린스턴으로 갔다. 그들은 또 다른 편지를 작성하여 아인슈타인이 서명한 후 작스에게 보냈다. 이 편지에서는 독일 빌헬름 연구소의 비밀 우라늄 연구활동에 대하여 강조했다. 1936년 노벨 화학상을 수상한 물리화학자 페터 데베이어는 덴마크 시민권을 포기하고 나치 독일에 합류하라는 강권을 뿌리쳤기 때문에 최근에 미국으로 추방됐다. 그들은 데바이로부터 독일에서 진행되고 있는 연구 현황을 전해 들었다. 작스는 아인슈타인의 편지를 왓슨을 통해 루스벨트에게 전달했다. 그러나 왓슨은 먼저 우라늄 위원회와 상의하는 것이 타당하다고 생각했다. 애덤슨은 브리그의 생각을 반영하여 모든 것이 컬럼비아 대학의 그라파이트 실험에 달려 있다는 반응을 보였다. 왓슨은 작스에게 공식적인 보고를 기다려 보자고 제안했다. 4월 5일, 루스벨트가 귀찮은 경제학자에게, 브리그 위원회가 이 연구를 계속하는 가장 실제적인 방법이라는 점을 강조하며 작스가 참석할 수 있는 또 다른 회의를 소집하도록 지시했다고 알려주었다. 브리그는 4월 27일 토요일 오후에 회의를 소집했다.

이러는 사이에 또 다른 일이 벌어졌다. 미네소타 대학교의 알프레드 니어는 페르미의 재차 간청하는 편지를 받고 우라늄 235의 표본을 분리해낼 준비를 했다. 더닝은 그에게 상온에서는 흰색 고체이지만 화씨 140°로 가열되면 기화하는 고도의 부식성 화합물인 우라늄 6가 불화물을 보냈다. "나는 이것을 가지고 1939년 말 한두 달 동안 작업을 했다"라고 니어는 기억했다. 불행히도 이 가스는 너무 휘발성이 강해서 진공 펌프로 열심히 뽑아냈지만 분석기의 유리관 속으로 분산되어 수집판을 오염시켰다.

> 마침내 나는 이렇게 해서는 안 되겠다고 생각했다. 1940년 2월, 약 열흘이 걸려 새로운 장비를 만들었다. 유리세공 기술자는 말발굽 모양의 질량분석기 튜브를 만들고 금속으로 된 부분은 내가 만들었다. 우라늄 소스로는 전에 하버드에서 실험할 때 쓰고 남은 휘발성이 약한 우라늄 4염화물(Uranium tetra chloride)과 4브롬화물(tetra bromide)을 사용했다. 1940년 2월 28일과 29일에 우라늄 235와 우라늄 238이

처음으로 분리됐다. 이 해는 윤년이었다. 29일 금요일 오후, 니켈 박지에 수집된 샘플을 편지의 가장자리에 붙여 미네아폴리스 우체국에서 6시에 우송했다. 항공속달 편지는 다음날 컬럼비아 대학에 도착했다. 나는 일요일 아침 일찍 더닝으로부터 장거리 전화를 받았다. 그는 컬럼비아 사이클로트론에서 나오는 중성자로 밤사이에 샘플을 포격했다. 컬럼비아 실험은 저속 중성자에 의한 분열은 우라늄 235 때문이었다는 것을 명백하게 보여주었다.

이 실험으로 보어의 가정이 옳다는 것이 증명됐다. 그러나 이것은 브리그에게 자연 우라늄의 가치를 의심하게 했다. 그는 4월 9일 왓슨에게 보고했다. "연쇄 반응이 우라늄 235를 분리해 내지 않고도 가능한지 매우 의심스럽다." 니어, 더닝, 부스 그리고 그로스도 3월 15일 물리학 평론지에 같은 내용의 논문을 발표했다. "이 실험은 우라늄의 연쇄 반응 가능성을 조사하기 위한 대규모 실험에서 우라늄 동위원소 분리의 중요성을 강조한다"라고 논문에 주장했다. 더닝은 동위원소 분리가 이 문제에 대한 해결 방법이라고 생각하고 정열을 쏟아부었다. 그러나 이 실험의 결과는 페르미-실라르드 시스템을 제외시키지는 못했다. 니어와 컬럼비아팀이 4월 15일에 발표한, 좀 더 큰 샘플(아직도 현미경적인 크기)을 사용한 측정결과는 또 다른 혼동을 불러왔다. "주어진 중성자의 밀도 하에서 관측된 백만분의 1그램의 우라늄 238당 분열의 수는 분리되지 않은 우라늄에서 관측된 거의 모든 고속 중성자 분열을 설명하기에 충분했다." 이 말은 작은 샘플을 이용한 측정 한도 내에서는 정확하게 표현된 것이었지만 전체적으로는 마치 우라늄 235가 고속 중성자에 의하여 분열되지 않는 것 같다는 의미를 내포하는 것이었다. 사실 니어는 컬럼비아팀이 이 가능성을 측정할 수 있는 충분한 양의 우라늄 235를 수집하지 못했다. 당시 모든 사람들이 우라늄235의 고속 중성자 분열 단면적이 저속 중성자 분열 단면적보다 훨씬 작다는 것을 알고 있었다. 그러나 니어와 컬럼비아팀이 처음 발표한 논문은 이 단면적을 놀랍게도 400 내지 $500 \times 10^{-24} cm^2$라고 보고했다.

4월 27일 우라늄 위원회에는 작스, 페그램, 페르미, 실라르드 그리고 위그너가 참석했다. 예상한 대로 대규모 우라늄-그라파이트 실험은 페르미의 그라파이트 측정 결과를 기다려야 한다는 확고부동한 신념은 흔들리지 않았다.

이제 6,000달러의 연구비가 지급됐으므로 컬럼비아는 실라르드가 수소문해 놓은 그라파이트를 구매할 수 있었다. 조심스럽게 싼 그라파이트 벽돌 상자들이 푸핀 실험실에 도착하기 시작했다. 앤더슨은 모두 4톤이나 됐다고 기억했다. "페르미는 연쇄 반응 문제를 열정을 가지고 다시 시작했다. 이런 종류의 물리학을 그는 가장 좋아했다. 우리는 그라파이트 벽돌을 가지런히 쌓기 시작했다. 우리는 일부 벽돌에 로듐 박지 검출기를 넣을 수 있도록 좁은 틈새를 파냈다. 우리는 측정을 시작할 준비가 되어 있었다."

파라핀에 쌓인 라돈-베릴륨 중성자원을 바닥에 놓고 그 위에 그라파이트 벽돌을 쌓아 중성자들이 얼마나 높이 확산되어 퍼지는지 측정할 수 있도록 설계했다. 중성자들이 더 멀리까지 퍼져 나갈수록 탄소의 흡수단면적은 더 작으며, 더 좋은 감속재라고 볼 수 있다. 푸핀 실험동의 7층은 로마의 연구소 같이 경마장이 됐다.

뒤이어 페르미와 앤더슨이 계산한 흡수 단면적은 아주 작은 값인 $3 \times 10^{-27} cm^2$이었다. 그들은 더 순수한 그라파이트를 사용하면 더 작은 값을 얻을 수 있을 것이라고 생각했다. 이 측정 결과는 자연 우라늄에서 저속 중성자에 의한 연쇄 반응을 시도할 페르미의 계획과 그리고 실라르드의 계획을 강력히 뒷받침했다.

그러나 한편 이런 계획은 잠재적인 미래의 에너지원을 실증해 보일 수는 있을지 모르나, 브리그에게 자문해 주고 있는 미국의 과학자들과 행정관리들에게 군사적 이용가능성을 규명해 줄 수는 없었다. 4월에 영국의 톰슨 소위원회는 워싱턴 주재 영국대사관의 과학관 힐(A. V. Hill)에게 미국 사람들이 분열에 대하여 어떤 일을 하고 있는지 알아보도록 요청했다. 영국의 원자 에너지 계획의 공식적인 기록에 의하면, 힐은 이름이 밝혀지지 않은 카네기 연구소의 과학자들과 대화를 나누었다. 힐은 그들의 의견을 신랄한 어투로 보고했다.

> 결국에는 실용적인 응용과 전쟁에 사용될 수 있는 것이 나오리라고 생각할 수는 있다. 그러나 현재로서는 아무런 징후도 없다는 것을 미국인 동료들이 확인하여 주었다. 그러므로, 영국에서 다른 급한 문제들로 바쁜 사람들이 우라늄 연구로 방향을 돌리는 것은 시간 낭비일 뿐이다. 만일 전쟁에 가치 있는 것이 나온다면 그들은 빠른 시간내에 우리에게 암시를 줄 것이다.
>
> 많은 미국의 물리학자들이 이 분야에서 일하고 있거나 또는 흥미를 갖고 있다. 그들은 훌륭한 시설과 장비를 갖추고 있으며 우리에게 매우 호의적이다. 그리고 그들은 과학적으로는 흥미 있지만 현재 실질적인 수요에서는 황당무계한 것에 우리가 시간을 낭비하는 것보다 자기들이 밀고 나가는 것이 더 좋을 것이라고 생각하고 있다.

카네기 연구소의 의견은 완고한 것이었을 수도 있으나 편견에 치우쳤던 것만은 아니었다. 로버트, 하프스테드 그리고 DTM 물리학자 하이든버그(Norman P. Heydenburg)는 자연 우라늄의 고속 중성자 분열, 산란 그리고 포획 단면적을 측정했다. 그들이 측정한 값을 이용하여 텔러는 페랭과 파이얼스가 전에 얻었던 것과 비슷한 임계 질량(30톤 이상)을 얻었다. 로버츠는 '포획 단면적이 너무 커서, 크기가 무한대인 순수 우라늄 덩어리내에서도 고속 중성자에 의한 연쇄 반응은 불가능' 한 것 같아 보인다고 결론지었다. 1940년 봄에 컬럼비아와 DTM 실험실은 저속 및 고속 중성자에 의한 U238의 분열은 가능성이 없는 것으로 생각하여 실험에서 제외시켰고 저속 중성자에 의한 우라늄 235의 분열만 가능한 것으로 판단했다. 여기에서 빠진 것이 해결의 실마리였을지도 모른다. 그러나 아무도 이것을 눈치채지 못했다.

아인슈타인이 첫 번째 편지를 루스벨트에게 보낸 이후 텔러는 내면적으로 무기연구의 도덕성에 관하여 고민했다. 그의 인생은 두 번씩이나 전체주의에 의하여 잔인하게 뿌리 뽑혔다. 그는 전쟁이 시작될 때 독일의 무서운 기술적 발전을 이해했다. "나는 1935년에 미국으로 왔다. 그 당시에 나는 기적이 일어나지 않는 한 히틀러가 세계를 정복하리라고 믿었다." 그러나 순수 과학이 그의 불안을 진정시켜 주었다. "나의 관심을 내가 좋아하고, 나의 직업인 물리학으로부터 무기 연구로 돌리는 일은 쉬운 일이 아니었다. 그래서 상당 기간 동안 마음을 결정하지 못했다."

우연히 일어난 두 가지 사건이 그가 마음을 결정하도록 했다.

"1940년 봄, 루스벨트 대통령이 워싱턴에서 열리고 있는 범 미주 과학 학회에서 연설한다고 발표했다. 조지 워싱턴 대학교의 교수로서 초청받았지만 참석하고 싶은 생각이 없었다." 중요한 날인 1940년 5월 10일에 있었던 또 다른 사건이 그의 의도를 바꾸어 놓았다. 가짜 전쟁이 갑자기 끝났다. 77개 사단과 3,500대의 항공기를 가지고 독일은 경고도 없이 프랑스를 침입할 준비 과정으로 벨기에, 네덜란드 그리고 룩셈부르크를 침공했다. 텔러는 루스벨트가 이 폭행에 대하여 이야기할 것이라고 생각했다. 전쟁에 일부러 관심을 갖지 않았으므로 텔러는 국회의사당도 방문하지도 않았고 루스벨트의 라디오 방송도 듣지 않았으며 또한 이민온 국가의 정치생활에 관여하지도 않았다. 그러나 지금은 미국의 대통령을 직접 보기를 원했다.

학회에 참석했던 과학자들 중에서 텔러 혼자만이 아인슈타인의 편지에 대하여 알고 있었다. 그는 감정적인 사람이었다. 그래서 대통령을 직접 본다는 것이 개인적으로는 두려운 생각도 들었다. "우리는 만난 적이 없었지만, 나는 그가 나에게 말하는 듯한 감을 느꼈다." 대통령은 독일의 침략은 미국 국민들이 가치 있게 생각하는 문명의 존속에 대한 도전이라고 말했다. "그러고 나서 루스벨트는 무기를 발명했다고 비난받는 과학자들의 역할에 대하여 이야기하기 시작했다. 만일 자유 국가의 과학자들이 그들 국가의 자유를 지키기 위한 무기들을 만들지 않는다면 자유를 잃게 될 것이다." 텔러는 루스벨트가 과학자들이 무엇을 해도 되는가 하는 것을 이야기하는 것이 아니고 "과학자들의 연구 없이는 전쟁으로 세계를 잃게 되기 때문에 군사적인 문제를 해결하기 위하여 우리가 반드시 해야 되는 우리의 의무에 대해 말했다"라고 믿었다.

텔러의 기억은 루스벨트의 연설문과는 다르다. 대통령은 거의 모든 사람들이 '정복, 전쟁 그리고 유혈 살육'을 몹시 싫어한다고 말했다. 그는 진실을 찾는 일은 훌륭한 모험이지만 세계의 어떤 부분에서는 교사들과 학자들에게 이 모험이 허용되어 있지 않은 상태라고 말했다. 그리고 루스벨트는 기분 좋게 미리 전쟁에 관련된 일을 하는 것을 옹호했다.

> 여러 과학자들은 오늘의 괴멸에 대하여 부분적으로 책임이 있다는 말을 들어왔을 것입니다. …… 그러나 나는 책임을 질 사람들은 과학자들이 아니라는 것을 확신합니다. …… 지금까지 일어난 일들은 전혀 다른 목적으로 평화를 위하여 여러분들이 이루어낸 발전을 사용했거나 그리고 사용하고 있는 사람들에 의하여 전적으로 저질러진 것입니다.

"나의 마음은 결정됐다"라고 텔러는 말했다. "그리고 그 후 지금까지 변하지 않았다."

그해 봄에 부시도 유사한 선택을 했다. 수염이 없는 샘 아저씨 같이 생긴 양키 엔지니어는 전쟁이 다가오자 정부 당국과 더 밀접한 관계를 맺기 위하여 MIT의 부총장 자리를 사임하고 카네기 연구소로 옮겼다. 칼 콤프턴은 그를 붙잡아 두기 위하여 MIT 재단의 이사장 자리와 총장 자리를 제안했으나 부시는 더 큰 계획을 갖고 있었다.

MIT와 하버드에서 공동으로 1년만에 공학박사 학위를 받은 부시는 1917년 자장을 이용한 잠수함 탐지기를 개발하는 연구회사에 뛰어들었다. 이 탐지기의 성능은 매우 우수했고 100대를 제작했지만 관료주의적인 혼동 때문에 독일 잠수함에 대하여 사용되지 못했다. "이 경험이 나로 하여금 전시의 무기개발에 있어서 군과 민간인 사이에 적절한 연계가 완전히 결핍되어 있고, 이 결핍이 무엇을 뜻하는지 생각하게 했다"라고 말했다.

카네기 연구소 소장으로 취입한 부시는 폴란드 침공 이후 다가오는 전쟁을 걱정하며 워싱턴에 일단의 과학 행정가들을 불러 모았다. 벨 연구소 소장이며 국가 과학원 원장인 프랭크 주위트(Frank Jewett), 젊은 하버드 총장이며 유명한 화학자 코난(James Bryant

Conant) 그리고 이론가이며 아인슈타인을 초빙하려고 애썼던 캘텍의 톨맨(Richard Tolman) 등이었다.

> 가짜 전쟁 동안이었다. 우리는 곧 치열한 전쟁으로 확산될 것이며 조만간 어떤 방법으로든지 미국이 개입하게 되고 이 전쟁은 고도의 기술전이 될 것이라는 데 의견을 같이 했다. 또한 이런 점에서 우리는 준비가 되어 있지 않고, 기존 군사 연구 체계로는 우리가 필요로 하게 될 것이 확실한 새로운 장비들을 결코 완전하게 만들어내지 못할 것이라고 생각했다.

그들은 이런 일들을 할 수 있는 국가적 조직을 생각했다. 부시가 워싱턴에 알고 있는 사람들이 많으므로 앞장을 섰다. 부시가 원하는 조직은 독립적인 권한을 필요로 했다. 그렇게 하기 위해서는 군을 통하는 대신 대통령에게 직접 보고할 수 있어야 하며 자체 예산을 갖고 있어야 한다. 그는 제안서를 작성했다. 그리고 해리 홉킨스(Harry Hopkins)와 만날 약속을 했다.

정열적인 이상주의자 해리 홉킨스는 아이오와 주의 작은 마을 출신이었다. 대공황이 시작될 때 뉴욕 주의 긴급 구호활동을 관리하는 자리에 있었다. 뉴욕 주지사가 대통령으로 당선되자 홉킨스는 뉴딜 정책을 돕기 위하여 루스벨트를 따라 워싱턴으로 왔다. 그는 거대한 뉴딜 정책을 관리하는 업무를 담당했고 그 뒤 상무성 장관으로 자리를 옮겼다. 그는 뛰어난 업무 능력으로 재능 있는 사람은 어디에서라도 데려다 쓰는 대통령에게 더욱더 가깝게 접근할 수 있었다. 전쟁이 임박한 어느 날, 루스벨트는 홉킨스를 백악관의 저녁 만찬에 초대했고 그를 보좌관으로 임명하여 가장 가까운 자문역을 담당할 수 있도록 했다. 홉킨스는 키가 큰 골초였는데 매우 마른 체격이었다. 그는 위암 수술로 위를 거의 다 절제했으므로 단백질을 거의 흡수하지 못하여 천천히 굶어 죽어가고 있었다. 그의 사무실은 백악관의 지하실에 있었으나, 그는 대통령 집무실로 통하는 복도 끝에 있고 사람들이 많이 모여 혼잡스러운, 링컨의 침실이었던 방에서 일하곤 했다.

부시가 홉킨스를 만났을 때(대통령의 보좌관은 진보적인 민주당원이며 카네기 소장은 허버트 후버를 존경하는 자칭 토리당원이었다) 무엇인가 잘 맞물려 들어가 그들은 서로 같은 이야기를 하고 있다는 것을 알게 됐다. 홉킨스는 발명가 위원회 계획을 갖고 있었다. 부시는 좀 더 광범위한 국방연구 위원회(NDRC) 계획을 가지고 설득했다. "각자는 상대에게 각기 자기 주장을 했다." 부시가 이겼다. 홉킨스는 부시의 계획을 좋아했다.

6월 초 부시는 육군, 해군, 의회, 과학원 등을 방문했다. "6월 12일, 홉킨스와 나는 대통령을 만나러 갔다. 그것은 루스벨트와의 첫 만남이었다.……나는 NDRC 계획을 한 장의 종이 중간에 네 개의 짧은 구절로 요약 설명했다. 방문은 10분 만에 끝났다(홉킨스가 먼저 대통령을 만났음에 틀림없다). 나는 대통령의 재가를 받아 나올 수 있었고 그때부터 일은 돌아가기 시작했다."

NDRC는 즉시 우라늄 위원회를 흡수했다. 그것이 이 조직을 만든 목적 중의 하나였다. 브리그는 조심스럽고 절약하는 사람이었다. 그러나 그의 위원회는 군과 별도인 자금원을 갖고 있지 못했다. 백발의 국가표준국 국장은 계속하여 분열 연구에 대한 책임을 맡았다. 그는 이제 하버드의 강인한 총장이며 소년 같은 외모지만 냉철하고 자제력 있는 제임스 코난에게 보고하여야 된다. 부시는 루스벨트가 새로운 위원회를 승인하자 즉시 그를 참여시켰다.

NDRC는 행정부가 핵분열 연구를 이해하도록 로비했다. 그러나 부시와 코난은 독일 과학의 도전(원자 폭탄의 위협)을 느끼면서도 모자라는 과학 연구 예산을 걱정한 나머지 처음에는 이런 무기의 불가능성을 입증하는 데 더 관심이 많았다. "우리가 할 수 없는 일은 독일도 할 수 없다."

7월 1일, 브리그가 NDRC 이전의 연구를 정리하여 부시에게 보고할 때 14만 달러의 연구비를 요청했다. 단면적 연구와 다른 기본적 물리상수 연구에 4만 달러 그리고 페르미-실라르드의 대규모 우라늄-그라파이트 실험에 10만 달러를 요구했다(군에서는 해군연구소를 통하여 자체 예산 10만 달러를 동위원소 분리 연구에 지원하기로 결정했다). 부시는 브리그에게 4만 달러만 배정했다. 또다시 페르미와 실라르드는 다른 기회를 기다릴 수 밖에 없었다.

처칠은 독일이 덴마크를 침공하자 사임한 체임벌린의 뒤를 이어 내각을 구성해 달라는 조지 6세의 요청을 받아들였다. 그는 수상직을 침착하게 짊어졌으나 우울한 무게를 느꼈다.

영국에서 태어난 영국인들뿐만 아니라 영국이 받아들인 이민 과학자들도 감정의 격동을 느꼈다. 린드만이 1933년 독일로부터 옥스퍼드 대학의 클라렌든 연구소로 초빙해 온 뛰어난 화학자 사이먼(Franz Simon)은 프랑스 전투가 벌어지기 전날 저녁 그의 옛친구 막스 본에게 편지를 보냈다. "이 나라를 위한 투쟁에 나의 온 힘을 사용하게 되기를 열망한다." 비록 아직 그는 깨닫고 있지 못하지만, 사이먼의 기회는 이미 눈 앞에 있었다. 그해 초 파이얼스와 프리슈가 그들의 중요한 보고서가 된 아이디어를 상의하기 시작할 때, 파이얼스는 동위원소의 분리 방법에 대하여 사이먼과 상의했다. 프리슈는 가스 열 확산 방법을 선택했다. 왜냐하면 그것이 가장 간단한 방법으로 보였기 때문이다. 그러나 사이먼은 다른 시스템을 생각하기 시작했다. 과거에 여섯 가지의 접근 방식이 시도됐었다. 동위원소를 분리하지 않고는 마루에 침을 뱉을 수 없다고 사이먼은 농담했다. 문제는 분리된 동위원소를 수집하는 것이다. 그는 대량 생산에 이용될 수 있는 방법을 찾길 원했다. 왜냐하면 1:139의 동위원소 성분비 때문에 우라늄 분리는 거대한 규모로 진행되어야 하기 때문이다(프리슈는 10만 개의 클루시우스관이 필요하다고 생각했다). 프리슈는 다음과 같은 말로 어려움을 표시했다. "그것은 한 의사에게 고생고생 끝에 소량의 신약을 만들게 한 다음 그에게 '자! 이제 우라는 거리를 포장할 수 있는 정도로 충분한 양을 원한다'고 말하는 것과 같다."

사이먼은 가스 열 확산 방법보다는 보통 방법이 동위원소 분리에 가장 적합하다고 판단했다. 가스는 다공질 물질을 통하여 그들의 분자질량에 따라 결정된 속도로 빠져 나온다. 가벼운 가스는 무거운 가스보다 더 빨리 확산된다. 애스턴은 1913년 네온의 동위원소를 분리할 때 이 원리를 사용한 적이 있다. 혼합된 가스를 수천 번 반복하여 유약을 바르지 않은 초벌구이 점토관을 통과시켰다. 두꺼운 점토관은 공장 규모에서 사용하기에는 작동 속도가 너무 느리다. 사이먼은 좀 더 효율적인 방법을 찾았다. 수백만 개의 현미경적인 구멍이 뚫린 금속 박지가 훨씬 빠르게 분리해 낼 수 있을 것이다. 원통을 길이 방향으로 이런 박지로 칸을 나눈 다음에 혼합된 동위원소 가스를 원통의 한쪽에 펌프로 불어 넣으면 가스는 원통의 다른 끝으로 흘러가는 사이에 박지를 통하여 확산된다. 남아 있는 가스에 비하여 금속 박지 장벽을 통하여 확산된 가스는 가벼운 동위원소를 더 많이 포함하고 있다. 6가 불화우라늄(Uranium Hexafluoride,

Hex라고 부름)의 경우 이상적인 조건에서 농축도는 1.0043이 된다. 그러나 충분한 반복과정을 거치면 어떤 농축도라도 얻을 수 있어 거의 100퍼센트까지 가능할 것이다.

즉각적인 문제는 장벽으로 사용할 소재였다. 구멍이 작으면 작을수록 분리장치는 더 높은 압력에 견딜 수 있고 따라서 장비의 크기는 더 작아진다. 그리고 어떤 물질이든지 간에 헥스에 의한 부식을 견디어 낼 수 있어야 한다. 그렇지 않으면 가스가 현미경적인 구멍을 막아 버리게 된다.

6월 어느 날 아침, 영감이 떠오른 사이먼은 부엌에서 찾아낸 철사로 만든 음식 찌꺼기를 거르는 망을 망치로 두드렸다. 그는 이것을 클래런던 연구소로 가지고 가서 그의 헝가리인 조수 쿠르티(Nicholas Kurti)와 아이다호 주에서 온 암스(H. S. Arms)를 불렀다. 사이먼은 거르개를 들고 "암스, 쿠르티! 이제 우리는 동위원소를 분리할 수 있다고 생각하네!"라고 큰소리로 말했다. 그는 본보기로 거르개를 망치로 두드려 작은 구멍 사이의 틈을 좁혔다. "우리가 맨 처음 사용한 것은 매우 고운 구리철망으로 1인치에 수백 개의 구멍이 뚫려있는 것이었다"고 사이먼이 설명했다. 조수들이 망치질을 하여 구멍을 더 작게 만들었다. 그들은 구리막을 수증기와 탄산가스의 혼합물을 사용하여 시험했다. 여름에서 가을까지 장비 설계에 필요한 소재, 구멍의 크기, 압력 그리고 다른 기본변수들을 연구했다.

6월 말경 G.P. 톰슨은 그의 위원회의 활동을 위장하기 위하여 새로운 이름 MAUD를 사용하기 시작했다. 이것은 머리글자를 따서 만든 합성어 같이 보이지만 사실은 그렇지 않다. 마이트너가 영국 친구에게 보낸 전보에 알 수 없는 단어가 섞여 있었다.

'MET NIELS AND MARGRETHE RECENTLY BOTH WELL BUT UNHAPPY ABOUT EVENTS PLEASE INFORM COCKCROFT AND MAUD RAY KENT.' (최근에 보어와 그의 부인 마가레스를 만났음. 둘 다 건강하지만 사건들 때문에 행복하지 않음. 코크로프트와 켄트에 있는 마우드 레이에게 전해주기 바람).

마이트너의 친구가 전보를 코크로프트에게 전달했고 코크로프트는 채드윅에게 Maud Ray Kent는 '라듐을 빼앗김'이라는 뜻의 글자 암호라고 했다. 이것은 독일이 모든 라듐을 수집하고 있다는 다른 정보와 일치했다. 톰슨은 코크로프트의 글자 수수께끼의 첫 단어를 따서 위원회의 위장명으로 했다. 위원회 회원들은 1943년까지도 마우드 레이가 보어의 아들에게 영어를 가르치던 가정교사였다는 것을 몰랐다. 그녀는 영국 켄트 시에 살고 있었다.

1940년 12월, 옥스퍼드에서 이제는 공식적으로 MAUD 위원회를 위하여 일하고 있는 사이먼이 미래의 우라늄폭탄 개발에 프리슈와 파이얼스의 보고서만큼이나 중요한 보고서 「분리공장의 규모 추산」을 작성했다. 이 보고서의 목적은 1일 1kg의 우라늄235를 분리해 내는 공장의 규모와 건설비용에 관한 데이터를 제공하는 것이었다. 사이먼은 공장건설비를 약 500만 파운드로 판단했고 기타 세부 소요사항을 자세히 기술했다.

사이먼은 결코 우편을 신뢰하지 않았다. 특히 공습 중에는 더욱 믿을 수가 없었다. 그는 옥스퍼드에서 런던까지 왕복할 수 있는 배급 휘발유를 모은 다음, 반년에 걸쳐 힘들게 작성된 보고서를 G. P. 톰슨에게 직접 전달하기 위하여 크리스마스 직전에 차를 몰았다. 그는 전력으로 이 나라를 위해 투쟁하고 있었다.

독일은 코크로프트가 생각했던 것처럼 라듐을 수집하고 있었는지도 모르지만 산업용 우라늄의 재고를 갖고 있었던 것은 확실하다. 1940년 6월, 아우어 사는 독일의 점령지에 속해 있는 벨기에의 유니언 광산회사에 정제된 산화우라늄 6톤을 주문했다. 하르텍은 함부르크에서 산화우라늄과 드라이아이스(탄산가스 얼음)를 사용하여 중성자의 증식을 측정하기 위하여 하이젠베르크에게 우라늄을 빌려줄 것을 요청했으나 거절당했다. 하이젠베르크는 더 큰 계획을 갖고 있었다. 그는 바이츠재커와 같이 연구하기로 했다. 7월에 그들은 카이저 빌헬름 연구소의 생물학과 세균연구소의 운동장에 목조실험실 건물을 지었다. 호기심이 많은 사람들을 물리치기 위하여 그들은 이 실험실을 바이러스 하우스라고 불렀다. 그들은 임계상태에 도달하지 않는 우라늄 연소기를 만들 생각이었다.

독일은 세계의 유일한 중수공장과 벨기에 및 벨기에령 콩고에서 확보한 수천톤의 우라늄 광석을 갖고 있었다. 그들은 최고의 화학공장과 유능한 물리학자들, 화학자와 엔지니어들을 갖고 있었다. 독일은 핵의 상수를 측정할 사이클로트론만 갖고 있지 못했다. 프랑스가 무너지고, 6월 14일 파리를 점령하고 6월 22일 휴전이 조인되자 이 필요가 충족됐다. 독일 육군성의 핵물리학 전문가 쿠르트 디프너가 파리로 달려갔다. 페랭, 할반 그리고 코왈스키는 중수가 들어 있는 26개의 깡통을 가지고 영국으로 도망갔다. 졸리오는 프랑스에 남아 있었다(이 노벨상 수상자는 가장 큰 레지스탕스 조직의 운영위원회 의장이 됐다).

점령 후 졸리오가 연구실로 돌아오자 독일 장교들은 장시간 그를 심문했다. 하이델베르크에서 온 통역은 졸리오가 1933년 인공 방사능을 발견할 때 가이거 카운터의 작동상태를 점검해 주었던 볼프강 겐트너였다. 겐트너는 어느 날 저녁 학생 카페에서 졸리오와 비밀리에 만나 그가 제작하고 있던 사이클로트론이 압수되어 독일로 이송될 것이라고 경고해 주었다. 그런 불법행위를 허용하는 대신 졸리오는 타협안을 내놓았다. 사이클로트론을 그대로 라듐 연구소에 두는 대신에 독일 물리학자들이 순수한 과학실험을 위하여 그것을 사용하도록 개방하며, 졸리오는 연구소 소장으로서 직무를 계속한다는 것이다.

바이러스 하우스는 10월에 완성됐다. 실험실 옆에 특별히 2m 깊이의 웅덩이를 파고 벽돌로 내벽을 쌓아 올렸다. 중성자의 증식을 실험했던 페르미의 물탱크의 또 다른 형태이다. 12월에 하이젠베르크와 바이츠재커의 첫 번째 실험이 준비됐다. 중성자의 반사 및 방사능 차폐 역할을 하는 물을 웅덩이에 붓고 산화우라늄과 파라핀이 층층이 들어 있는 커다란 알루미늄 통을 물 속에 집어 넣었다. 라듐-베릴륨 중성자원은 알루미늄 통 가운데에 넣어 두었다. 그러나 독일 물리학자들은 중성자의 증식을 전혀 측정할 수 없었다. 이 실험은 페르미와 실라르드가 이미 보여준 결과를 재확인했다. 보통의 수소는 물 또는 파라핀의 형태로 존재하므로 자연우라늄의 연쇄 반응을 지속시키기에는 적합치 않다.

바이러스 하우스의 실험 결과로 독일 물리학자들이 감속재로 사용할 수 있는 소재로 그라파이트와 중수만 남게 됐다. 1월에 잘못 측정된 실험결과로 인해 이 숫자는 다시 하나로 줄어들었다. 하이델베르크에 있는 발터 보테는 뛰어난 실험 물리학자로 뒤에 막스 본과 같이 노벨 물리학상을 수상하게 된다. 그가 그라파이트의 중성자 흡수단면적을 측정한 결과, $6.4 \times 10^{-27} cm^2$(페르미의 측정치의 2배)로서 보통의 물과 같이 중성자를 너무 많이 흡수해 버릴 것이라는 결과를 얻었다. 할반과 코왈스키는 케임브리지에서 연구하며 MAUD 위원회와 연락했다. 이들도 그라파이트의 흡수 단면적을 측정했으나 역시 큰 값을 얻었다. 아마 이 두 실험에 사용된 그라파이트는 중성자를 흡수하는 보론 따위의 불순물이 많이 포함됐던 것 같다. 할반 팀은 그들의 결과를 페르미의 실험 결과와 비교해 볼 수 있었으나, 보테는 이런 비교 검토를 할 수 없었다.

지난 가을, 실라르드는 페르미와 또 다른 비밀 문제로 충돌했다.

> 페르미가 그의 탄소 흡수단면적 측정을 끝내자, 비밀에 부치는 문제가 또다시 거론됐다. 나는 그의 사무실에 가서 이제 측정치를 얻었으니 이것을 공개하지 말아야 한다고 말했다. 그런데 이번에는 페르미가 정말로 화를 냈다. 그는 이것이 정말로 바보 같은 짓이라고 생각했다. 내가 더 이상 이야기할 것이 없었다. 그러나 다음 번에 그의 사무실에 들렀을 때 그는 페그램이 자기를 만나러와서 이 결과는 발표하지 않아야 된다고 말했다고 했다. 이때부터 비밀 유지가 계속됐다.

독일 연구자들이 값싸고 효과적인 감속재를 사용하는 것을 겨우 막을 수 있었다. 보테의 측정은 독일의 그라파이트 실험에 종지부를 찍게 했다. 기록상으로는 보테가 일부러 높은 측정치를 발표했다는 증거가 없지만, 막스 플랑크의 제자 발터 보테를 주목할 만하다. 그는 1933년 반나치주의자라는 이유로 하이델베르크 대학교의 물리학 연구소장 자리에서 쫓겨났다. 이 짜증나게 하는 싸움이 그의 건강을 악화시켜 그는 휴양소에서 장기간 요양했다. 건강을 회복하자 플랑크는 그를 카이저 빌헬름 재단의 하이델베르크 물리학 연구소에서 일하게 해주었다. 그러나 나치는 계속해서 그를 괴롭혔으며 과학연구 결과를 속인다고 비난했다.

거의 같은 시기에(1941년 초) 하르텍은 함부르크에서 프리슈가 최근에 리버풀에서 발견한 똑같은 사실을 알게 됐다. 프리슈는 채드윅과 같이 일하기 위하여 영국의 북서쪽에 있는 항구도시로 이사했다. 그는 학생 조수와 같이 클루시우스 관을 제작했다. 그들은 너무 열심히 일하여 '프리슈와 아이들'이라는 별명을 얻었다. 프리슈와 아이들은 헥스 가스가 클루시우스 방법으로는 거의 분리되지 않는다는 사실을 알게 됐다. 그러나 이것이 영국의 동위원소 분리연구를 원점으로 되돌아가게 한 것은 아니었다. 이미 사이먼이 가스장벽 확산 방법을 열심히 연구하고 있었다. 그러나 독일 사람들은 열 확산 방법을 신뢰하고 있었기 때문에 다른 방법은 개발할 생각조차 하지 않았다. 그들도 열 확산 방법이 가망이 없다는 것을 알게 되자 몇 가지 다른 방법을 찾기 시작했으며 우연의 일치로 장벽 확산 방법이 그 중의 한 가지였다. 분리 문제를 재검토하자 우라늄 235와 우라늄 238은 비용이 많이 드는 강압적 방법이 아니면 분리될 수 없다는 것이 더욱 명백해졌다.

하르텍이 그의 동료들과 상의한 후 1941년 3월 육군성에 보고할 때, 그는 동위원소의 분리는 비용을 따질 수 없는 특별한 용도를 위해서 필요하다는 점을 강조했다. 독일 물리학자들의 특별 용도는 그들의 연구목록에 2위로 올라있었다. 그들은 가장 시급한 일이 중수의 생산이라고 했다. 페르미나 실라르드처럼 그들도 처음에 자연 우라늄의 저속 중성자에 의한 연쇄 반응을 선택했다. 이 일을 성공시키고 나서 특별용도에 대한 연구가 뒤따를 것이다. 누구도 알고 있는 것 이상은 알지 못하므로, 그들은 어떤 것을 선택할 수도 없었다.

1940년 10월, 스즈키 중령은 야수다 중장에게 핵개발에 관한 보고서를 제출했다. 그는 그의 보고서를 기본적인 문제에만 한정시켰다. 즉, 사용 가능한 우라늄 광석에 대한 보고였다. 그는 일본, 조선 그리고 버마 등지를 조사하고 충분한 우라늄광이 있다고 결론지었다. 그러므로 폭탄은 가능한 것이다.

야수다는 일본의 이화학 연구소와 접촉하여 일본의 물리학 권위자 니시나 요시오와 협의했다. 니시나는 명치시대 말기에 태어나 1940년에 50세였으며 콤프턴 효과에 대한 이론연구로 알려져 있었다. 그는 코펜하겐에서 보어와 같이 공부했으며 그곳에서 세계주의자이며 보통이 아닌 특별한 사람으로 기억되고 있었다. 그는 버클리에서 훈련 받은 조수의 도움을 받으며 작은 사이클로트론을 제작하고 있었다. 로렌스가 사이클로트론의 설계도를 제공해 주었다. 100명 이상의 젊고 우수한 일본의 물리학자들이 이화학 연구소에서 일하고 있었다. 니시나는 그들에게는 오야붕(Old man)이었고 연구실을 서양식으로 운영했다.

니시나는 12월부터 중성자의 핵반응 단면적을 측정하기 시작했다. 1941년 4월, 공식적인 명령이 떨어졌다. 제국 육군의 항공대는 원자 폭탄의 개발을 위한 연구를 승인했다.

실라르드는 미국의 물리학계에서 분열 연구의 비밀을 주장하는 선도적인 주창자로 널리 알려졌다. 1940년 5월 하순, 그의 우편함에 프린스턴의 물리학자 터너(Louis A. Turner)가 보낸 우편물이 배달됐다. 터너는 편지와 함께 《*Physical Review*》의 편집자에게 보낸 편지의 사본을 동봉했다. 제목은 「우라늄 238로부터의 원자 에너지」이었으며 그는 이것을 출판해도 무방한지 알고 싶어했다. "그것은 아직도 불확실한 추측이기 때문에 발표를 하여도 무방할 것 같아 보이지만, 그러나 다른 사람이 판단하는 것이 좋을 것 같다…….” 라고 편지에 썼다.

터너는 지난 1월호 《*Physical Review*》에 한과 슈트라스만이 1년 전에 발표한 이후 나온 논문 100편을 인용하여 29페이지에 달하는 핵분열에 관한 검토논문을 발표했다. 이 논문들의 숫자는 핵분열 현상의 발견이 물리학에 미친 영향과 얼마나 많은 물리학자들이 그후 그것을 연구하러 몰려들었는지를 보여주는 것이다. 터너는 또한 최근의 니어와 컬럼비아의 우라늄 235의 저속 중성자에 의한 분열을 확인하는 보고서에 대하여도 알고 있었다(그는 그것을 놓칠 수가 없었다. 뉴욕 타임스와 다른 신문들이 대대적으로 그것을 보도했기 때문이다). 그는 또한 최근의 동위원소 분리에 대한 많은 보도를 보면 분열 연구의 비밀을 지키기 위한 방향을 제시해 주는 원칙이 무엇인지 이해하기 어렵다고 했다. 검토논문을 쓰기 위해 많은 논문을 읽었고 또한 컬럼비아의 실험 결과는 그에게 더 많은 생각을 하게 했다. 이 결과가 물리학 평론지에 보낸 편지로 요약됐다.

저속 중성자 분열은 우라늄 235에 의한 것이며——편지에 지적했다——우라늄 중 140분의 1만이 우라늄235이므로 “만일 저속 중성자가 사용된다면 우라늄의 140분의 1만이 원자 에너지원이라고 결론지을 수 있다. 우라늄 238의 분열에너지를 직접 얻어낼 수 없다면 간접적으로 방출시키는 방법을 생각해 낼 수도 있을 것이다.”

터너는 우라늄을 중성자로 포격시켜 그 일부를 초우라늄으로 변환시키는 가능성에 대하여 말하고 있는 것이다. 우라늄 238의 원자가 중성자를 한 개 포획하면 우라늄 239가 된다. 이 물질은 그 자체로 분열할지도 모른다고 터너가 제안한 것이다. 그러나 우라늄 239가 분열하든 안하든 이것은 에너지 관점에서 보면 불안정하므로 아마도 베타 붕괴에 의하여 전자를 방출하고 우라늄보다 더 무거운 원소로 변환될 것이다. 그리고 한 가지 또는 그 이상의 이런 새로운 원소가 저속 중성자에 의하여 분열될 수 있다면 이것이 바로 우라늄 238을 간접적으로 분열시키는 결과가 될 것이다.

주기율표에서 우라늄 다음 원소는 원자 번호 93번이다. 터너는 분열가능한 후보자로 ${}_{93}X^{239}$를 선정한 것이 아니라 이것이 붕괴하여 생기는 ${}_{94}X^{239}$이라고 생각했다. 그는 ${}_{94}X^{239}$를 '에카-오스뮴* Eka-Osmium' 이라고 불렀다. 그리고 ${}_{94}\mathrm{Eka\,Os}^{239}$가 중성자를 한 개 흡수하면 중성자의 수는 기수에서 우수로 변한다. 마치 우라늄 235가 우라늄 236으로 변하는 경우와 같다(239 핵입자 − 94 양자 = 145 중성자, 145 + 1 = 146 중성자). 그러므로 가벼운 동위원소보다도 더 쉽게 분열할 수 있다. "${}_{94}\mathrm{Eka\,Os}^{239}$은 ……${}_{92}$우라늄 236보다도 더 큰 과잉 에너지를 갖고 있으므로 더 큰 분열 단면적을 예상할 수 있다"라고 말했다.

터너가 이런 이론을 생각하고 있는 동안에, 두 명의 버클리 연구원 맥밀런(Edwin M. McMillan)과 에이블슨(Philip M. Abelson)이 각각 독립적으로 이런 원소를 찾고 있었다. 맥밀런은 마르고 주근깨가 많은 캘리포니아 태생 실험학자였다. 1930년대에 로렌스의 사이클로트론이 견실하게 작동하여 믿을 수 있는 결과를 내도록 하는 데 가장 큰 공헌을 했다. 그후 1939년 1월, 핵 분열현상의 발견 소식이 버클리에 전해지자 이 현상을 조사하기 위한 간단한 실험장치를 고

---

* 보어는 오래전에 초우라늄 원소가 존재하리라고 예측했다. 그리고 존재한다면, 화학적 성질은 우라늄과 비슷할 것이다. 학자들은 초우라늄 원소가 주기율표에서 레늄과 오스뮴으로부터 시작하여 백금과 금을 포함하는 일련의 금속들과 화학적으로 유사할 것이라고 생각해 왔다. 〈Eka〉는 〈~을 넘어서〉라는 뜻으로 옛날에 단어 앞에 붙이는 전치사이다.

안했다. “우라늄의 핵이 중성자를 흡수하여 분열이 일어나게 되면 두 개의 파편이 격렬하게 튕겨져 나온다. 이들과 다른 물질들이 공기 중에서 약간의 거리를 비행하게 된다. 이 거리를 레인지(Range)라고 부르며 물리학자들이 관심을 갖는 양이다. 그래서 나는 이것을 측정하기로 했다.” 그는 얇은 알루미늄 박지를 책같이 만들어 산화우라늄으로 코팅된 여과지의 바로 뒤에 겹쳐서 놓았다. 분열 파편들 중 어느 것은 알루미늄 박지를 뚫고 들어가 정지하게 된다. 이들이 통과한 거리는 질량에 따라 다르다. 맥밀런은 박지와 이온 상자를 이용하여 분열생성물의 특성적인 반감기들을 조사했다(우라늄 핵은 여러 갈래로 쪼개져 수많은 종류의 가벼운 원자핵들을 만들어 낸다).

그러나 알루미늄 자체가 중성자에 의하여 반응하므로 반감기 측정을 매우 어렵게 했다. 그래서 맥밀런은 담배 종이를 광물질 성분을 제거하기 위하여 약산으로 처리한 후 박지 대신 사용했다. “별로 흥미 있는 분열 파편이 발견되지 않았다.” 반면 필터지에 입힌 우라늄 코팅에서 매우 흥미 있는 것이 발견됐다. 그것은 깨져서 도망가 버린 분열 파편과는 다른 두 가지 반감기를 보여주었다. 우라늄 속에 남아 있는 것이 무엇이든지 간에 튕겨나가지 않았으므로 두 가지 다른 반감기를 보이는 것은 분열에 의한 생성물은 아닌 것 같다. 그들은 중성자를 포획한 우라늄에서 생긴 방사능 활동일 것이다. 맥밀런은 반감기가 23분인 것은 한, 마이트너 그리고 슈트라스만이 1930년대에 발견한 중성자 공명포획에 의하여 만들어진 우라늄 동위원소 우라늄 239일 것이라고 생각했다. 나머지 한 가지는 반감기가 2일이었다. 그의 보고서에서는 이 두 번째 활동이 무엇이라고는 추측하지 않았지만, 그는 개인적으로 반감기 2일은 우라늄 239의 베타 붕괴에 기인하는 것이며 초우라늄 원소 93의 동위원소라고 생각했다. 이것이 가장 이치에 맞는 설명이었다.

이 설명이 맞는지 틀리는지 확인하기 위해서는 이 물질의 화학적 규명이 필요했다. 그는 원소 93은 화학적으로 원소75인 금속 레늄(주기율표에서 오스뮴 다음에 있는 원소)과 유사할 것이라고 생각했다. 옛날 용어로는 '에카-레늄'이다. 그는 좀 더 큰 우라늄 샘플을 중성자로 포격하는 실험을 계속 하면서, 지금은 버클리에서 연구원으로 일하고 있는 세그레의 도움을 요청했다. 세그레는 그의 공동연구자들과 레늄에 대하여 연구하던 중 지금은 테크네튬이라고 부르는 원소를 1937년에 발견했다. 그는 레늄의 화학적 성질에 대하여 잘 알고 있었다. 세그레는 포격된 우라늄의 화학분석을 시작했고, 한편으로 맥밀런은 반감기를 좀 더 정밀하게 측정하여 2.3일의 값을 얻었다. "세그레는 반감기가 2.3일인 물질이 레늄과 같은 성질은 하나도 갖고 있지 않고, 실제적으로는 희토류와 같은 성질을 가졌음을 보여주었다"라고 맥밀런은 말했다. 희토류 원소 57(Lanthanum)에서 71(Lutetium)까지는 바륨과 하프늄 사이에서 화학적으로 밀접하게 관계되어 있는 계열을 이루고 있다. 이들은 흔히 우라늄 분열 파편 속에서 발견되곤 했다. 세그레가 2.3일 활동이 예상과는 달리 레늄과 같은 성질을 갖지 않고 희토류 계열과 같은 성질을 가졌다는 것을 알아내자, 맥밀런은 분열 파편의 하나라고 생각했다. 세그레는 그의 연구를 「성공하지 못한 초우라늄 원소 찾기」라는 논문으로 발표했다.

맥밀런은 여기에서 이 문제를 끝내버릴 수도 있었으나, 반감기가 2.3일인 물질이 우라늄에서 튕겨져 나가지 않았다는 사실이 두고두고 그의 뇌리에 남았다. "시간이 지남에 따라 분열 과정에 대한 이해가 진전되자, 분열 파편 중의 하나가 다른 것과는 전혀 다르게 행동한다는 것을 믿기가 점점 더 어려워졌다. 그래서 나는 1940년 초에 이 문제에 다시 복귀했다."

그는 60인치 사이클로트론을 사용하여 2.3일 반감기 활동을 더 자세히 연구하기 시작했다. 그는 화학적으로도 연구하여 그것이 희토류와는 다르게, 용액에서 부분결정화되지 않는 경우도 있다는 중요한 사실을 관측했다.

"1940년 봄이 됐다. 에이블슨 박사가 휴가차 버클리를 방문했다." 에이블슨은 젊은 실험물리학자로 루이스 앨버레즈가 핵분열 발견소식을 듣고 이발을 하다 말고 뛰어가 알려주었던 학생이었다. 그는 버클리에서 박사학위를 받고 DTM의 멀 튜브 밑에서 일하고 있었다. 맥밀런의 생각과 같이 그도 2.3일 활동이 단지 또 다른 희토류 분열파편이라는 결론을 의심했다. 그는 물리학자였지만 학부에서는 화학을 공부하여 워싱턴 주립대학에서 학사 학위를 받았다. 그는 4월에 시간을 내어 화학분석 작업을 시작했다. 그러나 그는 DTM에서 만들 수 있는 것보다 더 큰 시료가 필요했다. "그가 휴가차 도착하자 우리의 상호 간의 흥미와 관심이 같다는 것을 서로 알게 됐으므로 우리는 같이 일하기로 했다." 맥밀런은 시편을 준비하고 에이블슨은 화학분석을 시작했다.

"하루 만에 나는 그것의 화학적 성질이 지금까지 알려진 어떤 원소와도 다르다는 것을 알아냈다. 그것은 우라늄과 같은 성질을 갖고 있었다"라고 에이블슨은 회고했다. 명백히 초우라늄은 레늄과 오스뮴 같은 금속은 아니었다. 우라늄과 비슷한 희토류 같은 원소들의 새로운 계열의 일부였다. 그들이 초우라늄 원소를 발견했다는 확증을 얻기 위하여 두 사람은 23분 우라늄 239의 활동이 강한 순수한 우라늄 샘플을 분리하여 반감기를 측정했다. 2.3일 활동이 증가하면 23분 활동이 감소한다는 것을 보여주었다. 만일 2.3일 활동이 다른 원소들과는 화학적으로 다르며 우라늄 239의 분리로 만들어졌다면 그것은 원소 93번임에 틀림없다. 맥밀런과 에이블슨은 보고서를 작성했다. 맥밀런은 새로운 원소의 이름을 이미 생각해 두었다. 천왕성 다음 행성의 이름을 따서 넵투늄(Neptunium)이라고 했었으나 보고서에는 포함시키지 않았다. 그들은 1940년 5월 27일 보고서 「방사능 원소 93」을 《*Physical Review*》에 우송했다. 같은 날 루이스 터너는 그의 초우라늄 이론을 실라르드에게 우송했다. 과학에서는 기대와 발견이 이렇게 근접하는 수도 있다.

추측컨대 실라르드는 터너에게 답장을 보냈던 5월 30일, 버클리 연구에 대해서는 모르고 있었다. 그는 버클리 실험에 대하여 언급하지 않았지만 터너의 논리에 동의했다. "그것은 결국에는 매우 중요한 공헌으로 판명될 것입니다." 그러고는 비밀로 할 것을 당부했다.

실라르드는 터너가 본 것 이상의 것을 내다보고 있었다. 그는 우라늄에서 생성된 분열물질을 화학적으로 분리할 수 있을 것이라는 생각을 했다. 비교적 쉽고 그리고 값싼 화학적 분리과정이 굉장히 어렵고 비용이 많이 드는 우라늄 동위원소의 물리적 분리과정을 대신하여 폭탄에 이르는 길을 열어줄 것이다. 그러나 불안정한 원소 93(넵투늄)이 아직 분열 가능한 원소인지도 알려지지 않았고, 실라르드는 임계 질량을 얻기 위하여 얼마만큼의 순수 분열물질이 필요한지도 모르고 있었다(터너만 그 생각을 했던 것은 아니었다. 폰 바이츠재커가 7월 어느 날, 《*Physical Review*》 6월호가 맥밀런-에이블슨의 소식을 전해주기 전에 베를린에서 지하철을 타고 가다가 똑같은 생각을 하게 됐다. 비록 원소 93이 폭탄에 사용될 수 있다는 것은 가정에 지나지 않았지만 그는 다섯 페이지짜리 보고서에 그의 아이디어를 정리하여 독일 육군성에 제출했다. 캐번디시의 영국팀들도 같은 아이디어를 1941년 초 MAUD 위원회에 제출했다. 그러나 독일인들은 새로운 원소를 만들어낼 우라늄 연소기(원자로)에는 중수만이 사용될 수 있다고 생각했고, 영국인들은 동위원소 분리를 낙관적으로 생각하고 있었다. 그러므로 영국과 독일은 터너의 접근방식을 추구하지 않았다).

에이블슨이 워싱턴으로 돌아간 뒤에도 맥밀런은 혼자 계속 연구했다. 불안정한 넵투늄은 2.3일 반감기로 베타(전자)를 방출하고 붕괴했다. 그는 넵투늄이 원소 94로 변환될지도 모른다고 생각했다. 자연적으로 알파 입자를 방출하는 우라늄처럼 원소 94도 알파 입자를 방출해야 된다. 그러므로 맥밀런은 우라늄과 넵투늄이 혼합된 샘플에서 우라늄이 방출하는 알파의 레인지와는 다른 도달거리를 갖는 알파 입자를 찾기 시작했다. 가을에 그런 알파 입자를 찾아냈다. 그는 그 알파 입자를 화학적으로 분리하여 프로토악티늄, 우라늄 또는 넵투늄에서 방출되지 않았다는 것을 밝혀냈다. 그는 이렇게 가까이 접근해 있었다.

미국의 과학은 영국의 호소에 의하여 마침내 전쟁을 위한 준비를 시작했다. 처칠은 1940년 늦은 여름 헨리 티저드를 파견했다. 전문가로 구성된 대표단은 검은 에나멜을 칠한 트렁크에 군사비밀을 가득 넣고 미국을 방문했다. 이 트렁크가 블랙박스의 효시가 됐다. 견본품 중에는 버밍엄의 마크 올리펀트의 실험실에서 개발된 마그네트론도 들어있었다. 존 코크로프트, 미래의 노벨상 수상자는 고출력 고주파 발생장치를 설명하기 위하여 같이 왔다. 미국인들은 이런 것들을 처음 보았다. 코크로프트는 10월 어느 주말, 로렌스와 물리학자를 후원하는 백만장자 루미스(Alfred Loomis)의 뉴욕 교외 사설연구실에서 만났다. 이 모임에서 MIT에 설치될 새로운 국방연구위원회(NRDC)의 연구소의 기본골격이 토의됐다. 연구 내용을 비밀로 하기 위하여 명칭을 방사선 연구소라고 지었다. 루미스는 로렌스에게 새로운 연구소를 맡아줄 것을 부탁했다. 로렌스는 새로운 184인치 사이클로트론의 설계와 기금을 모으기 위하여 버클리에 남아있기를 원하면서 대신 그가 데리고 있던 우수한 사람들을 케임브리지로 보내주겠다고 약속했다. 그는 맥밀런을 설득했다. "나는 국방을 위한 레이더 개발에 참여하기 위하여 1940년 11월 버클리를 떠났다." 로렌스와 맥밀런의 우선 순위는 1940년 말 미국 과학계의 우선 순위를 보여주는 것이다. 아직 전쟁에 직접적으로 가담하고 있지 않았던 당시 상황에서는 사이클로트론과 방공용 레이더가 슈퍼폭탄보다 우선했다. 리버풀에 있는 제임스 채드윅은 원소 93에 관한 맥밀런-에이블슨의 논문발표에 대하여 그답지 않게 몹시 화를 냈다. 채드윅의 요청에 의하여 주미 영국 대사관은 무관을 버클리에 파견하여 1939년 노벨상 수상자 로렌스에게 위험한 시기에 독일에게 비밀을 나누어 준 것에 대하여 항의했다.

세그레는 1940년 말 퍼듀 대학과 접촉하기 위하여 인디애나에 갔으나 버클리에 남아 있고 싶었다. "나는 이런 연구를 다른 어떤 곳에서는 할 수도 없었었다"라고 세그레는 말했다. 그는 동쪽으로 계속 여행하여 레오니아에 있는 페르미 가족을 방문했다. 터너와는 아무 관련 없이 세그레와 페르미는 원소 94에 대하여 생각해 왔다. "우리는 얼어붙은 날씨 속에서 허드슨 강을 따라 오래 걸었다. 우리는 원소94가 저속 중성자에 의하여 분열할지도 모른다는 가능성에 대하여 이야기했다. 만일 이것이 사실이라면 이것은 우라늄 235 대신 원자 폭탄에 사용될 수 있을 것이다. 더구나 보통 우라늄을 사용하는 원자로를 이용하여 이 새로운 원소를 만들어 낼 수 있을 것이다. 이것은 핵폭탄 개발에 전적으로 새로운 전망을 가져왔다. 당시에는 정말로 어려운 일이라고 생각되던 우라늄 동위원소의 분리도 필요 없게 된다."

로렌스도 뉴욕을 방문하고 있었다. "페르미, 로렌스, 페그램 그리고 내가 페그램의 사무실에서 만나 충분한 양의 원소 94를 만들어 낼 수 있도록 사이클로트론으로 우라늄을 포격하는 계획을 세웠다." 크리스마스가 지난 뒤 세그레는 버클리로 돌아갔다.

젊은 화학자 글렌 시보그(Glenn T. Seaborg)가 이미 원소 94를 규명하고 분리하는 연구를 시작하고 있었다. 미시간에서 스웨덴계 미국인 부모에게서 태어나 로스앤젤레스에서 자랐고, 25세 때인 1937년 버클리에서 화학박사 학위를 받았다. 그는 특히 키가 컸고, 깡말랐지만 타고난 재주를 갖고 있었다. 오토 한이 1933년 코넬에서 했던 응용방사 화학 강의 내용이 책으로 출판됐는데, 이 책이 대학원 시절 그의 안내자였으며, 방사화학은 그의 열정이었다. 그는 1939년 1월, 분열소식을 듣고 자신이 발견 기회를 놓친 것을 분해하며 그날 밤 여러 시간 거리를 걸어다녔다.

8월 말, 그는 넵투늄을 만들어내기 위해 우라늄 샘플을 포격하고 그의 2년차 대학원생 중 한 명인 아서 왈(Arthar C. Wahl)에게 그것의 화학적 성질을 연구하도록 했다. 원소 94의 탐색에 또 다른 협력자는 조지프 케네디(Joseph W. Kennedy)였다. 시보그와 마찬가지로 그는 버클리 화학강사였다. 11월까지 고순도 샘플을 분리해 내는 테크닉을 찾아내기 위하여 4차례의 실험을 반복했다. 그러고는 시보그는 MIT에 있는 맥밀런에게 편지를 썼다. "나는 이제 그(맥밀런)가 버클리를 떠남으로 해서 넵투늄을 연구하고 원소 94를 찾는 일을 계속 할 수 없게 됐지만, 그가 없는 동안에 우리가 협력자로서 이 일을 계속할 수 있다면 기쁘겠다고 말했다." 맥밀런은 12월 중순경에 동의해 주었다. 세그레가 버클리에 돌아왔을 때에는 시보그는 포격된 샘플로부터 상당한 양의 물질을 분리해 냈다. 우라늄, 분열 생성물, 정제된 넵투늄 그리고 원소 94를 포함하고 있을 가능성이 높은 희토류 소량 등이었다. 이와 같이 두 가지 연구가 동시에 진행됐다. 시보그 팀은 강력한 알파 입자를 방출하는 것으로 판명된 것이 지금까지 알려진 모든 원소들과는 다른 동위원소 94라는 것을 실증할 수 있기를 희망했다. 동시에 세그레와 시보그는 상당량의 넵투늄 239를 얻어낸 후 그것이 붕괴한 뒤 남는 것을 찾아내고 그 물질의 분열 가능성을 확인하고자 했다.

세그레와 시보그는 1월 9일 고체 우라늄 복합물 UNH(Uranyl Nitrate Hexahydrate) 10그램을 6시간 동안 60인치 사이클로트론으로 포격했다. 그들은 추가로 5그램을 다음날 아침 1시간 동안 포격했다. 오후에 이온 상자로 측정해 본 결과 사이클로트론 포격으로 원소94를 만들어 낼 수 있다는 것을 알게 됐다. 1kg의 UNH를 중성자로 조사한 후 넵투늄이 붕괴하고 난 뒤에 약 0.6마이크로그램의 원소94를 얻을 수 있다는 계산 결과가 나왔다.

시보그 팀은 1월 20일 알파 입자를 방출하는 넵투륨 238의 붕괴물을 확인해 냈다. 그것이 원소 94라는 확증을 얻기 위해서는 화학적으로 분리해 내야 한다. 섬세하고도 지루한 작업이 2월 내내 계속됐다. 다른 모든 사람들이 한밤이 지나도록 어려운 부분결정 방법에 매달려 있던 어떤 주 초에 중요하고 획기적인 진전이 이루어졌다. 2월 23일 일요일 오후, 왈은 토륨을 체전체로 사용하여 용액으로부터 알파 입자를 방출하는 물질을 뽑아 낼 수 있다는 것을 발견했다. 그러나 이 물질을 토륨과 분리할 수는 없었다. 그는 버클리의 화학교수에게 이 문제를 상의했다. 화학교수는 더 강력한 산화제를 사용해 보라고 충고해 줬다.

그날 저녁 시보그는 1.2kg의 UNH를 60인치 사이클로트론에서 포격하는 실험을 준비해 놓고 길만(Gilman) 홀의 3층으로 올라갔다. 왈이 지붕 밑 좁은 방에서 작업을 하고 있었다. 왈은 새로운 산화제를 사용하여 용액으로부터 토륨을 추출해 냈다. 알파 방출 물질은 용액 속에 남아 있었다. 시보그는 발견 과정에서 이것이 중요한 단계였다고 말했다. 그러나 여전히 그들은 알파 방출 물질을 추출해 내야 했다. 그들은 밤새 일을 계속했다. 시보그가 신선한 공기를 숨쉬기 위하여 발코니로 나오자 샌프란시스코에 먼동이 트고 있는 것을 볼 수 있었다. 화요일 다시 자정 너머까지 일하다가 마침내 왈이 토륨이 섞여있지 않은 침전물을 걸러냈다. "이 마지막 토륨으로부터 분리로 알파 방출 물질이 다른 알려진 물질로부터 분리될 수 있다는 것이 실증됐고, 이제 알파 방출 활동이 원자 번호 94인 새로운 원소 때문이라는 것이 명백해졌다"라고 시보그가 말했다.

$$
\begin{aligned}
&{}_{0}n^{1} + {}_{92}U^{238} \rightarrow {}_{92}U^{239} \\
&{}_{92}U^{239} \rightarrow {}_{93}U^{239} + {}_{-1}e^{0} + \upsilon \\
&{}_{93}U^{239} \rightarrow {}_{94}U^{239} + {}_{-1}e^{0} + \upsilon
\end{aligned}
$$

1941년 3월 28일 금요일(바로 이 주에, 아프리카 군단 사령관 어윈 롬멜(Erwin Rommel) 원수가 북아프리카에서 대공세를 시작했고 영국의 쇠고기 배급량이 1인당 1주에 6온스로 제한됐다. 영국의 어뢰 폭격기가

에게 해에서 돌아오는 이탈리아 함대를 성공적으로 공격했으며 일본은 이 작전에 큰 관심을 기울였다) 시보그는 다음과 같이 기록했다.

> 오늘 아침 케네디, 세그레 그리고 나는 $_{94}U^{239}$의 분열 가능성에 대해 최초의 실험을 시작했다. …… 케네디가 지난 몇 주에 걸쳐 분열 펄스를 측정할 수 있는 이동식 이온 상자와 선형 증폭기를 제작했다. …… 0.25 마이크로그램의 $_{94}U^{239}$를 포함하고 있는 샘플을 파라핀으로 싸서 베릴륨 표적 옆에 놓았다. 8 MeV 듀트론(이중수소 원자핵)이 베릴륨 표적을 때릴 때 방출되는 중성자가 파라핀을 통과한 다음 원소 94와 반응하여 핵분열을 일으키는 것을 이온 상자로 관측했다. 이온 상자를 카드뮴 판으로 차폐시키자 분열신호가 사라졌다. 이것이 $_{94}U^{239}$가 저속 중성자에 의하여 분열된다는 것에 대한 강한 증거이다.

그들은 1942년에 새로운 원소의 이름을 제안했다. 마틴 클라프로스(Martin Klaproth)가 1789년 새로 발견된 원소를 우라누스(Uranus, 천왕성)와 연계시켰듯이 그리고 넵튠(Neptune, 해왕성)까지 확장시킨 맥밀런의 제안에 따라 시보그는 원소94를 1930년에 발견된 아홉 번째의 행성 플루토(Pluto, 명왕성: 희랍 신화의 지하 세계의 신, 지구의 생산력의 신, 죽음의 신)를 따라 플루토늄(Plutonium)이라고 이름지었다.

프리슈와 파이얼스는 이론에 근거하여 우라늄 235의 임계 질량을 계산했었다. DTM에 있는 멀 튜브 팀은 겨울 동안 단면적 측정을 계속했다. 튜브는 3월에 측정된 분열 단면적을 영국에 통보해 주었다. 영국팀은 프리슈와 파이얼스가 계산했던 것보다 약간 더 큰 임계 질량을 얻었다. 반사구를 사용하면 9 내지 10파운드이며 그렇지 않을 경우에는 18파운드 정도였다. "이 최초의 실험 결과에 근거한 계산이 긍정적인 답을 주었다. 그리고 모든 계획이 가능하다는 데 의심의 여지가 없었다(동위원소 분리의 기술적 문제만 만족하게 해결될 수 있다면). 그리고 우라늄 구의 임계 크기도 취급 가능한 것이었다"라고 파이얼스는 승리감에 도취했다.

채드윅도 단면적을 측정했다. 그는 이미 냉정하게 앞날을 내다보고 있었다. 그는 1969년 인터뷰에서 이 상황을 설명했다.

> 나는 1941년 봄을 오늘까지도 기억하고 있다. 나는 그때 핵폭탄은 가능할 뿐만 아니라 피할 수 없는 것이라는 생각을 가졌다. 조만간 이 아이디어들은 우리들만의 특별한 것으로 남아 있지 않을 것이다. 머지않아 모든 사람들이 그것에 대하여 생각하고 어떤 나라들은 행동에 옮길 것이다. 그리고 나와 같이 이 문제에 대하여 이야기할 사람이 아무도 없었다. 알다시피, 실험실의 주요인물로는 오토 프리슈와 폴란드 실험물리학자 조지프 로트블라트(Joseph Rotblat)가 있었지만, 아무리 내가 그들을 높이 평가한다해도 그들은 이 나라 시민이 아니었다. 그래서 이야기를 나눌 사람이 아무도 없었다. 나는 잠을 못 이루는 밤이 많았다. 그리고 문제의 심각성을 깨닫기 시작했다. 그때부터 수면제를 먹기 시작했다. 그것이 단 하나의 해결책이었다. 그 이후 나는 계속 수면제를 복용하고 있다. 28년 동안 단 하루도 수면제를 먹지 않은 날이 없다.

영국에서 온 소식

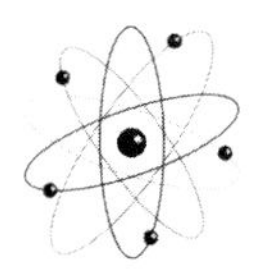

코난은 미국방연구위원회(NDRC)의 주영국 연락사무실을 개설하기 위하여 1941년 겨울 런던을 방문했다. 그는 영국의 티저드가 특별 목적을 위하여 블랙박스를 들고 미국을 방문한 후, 영국을 방문하는 최초의 미국 행정부내에 직위를 갖고 있는 과학자였다. 그는 이 여행을 그의 생애에서 가장 특별한 경험이었다고 생각했다. "나는 희망의 메신저로 환영받았다"라고 그의 자서전에 기록했다. "나는 폭격을 견디어 내는 용감한 국민과 배수진을 치고도 위축되지 않는 정부를 보았다. 나는 거의 매시간마다 내 자신을 인류의 일원으로 자랑스럽게 생각하도록 만드는 무엇을 보거나 또는 듣게 됐다."

3월 말에 47세가 되는 코난은 하버드 총장이거나 국방연구위원회의 위원이기 때문에 환영을 받은 것은 아니었다. 그가 가짜 전쟁 기간 동안 미국의 고립주의를 강력히 반대했으므로 그것으로 특별한 환영을 받았지만, 수상만은 의견을 달리했다. 처칠은 하버드 총장과의 오찬 계획이 별로 즐겁게 여겨지지 않았다. 처칠의 보좌관 브라켄(Bracken)이 처칠이 "무슨 이야기를 해야 하는가?"라고 질문하는 것을 옆에서 들었다. "그는 당신이 학구적인 냄새와 학문적인 딱딱함을 풍기는 흰 수염이 난 노인이라고 생각했습니다"라고 보좌관이 코난에게 이야기 해주었다. 영국 수상은 미국인의 열렬한 친영국적인 태도에 약간 긴장이 됐으나, 그가 입고 온 트위드(스코틀랜드 양복 천) 양복을 보고 좀 편안해진 마음으로 다운닝 가 10번지 지하 대피호에서 코난과 오찬을 같이했다.

코난은 스물일곱 살이 되던 1920년, 원자 질량 측정의 선구적 연구로 노벨 화학상을 수상한 하버드 대학교 교수 리처드(Tow Richards) 박사의 외동딸과 결혼했다. 그는 결혼할 여자에게 자기의 거대한 미래에 대한 희망을 이야기했다. 유능하지 못한 사람이 그렇게 했다면 우스꽝스럽게 들렸을 것이다. 코난은 세 가지 포부를 가지고 있다고 말했다. "처음에는 미국에서 유명한 유기화학자가 되고, 그 다음에는 하버드의 총장이 되고 그러고 나서 내무장관이 되고 싶다"라고 했다. 이들은 서로 관련되는 포부 같아 보이지는 않지만, 그러나 코난은 차례대로 이루어 나갔다. 그는 1623년부터 매사추세츠 주에서 살아온 한 가정에서 태어났다. 고등학교를 졸업하고 하버드 칼리지에서 그의 미래의 장인 밑에서 유기화학과 물리화학 분야에서 이중 박사학위를 받았다. 그는 제1차 세계대전 중에는 에지우즈(Edgewood)에서 독가스를 연구하고 소령으로 제대했다.

"코난은 자연 생성물 화학과 물리-유기화학 두 분야에서 국제적인 명성을 얻었다"라고 우크라이나 태생 하버드 화학자 키샤코프스키(George B. Kistiakowsky)가 말했다. 코난은 엽록소와 헤모글로빈과 같은 자연 생성물들의 실마리를 푸는 데 공헌했다. 그의 연구는 산과 기의 개념을 일반화하는 데 도움이 됐다. 그는 당시의 미국 유기화학 분야에서 지도자급 학자로 꼽히고 있었다. 캘리포니아 공과대학에서 많은 연구비를 지원한다는 조건으로 그를 유치하려고 했을 때 하버드에서는 더 많은 연구비를 제의하여 그를 붙잡아 두었다.

코난의 두 번째 젊은 포부는 1933년에 이루어졌다. 그는 총장직을 제의하는 하버드 이사회에 자기가 원하지는 않지만 선출되면 수락하겠다고 말했다. 그는 40세에 총장으로 선임됐다. 그리고 "논문을 발표하든지 그렇지 않으면 사라져라, 일어서라 그렇지 않으면 물러나라"라는 모토 아래 하버드를 이끌어 나갔다. 그는 학문적으로 명성이 높은 현대 하버드를 만들었다.

코난의 세 번째 포부는 전쟁이 최고조에 달한 뒤에 거의 비슷하게 성취됐다. 장관급의 임명은 아니지만, 그의 오랜 기간 자발적인 공무원 생활은 국방연구위원회와 같이 시작됐다.

영국에서 그의 임무는 기술적인 것이라기보다도 외교적인 것이었다. 그는 독가스와 폭약 제조에 관한 것은 토의했으나, 레이더에 관한 정보 교환에는 참여할 수가 없었다. 왜냐하면 전자공학에 관한 것은 거의 알고 있지 못했기 때문이다. 그리고 우라늄에 관한 일은 국방위원회의 임무에 속하는 것이었지만, 그의 원리원칙주의 때문에 영국인들이 그동안 밝혀낸 폭탄의 가능성에 대하여 배울 기회를 놓쳤다(미국은 아직 이 문제에 관한 대 영국 협력정책이 수립되어 있지 않았다).

그는 옥스퍼드 대학의 린드만 교수와 단 둘이서 런던 클럽에서 점심을 같이 했다. "린드만 교수는 우라늄 원자의 분열 연구에 대한 이야기를 꺼냈다. 나는 국방연구위원회(NDRC)에서 이야기했던 나의 생각과 또 거기에서 들었던 나의 이야기들을 반복하여 말했다. 린드만은 나의 이야기는 무시하고 자기 주장만 늘어놓았다."

> "당신은 어마어마한 위력을 가진 폭탄의 제조 가능성은 고려하지 않았습니다"라고 린드만이 말했다. "그것이 어떻게 가능합니까?" 내가 물었다. "우선 우라늄 235를 분리한 후, 그 원소를 두 덩어리로 나누어 놓았다가 갑자기 하나로 합쳐주면 스스로 진행되는 반응이 일어나게 됩니다."

국방위원회의 화학과 폭약 소위원회 의장이 1941년 3월에서야 다음과 같은 주목할 만한 발언을 했다. "이것이 내가 폭탄의 가능성에 대하여 처음 듣는 이야기였다. 나는 필요하다면 그때에 가서 부시가 영국과 접촉할 것이라고 생각했었다. 그는 브리그를 통하여 접근할 것이다." 헝가리인 공모자들이 조바심이 나서 계속 그들의 머리를 쥐어 뜯는 것이 하나도 이상할 것이 없었다. 상당한 영향력을 가진 미국의 지도급 물리학자가 여론에 합세했다. 시보그와 세그레가 플루토늄의 분열 가능성을 확인하기 전에 로렌스는 널리 퍼져 있는 미국 사회의 회의론과 보수주의적 분위기를 감지했다. 러더퍼드의 사위 파울러(Ralph H. Fowler)가 1930년대에 버클리를 방문하여 사이클로트론 발명가와 같이 야외 소풍도 가고 주말 파티에도 참석했던 적이 있었다. 파울러는 워싱턴 주재 영국 과학담당 연락관으로 근무하고 있었다. 그는 로렌스에게 원자 에너지 연구에 적극 참여할 것을 권고했다. 로렌스와 가까운 올리펀트도 그렇게 하도록 충고했다.

로렌스는 플루토늄을 찾는 일에 상당히 고무됐다. 그 이유 중의 하나는 지금까지 논의된 원심력, 열 확산 또는 장벽 확산 방법 등으로 동위원소를 분리해 낼 수 있는 희망이 별로 없어 보였기 때문이다. 금년 초부터 그는 전자기적으로 분리해 내는 방법에 대하여 생각해 왔다. 이 방법은 이미 니어가 현미경적인 규모로 분리했던 것과 같은 것이었다. 로렌스에게 37인치 사이클로트론을 질량분석기로 개조할 수 있다는 생각이 떠올랐다. 니어가 대규모적인 전자기 분리방법은 불가능하다고 말한 것이 버클리의 노벨상 수상자를 자극했다. 로렌스는 기계만 만지며 살아왔다. 우라늄 238 속에 갇혀 있는 우라늄 235를 분리할 수 있는 기계를 만든다는 생각은 그에게 무엇인가 노력해 볼 수 있는 확실한 실체와 추진해 볼만한 계획을 제공했다(페르미의 우라늄-그라파이트 반응은 플루토늄을 만들어 냈다.)

1940년, 로렌스는 하버드 실험 물리학자 베인브리지(Kenneth Bainbridge)를 MIT의 레이더 연구에 참여하도록 주선해 주었다. 베인브리지는 핵물리학자이며 하버드의 사이클로트론을 제작했고, 코난이 런던을 방문했을 때 몇 사람의 다른 과학자들과 같이 그를 수행했던 적이 있다. 그러나 베인브리지는 레이더에 대해서는 물론 핵물리학과 동위원소 문제도 연구한 적이 있으므로 영국인들은 그를 MAUD 위원회의 정식회의에 참석토록 초청했다. 놀랍게도 위원회는 임계 질량과 폭탄의 조립 방법에 대한 매우 좋은 아이디어를 갖고 있었고, 미국과의 연구원 교류도 주장했다. …… 그들의 계산에 의하면, 원자무기 개발과 관련된 문제를 해결하는 데 최소 3년 정도 걸릴 것으로 보였다. 베인브리지는 즉시 브리그에게 보고하고 우라늄 문제에 미국을 대표할 수 있는 사람을 파견할 것을 제안했다.

부시는 국방위원회는 장악하고 있지만, 난처한 일들이 산재해 있었다. "나는 원자 과학자가 아니다. 대부분의 것들은 내가 모르는 내용이다"라고 고백한 적이 있다. 그가 본 4월의 상황은 많은 예산의 지출도 가능할 것 같아 보였다. 그러나 그는 점증하는 압력을 느꼈다. 로렌스의 촉구, 베인브리지가 확인한 영국인들의 연구 결과 등은 부시로 하여금 외부에 도움을 요청하게 만들었다. "국가의 전시 연구 책임자로서 국가 과학원(NAS)을 중요한 과학문제의 최종 결정기관으로 이용하려는 것이 부시의 전략이었다"라고 아서 콤프턴(Arther Compton, 칼 콤프턴의 동생)이 말했다. 4월 중순 브리그와 만난 후, 부시는 NAS의 총재인 주위트(Frank B. Jewett)에게 편지를 썼다. "영국인들은 우리보다 훨씬 더 앞서 있는 것 같다. 만일 이 문제가 정말로 중요한 것이라면, 이 나라가 이 연구의 대부분을 떠맡아야 될 것 같다." 부시는 모든 상황을 유능한 물리학자들이 효과적으로 공정하게 검토해 줄 것을 요청했다. 선정된 위원들은 "충분한 지식과 냉철한 평가를 할 수 있는 자질을 갖추어야 될 것이다."

다음 금요일 국가 과학원(NAS)의 정례 회의에서 주위트, 부시 그리고 브리그는 검토위원회의 위원들을 선정했다. 로렌스와 최근에 제네럴 일렉트릭 사 연구소장직에서 정년 퇴임한 쿨리지(William D. Coolidge)가 포함됐다. 그리고 노벨상 수상자이며 시카고 대학교의 물리학 교수인 아서 콤프턴은 겸손하게도 자기가 적임자인지에 대해 의문을 제기하면서도 이 기회를 놓치지 않고 쾌히 응낙했다.

아서 콤프턴은 장로교회 목사인, 오하이오 주 우스터(Wooster) 대학의 철학 교수의 둘째 아들이다. 메노파 교도인 콤프턴의 어머니는 헌신적으로 선교에 힘썼고, 1939년에는 '미국의 어머니'로 선발됐다. 그는 형을 따라 과학을 공부했고 업적은 형을 능가했다. "아서 콤프턴과 하느님은 친구였다"고 시카고 대학 학생이며 페르미의 제자인 레오나 우즈는 말했다. 그녀는 콤프턴을 "훌륭한 과학자이며 훌륭한 남자……. 그는 아주 미남이었고 날렵한 몸매에 튼튼했다"고 회상했다. 페르미는 "키가 크고 잘 생긴 것은 통상 지성하고는 역비례하지만, 아서 콤프턴의 경우는 예외였다"고 말했다. 페르미는 그의 지적인 면을 크게 존경했다.

페르미의 존경이 암시하듯이 콤프턴의 물리학은 일급이었다. 그는 우스터 대학을 졸업하고 프린스턴에서 박사학위를 받았다. 1919년 박사 과정 1년차에 국가연구위원회의 장학금을 받아 캐번디시로 가서 러더퍼드 밑에서 공부했다. 그는 감마선의 충돌과 흡수 문제를 연구하여 '콤프턴 효과'라는 현상을 발견하고 노벨상을 받았다.

1920년 콤프턴은 세인트루이스에 있는 워싱턴 대학교의 교수직을 수락했다. 작고 조용한 곳이지만 이제 감마선에서 엑스선까지 확장한 그의 충돌 연구에 전념하기 위하여 물리학의 본고장을 벗어나 이곳에 정착했다. 그는 엑스선을 탄소와 충돌시킨 후 방해석 결정 X-선 분광계를 가지고 파장을 측정했다. 그는 탄소에 의하여 산란된 X-선의 파장이 입사 X-선의 파장보다 더 길다는 사실을 발견했다. 마치 멀리 떨어진 벽에서 반사된 소리가 낮은 음으로 변해서 되돌아 오는 것과 같다. 단지 엑스선이 빛, 즉 파동의 운동이라면 파장은 변하지 않을 것이다. 사실 콤프턴은 1923년 아인슈타인이 광전효과 이론에서 빛은 파동이지만 또한 동시에 입자라고 가정한 사실이 옳다는 것을 보여준 셈이다. 한 개의 엑스선 광자는 전자와 당구공이 서로 충돌하듯, 탄성적으로 충돌한 후 약간의 에너지를 잃고 튕겨져 나온다. 좀머펠트는 콤프턴 효과(광자의 전자에 의한 탄성 충돌)를 "아마도 현재의 물리학의 상황에서 할 수 있는 가장 중요한 발견"이라고 환영했다. 왜냐하면, 그것은 1923년 당시에 거의 아무도 믿지 않는 광자의 존재를 증명했고 따라서 빛의 입자와 파동의 이중 본질을 보여준 것이기 때문이다.

예리한 물리학자는 과학에서 하느님 말씀의 전도사업으로 길을 바꾸었을 때 예민성을 잃어 버렸다. 과학적 엄밀함은 설교의 논리로 바뀌었고, 하이젠베르크의 불확정성 원리를 원자의 세계에서 인간의 세계까지 확장하여 자유의지를 확인하는 관념에 대한 큰 실수를 저질렀다. 1930년대 미국을 방문한 보어가 콤프턴의 자유의지에 대한 강연을 듣고 크게 꾸짖었다. 보어는 콤프턴을 물리학자와 남자로서 높이 평가했다. 그러나 그는 콤프턴의 철학이 너무 원시적이라고 느꼈다. 콤프턴은 하느님에게는 불확정성 원리는 없다고 말했다. 그것은 웃음거리였다. 물리학은 하느님에 대하여 이야기하는 것이 아니고 우리가 알 수 있는 것에 대하여 이야기한다. 만일 우리가 하느님에 대하여 이야기하려고 한다면 우리는 전혀 다른 방법으로 해야 된다고 보어가 말했다.

아서 콤프턴의 형 카를(Karl)은 국방 관련 연구로 1941년 과학계에서 저명한 인사가 됐다. 그는 MIT에 중요한 비밀 연구소를 설립했다. 아서도 그 정도 또는 그 이상을 하고 싶었다. 아서 콤프턴은 준비가 되어 있었고, 부시와 국가 과학원이 봉사하도록 요청했을 때 기꺼이 응했다. 검토 위원회는 일차 모임을 가진 뒤 일주일 후인 1941년 5월 5일, 매사추세츠 주 케임브리지에서 우라늄 위원회와 합동 모임을 갖고 베인브리지의 설명을 들었다. 콤프턴은 7쪽짜리 보고서를 작성하여 5월 17일 주위트에게 보냈다.

이 보고서에서 세 가지 군사적 이용 방법을 논의했다. '매우 강력한 방사능 물질을 생산하여 적 진영에 살포하는 방법'과 '잠수함 및 함정의 동력원으로 사용하는 방법' 그리고 '폭탄'을 만드는 것이었다. 방사능 물질 생산은 핵의 연쇄 반응에 성공한 후 1년 정도의 시간이 필요하다. 1943년 이전에는 가능하지 않았다. 동력공급원은 연쇄 반응 이후 적어도 3년의 연구기간이 필요했다. 폭탄을 만들기 위해서는 우라늄 235를 농축하든지 또는 연쇄 반응에서 만들어지는 플루토늄을 추출하여야 된다. 그러므로 원자 폭탄은 1945년 이전에는 기대하기가 어렵다.

그것뿐이었다. 고속 중성자에 의한 분열, 또는 임계질량, 또는 폭탄의 조립 방법 등에 대한 언급은 없었다. 보고서의 대부분은 '연쇄 반응에 관한 진전' 그리고 우라늄-그라파이트, 우라늄-베릴륨 그리고 우라늄-중수 시스템에 대하여 논의했다. 위원회는 페르미의 연쇄 반응 연구에 필요한 모든 지원을 아끼지 말아야 한다고 제안했다. 그것은 또한 새로운 분야에 장기적으로 도전해야 되는 결정적인 필요성을 발견하고 강조한 것이었다.

> 핵분열은 2년 이내에는 군사적으로 중요한 것이 될 것 같지 않습니다 …… 그러나 만일 연쇄 반응이 일어나고 제어될 수 있다면, 그것은 급격히 전쟁의 결정 요인이 될 수도 있습니다. 그러므로 10년 또는 그 이상 계속될 수 있는 노력으로 예상하며, 이 개발에서 우리가 선도해 나가는 것이 중요합니다. 먼저 연쇄 반응을 만들어내고 그리고 제어하는 국가가 그것의 응용이 확장됨에 따라 성장하는 유리한 위치를 점하게 될 것입니다.

부시는 콤프턴의 보고서를 받았을 때 정부의 과학연구 관련 기구들을 정비하고 있었다. 국방연구위원회는 군 연구소와 동등한 권한을 갖고 있었으나 개발 활동을 추진할 수 있는 권위는 결핍되어 있었다. 부시는 전쟁에 공헌할 수 있는 모든 과학연구 기관들에 폭넓은 권위를 행사할 수 있는 새로운 '과학 연구 및 개발 기구(OSRD)'를 제안했다. 부시는 새로운 상위 기구인 OSRD를 담당하고 국방연구위원회의 책임은 코난에게 물려줄 준비를 했다.

부시는 풀루토늄의 핵분열에 대한 괄목할 만한 새로운 소식에도 불구하고 아직 원자무기에 대한 확신을 갖고 있지 못했다. 세그레와 시보그는 1941년 봄 새로운 인공원소의 여러 가지 단면적을 결정하기 위한 실험을 계속했다. 5월 18일 일요일, 마침내 정확히 측정할 수 있을 정도의 샘플을 준비하여, 저속 중성자에 의한 플루토늄의 분열 단면적을 측정한 결과 우라늄235의 단면적의 1.7배가 됐다. 로렌스가 다음날 이 소식을 들었다.

> 우리가 로렌스에게 어제 있었던 94^{239}의 저속 중성자에 의한 확실한 분열 가능성 발견에 대하여 이야기하자 그는 흥분하기 시작했다. 그는 즉시 시카고 대학에 있는 콤프턴에게 전화로 알렸다. …… 콤프턴도 즉각 전화 통화를 시도했으나 연결이 되지 않아 부시에게 전보를 쳤다. …… 콤프턴은 전보에서 사용 가능한 물질을 확보할 수 있는 가능성이 100배로 증가했으므로 분열 문제의 중요성이 매우 커졌다고 말했다. 루미스와 로렌스도 콤프턴에게 컬럼비아 우라늄-그라파이트 연구를 추진하는 것이 사활이 걸릴 정도의 시급한 일이 됐다고 주장했다.

미국의 계획이 관료적인 의문에 쌓여 진전을 보지 못할 때마다 히틀러가 도와주었다. 그해 여름 6월 22일 새벽, 대대적인 바바로사 작전이 동부 전선에서 개시됐다. 핀란드와 루마니아 군을 포함하여 164개 사단이 소련을 전격적으로 침공했다. 6개월 전 비밀리에 지시된 히틀러의 야심적인 의도는 영국과의 전쟁이 마무리되기 전에 재빨리 소련을 부숴버리는 것이었다. 히틀러는 겨울이 오기 전에 우랄까지 밀어붙여 소련의 산업과 농업기반을 징발할 생각이었다. 7월에 기계화 사단은 드니에퍼를 건너 키에프를 위협하고 있었다.

런던에서의 경험과 확대되고 있는 전쟁에도 불구하고 코난의 원자무기에 대한 회의적인 생각은 역설적으로 더욱 증가했다.

> 콤프턴의 첫 보고서에 대해서, 연쇄 반응이 중요하다고 해서 많은 예산과 인력을 무작정 투입하는 일이 걱정스럽다는 것을 부시에게 이야기했다. 자유세계의 방어문제가 위험한 상황에 처해 있으므로, 나에게는 수개월, 길어야 1년 또는 2년 이내에 결과를 얻을 수 있는 노력만이 심각하게 고려할 가치가 있는 것이었다. 1941년 여름, 내가 영국에서 보고 들은 것들의 기억은 내 마음속에 생생하게 남아있다. 나는 가끔 만났던 우라늄 위원회의 물리학자들 사이의 논쟁에 인내력을 잃었다. 그들은 우리 사회를 혁신하게 될 새로운 에너지원의 발견에 대하여 흥분된 어조로 말했지만 오히려 이런 공상적인 것들은 나를 더 냉정하게 만들었다. 나는 나치 독일을 물리칠 때까지 우리의 모든 에너지는 즉각적으로 하나의 목표에 집중되어야 한다고 주장했다.

부시와 코난은 우선 순위 문제에 직면하고 있었다. 두 사람 모두 사실에 입각한 실제적인 평가를 원했다. 그들은 콤프턴의 보고서에 실제적인 상식에 의한 평가가 결여되어 있다고 판단했다. 그들은 벨 연구소의 엔지니어와 웨스팅 하우스의 엔지니어를 추가시키고 콤프턴 대신에 쿨리지가 책임을 맡아 확대된 위원회에서 이 문제를 재검토하도록 지시했다. 그러나 이 두 번째 보고서는 동력 생산을 위한 고속 중성자 연쇄 반응을 강조했을 뿐 별다른 결론을 도출해 내지 못했다.

미국의 원자무기 계획은 이해 여름 중단될 위험에 처했었다고 콤프턴은 생각했다. "정부의 책임 있는 대표들은 완고한 사람들이었다. …… 분열 연구를 연구개발 계획에서 거의 제외시킬 뻔했다." 그는 이 계획이 로렌스가 플루토늄을 사용할 수 있다고 제안했기 때문에 살아났다고 믿고 있었다. 원자 번호 94번의 분열 가능성은 콤프턴에게 확신을 주었다. 그러나 정부 당국의 책임자들한테는 결정적인 것은 아니었다. 콤프턴과 로렌스의 주장보다도 더 설득력이 있었던 것은 영국의 물리학자들이 우라늄 235로 폭탄을 제조할 수 있다는 결론을 얻었다는 소식이었다.

영국인들은 겨울과 봄에 걸쳐 이 소식을 전하려고 노력했다. 7월에 그들은 또다시 시도했다. G. P. 톰슨은 동부 폴란드와 발칸 반도에서 바바로사 작전이 개시된 다음날, MAUD 위원회가 검토할 수 있도록 최종보고서의 초안을 작성했다. 캘리포니아 공과대학의 원로 물리학자 로릿센(Charles C. Lauritsen)이 NDRC의 로켓 개발 업무를 영국인들과 토의하기 위하여 런던에 와 있었다. 7월 2일, 런던의 벌링턴 하우스에서 열린 위원회에 그를 초청했다. 로릿센은 조심스럽게 회의 내용을 모두 기록했다. 다음주 미국에 돌아와 MAUD가 발견한 내용들을 즉시 부시에게 보고했다. "실질적으로 그는 보고서 초안을 모두 요약했다"라고 코난이 말했다. 로릿센이 만나본 물리학자들은 모두 미국이 가스확산 공장을 세우도록 권유했다.

7월 15일, 부시는 톰슨의 초안을 받았다. 공식적으로는 10월에 MAUD의 최종보고서가 미국 정부에 전달됐다. MAUD 보고서는 건축가의 스케치와 청사진이 다르듯이 두 개의 국가 과학원(NAS)의 보고서와는 크게 달랐다.

우리는 이제 효과적인 우라늄 폭탄을 만드는 일이 가능하다는 결론에 도달했다. 25파운드의 우라늄 235는 파괴위력이 1,800톤의 TNT와 동등하며 또한 많은 양의 방사능 물질을 방출할 것이다…….

하루에 2.25파운드의 우라늄 235를 분리해 낼 수 있는 공장의 건설비로 약 5백만 파운드가 소요된다. 많은 비용에도 불구하고 물질적인 그리고 정신적인 면에서의 파괴 효과가 매우 크므로 우리는 이런 종류의 폭탄을 만들기 위하여 모든 노력을 기울여야 된다고 생각한다. 첫 폭탄을 만들 우라늄은 1943년 말까지 준비될 수 있다. 폭탄이 준비되기 전에 전쟁이 끝난다 해도 앞으로 전세계가 비무장화하지 않는다면 노력은 허사가 되지는 않을 것이다. 왜냐하면 어떤 국가도 이런 파괴 능력을 갖는 무기 없이는 전쟁의 위험을 감수하려 하지 않을 것이기 때문이다.

보고서는 세 가지 결론을 추천했다.

(1) 위원회는 우라늄 폭탄 계획이 가능한 것이며 전쟁에서 결정적인 결과를 가져올 것으로 생각한다.
(2) 이 연구는 최우선으로 계속되어야 하며 가능한 한 최단 시일내에 무기를 만들 수 있도록 규모를 증대시킬 것을 건의한다.
(3) 현재와 같은 미국과의 협력을 계속 유지하며 특히 실험 연구 영역에서의 협력을 확대해 나간다.

영국인들의 연구와 판단은 명백히 군사적 개발 계획을 제안하고 있는 것이다. 부시는 7월에 이 문제를 월러스(Wallace) 부통령과 상의했다. 그후 부시는 MAUD 보고서를 공식적으로 전달받을 때까지 기다리기로 했다. "만일 각각의 거쳐야할 단계에서 10개월씩의 숙고가 필요하다면, 이 사업의 효과적인 추진은 불가능할 것이다"라고 실라르드는 알렉산더 작스에게 불평했다. 미국의 프로그램은 그때보다는 좀 더 빨리 진행되고 있으나 별로 큰 차이는 없었다. 로렌스와 콤프턴이 플루토늄의 이용 가능성을 주장하고 있던 그 해 여름, 독일의 물리학 연구 기관에서는 분열 가능성이 있는 새로운 원소를 남들이 눈치채지 못하게 감추는 노력을 하고 있었다. 그는 키가 크고 뼈만 앙상한 전쟁에 지친 오스트리아인이며 오토 프리슈의 옛 친구였다.

> 프리츠 하우터만(Fritz Houterman)과 나는 베를린에서 만났었다. 그러나 전쟁 전에 런던에서 다시 만났을 때 인상이 독수리 같은 그 남자를 더 잘 알게 됐다. 그는 반은 유대계이며 게슈타포의 체포를 간신히 피한 공산주의자이다. 그의 아버지는 덴마크인이지만, 그의 어머니는 유대인였다. 그는 어머니를 자랑스럽게 생각했고 반유대주의적인 표현에 대항하여 "너의 선조는 아직도 숲속에 있을 때, 나의 선조는 이미 수표를 변조하고 있었다"라고 되받아 치곤했다. 그는 반짝거리는 아이디어로 꽉 차 있는 사람이었다.

하우터만은 괴팅겐에서 실험물리학으로 박사 학위를 받았지만 이론에도 강했다. 1920년대 말, 베를린 대학교를 방문중인 영국의 천문학자 애트킨슨(Robert Atkinson)과 같이 수행한 별의 에너지 생성에 관련된 연구는 매우 훌륭한 아이디어 중의 하나였다. 애트킨슨은 그의 선배 에딩턴(Arthur Eddington)이 최근 실시한 계산의 결과에 대하여 잘 알고 있었다. 에딩턴은 태양과 별들이 천만 도 또는 그 이상의 온도에서 타고 있으며 수십억 년의 수명을 갖고 있다고 했다. 1927년 여름, 두 사람은 괴팅겐 근교에 소풍을 나갔다가 별의 끝없는 에너지 공급 방법을 설명할 수 있지 않을까 생각했다. 한스 베테가 나중에 기술한 바와 같이 "별의 내부의 높은 온도에서는 핵이 다른 핵의 내부를 뚫고 들어가 핵반응을 일으키고 에너지를 방출하게 된다." 높은 온도에서, 그러므로 빨리 운동하는 수소 원자핵은 그들 사이에 존재하는 전기적 척력을 극복하고 서로 충돌하여 합쳐지므로 헬륨 원자핵을 만들고 이 과정에서 결합 에너지를 방출한다. 가모브, 하우터만 그리고 애트킨슨은 나중에 이러한 반응을 '열핵반응'이라고 불렀다.

1933년, 하우터만은 소련으로 이민갔다. 그러나 스탈린의 숙청으로 2년 동안 형무소에 갇혀 있었다. 그의 아내와 두 어린아이들은 탈출하여 미국으로 도망갔다. 1939년, 히틀러와 스탈린 사이의 잠정적인 조약의 포로교환 조건에 따라 하우터만은 게슈타포의 손으로 넘겨졌다. 라우에가 그의 석방을 주선해 주었고, 독일의 부유한 발명가 폰 아덴(von Ardenne) 남작과 같이 일하게 됐다. 남작은 물리학을 공부했고 베를린 교외에서 독립적으로 우라늄 연구를 하는 연구소를 운영하고 있었다. 독일 체신부는 사용하지 못한 많은 연구 예산을 갖고 있었다. 체신부 장관은 자신이 히틀러에게 결정적인 비밀 무기를 제공할 수도 있다는 생각에 일백만 볼트 반 디 그라프와 사이클로트론 제작비를 지원하고 있었다. 이 장비들이 제작되고 있는 동안 하우터만은 그의 관심을 이론쪽으로 돌렸다.

그는 독자적으로 폭탄에 필요한 모든 기본 아이디어를 완성했다. 그는 39페이지에 달하는 보고서「연쇄 반응을 일으키는 문제에 관하여」에서 고속 중성자에 의한 연쇄 반응, 임계 질량, 우라늄235의 분리 및 원소94에 관한 것을 논의했다. 하우터만은 원소94(플루토늄)의 생산을 강조했다. "우라늄 235의 분열을 일으키지 못한 중성자는 우라늄 238에 포획되어, 열중성자에 의하여 분열될 수 있는 새로운 핵을 만들게 된다." 그는 이 보고서를 폰 바이츠재커와 하이젠베르크에게 보여주었다. 그러고는 독일 육군성에서 눈치채지 못하도록 금고 속에 넣어두었다. 그는 소련에서 생존을 위하여 협조하는 방법을 배웠다. KGB의 전신인 비밀 경찰에게 구타당하여 이가 모두 빠졌고 수개월 동안 독신 감방에 갇혀 있었었다. 소련에서와 같이 독일에서도 할 수 있는 한 많은 정보를 감추어 두었다. 자연 우라늄의 연쇄 반응에 의하여 생성되는 원소94에 대한 그의 생각은 아마도 독일이 동위원소 분리에 별 관심을 보이지 않게 하는 데 공헌했을 것이다. 1941년 여름 이후 독일의 폭탄 계획은 전적으로 우라늄과 베모르르크의 중수에 의존했다.

영국의 올리펀트는 미국의 원자무기 개발 활동이 고비를 넘기도록 몰아대었다. 8월 말, 그는 미국으로 날아갔다. 리스본을 경유하는 팬아메리카 항공사의 쾌속 여객기가 너무 느리다고 생각하여 난방도 되지 않는 폭격기를 타고 갔다. 그는 미국의 국방 연구 위원회와 레이더 연구에 관하여 협의할 예정이지만 MAUD 위원회의 보고서에 대한 미국의 반응도 알아보라는 지시를 받았다. "회의록과 보고서들이 브리그에게 전달됐다. 그러나 우리는 이에 대한 아무런 의견도 듣지 못했다. 내가 워싱턴에서 브리그를 방문했을 때, 그가 이 보고서들을 자기 금고 속에 넣어두고 위원들에게 보여주지도 않았다는 것을 알게 됐다." 올리펀트는 이러한 사실에 대해 매우 놀랐으며 동시에 크게 실망했다. 사실 브리그는 원자 에너지를 무기로 사용하는 것보다는 잠수함의 동력으로 사용하는 것에 더 큰 관심을 두고 있었다(브리그는 코난과 부시에게만 이 회의록과 보고서의 내용을 보고했다).

올리펀트는 절망에 빠져 버클리에 있는 로렌스에게 연락했다. "나는 버클리에서 편리한 시간에 만날 수 있도록 워싱턴에서 비행기를 타고 갈 것입니다." 9월 초에 그가 도착했다.

로렌스는 아무도 엿듣는 사람이 없는 버클리 캠퍼스의 뒷동산으로 올리펀트를 데리고 갔다. 올리펀트는 로렌스가 아직 읽지 못한 MAUD 보고서의 내용에 대하여 설명해 주었다. 로렌스는 개조된 사이클로트론을 이용하여 우라늄 235를 전자기적 방법으로 분리할 수 있는 가능성과 플루토늄을 사용하는 방법 등에 관하여 이야기했다. "당신이 실험실을 운영하는 방식에 나는 얼마나 탄복했는지 모릅니다." 올리펀트는 돌아간 뒤에 편지를 보냈다. 로렌스는 사무실로 돌아와 부시와 코난에게 전화를 하여 올리펀트가 그들을 만날 수 있도록 주선했다. 코난은 워싱턴에서 올리펀트와 같이 저녁을 먹으며 그의 이야기를 흥미 있게 들었다. 부시는 뉴욕에서 예의상 겨우 이십 분 동안만 면담을 허락했다. 두 책임자는 모두 MAUD 보고서에 대하여 모른다고 말했다.

그후 올리펀트는 제네럴 일렉트릭 사를 방문하여 쿨리지를 만났다. 그는 두 번째 국가 과학원의 검토 보고서를 작성했다. 이 방문은 적어도 쿨리지에게 분노와 유사한 감정을 유발시켰다. "우라늄 235가 고속 중성자에 의하여 연쇄 반응을 일으킨다는 정보는 내가 아는 한 두 번째 검토 보고서가 완성될 때까지는 이 나라에서 모르고 있었다." 이 정보는 브리그가 안전하게 보관하기 위하여 금고속에 넣고 자물쇠로 잠가 놓았었다. 올리펀트는 그의 이번 방문이 어떤 영향을 미쳤는지 궁금해 하며 버밍엄으로 돌아왔다.

로렌스는 이미 움직이고 있었다. 그는 올리펀트가 버클리를 떠난 뒤 아서 콤프턴에게 전화했다. 콤프턴은 통화 내용을 다음과 같이 말했다. "어떤 일이 그를 원자 폭탄을 만드는 일이 가능하다고 믿게 했다. 이런 폭탄이 전쟁이 끝나기 전에 만들어진다면, 전쟁의 결과를 결정하게 될 것이다. 독일보다 앞서 이 폭탄을 개발하는 것이 우리의 급선무라는 생각을 갖게 했다." 이것은 2년 전 실라르드가 주장하던 것과 똑같은 내용이다.

범 미주 과학자 회의에서 그의 정치적 참여를 결정한 뒤에도 에드워드 텔러는 조지 워싱턴 대학에서 강의하면서 분열 현상에 대한 연구를 계속했다. 1941년 3월, 텔러 가족은 미국 시민권을 획득했다. 코넬 대학을 잠시 떠나서 뉴욕에 있는 컬럼비아 대학에서 봄학기 동안 강의를 하고 있던 한스 베테도 시민권을 받았다. 베테는 다음 학기에는 자기 대신 텔러를 초청하는 것이 좋겠다고 대학 당국에 권유했다. 텔러는 페르미와 실라르드 사이의 이견도 조정하고 같이 더 밀접하게 연구할 수 있겠다는 생각으로 초청을 수락했다. 페르미는 실험하는 중에도 시간을 내어 이론 문제도 연구했다. 9월 어느 날, 텔러와 함께 대학 클럽에서 점심을 먹고 돌아오는 길에 원자 폭탄이 이중수소에 열핵융합 반응을 할 수 있도록 충분한 열을 공급할 수 있을지도 모른다고 큰 소리로 떠들었다. 수소를 헬륨으로 융합시키는 폭탄은 분열폭탄보다 1,000배 이상의 더 많은 에너지를 방출할 수 있을 것이다. 페르미는 지나가는 생각으로 이야기했던 것뿐이었지만 텔러는 이것을 훨씬 더 큰 도전으로 받아들이고 기억해 두었다.

텔러는 어떤 문제를 이론적으로 이해했을 때에는 실험적 확인을 기다리지 않고 계속해서 앞으로 밀고 나갔다. 그는 수소폭탄의 가능성을 생각하기 시작했다. 그는 여러 가지 계산을 해보았다. 모두 실망스러웠다. "나는 이중수소는 원자 폭탄으로 불을 붙일 수 없다고 판단했다." 그는 엔리코 페르미에게 왜 수소폭탄을 만들 수 없는지 설명했다. 그리고 한동안 텔러 자신도 이것을 믿었다.

그러나 페르미와 텔러가 핵 연쇄 반응을 수소의 열핵반응을 시작시키는 방법으로 이용하는 것을 처음으로 생각해 낸 것은 아니었다. 이 영예는 교토 대학의 물리학 교수 하기와라에게 돌아가야 된다. 하기와라는 분열 연구에 관한 논문들을 읽어 보았고 또한 자신의 연구도 진행했다. 1941년 5월, 그는 '초폭약 우라늄235'에 관한 강의를 했다. 그는 폭발적인 연쇄 반응은 우라늄 235에 의존한다는 것을 알고 있었고 그리고 동위원소의 분리도 이해하고 있었다. 그는 핵분열과 열핵융합 반응을 연결시키는 방법에 대해서도 토의했다. "만일 적정한 농축도의 우라늄235를 대량으로 얻을 수 있다면, 우라늄235는 수소의 융합 반응을 시작시키는 물질로 사용될 수 있을 것이다. 우리는 이것에 대하여 큰 기대를 가지고 있다." 그러나 일본이든 미국이든 수소폭탄을 만들기 전에 원자 폭탄을 먼저 만들어야 될 것이다. 그리고 어느 나라도 아직도 결정적인 정부 차원의 지원을 획득하지 못하고 있었다. 부시와 코난, 두 책임자는 세 번째 국가 과학원 보고서를 작성하도록 지시했다. 이번에는 콤프턴 위원회에 화학공학자 루이스(W. K. Lewis)와 코난의 하버드 동료이며 NDRC의 폭약 전문가 키샤코프스키를 포함시켰다. 루이스는 실험실 과정을 산업적인 규모로 전환했을 때의 성공 가능성을 평가하는 전문가였다.

키가 크고, 뼈가 굵으며, 거칠어 보이며 편평한 슬라브족 얼굴과 자신감에 차 있는 키샤코프스키는 18세에 러시아 백군에 지원하여 혁명 기간 동안 싸웠다. "나는 민권 문제와 인간의 자유가 중요시되는 가정에서 자라났다"라고 그는 노년에 한 인터뷰에서 말했다. "나의 아버지는 사회학 교수였으며 이 분야의 책과 기사를 썼다. 그래서 차르 정권과 중대한 문제가 있었다. 어머니도 정치적인 성향이 있었다. 두 분이 짧은 기간 동안 공산주의자였으나 곧 탈퇴했다. 이것이 내가 18세에 반볼세비키 군에 들어갔던 이유였다. 그것은 확실히 내가 러시아 황제의 독재정치를 지지했기 때문은 아니었다. 물론 나는 모든 것이 끝나기 전에 완전히 백군을 혐오하게 됐다." 키샤코프스키는 독일로 도망하여 1925년 베를린 대학교에서 박사 학위를 받았다. 그는 독일에 머무를 수도 있었지만, 그의 지도 교수가 다른 곳을 찾아보라고 권고했다. "그는 만일 내가 대학에 가기를 원한다면 이민을 가라고 했다. 나는 독일에서 직장을 잡을 수가 없을 것이다. 이곳에서는 언제나 러시아인일 뿐이다." 프린스턴에서 우크라이나 화학자를 연구원으로 받아들였고, 곧 그를 교직원으로 채용했다. 그때 하버드에서 그를 발견하고 접촉했다. 1930년 하버드로 옮겼고, 1938년 화학 교수가 됐다.

코난도 키샤코프스키를 하버드로 끌어오려고 애쓴 사람 중의 하나이다. 그는 키샤코프스키를 높이 평가했으며 화학자로서의 의견을 존중했다. "내가 두 개의 분열 물질을 재빨리 결합시켜서 폭탄을 만들 수 있다는 생각을 설명하자, 그는 전쟁터에서 그렇게 하기는 어려울 것 같다는 반응을 보였다." 영국인들의 희망과 물리학자들의 애원은 코난을 확신시키지 못했으나, 마침내 키샤코프스키의 판단은 코난을 확신시켰다.

몇 주 후 우리가 만났을 때, 그의 의문은 사라져 있었다. "그것은 만들 수가 있다"라고 그는 말했다. "나는 100퍼센트 찬성이다." 브리그의 프로젝트에 대한 나의 의문은 조지 키샤코프스키의 신중한 판단을 듣자마자 사라져 버렸다. 나는 조지를 여러 해 동안 알고 있었다. 나는 그에게 국방 연구위원회의 폭약부의 책임을 맡아줄 것을 요청했다. 나는 그의 판단에 완벽한 믿음을 가지고 있었다. 만일 그가 콤프턴의 계획에 찬성한다면, 다른 사람의 이야기는 더 들어볼 필요도 없었다.

올리펀트는 로렌스를 확신시켰고, 로렌스는 콤프턴을 믿게 했으며, 키샤코프스키는 코난을 확신시켰다. 코난은 콤프턴과 로렌스의 태도가 부시에게 큰 영향을 주었다고 말했다. 그러나 더 중요한 것은 오타와에 주재하는 영국의 과학 연락관 G. P. 톰슨이 10월 3일 코난에게 공식적으로 전달한 MAUD 보고서였다. 10월 9일 국가 과학원의 세 번째 보고서가 나올 때까지 기다리지 않고 부시는 MAUD 보고서를 직접 대통령에게 가지고 갔다.

프랭클린 루스벨트(Franklin Roosevelt), 헨리 월러스(Henry Wallace) 그리고 OSRD 책임자 부시는 목요일 날 백악관에서 회동했다. 같은 날 부시가 코난에게 보낸 비망록에서 그는 이날의 토의가 MAUD 보고서에 기초하여 이루어졌다는 것을 알 수 있게 해 준다. "나는 회의에서 영국의 결론에 대하여 말했다." 그는 대통령과 부통령에게 원자 폭탄의 폭발 핵심부는 약 25파운드 정도이며, 이것이 폭발하면 1,800톤의 TNT와 동등한 위력을 갖고 있다고 말했다. 우라늄 235를 분리해 내기 위해서는 주요 정유공장보다 몇 배나 많은 비용이 필요하며, 원자재는 캐나다와 벨기에령 콩고에서 얻을 수 있다. 영국인들은 최초의 폭탄이 1943년 말까지 준비될 수 있다고 생각한다고 말했다. 부시는 원자 폭탄 공장을 한달에 2개 내지 3개 정도 건설해 낼 수 있을 것이라고 설명했다. 그는 자신의 설명이 '주로 어떤 연구소의 조사 결과에 근거한 것이며 증명된 것은 아니므로' 성공을 보장할 수 없다는 점을 강조했다.

부시는 영국인들의 계산과 영국인들의 결론을 제시하고 있었다.

이 내용은 영국인들이 이 분야에서 미국인들보다 훨씬 앞섰다는 것을 보여주는 것이다. 토론은 미국이 어떻게 영국 프로그램과 연관되어 있으며 또는 스스로 연관을 지울 것인가 하는 문제를 옮겨갔다. "나는 기술적 문제에서는 영국과 완벽한 교류가 이루어져야 된다고 말했다. 이것은 곧 승인됐다." 부시는 영국의 기술 관련 인사들이 정책을 전시 내각에 직접 제출했다고 설명했다. 미국에서는 국방 연구위원회의 관련 부서와 자문위원회가 기술적 문제를 고려했고, 그와 코난만이 정책을 생각해 왔다고 말했다.

정책은 대통령의 특권이었다. 부시가 이 문제를 노출시키자마자 루스벨트는 그것을 몰수해 버렸다. 부시는 이 결정을 이 회의의 가장 중요한 결과로 받아들이고 코난에게 보낸 그의 비망록에 단연 맨 처음 기술했다. 루스벨트는 정책자문을 위한 작은 그룹을 만들기를 원했다(최고 정책(Top Policy) 그룹이라고 불리게 됐다). 그는 부통령 월러스, 육군성 장관 스팀슨, 육군 참모총장 마셜, 부시 그리고 코난을 위원으로 지명했다. 루스벨트는 본능적으로 핵무기 정책을 자신의 소관으로 확보해야 한다는 것을 알았고, 또 그렇게 했다.

이와 같이 하여, 미국의 원자 에너지 계획은 출발부터 과학자들이 만들기를 제안한 무기의 정치적 그리고 군사적 사용에 대한 과학자들의 결정권을 거부했다. 부시는 이 결정을 즐겁게 받아들였다. 그에게는 단지 누가 이 일을 이끌어 나가느냐 하는 것만이 관심사였다. 그는 여전히 그 자리에 남아 있었다. 그리고 즉시 물리학계를 정렬시키는 데 이 사실을 사용했다. 몇 시간 뒤에 아서 콤프턴과 그의 위원들에게 대통령이 기술 보고서를 요청했다는 사실만 강조하고 전반적인 정책 결정 방법에 대한 고려는 그들에게 알려주지 않았다.

부시는 과학자들의 비판에서 벗어나기 위하여 정책 결정권 문제를 연계시켰다. "과거에 많은 어려움들은 이런 사실에 기인된 것이었다. 특히 로렌스는 정책에 관한 강한 아이디어들을 갖고 있었고 또한 많은 이야기를 했지만…… 나는 그와 토의할 수가 없었다. ……왜냐하면 나는 그런 권한을 대통령으로부터 승인을 받지 못했기 때문이다." 그는 로렌스와 콤프턴의 충성심을 정책에 대한 침묵으로 측정했다. "나는 이제 로렌스가 이것을 이해하리라고 생각한다. 아서 콤프턴은 이해하고 있다고 확신한다. 이제 이 문제로 인한 우리들의 어려움은 사라졌다"라고 부시는 말했다.

한 과학자는 원자무기를 만드는 일을 돕든지 또는 돕지 않든지 자기가 선택할 수 있다. 그것이 그의 단 한 가지 길이다. 이제 별도의 분리된 주권을 갖는 조직에 속하는 대가로 그는 자기의 정책에 관한 주장을 포기해야 될 것이다. 이 별도의 조직은 대통령과 그가 승인하는 단 한 사람을 통하여 공개된 주권국가인 미국에 연결될 것이다. 애국심이 선택에 많은 영향을 주었다. 그러나 많은 물리학자들에게는, 그들의 발언을 통해서 볼 때, 독일에 대한 두려움이 더 깊은 동기였다. 그러나 두려움보다도 더 깊은 동기는 숙명론이었다. 폭탄은 육체에 유전이 잠재적인 것과 같이 본질적으로 눈에 보이지 않는 것이다. 어떤 국가든지 그것을 만들어 사용하는 법을 배울 수 있다. 그러므로 단지 독일과의 경쟁만이 아니다. 루스벨트는 경쟁이 시간과의 싸움이라는 것을 감지했다.

부시의 비망록에 의하면 루스벨트는 독일의 위협에 대하여 걱정하기 보다는 결정적인 새로운 파괴 무기가 개발됐을 때 가져올 장기적인 영향에 대하여 걱정했다는 것을 시사하고 있다. "우리는 원자재의 공급과 전후 통제 문제에 대하여 상당 시간 토의했다"(당시에는 우라늄 광석을 공급할 수 있는 나라가 몇 나라 되지 않고 그것을 보유하는 나라가 폭탄을 독점하게 될 것이라고 믿었다). 루스벨트는 미국이 아직도 개입하지 않은 전쟁을 위하여 폭탄을 개발한다는 생각 이상의 것을 염두에 두고 있었다. 그는 세계의 정치적인 조직을 바꾸어 놓을 군사적 개발에 대하여 생각하고 있었다.

부시가 자기에게 주어진 권한의 한계를 알고 있었던 것이 성공적인 관리자가 된 이유 중의 하나이다. 그는 때가 되면 더 폭넓은 프로그램(산업적 생산)은 OSRD보다 더 큰 조직에서 관리해야 될 것이라고 제안했다. 루스벨트는 동의했다. 그에게 주어진 임무를 요약하면서 부시는 대통령에게 필요한 연구를 가능한 한 빨리 추진시키되 확장된 계획은 추후 지시가 있을 때까지 기다리겠다고 말했다. 루스벨트는 그에 동감을 표시했다. 대통령은 부시에게 재원은 이러한 특수 목적을 위하여 사용할 수 있는 예산에서 조달될 것이며 자기가 조치하겠다고 말했다.

미국은 아직 원자 폭탄의 제조에 착수하지 않았지만 원자 폭탄이 만들어질 수 있는지 또한 없는지에 관해 철저한 조사를 할 준비가 됐다. 단 한 사람, 루스벨트가 비밀리에 의회나 법원의 자문도 받지 않고 결정했다. 그것은 군사적인 결정으로 여겨졌다. 그리고 그는 최고 통수권자였다.

부시와 코난은 콤프턴에게 세 번째 NAS 검토 보고서를 빨리 작성하도록 재촉했다. 콤프턴은 앨리슨(Samuel Allison)에게 그의 우라늄235 임계 질량 계산을 도와줄 수 있는 사람을 추천해 달라고 요청했다. 앨리슨은 탄소의 흡수 단면적에 관하여 페르미와 토의한 적이 있으므로 그를 높이 추천했다. "페르미의 컬럼비아 대학교 연구실을 방문했다. 칠판에 다가서며 그는 연쇄 반응을 하는 구의 임계 크기를 계산할 수 있는 공식을 간단하게 도출해 냈다. 그는 가장 최신 실험적 상수값을 모두 알고 있었다. 그는 나를 위하여 데이터의 신뢰도까지 설명했다. 가장 보수적인 계산일지라도 핵폭발을 일으킬 수 있는 분열 물질의 양은 100파운드를 넘지 않았다"라고 콤프턴이 말했다.

콤프턴은 유리(Harold Urey)의 사무실에 가서 동위원소 분리 연구를 살펴 보았다. 유리는 수소 동위원소에 관한 연구 결과로 노벨상을 수상한 적이 있는, 이 분야에서는 인정해 주는 세계적 지도자였다. 그는 처음부터 우라늄 위원회와 해군 연구소를 위하여 동위원소 연구를 지휘하고 있었다. 그는 개인적으로 우라늄 235의 화학적 분리 방법(당시에 주어진 화학적 복합물을 가지고는 불가능한 것으로 판명났다)과 원심력에 의한 분리 방법을 연구했다.

유리는 처음에는 가스 장벽 확산 방법에 대하여 회의적이었다. 그와 더닝은 의견이 서로 잘 맞지 않았다. 아마도 두 사람 모두 열정가이기 때문이다. 1940년 말 원심분리기 개발이 한창 진행되고 있을 때 비로소 유리는 더닝과 부스(Eugine Booth)가 자기들의 사비를 들여 열심히 개발하고 있는 방법에 관심을 보였다. 그들은 1940년 어느 저녁 셰넥터디에서 집으로 돌아오는 길에 저녁을 먹으며 대규모 생산에 부적당한 방법을 하나씩 제외시켜 나가다가 가스 확산 방법을 선택했다. 그들은 핵동력 생산에 관심이 있었다. "우리가 동위원소 분리를 추구했던 이유는 간단하고도 일반적인 동력 생산을 위한 것이었다. 보통의 우라늄으로 연쇄 반응이 가능하다면 농축된 우라늄으로는 더 작고 아마도 비용이 저렴한 동력 생산 시설을 만들 수 있을 것이다." 더닝과 유리는 1940년 11월 공동으로 가스 확산법에 대하여 평가했다. 당시에 더닝이 사용한 장벽의 소재는 세공이 많은 실리카(Silica)였다. 이것은 그릇을 만드는 재료로 사용되지만 6가 불화우라늄에 의하여 부식되는 성질을 가지고 있다. 그들은 가스 확산 공장에 약 5,000개의 분리된 장벽 탱크가 필요할 것으로 추산했으나 비용과 전력 소모에 대해서는 그다지 생각하지 않았다.

1941년 가을이 되어 더닝과 부스는 중요한 진전을 이루었다. 그들은 아연을 뽑아버린 놋쇠 장벽을 사용하여(놋쇠는 구리와 아연의 합금이므로 아연을 용해시켜 뽑아내면 다공질 소재가 된다) 성공적으로 농축된 소량의 우라늄을 뽑아냈다.

콤프턴은 페르미와 밀접한 관계를 가지며 연구하고 있는 위그너를 만나기 위하여 프린스턴으로 갔다. 위그너는 콤프턴을 위해 고속과 저속 중성자 분열의 차이를 명확히 설명해 주었다. 그는 페르미가 개발하고 있는 우라늄 그라파이트 시스템을 원소 94의 제조법으로 추천했다. "위그너는 거의 눈물을 흘리며 원자 프로그램이 진행되도록 도와달라고 애원했다. 나치가 폭탄을 먼저 만들 것이라는 그의 생생한 두려움은 그가 유럽에서 생활했던 경험으로 그들을 잘 알고 있기 때문에 더욱 인상적이었다."

콤프턴은 시카고에 돌아와 시보그를 만났다. 시보그는 콤프턴의 요청으로 시카고를 방문했다. 시보그는 원소 94를 우라늄으로부터 화학적으로 분리하는 대규모 원격조종 기술을 개발할 수 있다고 자신 있게 말했다. 새로운 정보로 무장한 콤프턴은 10월 21일 셰넥터디에서 위원회를 열기로 했다. 로렌스로부터 오펜하이머를 데리고 참석하겠다는 편지가 왔다. "나는 오펜하이머를 크게 신뢰하고 있다. 그래서 그의 판단으로부터 도움을 받을 것을 간절히 원한다."코난은 로렌스가 아직도 외부인인 오펜하이머에게 이론에 관한 도움을 요청했다는 것을 알고는 로렌스를 꾸짖은 적이 있었다. 그러나 로렌스의 요청은 허락됐다.

로렌스가 이론가의 '좌측으로 헤매는 활동'이라고 부르는 것에 대한 로렌스와 오펜하이머 사이의 의견 충돌이 있었으므로 오펜하이머는 원자 폭탄 계획에서 거의 제외됐었다. 오펜하이머는 여섯 살 먹은 아들이 있는 키티라고 알려진 퓨닝(Katherine Puening)과 결혼했다. 그는 일을 하기를 원했다. 그가 아는 많은 사람들이 레이더 또는 다른 군사적 연구를 위하여 떠났다. 그가 로렌스를 직업 조합인 미국 과학자 협회를 조직하기 위한 회의에 참석해 달라고 이글힐에 있는 아름다운 새 집으로 초대했을 때 그 대가로 무엇을 지불해야 하는지를 알게 됐다. 아서 콤프턴도 이 협회의 원로 맴버 중의 한 명이었다. 로렌스는 그가 정치적 활동이라고 부르는 이 협회에 가입하기를 원치 않았고, 그가 데리고 있는 직원들도 가입을 금지시켰다. "나는 좋은 아이디어라고 생각하지 않는다"라고 그들에게 말했다. "나는 당신이 가입하는 것을 원치 않는다. 나는 그것에 잘못된 것이 아무것도 없다는 것을 알고 있지만, 우리는 전쟁 노력과 관련하여 큰 일을 계획하고 있다. 따라서 그것은 별로 바람직하지 않다. 나는 워싱턴에 있는 사람이 우리들의 흠을 잡는 것을 원치 않는다"라고 로렌스는 말했다. 오펜하이머는 그렇게 쉽게 포기하지 않았다. 박애는 모든 사람의 의무이며 좀 더 다행스러운 위치에 있는 사람들이 낙오자들을 도와야 한다고 주장했다. 로렌스는 나치 문제가 먼저라고 대항했다. 그는 오펜하이머에게 코난의 질타에 대하여 이야기했다. 오펜하이머는 판단을 보류했다. 우라늄 프로그램의 과학적 지도자들을 자신의 만만치 않은 재능과 견주어 볼 수 있었던 10월 21일 회의는 오펜하이머의 마음을 바꾸어 놓았다. "내가 초보적인 원자 에너지 사업과 접촉한 이후, 나는 어떤 방법으로든 내가 직접 공헌할 수 있는 길이 있다는 것을 알게 됐다." 그는 전쟁을 위해 그가 새롭게 짊어져야 할 일을 깨달았을 때 재빨리 그의 낙오자들을 희생시켰다. 그는 미국 과학자 협회를 조직하는 업무에서 손을 떼었다.

로렌스는 올리펀트가 요약한 MAUD 보고서를 읽는 것으로 셰넥터디 회의를 시작했다. 뒤이어 콤프턴이 10월 여행에서 보고들은 바를 근거로 검토를 시작했다. 오펜하이머는 토의에서 우라늄 235의 임계 질량의 추산치는 100kg이라고 밝혔다. 페르미의 130kg과 비슷한 값이다. 키샤코프스키는 한 대의 비행기로 수송된 폭탄으로 큰 타격을 가할 수 있는 커다란 경제적 이점에 대하여 설명했다. 그러나 콤프턴은 검토위원회의 엔지니어들——부시가 NAS 보고를 실제적으로 검토하여 폭탄을 만드는 데 얼마의 시간이 걸릴 것이며 그리고 비용은 얼마나 될 것인지를 판단하도록 위원회에 추가시킨 사람들이다——을 이해시킬 수 없다는 것을 발견하고 실망했다.

> 그들은 일제히 거부했다. …… 충분한 데이터가 없다는 이유였다. 사실은 그들 앞에 모든 관계되는 정보가 제공되어 있었다. 어림짐작일지라도 어떤 답이 필요했다. 왜냐하면 그렇지 않고는 우리가 추천하는 사항들이 진행시킬 수 없기 때문이다. 얼마쯤 토의된 후에, 나는 총 소요 시간을 3년 내지 5년으로 제안했고 그리고 총 비용은 수억 달러가 될 것이라고 예측했다. 위원들은 아무도 이의가 없었다.

그렇게 하여 미국의 숫자는 과학자의 머리에서 나왔고 영국의 숫자도 마찬가지였다. 원자 에너지는 아직도 공학에는 너무도 새로운 것이었다. 만일 콤프턴이 엔지니어들의 부정적인 태도에 실망했다면, 로렌스는 소름이 끼치도록 경악했다. 하루도 지나기 전에 그는 위원회 의장에게 위협적인 도전의 편지를 보냈다.

> 어제 우리의 회의에서는 불확실한 것들을 강조하는 경향이 있었습니다. 즉, 우라늄이 전쟁을 결정하는 요인이 될 수 없다는 가능성이 강조됐던 것입니다. 나의 생각에는 이것은 매우 위험스런 것으로……만일 우리가 우라늄이 군사적 관점에서 부정적으로 판명되는 연구 결과를 얻는다면 그것을 재난으로 생각할 필요가 없을 것입니다. 그러나 연구 결과가 긍정적인 것이고 그리고 우리가 먼저 획득하는 데 실패한다면, 그것은 우리 나라에 비극적인 재앙이 될 것입니다. 그러므로, 나는 누구든 우라늄에 대한 활발하고도 전면적인 노력을 주장하지 않는다면 그는 자신의 행동에 대하여 중대한 책임을 감수해야 된다고 생각합니다.

그러나 콤프턴은 이미 노련한 부시로부터 위협을 받은 적이 있었고 그의 의무에 대해서도 잘 알고 있었다. 다만 부시가 개발 계획을 이미 가속화시키고 확대하고 있다는 것을 모르고 있을 뿐이다. 그가 '폭탄의 위력'을 평가하는 데에는 어려움이 있었다. 지금까지 알려지지 않은 온도에서 가스의 압력, 비열, 복사선들과 핵 입자들의 투과력 등에 대한 정보가 필요했던 것이다. 그는 오펜하이머에게 도움을 요청했다. "나는 오펜하이머를 14년 동안 알고 지냈다. 그는 복잡한 문제의 본질을 찾아내고 그것을 해석하는 데 가장 유능한 사람 중의 한 명이다. 나는 그의 답장을 받고 그것이 도움이 될 수 있다는 것을 알았을 때 매우 기뻤다." 10월 말까지 콤프턴은 계산을 끝마쳤다.

9월 말, 독일의 하이젠베르크는 40갤런의 중수를 노르웨이로부터 공급받았다. 즉시 또 다른 연쇄 반응 시험을 준비했다. 지름 30인치 크기의 알루미늄 구 속에 중수와 산화우라늄 300파운드를 층층이 번갈아 집어넣고 중앙에 중성자 소스를 넣은 다음 구를 실험실 탱크 물 속에 담구었다. 이번에는 중성자의 수가 약간 증가했으므로 이로부터 궁극적인 성공을 예측할 수 있었다. 하이젠베르크는 바이츠재커와 하우터만에게서 자연 우라늄의 지속적인 연쇄 반응은 원소 94를 만들어 낼 것이라는 이야기를 들어서 알고 있었다. "1941년 9월부터 우리는 원자 폭탄에 이르는 길이 우리 앞에 열리는 것을 느끼기 시작했다"라고 하이젠베르크는 말했다.

그는 보어를 만나보기로 결심했다. 그는 보어가 무엇을 어떻게 도와줄 것을 기대했었는지 밝힌 적은 없었다. 그의 부인 엘리자베스는 "그는 독일에서 외로웠다. 닐스 보어는 그에게 아버지와 같은 존재였다.……그는 어떤 일이든 보어와 상의할 수 있다고 생각했다. 인간과 정치적인 일에 경험이 풍부한 옛 친구의 충고가 그에게 절실히 필요했다." 그는 "원자 폭탄의 유령과 대결하고 있는 자신을 발견했다"라고 엘리자베스 하이젠베르크는 설명했다. 그리고 "그는 보어에게 독일은 원자무기를 만들고자 하는 의도 그리고 만들 능력도 가지고 있지 않다는 것을 알리고 싶었다.……그는 이 메시지가 어느 날 갑자기 원자 폭탄이 독일에 떨어지는 것을 막을 수 있기를 희망했다. 그는 이 생각으로 끊임없는 고통을 당하고 있었다."하이젠베르크와 바이츠재커는 10월 말 코펜하겐에서 열린 과학회의에 참석했다. 보어는 독일과 협력을 거부한다는 입장을 견지했으므로 이 회의에도 참석하지 않았다. 그러나 그는 하이젠베르크를 만나고 싶었다. 그는 하이젠베르크를 따뜻하고 인정이 넘치게 맞이했다.

하이젠베르크는 그의 중요한 대화를 저녁식사 후 산책 시간까지 미루었다. "보어는 독일 경찰 당국의 감시를 받고 있으므로 그와 나누는 이야기가 독일 당국에 보고될 수 있다는 생각에 나는 조심스럽게 대화를 나누었다"라고 그는 전후에 회고했다. 하이젠베르크는 보어에게 전시에 물리학자가 우라늄 관련 연구를 하는 것이 옳은 일인가 물었다. 특히 이 일이 중대한 결과를 초래할 수 있는 가능성이 있을 때 과연 어떻게 하는 것이 좋겠는가 하는 질문을 한 것으로 기억했다. 보어는 이 폭탄은 실제적으로는 불가능하다는 생각을 가지고 있었다. "나는 약간 겁먹은 듯한 그의 반응에서, 그가 이 질문의 내용을 이해하고 있다고 눈치챘다." 하이젠베르크는 보어가 비밀리에 미국의 연구에 관여하고 있으므로 이 암시적인 노출에 당황하고 있다고 생각했다. 그러나 보어는 하이젠베르크가 이런 이야기를 꺼내는 것에 놀랐던 것이다. 그는 하이젠베르크에게 폭탄이 정말로 가능한 것이라고 생각하는지 물었다. 하이젠베르크는 이 전쟁에서 실현시킬려면 굉장한 기술적 노력이 필요하다고 대답했다. "보어는 내가 독일이 많은 진전을 보고 있다는 이야기를 그에게 하려고 한다고 미리 짐작하고 있었기 때문에 나의 대답에 충격을 받았다. 나는 곧이어 이 잘못된 짐작을 수정하려고 노력했지만 성공하지 못한 것 같았다. ……나는 이 대화의 결과에 마음이 편치 못했다."

이것이 저녁 산책에 대한 하이젠베르크의 설명이다. 보어의 이야기는 이보다 자세하지 못했다. 그의 아들도 노벨상을 수상하고 아버지의 뒤를 이어 코펜하겐 연구소장이 됐다. 그는 자서전에서 이 날의 이야기를 요약했다.

독일이 원자 에너지 연구에 군사적 중요성을 두고 있다는 인상이

> 1941년 가을 하이젠베르크와 바이츠재커의 코펜하겐 방문으로 확실해졌다. 나의 아버지와 사적인 대화에서 하이젠베르크는 원자 에너지의 군사적 응용문제를 끄집어냈다. 나의 아버지는 심각한 기술적 어려움에 근거한 회의론을 피력했다. 그러나 그는 하이젠베르크가 전쟁이 오래 계속된다면 새로운 가능성이 전쟁의 결과를 결정할 수 있다고 생각한다는 인상을 받았다. 그날의 대화에 대한 하이젠베르크의 설명은 실제 일어났던 일과는 전혀 다르다.

이 두 가지 설명은 모두 중요한 사실을 빼놓고 있다. 하이젠베르크는 그가 만들고 있던 실험 중수로의 설계도를 보어에게 넘겨주었다. 만일 그가 비밀리에 그렇게 했다면 그는 확실히 생명의 위험을 무릅쓰고 한 일이다. 만일 그가 나치의 승인 아래 연합군의 정보를 혼란시키기 위하여 그렇게 했다면, 그는 확실히 더 이상 보어에게 속하는 사람이 아니다. 그의 의도가 무엇이었든지 간에, 이 만남은 보어에게 좋지 않은 영향을 주었다. 엘리자베스는 "보어는 대화를 통하여 실질적으로는 단 하나의 문장만 들은 것이다. '독일인들은 원자 폭탄이 제작 가능하다는 것을 알고 있다.' 그는 깜짝 놀랐고 그리고 너무 당황하여 다른 것은 모두 잊어버렸다"라고 말했다.

보어는 자기가 덴마크를 위하여 기꺼이 일할 생각이었으므로 하이젠베르크에게 과학자는 자기 나라를 위하여 일해야 된다고 말했다. 그러나 하이젠베르크는 이 말을 나치를 위해서도 협조할 생각이라고 받아들였고, 보어가 국가와 국민에 대한 의무와 정권에 대한 의무를 혼동하고 있다고 생각했다. 하이젠베르크는 보어의 대답에 깊은 충격을 받았다.

하이젠베르크와의 만남과 특히 그가 전해준 설계도는 보어에게 걱정거리만 안겨주었다. 그는 어떤 국가든 전시에 동위원소를 분리해 낼 수 있는 충분한 산업 능력을 갖고 있지 못할 것이라고 생각했다. 하이젠베르크는 '혼동과 절망의 상태'에 빠졌다. 위험을 무릅썼는데도 그는 보어에게 자기의 진실을 알리지도 못했고 그리고 다가오는 파멸을 피하기 위한 대화도 제대로 나누지 못했다. 그는 단지 독일의 가장 강력한 적에게 연쇄 반응에 접근하는 데 진전을 보았다는 소식을 전해주어 잠재적인 경고만 해준 것이 됐다. 이 소식은 폭탄을 만들기 위한 미국과 영국의 연합된 노력만 가속화시킬 것이다.

11월 1일, 아서 콤프턴은 세 번째 보고서의 초안을 부시와 주위트에게 보냈다. 이 보고서는 여섯 개의 장으로 구성됐고, 49페이지의 부록에 기술적 사항이 포함되어 있다. "이 보고서의 특별한 목적은 우라늄 235의 폭발적인 분열반응 가능성을 검토하는 것이다." 우라늄 동위원소 분리기술의 발전함에 따라 이 문제에 대한 재고가 긴급하게 했다. 이번에는 보고서가 무엇에 관한 것인지 확실히 알고 작성됐다. "우라늄 235의 충분한 질량을 재빨리 합쳐 놓으면 거대한 위력을 가진 분열 폭탄이 된다. 이것은 이론과 실험에 근거하여 거의 확실한 것 같아 보인다." 이 보고서에서 처음으로 임계 질량이라는 용어도 사용됐다. "적당한 조건에서 폭발적 분열을 일으키는 데 필요한 우라늄 235의 고속 중성자 흡수 단면적이 아직 불확실하기 때문이다."

NAS가 추산한 파괴력은 MAUD 보고서가 예측한 값보다 약간 적었다(25파운드의 우라늄 235 폭발위력을 NAS는 TNT 300톤에 해당하는 것으로 보았고, MAUD는 1,800톤에 해당한다고 했다). 그러나 미국의 보고서는 방사능 물질에 의한 생물체의 파괴 효과를 폭발 자체만큼 중요한 것으로 판단했다. 원심력 분리와 가스 확산 방법은 실용적인 실험 단계에 와 있다고 지적했다. 앞으로 3년 내지 4년내에 상당량의 분열 폭탄이 사용 가능할 것으로 판단했다. 앞서 제출됐던 보고서 같이, 이번 보고서에서도 독일의 위협보다는 장기적인 전망을 강조했다. "앞으로 몇 년 이내에, 위에 설명된 것과 같은 폭탄이 군사적 우위를 확보할 목적으로 사용될 가능성에 대하여 진지하게 고려하여야 한다. 우리의 국방을 위한 적절한 조치로서 이 프로그램의 긴급 개발을 요구하는 바이다."

자세한 부록에서 콤프턴은 반사구를 사용하는 경우에, 임계 질량이 3~4kg 정도라고 계산했다. 키샤코프스키는 분열폭탄의 위력과 두 조각의 우라늄을 초속 수천 피트의 속도로 결합시키는 방법에 대하여 논의했다.

그리고 콤프턴 위원회의 한 원로 물리학자는 현재 고려되고 있는 동위원소 분리 방법들에 대한 찬성 의견을 보고하면서 '병행 개발 원칙'을 추천했다. 이 원칙은 하나 또는 두 가지의 기술이 실패하더라도 시간을 절약할 수 있는 방법이다.

세 번째 보고서에는 컬럼비아 대학교에서 진행 중인 우라늄-그라파이트 연구와 플루토늄에 관한 내용이 빠져 있었다. 콤프턴은 우라늄 235 폭탄이 플루토늄 폭탄보다 더 간단하고, 더 확실한 것으로 생각했기 때문이다. 이로 인해 정책의 우선 순위를 결정할 수 있는 브리그의 권한이 배제되어 버렸다. 부시는 콤프턴을 만나기 전에 주위트에게 편지를 보냈다. 그는 브리그에게는 물리적 측정 분야의 책임만 맡기고 이 개발 업무를 전적으로 관장할 새로운 사람을 임명하겠다고 했다. 그는 로렌스를 생각했으나, 로렌스는 너무 말이 많은 것이 흠이었다. "이 일은 엄격히 비밀리에 진행되어야 한다. 이것이 내가 로렌스의 이름에 주저하게 된 이유이다"라고 말했다.

THE WHITE HOUSE
WASHINGTON

Jan 19

V. B.
OK – returned I
think you had best keep
this in your own
safe
FDR

백악관, 워싱턴, "1월 19일. 부시(V.B.). OK–돌려보냄–당신 금고에 보관하는 게 가장 좋겠소. 루스벨트(FDR)."

NAS 보고서는, 대통령이 이전에 내렸던 결정을 합리화시키는 정도의 역할만으로도 영국인들이 발견한 것들을 따로 살펴보고 미국의 물리학계가 이 일에 참여하게끔 유도했다. 미국은 마침내 폭탄 궤도 위에 바퀴를 올려놓았다. 가속도는 관성을 극복하고 굴러가기 시작했다.

원자 폭탄 개발 연구의 가속을 지시한 이 운명적인 결정을 포함하고 있는 루스벨트 대통령이 서명한 문서는 없다. 미국 문서 보관소에서도 관련 문건을 찾아 볼 수 없다. 세계를 변화시킨 기록은 평범한 한 조각의 종이에 불과했다. 부시는 과학원의 세 번째 보고서를 1941년 11월 27일 직접 대통령에게 전달했다. 루스벨트는 두 달 후 백악관 문구 용지에 촉이 넓은 펜으로 쓴 노트와 함께 이 보고서를 부시에게 돌려 보냈다. 이 노트는 OK라는 표현과 자기 이름을 약자로 서명한 것 이외에는 평범한 문장만 포함되어 있었다.

로렌스와 콤프턴이 기대를 갖고 있던 플루토늄에 대해서는 아무런 정책적 결정도 내려지지 않았다. 12월 초, 부시와 코난이 기구개편에 대한 발표를 하기 위하여 워싱턴으로 우라늄 위원회 위원들을 소집했을 때 콤프턴은 이 문제에 대하여 이야기할 수 있는 기회를 얻었다. 유리는 컬럼비아에서 가스 확산 방법을 개발하고, 로렌스는 버클리에서 전자기적 분리 방법을 연구하며 스탠더드 정유회사의 연구소장인 젊은 화공학자 머피는 원심 분리 방법을 개발하고 그리고 시카고의 콤프턴은 이론 연구와 폭탄 설계 책임을 맡기로 했다. 2주 후에 좀 더 세부적인 연구계획을 작성하여 다시 모이기로 하고 회의를 끝냈다.

부시, 코난 그리고 콤프턴은 라피엣 스퀘어에 있는 코스모스 클럽에서 점심을 같이했다. 이 자리에서 시카고 물리학자는 플루토늄 이야기를 꺼냈다. 그는 동위원소 분리보다 화학적 추출방법이 간단한 장점을 갖고 있으므로 원소 94는 가치 있는 경쟁자라고 주장했다. 부시는 신중했다. 코난은 새로운 원소의 화학적 성질이 아직 잘 알려지지 않았다고 지적했다. 콤프턴은 그들의 대화를 기억했다.

> 시보그는 플루토늄이 생성되면 6개월 이내에 폭탄에 사용될 수 있도록 준비할 수 있다고 코난에게 말했다고 했다. 시보그는 매우 유능한 젊은 화학자이지만, 아직 그렇게 훌륭하지 못하다고 코난이 말했다.

화학자 시보그가 얼마나 뛰어난지는 두고 볼 일이다. 콤프턴과 코난은 계속해서 토의했다. "스스로 유지되는 연쇄 반응을 성공시키는 것은 훌륭한 업적이 될 것이다." 비록 플루토늄이 폭탄 물질로는 적합치 않은 것으로 판명날지라도 "그것은 측정과 이론적 계산이 옳다는 것을 증명할 것이다." 부시는 콤프턴의 고도의 비밀 프로젝트를 시카고에 설치하겠다는 요청을 일주일도 안되어 동의해 주었다. 부시는 사람들의 바쁜 일정을 고려하여 다음 회의를 1941년 12월 6일 토요일 워싱턴에서 소집했다. 그들은 직감적으로 지금보다 더 바빠질 것을 알 수 있었다.

1941년 12월 7일 일요일, 하와이 현지 시각 오전 7시에 오하우 섬의 북단 카후크 곶 근처에서 두 명의 미군 일등병이 이동식 레이더 장비의 전원을 끌 준비를 하고 있었다. 그들은 새벽 4시부터 항공기 감시활동을 하고 있었다. 그때 평시와는 다른 불빛들이 오실로스코프 스크린에 나타났다. 그들은 장비의 이상 유무를 확인했으나 모두 정상이었다. 그들은 큰 덩어리로 나타나는 불빛이 어떤 종류의 비행체임에 틀림없다고 판단했다. 북동 방향 132마일 거리에서 50대 이상의 비행기가 나타난 것 같았다. 그 중 한 명이 섬의 반대편에 있는 정보센터로 연락했다. 이곳은 육안 및 레이더 감시 보고가 책상 위에 있는 지도에 종합되는 곳이다. 전화를 받은 중위는 레이더 운용병으로부터 "지금까지 본 중에서 가장 큰……"이라는 보고를 받았다. 운용병은 비행기의 대수에 대하여서는 보고하지 않았다.

육군과 해군은 다가오는 일본의 공격에 대한 경고를 이미 받았다. 일본은 동아시아의 지배가 그들의 생존의 사활이 걸린 문제라고 생각하고 있었다. 일본은 만주와 중국으로 확장해 들어갔으며, 1937년에는 일본 육군이 상해에서 이십만 명의 남자, 여자 그리고 어린아이들을 무자비하게 살육했다. 이것에 대한 미국의 반응은 전쟁 물자 수출을 금지하고 미국 내 일본의 자산을 동결시키는 것이었다. 일본인들이 인도차이나를 침공하자, 1940년 9월 항공기 연료, 강철 그리고 고철을 금수 품목에 추가했다. 일본은 아시아의 원유와 철광석이 없이는 18개월 이상 지탱할 수 없다고 생각했던 것이다. 그들은 한동안 미국과 협상을 계속하면서 전쟁을 준비해 왔다. 이제 협상이 결렬됐다.

미국 육군 하와이 지역 사령관 쇼트(Walter C. Short) 소장은 참모총장 조지 마셜이 서명한 비밀 문서를 11월 27일 수령했다.

> 일본 정부가 다시 회담의 계속을 제의할 실낱 같은 가능성은 있지만 일본과의 회담은 실질적으로 종결된 것 같다. 일본의 반응을 예측할 수 없지만 어떤 순간에라도 적대행동으로 나올 가능성이 있다. 만일 적대행위, 반복 적대행위를 피할 수 없다면 미국은 일본이 먼저 시작하기를 바라고 있다. …… 민간인들을 놀라게 하거나 취지가 노출되지 않도록, 반복 않도록, 적절한 수단을 강구해야 될 것이다.

쇼트는 3단계 경보 중 하나를 선택할 수 있었다. 외부로부터 직접적인 위협이 없을 때 파업, 간첩 행위 그리고 파괴 활동에 대한 방어를 강화하는 것으로부터, 전면적인 공격에 대하여 전면적인 방어로 대처하는 것까지이다. 육군성의 지시는 아마도 필리핀에 있는 맥아더 장군이 직접적으로 작성한 것이리라고 생각하고 쇼트는 파업에 대한 방어 경계 1번을 선택했다.

호놀룰루의 서쪽 진주만에 주둔하고 있는 미국 해군 태평양 사령관 킴멜(Husband E. Kimmel) 제독도 몇 시간 뒤에 해군성으로부터 유사한 메시지를 받았다.

이 급보는 전쟁 경고로 간주할 것. 태평양의 안정을 바라는 일본과의 회담은 중지됐다. 그리고 이후 며칠내로 일본에 의한 공격적인 움직임이 예상된다. 일본군의 수와 장비 그리고 해군 특수 기동부대의 조직이 필리핀, 타이 또는 크라 반도 혹은 보르네오에 상륙작전을 감행할 기미를 보이고 있다. 주어진 임무를 수행할 준비로 적절한 방어 조치를 취할 것.

킴멜은 잠재적인 전쟁 발발 가능 지역이 다른 곳임을 알았다. 그러나 그는 바다에 있는 함정들의 안전대책이 필요하다고 판단했다. 잠수함의 기습공격이 가능하다고 생각되어 그는 오아후 섬 근해에서 발견되는 잠수함에 대해서는 폭뢰 공격을 명령했다.

그러므로 레이더 운용병의 전화를 받은 육군 중위는 아무 위험도 예상하고 있지 않았다. 그는 보고에 대한 나름대로의 해석을 찾아냈다. 육군이 경비를 지불하는 호놀룰루의 KGMB 방송국은 항공기들이 하와이 섬을 찾아올 때 항해사들에게 신호를 보내기 위하여 밤새 하와이 음악을 방송했다. 중위는 아침 출근 길에 이 방송을 들었다. 그는 레이더가 B-17 폭격기들을 탐지했다고 생각했다. 레이더가 탐지한 방향은 캘리포니아에서 오는 비행기들의 방향과 일치했다. "걱정하지 마라." 중위는 레이더 운용병에게 말했다.

펄 항구는 수심이 얕고 좁은 해협을 통해 바다로 이어진다. 항구 주위에는 드라이 도크, 기름 저장 탱크 그리고 잠수함 기지 등이 있었다. 그 일요일 아침에는 포드 섬 남동쪽에 7척의 전투함이 정박하고 있었다. 네바다 호는 따로 정박했고, 애리조나 호는 수리선 베스탈 호 옆에, 테네시 호는 웨스트버지니아 호 옆에, 메릴랜드 호는 오클라호마 호 옆에 그리고 캘리포니아 호는 따로 떨어져 정박하고 있었다. 여덟 번째의 전투함 펜실베니아 호는 근처의 드라이 도크에 올려져 있었다.

일본 제국 해군의 비행대장 후치다는 그가 흘리게 될지도 모르는 피를 위장하기 위하여 빨간 셔츠를 입고 그의 비행 모자에는 필승이라고 쓴 띠를 두른 채, 7시 53분 그의 조종사들이 진주만의 남서쪽 바버 갑 상공을 돌기 시작할 때 "토라! 토라! 토라!"를 외쳤다. "호랑이! 호랑이! 호랑이!"는 일본 해군에게 183대의 제1파가 완전기습에 성공했음을 알리는 암호였다. 43대의 전투기, 49대의 고공 폭격기, 51대의 경폭격기 그리고 40대의 공중 어뢰 공격기들은 200마일 북쪽에 위치하고 있는 6척의 항공모함에서 발진했다. 항공모함들은 전투함, 순양함, 구축함 그리고 잠수함들의 호위를 받으며 11월 25일 에토로푸 섬(일본 북쪽에 있는 섬)의 히토카프 만을 떠나 2주 동안 일체의 무선교신 없이 북태평양의 거친 파도를 헤치고 기습에 성공했다.

어뢰 공격팀들은 두 대 혹은 세 대씩 조를 짜서 급강하 공격을 시작했다. 승무원들은 필요하면 전함에 그대로 충돌할 준비가 되어 있었으나 아무것도 그들의 공격을 방해하는 것이 없었다. 7시 58분, 포드 섬의 지휘 센터는 미친 듯이 메시지를 전세계에 방송했다. "펄 항구 공습, 이것은 훈련이 아님." 킴멜 제독은 옆집의 잔디밭에서 공격이 시작되는 것을 보았다. 이웃 사람은 그가 믿을 수 없는 광경에 완전히 놀라서 그의 얼굴빛은 입고 있는 제복과 같이 흰색이었다고 말했다. 어뢰가 경순양함, 기뢰 부설선 그리고 또 다른 경순양함을 때렸다. 전투함 애리조나는 한쪽이 물 밖으로 들어올려졌다. 웨스트 버지니아 호는 거대한 물기둥을 뒤집어 썼다. 오클라호마 호는 네 번째 어뢰에 완전 전복됐다. 애리조나 호의 탄약 창고에 폭탄이 떨어져 배를 갈기갈기 찢어버리고 적어도 천 명의 사망자가 생겼다. 시체들, 손, 발, 머리들이 공중에 날려 사방으로 흩어져 떨어졌다. 어뢰 한 발은 네바다 호의 좌현 앞부분을 찢어버렸다. 두껍고 검은 연기가 하와이의 아침을 뒤덮었으며, 물 속에는 울부짖는 수병들이 불타는 기름을 헤치며 빠져나오기 위해 발버둥치고 있었다. 일본의 전투기와 폭격기들은 지상에 있는 항공기들과 히캄 기지, 이와 기지 그리고 윌러 기지의 막사에서 뛰어나오는 군인들과 해병대들을 공격했다. 한 시간 후 167대의 제2파가 몰려와 모든 것을 다 파괴했다. 두 번에 걸친 공격은 8척의 전투함, 3척의 경순양함, 3척의 구축함 그리고 4척의 기타 함정들을 침몰, 전복 또는 파괴했다. 117대의 폭격기를 포함하여 292대의 항공기가 파괴됐다. 2,403명의 군인 또는 민간인이 사망했고, 1,178명이 부상당했다. 다음날 오후 루스벨트는 상하양원 합동회의에서 연설하며 일본뿐만 아니라 독일과 이탈리아에 대한 전쟁 선언을 요구했고 승인받았다.

기습적인 진주만 공격을 생각하고 계획을 수립한 사람은 일본의 연합함대 사령관 야마모토 제독이었다. 그는 미국에 대항하여 궁극적으로 전쟁에 승리하리라는 환상을 가지고 있었다. 그는 하버드에서 공부했고, 해군 무관으로 워싱턴에서 근무했으므로 미국의 힘을 알고 있었다. 만일 전쟁이 시작된다면 초기에 가장 예상치 않았을 때에 적의 함대에 치명타를 주어야 한다고 그는 생각했다. 이러한 작전으로 그는 일본이 6개월 내지 1년의 시간을 벌 수 있고 그 사이에 대동아 공영권을 수립하고 참호를 팔 수 있을 것으로 희망했다.

진주만은 깊이가 겨우 40피트 정도이다. 비행기에서 낙하된 어뢰는 공격 수심으로 떠오르기 전에 통상 70피트 정도 이상 물 속에 가라앉는다. 물 속에 가라앉는 깊이를 줄이지 않으면 어뢰가 모두 진흙 속에 묻히는 문제가 있었다.

그들은 반복 실험을 통하여 수면 위 40피트 정도에서 비행 속도를 낮추고 낙하시키면 가라앉는 깊이를 줄일 수 있다는 것을 알게 됐다. 그러나 이 조작은 숙달된 비행술을 필요로 했으며 반복 시도를 통해 어뢰의 설계를 바꾸어 나가야만 했다. 후치다의 조종사들은 10월 중순에도 60피트 이하로 줄일 수가 없었다. 공기 중에서 비행 안정성을 위하여 설계된 새로운 안정익이 도움이 된다는 것을 발견했다. 9월 중 시험에서 어뢰는 40피트 이하로 가라앉지 않았다. 그러나 조종사들의 숙달 훈련은 필요했다. 10월 15일까지 30발의 개조된 어뢰를 제작할 수 있고, 10월 말까지는 50발을 추가로, 마지막 100발은 11월 30일, 기동부대가 출발된 뒤에나 완성할 수 있었다.

미츠비시 회사의 공장 지배인 후쿠다는 이 어뢰가 비밀 작전을 위하여 매우 중요하다는 것을 알고 회사의 규정을 어겨가며 시간외 작업을 하여 180발의 특별 제작 어뢰를 11월 17일까지 완성했다. 일본 규슈의 옛 나가사키 항구 도시에서 우라가미 강을 따라 30마일쯤 거슬러 올라가면 미츠비시 어뢰 공장이 있었다.

이 모든 일은 어떻게 일어났는가

『원자 폭탄 만들기』 출간 25주년을 기념하여

리처드 로즈

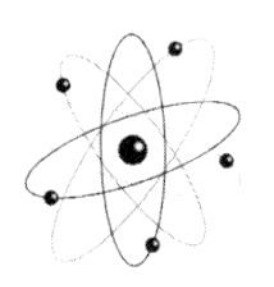

핵무기라는 개념이 제2차 세계 대전이라는 폭풍이 몰려오는 와중에 배태되고 이제는 어느새 70여 년이 지난 지금, 맨해튼 계획은 신화 속으로 사라져 가고 있다. 워싱턴 주 핸퍼드에 있는 거대한 원자로들, 그리고 플루토늄을 추출하던 협곡들, 테네시 주 오크리지에 있던 길이 800미터의 우라늄 농축 공장, 사용 목적을 비밀에 부치며 거대한 기계들을 만들고 작동시켰던 수십만 명의 일꾼들도 전설의 알맹이만 남긴 채 시야에서 사라져 가고 있다. 뉴멕시코 주의 우뚝 솟은 대지(臺地, mesa) 위에 건설되어 폭탄이 설계되고 만들어진 비밀 연구소 로스 앨러모스, 정적들이 끌어내릴 때까지 전후 국제적인 명사 반열에 올랐던 미국의 대표적인 물리학자요 권위 있는 연구소장 로버트 오펜하이머, 어울리지도 않는 조종사 어머니의 이름을 딴, 외로운 B-29 폭격기 에놀라 게이, 완파된 도시

히로시마, 그리고 반파된 나가사키 등 모든 것이 잊혀졌다.

적이 핵무기를 획득하려고 할 때를 제외하고는 핵무기 자체도 신화가 되어 가고 있다. 새로운 핵보유국들은 세계 평화를 위협하는 존재이고 오래된 핵 강국들은 평화를 지키는 편이라고 우리는 배워 왔다. 젊은 학자 앤 해링톤 드 산타나(Anne Harrington de Santana)는 핵무기가 숭배의 대상이 되었다고 지적한다. 상품과 관계되는 영역에서의 화폐와 같이, 우리의 번쩍이는 탄두들은 국력의 표지가 되었다. "돈으로 표시되는 부유함이 사회 계급에서 개인의 기회와 지위를 결정하는 것과 같이 핵무기의 형태로 표시되는 힘이 국제 질서에서 국가의 기회와 지위를 결정한다." 이것이 1945년 이후 산업화된 국가들이, 아무도 감히 사용한 적이 없는 핵무기를 한 번씩은 가지려고 했던 이유이다. 만일 핵폭탄들이 실제로 사용되었다면 모든 것은 무너졌을 것이다.

내가 1978년에 최초로 원자 폭탄의 개발 역사에 대하여 책을 쓰기로 결정한 이유 중 하나는 원폭 사용의 위험성 때문이었다. (또 다른 이유는 기밀 문서로 분류되었던 맨해튼 계획의 기록들이 대부분 비밀에서 해제되었기 때문에 나의 이야기를 기록을 통해 입증할 수 있게 되었다는 것이었다.) 그때는 지금보다 핵전쟁이 곧바로 일어날 것 같은 분위기였다. 1970대 말과 1980년대 초에 자료 조사를 하면서 책을 쓰고 있을 때에는 미국과 소련 사이의 핵무기 경쟁이 가속되고 있는 것처럼 보였다. 나를 포함하여 많은 사람들이 사고, 부주의 또는 오해로 인하여 파멸에 이를 것이라고 걱정했다.

소련은 아프가니스탄에서 전쟁을 하고 있었고, 지미 카터 미국 대통령이 보기에 소련은 아라비아 해와 원유가 풍부한 중동까지 밀고 내려올 것같이 보였다. 카터는 핵전쟁이 일어난다고 하더라도 미국은 그것을 허용하지 않을 것이라고 맹세했다. 소련은 핵무기 비축량을 미국의 그것과 동등하게 확대하기로 결정했다.—이 결정은 존 에프 케네디(John F. Kennedy) 미국 대통령이 핵전쟁도 불사하겠다고 위협하므로 그들을 물러나게 했던 1962년 쿠바 미사일 위기의 여파로 이루어졌다.—그래서 그들이 더 대등해질수록 미국의 우파는 더 호전적으로 울부짖었다. 1980년에 당선된 로널드 레이건 미국 대통령은 다른 핵 초강대국을 "악의 제국" 그리고 "현대 세계의 악의 추축"이라는 신조어를 만들어 내며 미국의 방위 예산을 두 배 이상으로 증가시켰다. 소련은 항로를 벗어나 그들의 영공으로 들어온 대한항공 여객기를 격추시켜 탑승자 전원을 죽였다. 1983년 나토(NATO)가 관계 정부의 지도자들까지도 참석한 가운데 모의 핵전쟁을 포함하는 야전 훈련 '에이블 아처 83(Able Archer 83)' 연습을 실시하자, 소련은 병석에 있던 유리 안드로포프 이하 지도자들이 핵 선제 공격을 고려할 정도로 겁에 질렸다.

사람들은 이 사건들로 인하여 무서움에 떨었고, 인류가 스스로를 파괴할 수 있는 수단을 만들었다는 사실에 절망하기도 했지만, 나는 이 일련의 과정들을 지켜보면서 우리같이 영리하고 적응력 있는 생물 종이 자신을 자발적으로 파괴할 것이라고 믿지 않게 되었다. 만약 우리가 최초의 폭탄 두 개로 일본의 도시들을 불태워 버리고 전쟁의 본질을 근본적으로 바꾸어 놓기 전으로 돌아갈 수 있다면 어떨까? 우리와 소련은 지금까지 따라 온 길과는 다른 길이 있지 않았을까. 몇 개의 폭탄이면 서로를 파괴하기에 충분한데, 왜 우리는 핵무기를 7만 개나 가지고 있는 것일까? 핵무기들이 초강대국들 사이의 직접적인 군사적 충돌을 자살 행위로 만들었을 때 왜 냉전 시기에 군사적 충돌과 대치는 사라지지 않았을까? 반면, 왜 모든 언어적 수사와 정신적인 태도에도 불구하고 나가사키 이래 단 하나의 핵무기도 사용되지 않았는가? 만일 처음, 아니 그것보다도 훨씬 이전으로 돌아가 원자핵에 잠재해 있는 거대한 에너지를 방출시키는 것이 단순한 흥밋거리요 도전적인 물리학 문제였을 때로 돌아갈 수 있다면, 핵이 종말을 초래하지 않는, 우리가 선택하지 않았던 길들을 재발견할 수 있을 것이다.

또 다른 길들이 존재했다. 나는 나보다 먼저 그 길들을 찾았던 다른 사람들처럼 통상적인 관점으로는 볼 수 없는 그 길들을 찾았다. 이 책의 중심에 그것들을 놓고 그들을 재조명하도록 노력했다. 이 책 『원자 폭탄 만들기』는 맨해튼 프로젝트의 전사(前史)와 역사를 소개하는 표준적인 책이 되었다. 이 책은 십수 개 언어로 번역되어 세계 여러 나라에서 출간되었다. 나는 미국 국내와 국외에 있는 많은 정부 관리들이 내 책을 읽었다는 이야기를 들었다. 그리고 펜타곤과 백악관에서 이 책이 널리 읽혔음을 알게 되었다. 이런 식으로 이 책은 핵무기의 역설을 일반 독자들에게 이해시키는 데 공헌을 했다. 내가 말하는 역설이란 위대한 덴마크 물리학자 닐스 보어가 명확히 한 역설을 의미한다. 핵무기들은 그것을 보유하고 국가주권의 방어에 사용할 수 있는 권리를 주장하는 각국의 재산이지만, 무차별적인 전염병과 같이 모두에게 공통의 위험이다. 그리고 전염병과 마찬가지로 국가의 국경, 이해 관계, 그리고 정치적 이데올로기를 뛰어넘는다.

나는 이 책에서 19세기 말 방사능이 발견되었을 때부터 1938년 말 나치 치하 독일에서 핵분열이 발견되었을 때까지 맨해튼 프로젝트의 전사를 많이 소개했다. 그 이유 중 하나는 만일 내가 이 폭탄이 가진 혁명적 의미가 무엇이었나를 이해하고자 한다면, 그리고 독자들도 그렇게 하기를 원한다고 가정한다면, 저자인 내가 문외한의 수준에서 가능한 한 많이, 그리고 제대로 물리학을 이해하고 있어야 한다고 믿었기 때문이다. 나는 대학에서 물리학 과목 하나를 수강했다. 공부를 더 하지는 않았지만, 그 강의를 통하여 핵물리학이 전적으로 실험 과학임을 배웠다. 이것은 과학자들을 폭탄으로 인도한 발견들이 실험실에서 방사성 물질들이 들어 있는 금속 상자에 시료를 집어넣고 기구를 이용하여 측정하고 결과를 얻는 등등의 물리적 실험 결과였다는 뜻이다. 핵물리학에서 사용하는 전문 용어들을 배우고 나자 그 분야에서 고전이 된 논문들을 읽을 수 있었고 실험을 가시화하여 적어도 폭탄을 만드는 데 응용된 발견들을 이해할 수 있게 되었다.

나중에 핵물리학의 역사를 살펴본 것이 또 다른 도움을 주었음을 깨달았다. 나치 독일에서 핵분열이 발견되었을 때 물리학자들이 한데 모여 이 발견을 비밀에 부쳤다면 인류를 핵의 무거운 짐에서 벗어나게 해 줄 수 있었다는 순진한 믿음이 허위였음을 알아차렸기 때문이다. 1938년까지 핵물리학이 발전하는 과정에서 전 세계의 물리학자 중 그 누구도 대량 살상 무기를 발명할 생각은 전혀 없었다. 그들 중 단 한 명, 헝가리 물리학자 레오 실라르드만이 그 가능성을 진지하게 받아들였다. 핵분열의 발견은 피할 수 없었다. 발견을 막자면 물리학의 발전 자체를 막아야 했다. 만일 독일 과학자들이 발견하지 않았다고 하더라도, 영국, 프랑스, 미국, 러시아, 이탈리아 또는 덴마크 과학자들이 수 일 또는 수 주 내에 발견했을 것이다. 이것은 거의 확실하다. 그들은 모두 중성자로 우라늄을 포격하는 간단한 실험에서 얻은 이상한 결과를 이해하려고 노력하는 연구의 최전선에 있었다.

영화 감독들과 다른 순진한 사람들은 여전히 과학자들이 자신들의 발견을 감췄다면, 아니 추가 연구를 중단하는 결단을 내렸다면, 역사가 바뀌었을 것이라고 믿는다. 그렇게 하는 게 더 도덕적인 행동이라 여기기 때문이다. 그러나 악마에게 영혼을 파는 거래 같은 것은 없었다. 훌륭한 과학자들이 우연히 악마의 기계 장치를 발명했고, 그것을 정치가들과 장군들에게 숨기는 일 따위는 없었다. 사실은 오히려 반대였다. 그들이 발견한 핵분열 현상에는 세계의 작동 원리와 관련된 지구보다 오래된 비밀이 숨겨져 있었고, 과학에 새로운 통찰을 안겨 주는 어떤 것이 담겨 있었다. 과학자들은 열광했고, 마침내 이 현상들을 다룰 수 있는 기구들과 설비들을 발명했다. 루이 파스퇴르는 발견한 것을 논문으로 쓸 준비가 된 자기 학생들에게 그 논문을 쓰는 일이 "피할 수 없는 것처럼 보이게 하라."라고 충고하곤 했다. 그러나 그것은 피할 수 없는 것이었다. 무시하거나 감출 수 없는 것이었다. 오히려 숨기는 것이 미개한 짓이었다. 닐스 보어가 말했듯이 "지식, 그 자체가 문명의 근간"이다. 지식 없이는 문명도 없고, 문명 없이는 지식도 있을 수 없다. 어느 하나만 버리고 다른 하나를 얻을 수는 없는 것이다. 하나는 다른 것에 의존한다. 그리고 자비로운 지식만 가질 수는 없다. 과학적 방법은 자비심만 걸러내지 않는다. 지식은 항상 의도한 적 없고, 편안하지도 않으며, 환영하기 어려운 결과들을 가져왔다. 태양이 지구 주위를 도는 것이 아니라 지구가 태양 주위를 돈다. "심오하고도 필요한 진실이다." 로버트 오펜하이머는 말했다. "과학에서 심오한 결과들은 유용하기 때문에 발견된 것이 아니다. 그것들은 발견할 수 있었기 때문에 발견된 것이다."

뉴멕시코의 대지에서 수작업으로 만들어진 최초의 원자 폭탄들이 핵폭탄이 존재하기 전의 세계를 끝장냈다. 그 후, 소련이 클라우스 푹스와 테드 홀이 제공한 정보를 가지고 뚱뚱이(Fat Man) 플루토늄 폭탄 복제품을 제작, 폭발시켰고, 미국의 핵무기 공장에 맞먹는 자신들의 공장을 건설했다. 수소 폭탄이 이미 사용되어 참화를 가져온 핵무기의 파괴력을 수천, 수만 배 증폭시키고, 영국, 프랑스, 중국, 이스라엘 같은 나라들이 핵무기를 손에 넣으면서, 낯설고 새로운 세계, 핵무기가 지배하는 세계가 성숙했다. 닐스 보어는 과학이 추구해야 하는 목표는 보편적인 진실이 아니라고 이야기한 적이 있다. 차라리 "점진적인 편견의 제거"가 온당하고 집요하게 추구할 만한 과학의 목표라고 주장했다. 지구가 태양 주위를 공전한다는 발견은 점진적으로 지구가 우주의 중심이라는 편견을 제거했다. 세균의 발견은 질병이 신이 내리는 징벌이라는 편견을 점진적으로 제거해 나갔다. 진화의 발견은 현생 인류 호모 사피엔스가 별도의 특별한 창조물이라는 편견을 점진적으로 제거해 나가고 있다.

제2차 세계 대전 종결 직전의 마지막 며칠은 인류가 처음으로 자신을 파괴할 수 있는 수단을 획득한, 새로운 시대가 시작되는 인류 역사의 전환기로 기록되었다. 핵에너지를 방출시키는 방법을 발견하고 대량 살상 무기를 만드는 데 응용한 것은 총력전이 근거한 편견을 점진적으로 제거했다. 그 편견이란 세상에는 폭약에 집중시킬 수 있는 사용 가능한 에너지의 양에 제한이 있어서 이런 에너지를 적보다 더 많이 축적할 수 있으면 군사적으로 더 우세해진다는 완고한 믿음이었다. 핵무기가 저렴해지고, 운반하기에 편리해지고, 대량 학살이 가능한 무기가 되자 소련과 미국같이 호전적인 국가들은 파괴당하기보다는 차라리 총력전을 할 수 있는 힘을 버림으로써 국가 주권의 일부를 희생하는 길을 택했다. 국지전들은 계속되고 있으며, 세계 공동체가 새로운 형태의 시민권과 안전 보장 체제를 구축해 강력한 압력을 가할 때까지 계속될 것이다. 그러나 전 세계적 전쟁은 적어도 역사적인 것이지 인류에게 보편적인 것은 아니라는 점이 명백해졌다. 세계 전쟁은 그 규모가 제한된 파괴 기술들의 표현이었다. 인류가 서로를 살육해 온 긴 역사에서 이것은 작은 성취가 아니다.

중년 시기에 나는 코네티컷 주에 있는 숲이 많은 야생 보호 구역으로 둘러싸인 1.6헥타르의 초원에서 살았다. 그곳에는 사슴, 다람쥐, 너구리, 마못 한 가족, 칠면조, 명금, 까마귀, 쿠퍼매 한 마리, 코요테 한 쌍 등 뭇생명들로 충만했다. 매를 제외하고는 모든 동물들이 항상 잡히거나 살이 찢기거나 산채로 먹히지 않도록 주위를 경계했다. 동물의 관점에서 보면 나의 에덴 동산 같은 1.6헥타르의 땅은 전쟁터였다. 야생의 자연 조건에서 사는 동물들은 극히 적은 수만이 늙어서 죽는다.

지금까지 인간의 세계도 크게 다르지 않았다. 우리는 먹이 사슬의 최상층에 있는 포식자이므로, 역사적으로 우리의 최악의 천적은 세균이었다. 천재지변 같은 자연의 폭력과 전염병이 끊임없이 수많은 인명을 앗아 갔다. 그래서 자연 수명을 다 채울 수 있는 사람는 매우 적었다. 이것과는 대조적으로 인간이 만든 죽음, 즉 전쟁과 이것에 따른 고난으로 인한 죽음이 차지하는 비율은 인류 역사를 통틀어 비교적 낮았고 일정한 수준을 유지했다. 그래서 자연적인 원인으로 인한 희생의 증감 속에서 구분해 내기 어렵다.

19세기에 공중 보건이 발명되고 19세기와 20세기에 세계가 산업화되고 전쟁에 기술이 응용되면서 이러한 양상이 바뀌게 되었다. 전염병으로 인한 죽음은 공중 보건의 예방 의학을 통해 감소되었고 제어할 수 있는 수준이 되었다. 동시에 인간이 만든 죽음은 급격히, 그리고 병적으로 증가하기 시작하여 20세기 두 번의 세계 대전에서 끔찍한 절정을 이루었다. 인류의 역사를 통틀어 가장 격렬했던 세기에 인간이 만든 죽음으로 희생된 사람의 수는 2억 명 이상이었다. 스코틀랜드의 작가 길 엘리엇(Gil Elliot)은 이 숫자를 "죽은 자들의 세계"라고 명확하게 묘사했다.

인간이 만든 죽음의 유행은 제2차 세계 대전 이후 갑자기 끝났다. 희생자의 수는 제1차 대전과 제2차 대전 사이의 수준으로 감소했다. 그 후 공인된 폭력이 격렬하게 끓어오를 때면, 핵무기를 사이에 두고 재래식 전투와 게릴라 전투가 일어나 연평균 약 150만 명이 희생되었다. 확실히 끔찍한 숫자이다. 그러나 1945년 이전에는 매년 평균 이것보다 100만 명씩 더 많이 죽었다. 정점은 1943년 1500만 명이었다.

인간이 만든 죽음은 20세기에 만연했다. 날이 갈수록 효율적으로 되어 가는 살인 기술이 국가 주권의 극단적인 행사를 병적인 것으로 만들었기 때문이다. 그리고 핵에너지를 방출시키는 방법의 발견과 그 지식을 응용한 핵무기 개발은 이 병의 독성을 감소시켰다. 핵무기는 지난 70여 년간 핵에 대한 깊은 두려움을 야기함으로써 그들이 만들어 낼 수 있는 죽음들을 격리시켜 가두어 두는 그릇과 같은 역할을 해 왔다. 마치 약화된 병원균으로부터 백신을 만드는 것과 같다. 제2차 세계 대전 때에는 한 명의 독일 시민을 죽이기 위해 3톤의 폭탄을 사용했다. 이 양적 잣대에 따르면, 냉전 최절정 시기에 미국과 소련의 전략 무기 비축량은 약 30억 명의 목숨을 빼앗을 수 있는 양이었다. 이 숫자는 세계 보건 기구가 다른 방법으로 1984년에 추산한 전면적인 핵전쟁으로 인한 사망자 수와 일치한다.

핵무기 형태로 포장된 죽음은 초대량 살상을 가시화했다. 엄숙한 핵무기 재고는 집단적으로 죽어야 되는 우리의 운명을 상기시키는 상징이 되었다. 전에는 전장의 혼란 속에서, 공중에서 그리고 바다에서 절대적 주권의 추구에 수반되는 끔찍한 생명의 비용을 거부 또는 부정하는 것이 가능했다. 인간이 만든 죽음의 궁극적인 그릇인 핵무기들은 인류 역사에서 처음으로 폭력의 극단적 결과를 발가벗기듯 명백하게 만들었다. 핵무기를 막을 확실한 방어 수단은 없다. 결국 핵무기는 핵무기 사용의 결과를 확실하게 보여 주었다. 새로운 카스트의 군사 전략가들은 핵무기를 사용할 방법을 찾아내기 위하여 정력적으로 일했지만, 전쟁의 단계적 확대 문제를 피하지 못하고 다들 좌절했다. 닐스 보어는 1943년 그가 로스 앨러모스를 방문했을 때 "크고 심오한 난제들은 모두 다 그 안에 해법을 내포하고 있다."라고 마음속에 혼란을 겪고 있는 과학자들에게 충고했다. 인간에게 내재되어 있는 폭력성의 한 가지 극단을 보여 주고 있는 핵무기들은 인간이 만든 죽음의 귀류법(reductio ad absurdum)을 역설적으로 증명한다. 인간이 가진 폭력성이 발휘될 가능성을 극단적으로 몰아부친 1945년 이후의 날들은 위험한 경험이었지만 동시에 소중한 배움의 경험이기도 했다. 내가 들은 것에 따르면, 우리가 길을 잃을 뻔한 것은 쿠바 미사일 위기와 1983년 나토의 에이블 아처 훈련만이 아니기 때문이다.

우리는 이런 위험에 다시 직면하게 될 것이다. 행운이 따라 그 위험을 넘긴다고 하더라도 그다음 위험이 찾아올 것이다. 혹은 재앙이 지구의 다른 반구에서 일어날 수도 있다. 그곳에서는 수백만 명이 죽을 것이다. 그러나 1만 킬로미터 이상 떨어져 있는 우리도 재앙의 영향을 받을 것이다. 1983년 핵겨울 시나리오를 제시했던 과학자들 중 몇 명이 2008년 인도와 파키스탄이 핵전쟁을 벌일 경우를 가정해 그 결과를 조사했다. 그들은 이 핵전쟁에서 히로시마 급 핵무기 100기만 사용되었다고 가정했다. 총 핵출력은 1.5메가톤으로 미국과 소련이 보유하고 있는 수만 개의 핵탄두 중 단 1개의 핵출력에 해당하는 것이다. 그들은 끔찍한 결과에 충격을 받았다. 이런 핵공격은 연소성 물질이 가득한 도시들을 표적으로 삼을 것이며, 결과적으로 발생하는 거대한 화염 폭풍은 엄청난 양의 연기를 상층대기로 뿜어올려 전 세계에 퍼지게 한다. 지구는 오랫동안 냉각되어 전 세계 농업은 붕괴할 것이다. 앨런 로복(Alan Robock)과 오언 브라이언 툰(Owen Brian Toon)은 총 핵출력 1.5메가톤의 핵폭탄만 사용된 국지적 핵전쟁 때문에 2000만 명이 폭발, 화재 그리고 방사능 때문에 즉시 사망할 것이며, 시간을 두고 대량 기아로 10억 명이 사망할 것이라는 결과를 얻었다.

핵무기 폐기를 위한 1996년 캔버라 위원회는 "확산의 원리(proliferation of axiom)"라는 근본적인 원리를 확인했다. 확산의 원리를 가장 간단한게 표현하자면, "어떤 나라가 핵무기를 가지고 있는 한, 다른 나라들도 핵무기를 가지려고 한다."라고 할 수 있다. 오스트레일리아의 핵군축 무임소 대사이며 캔버라 위원회의 위원인 리처드 버틀러(Richard Butler)는 나에게 이렇게 말했다. "이러한 주장의 기본적인 근거는 정의입니다. 인류 대부분은 이것을 공평함으로 해석하죠. 전 세계 사람들은 이것을 가장 중요한 개념이라고 생각합니다. 이것을 확산의 원리와 연관지어 보면 어떻게 될까요. 핵무기를 가진 나라들은 자신의 안보를 위해서는 핵무기 보유가 정당하다고 주장하는 반면, 다른 나라의 안보에는 핵무기가 필요없다고 주장합니다. 그러나 이 원리에 따르면 그러한 정당화 시도들은 비참한 실패로 끝날 수밖에 없습니다."

버틀러는 2002년 시드니에서 청중들에게 상세히 설명했다. "저는 성인이 된 이후 계속 핵무기 비확산 조약을 위해 일해 왔습니다. …… 핵무기의 문제는 가졌느냐, 가지지 않았느냐가 핵심적이며 영구적인 문제입니다." 버틀러는 1997년부터 1999년까지 이라크의 무장 해제를 감시하는 유엔 위원회(United Nations commision monitoring the disarming of Iraq, UNSCOMM)의 위원장이었다. 그는 시드니에서 말했다. "제가 가장 힘들었던 때는 이라크 사람들이 이스라엘은 약 200기의 핵무기를 가졌다고 알려져 있는데, 왜 이라크만 대량 살상 무기 때문에 이렇게 조사를 받아야 하는지 설명을 요구했을 때였습니다." 버틀러는 계속했다. "저는 미국, 영국 그리고 프랑스 사람들이 자기 나라가 대량 살상 무기의 자랑스러운 보유국이라는 사실을 무시하고 아무런 변명도 없이 핵무기는 국가 안보에 필수적이므로 계속 보유할 것이라고 주장하면서 다른 나라의 대량 살상 무기에 대하여 맹렬히 비난하는 것을 들을 때마다 움찔움찔할 수밖에 없었습니다."

버틀러는 결론지었다. "이것으로부터 제가 도출할 수 있는 원리는 명백한 불공정과 이중 잣대는, 일정 시간 동안에는 어떤 힘이 있어 떠받들어 유지시켜 줄 수도 있다고 하더라도, 언젠가 반드시 불안정한 상황을 만들어 낸다는 것입니다. 왜냐하면 사람들은 이런 불공정함을 받아들이지 않기 때문이죠. 이 원리는 물리학의 기본 법칙들이 확실한 것만큼이나 확실한 것입니다."

그 뒤 다른 장소에서 버틀러는 미국인들이 자신들의 이중 잣대를 인정하는 것에 대해 특별한 저항을 느낀다고 이야기했다. "고등 교육을 받은 미국 당국자들과 이중 잣대에 대하여 논의하기 위한 저의 시도는 비참한 실패로 끝났습니다. 어떤 때는 그들의 이해 능력이 매우 부족하여 제가 화성인들의 언어로 말하고 있는 것은 아닌지 하고 느낄 정도였습니다. 미국인들이 전적으로 이해하지 못하는 점은 그들의 대량 살상 무기가 이라크 또는 이란, 북한, 혹은 다른 확인된 나라들 또는 앞으로 확인될 나라들의 핵무기와 똑같이 문제라는 점입니다."

물론, 캔버라 위원회는 1968년 핵무기 비확산 조약을 효과적으로 이끌어낸 다섯 핵보유국들에게 직접 말하고 있다. 2009년 프라하에서 버락 오바마 대통령은 확산의 원리의 싸늘한 결과에 대하여 이야기했다. "어떤 사람들은 이 무기들의 확산은 막거나 억제할 수 없어서 더 많은 국가들과 더 많은 사람들이 궁극적인 파괴의 도구들을 소유하는 세상에 살 수밖에 없다고 주장합니다. 이런 운명론은 치명적인 것입니다. 왜냐하면, 우리가 핵무기의 확산이 피할 수 없는 것이라고 믿는다면 어떤 면에서는 우리 스스로가 핵무기의 사용도 피할 수 없음을 인정하는 것이 되기 때문입니다."

우리가 이런 재앙을 맞이했을 때, 그때에도 우리는 여전히 무기들이 우리를 안전하게 지켜 줄 것이라고 믿을 수 있을까? 그날이 오면 우리는 오늘을 위해 핵무기를 보유했던 것을 인류에 대한 범죄로 보게 되지 않을까? 우리는 전 세계의 모든 곳에서 핵무기 폐기 운동을 더 열심히 하지 않은 것을 후회하지 않을까?

나는 30년 이상 핵무기의 역사에 대하여 공부하고 글을 써 왔다. 이 오랜 탐구의 과정을 마무리하면서 나는 무엇보다도 자연의 심오함과 권능에 대한 경외심과, 인류가 끊임없이 새로운 기술과 조우하며 만들어 온 복잡성과 아이러니에 대한 황홀감을 가지게 되었다. 내가 살아온 시간과 거의 같은 지난 70년간 우리는 제한 없는 새로운 에너지원을 서툴게나마 손에 넣었고, 선불리 그것을 붙잡았고 조사했고 이리저리 뒤적이다가 들어 올려 보았다. 그리고 아직 우리 자신을 파멸시키지 않고 그것을 사용하고 있다. 우리가 마침내 피안(彼岸)에 도달한다고 해도, 다시 말해 모든 핵무기들이 분해되고 핵물질들은 원자로의 연료가 된다고 해도 우리는 우리 자신이 현재 직면하고 있는 것과 똑같은 정치적 불안정에 직면하고 있을 것이다. 핵폭탄도 그것들을 바로잡지 못했고, 핵폭탄을 모두 없애버린다고 해도 그것은 고쳐지지 않을 것이다. 세계는 확실히 더 투명한 곳이 될 테고 정보 기술이 어차피 그 방향으로 끌고 가고 있다. 조너선 셸(Jonathan Schell)이 지적한 것과 같이 앞으로는 핵전쟁의 위협보다는 재무장의 위협이 억지력으로 작용할 것이다.

나는 핵무기가 없는 세상을 이상적인 세상이라고 생각하지 않는다. 재무장을 가능한 한 지연시키고, 그사이 긴 시간 동안 전쟁을 하지 않고 분쟁을 해결할 수 있는 세상이 이상적인 세상이라고 생각한다. 이런 세상에서 만일 협상이 실패로 돌아가고, 재래식 전투 역시 실패해, 만일 쌍방이 다시 핵무기로 무장한다면, 최악의 경우 우리는 현재 처해 있는 위험한 벼랑에 또다시 도달하게 될 것이다.

핵에너지 방출 방법의 발견은 모든 과학적 발견과 마찬가지로 인류의 일상을 구조적으로 영구적으로 바꾸어 놓았다.

이 책은 어떻게 이런 일이 일어났는가를 이야기하고 있다.

2012년 2월

하프 문 베이

리처드 로즈

문신행

1965년 서울대학교 물리학과를 졸업하고 미국 캘리포니아 대학교(리버사이드)에서 이학 박사 학위를 받았다. 국방과학연구소 책임연구원, 천문우주과학연구소(현 한국천문연구원) 소장 및 한국항공우주연구소 우주사업단장을 역임하였다. 1988년에 국민훈장 목련장을 수상했다. 번역서로 『어떻게 달을 여행할까?』, 『X선 검출기』가 있다.

원자 폭탄 만들기 1

1판 1쇄 펴냄 • 2003년 3월 17일
1판 10쇄 펴냄 • 2023년 9월 15일

지은이 • 리처드 로즈
옮긴이 • 문신행
펴낸이 • 박상준
펴낸곳 (주)사이언스북스

출판등록 1997. 3. 24. (제16-1444호)
(06027) 서울특별시 강남구 도산대로1길 62
대표전화 515-2000 팩시밀리 515-2007
편집부 517-4263 팩시밀리 514-2329
www.sciencebooks.co.kr

ISBN 978-89-8371-917-1 04420
ISBN 978-89-8371-916-4 (전2권)